低品位红土镍矿
冶炼不锈钢新技术

朱德庆 潘 建 潘料庭 郭正启 等著

北 京

冶 金 工 业 出 版 社

2023

内 容 提 要

本书主要介绍采用不同类型低品位红土镍矿冶炼不锈钢的新技术。全书共 10 章，具体介绍了国内外不锈钢冶炼工艺技术发展历程及现状、红土镍矿资源状况及其工艺矿物学特点、低品位褐铁矿型红土镍矿烧结—高炉法冶炼不锈钢母液的基础理论与新工艺、直接还原—磁选理论与新技术、低品位褐铁矿型红土镍矿选择性还原—熔分理论与工艺、低品位腐殖土型红土镍矿预还原—电炉熔分理论与工艺、低品位过渡型红土镍矿 DRMS-RKEF 双联法新工艺、不锈钢母液精炼和铸钢理论与工艺，以及不锈钢轧制与酸洗一体化新技术、冶炼渣资源化循环利用新技术。

本书可供冶金工程、矿业工程、资源综合利用等领域的科研、生产及管理人员阅读，也可供相关师生参考。

图书在版编目 (CIP) 数据

低品位红土镍矿冶炼不锈钢新技术 / 朱德庆等著 . —北京：冶金工业出版社，2023.6

ISBN 978-7-5024-9527-5

Ⅰ. ①低… Ⅱ. ①朱… Ⅲ. ①低品位矿—镍铁—铁合金熔炼—研究 Ⅳ. ①TF644

中国国家版本馆 CIP 数据核字 (2023) 第 100733 号

低品位红土镍矿冶炼不锈钢新技术

出版发行 冶金工业出版社		**电　话** (010)64027926
地　址 北京市东城区嵩祝院北巷 39 号		**邮　编** 100009
网　址 www.mip1953.com		**电子信箱** service@ mip1953.com

责任编辑 卢　敏　张佳丽　**美术编辑** 吕欣童　**版式设计** 郑小利
责任校对 王永欣　**责任印制** 窦　唯
三河市双峰印刷装订有限公司印刷
2023 年 6 月第 1 版，2023 年 6 月第 1 次印刷
787mm×1092mm　1/16；25 印张；602 千字；384 页
定价 128.00 元

投稿电话　(010)64027932　投稿信箱　tougao@cnmip.com.cn
营销中心电话　(010)64044283
冶金工业出版社天猫旗舰店　yjgycbs.tmall.com
(本书如有印装质量问题，本社营销中心负责退换)

序　言

目前我国不锈钢粗钢产量占全球总产量的 56%，其中从红土镍矿冶炼不锈钢的粗钢产量占比高达 65%。因此，从红土镍矿冶炼不锈钢的理论研究及新技术开发日益受到重视。朱德庆、潘建、潘料庭等合著的《低品位红土镍矿冶炼不锈钢新技术》一书，是作者们长期辛勤工作的成果，是一部在理论上形成了系统观点，在工艺技术上形成了完整流程并经过生产实践检验取得成功的学术专著。

本书所开发的基于不同类型红土镍特性的不锈钢冶炼新技术，在广西北港新材料有限公司等单位长期的不锈钢生产中得到验证，相关成果具有重要意义和价值。本书的出版，丰富了含铁原料造块、直接还原、不锈钢母液 AOD 炉精炼、不锈钢酸洗与轧制及不锈钢冶炼渣资源化循环利用的学科知识，并对发展相关的工程技术产生重要的推动作用。书中的创新性内容主要包括以下方面：

在低品位褐铁矿型红土镍矿的利用方面，构建了烧结—高炉法生产 200 系不锈钢母液技术体系，开发出多力场强化全褐铁矿型红土镍矿烧结技术，首次揭示了全褐铁矿型红土镍矿烧结行为及固结机理，开发了全褐铁矿型红土镍矿熔剂性烧结矿高炉法冶炼 200 系不锈钢母液的渣型，并在生产中成功获得应用。这是可以见到的关于全褐铁矿型红土镍矿烧结—高炉法生产 200 系不锈钢母液系统全新的研究成果。

在红土镍矿直接还原—磁选（DRMS）新工艺方面，针对低品位褐铁矿型红土镍矿，建立了选择性还原镍氧化物、抑制铁氧化物还原的动力学模型，开发出制备高镍铁粉的红土镍矿选择性还原—磁选新技术；针对低品位过渡型和腐殖土型红土镍矿，提出镍铁晶种诱导结晶及促进镍铁合金相晶粒生长理论；

发明了多功能复合添加剂，开发出强化这两类红土镍矿直接还原—磁选的新技术。

在红土镍矿RKEF法冶炼不锈钢母液方面，系统研究了低品位红土镍矿球团制备行为、低品位红土镍矿球团预还原热力学和动力学行为，建立了球团预还原度与强化电炉冶炼效果的关系，提出了预还原球团强化电炉冶炼的优化渣型，并开发出低品位红土镍矿预还原—电炉冶炼新工艺，对强化红土镍矿RKEF法冶炼具有重要参考价值。

针对红土镍矿品位低、类型复杂多变等导致RKEF法冶炼困难的问题，发明了直接还原—磁选-RKEF"双联法"新技术。利用直接还原—磁选制备的高镍铁粉强化RKEF熔炼，低镍铁粉作为晶种诱导和促进低品位红土镍矿的还原及镍铁晶粒生长。这样极大地提高了主流工艺RKEF法对原料的适应性和整体的经济性，具有重要的科学和工程技术价值与意义。

在不锈钢母液AOD炉精炼方面，揭示了基于CO_2与O_2混合吹炼脱碳保锰及CO_2替代氩气脱碳保铬的热力学及动力学行为，开发出不锈钢母液脱碳保锰保铬控制技术。成果成功应用于广西北港新材料有限公司AOD炉CO_2与O_2混合吹炼脱碳保锰。太钢不锈钢有限公司CO_2替代氩气顶底复吹冶炼不锈钢控制技术，实现超纯铁素体不锈钢冶炼氩耗降低25%。成果为实现钢企内部CO_2能源化和资源化循环利用、助力"双碳"目标实现具有重要贡献。

冷轧不锈钢带轧退洗一体化柔性生产关键技术将"连轧机、退火、抛丸、破鳞、电解、酸洗、平整"等单一的生产机组集成在一条线上，实现冷轧带钢"一体化"的全连续生产线，既能实现热轧退火酸洗线的功能，也能实现热轧黑皮轧制退火酸洗线的功能和白皮冷轧退火酸洗线的功能，极大提高了生产效率、降低生产消耗、提升了品质稳定性。该"一体化"生产工艺在广西北港新材料有限公司5号线投产并推广使用，替代了众多单一功能的进口生产线，具有重大科学与应用价值。

对直接还原—磁选尾渣，开发出替代白云石熔剂用于强化红土镍矿烧结技术；对不锈钢酸洗污泥，开发出污泥球团预还原—电炉熔炼制备铬铁技术，实现了不锈钢生产排放的尾渣及污泥资源化循环利用，对不锈钢绿色可持续发展具有重要借鉴作用。

综上所述，这是一本集基础理论研究、新技术开发及多项重要创新成果生产实践内容的学术专著，反映了这一领域的最新成就与水平，是目前见到的这一领域更为系统、深入和先进的专著。此书的出版将对铁矿烧结球团、直接还原、红土镍矿冶炼不锈钢的进一步研究开发和生产实践产生重大贡献。

毛新平

中国工程院院士

2023 年 5 月 18 日于北京

前　言

　　不锈钢不仅具有良好的耐腐蚀性能，而且具有表面美观、光洁度高、强度高、易加工、焊接性能好等优良特性，广泛应用于国民经济建设。尤其高端不锈钢能为我国制造业提供不可或缺的材料支撑，特别是当前以5G基站、大数据中心、城市轨道交通等为代表的"新基建"将需要大量高端不锈钢。

　　随着硫化镍矿资源日趋枯竭，占镍总资源量60%以上的红土镍矿是提取镍的主要来源。我国所生产的镍85%消耗于不锈钢的生产。2020年以来我国使用红土镍矿冶炼不锈钢的粗钢产量达到不锈钢总产量的65%。目前高品位红土镍矿资源大部分已被欧美等国的公司所控制或所属国限制其出口，且近年来我国进口的红土镍矿大多为低品位矿。我国首创低品位红土镍矿冶炼含镍生铁是我国不锈钢行业的重大技术进步，为我国不锈钢行业快速发展提供了重要的资源支撑。自2006年以来，我国不锈钢粗钢产量就超越日本，一直居世界第一位。2021年我国不锈钢粗钢产量为3263.3万吨，占全球总产量的56%。但是，红土镍矿冶炼不锈钢仍存在工艺对原料的适应性差、冶炼温度高、渣量大及能耗高等问题，亟待开发新技术。针对上述问题，本书作者及团队经过近20年的基础研究与技术攻关，在国家自然科学基金项目、国家发改委重大专项、广西壮族自治区重大专项的资助下，开发出基于不同类型低品位红土镍特性的镍铁制备、不锈钢母液精炼与不锈钢酸洗、轧制和不锈钢冶炼固废综合利用等方面的新技术，构建了从各种类型低品位红土镍矿冶炼不锈钢的基础理论与技术体系，并在我国第二和第三大不锈钢生产企业宝武太钢不锈钢有限公司、广西北港新材料有限公司进行长期生产应用。尤其是广西北港新材料有限公司是目前世界上唯一拥有烧结—高炉法、RKEF法及直接还原—磁选法利用红土镍矿生产不锈钢的基地。为此，笔者编写了本书，以期为低碳低成本优质不锈钢生产提供有效解决方案。

　　全书共10章，第1章介绍国内外不锈钢冶炼工艺技术发展历程及现状，对不锈钢生产发展前景进行了预测和分析，指出从低品位红土镍矿冶炼不锈钢的重要意义和发展前景。第2章介绍红土镍矿资源及其工艺矿物学，对世界红土镍矿资源状况进行了系统分析，展示了高效利用红土镍矿资源的良好前景；揭示褐铁矿型、腐殖土型及过渡型红土镍矿工艺矿物学特点，为不同类型红土镍矿的开发利用技术提供理论依据。第3章分别介绍低品位褐铁矿型红土镍矿烧结—高炉法冶炼不锈钢母液的基础理论与工艺，阐述了多力场强化低品位褐铁矿型红土镍矿烧结新技术的机理、工艺参数优化及工业应用效果；系统论述了高炉法冶炼200系不锈钢母液的基础理论与生产实践。第4章介绍低品位红土镍矿直接还原—磁选理论与新技术，阐明了多元复合添加剂促进镍铁合金相晶粒生长机制及强化磁选分离机理。第5章介绍低品位褐铁矿型红土镍矿选择性还原—熔分理论与新工艺，对从低品位褐铁矿型红土镍矿制备高镍不锈钢母液进行系统阐述。第6章介绍低品位腐殖土型红土镍矿预还原—电炉熔分理论与工艺，对强化RKEF法制备不锈钢母液基础理论及工业应用进行了系统论述。第7章介绍低品位过渡型红土镍矿DRMS-RKEF双联法新工艺，揭示了该双联法新工艺的理论基础，展示了处理低品位过渡型红土镍矿的技术及经济优势。第8章分别介绍不锈钢母液精炼和铸钢理论与工艺，对AOD炉CO_2炼钢新技术基础及工业化应用进行了系统介绍，阐述了不锈钢低碳冶炼机理。第9章分别介绍不锈钢轧制与酸洗理论与工艺，重点介绍了轧制与酸洗一体化新技术及应用。第10章介绍不锈钢冶炼渣资源化利用新技术，对直接还原—磁选尾渣用于红土镍矿烧结及酸洗污泥球团预还原的全量化资源化循环利用基础及新工艺进行了详细介绍。第1、3章编写人员为中南大学朱德庆；第2、4章编写人员为中南大学杨聪聪；第5、8章编写人员为中南大学李思唯，广西北港新材料有限公司潘料庭，太钢不锈钢有限公司李建民、李俊；第6、9章编写人员为中南大学潘建，广西北港新材料有限公司潘料庭、黄学忠，北京科技大学陈雨来；第7、10章编写人员为中南大学郭正启，中冶东方工程技术有限公司吕韬。本书由朱德庆和潘料庭审核。

中国工程院院士、北京科技大学毛新平教授，百忙之中抽暇审阅本书并为之作序。在本书的编写过程中得到了广西北港新材料有限公司技术中心及研究院的大力支持和帮助，提供了丰富的现场生产数据及相关技术报告，极大地丰富了本书的内容。在本书编写过程中引用了国内外许多学者的相关研究成果或观点，在此深表感谢！

　　由于本书内容涉及面非常宽，加之作者水平及时间所限，书中错误和不足之处，敬请读者批评指正。

作　者

2023 年 5 月于长沙

目　　录

1 不锈钢冶炼工艺技术发展概况 ·································· 1

  1.1 世界不锈钢生产技术及产量发展历程 ·················· 2

    1.1.1 世界不锈钢生产技术发展历程 ·················· 2

    1.1.2 世界不锈钢产量发展历程 ······················ 4

  1.2 世界不锈钢冶炼工艺技术现状 ······················ 6

    1.2.1 不锈钢一步法冶炼工艺 ·························· 6

    1.2.2 不锈钢二步法冶炼工艺 ·························· 7

    1.2.3 不锈钢三步法冶炼工艺 ·························· 8

  1.3 世界镍铁冶炼工艺技术发展 ······················ 9

    1.3.1 直接还原—磁选（DRMS）工艺 ·················· 9

    1.3.2 回转窑—电炉（RKEF）工艺 ···················· 10

    1.3.3 烧结—高炉工艺 ······························ 12

  1.4 从红土镍矿冶炼不锈钢技术发展现状及前景 ·········· 13

    1.4.1 不锈钢生产发展前景分析 ······················ 13

    1.4.2 从红土镍矿冶炼不锈钢技术发展现状及前景 ······ 14

  参考文献 ·· 15

2 红土镍矿工艺矿物学 ···································· 17

  2.1 世界镍矿资源开发现状 ···························· 17

    2.1.1 世界镍资源概况 ······························ 17

    2.1.2 中国镍资源概况 ······························ 19

    2.1.3 红土镍矿资源特点 ···························· 20

  2.2 红土镍矿工艺矿物学 ···························· 23

    2.2.1 褐铁矿型红土镍矿 ···························· 24

    2.2.2 腐殖土型红土镍矿 ···························· 39

  参考文献 ·· 58

3 低品位红土镍矿烧结—高炉法冶炼不锈钢母液 ············ 59

  3.1 低品位褐铁矿型红土镍矿烧结 ···················· 60

    3.1.1 低品位褐铁矿型红土镍矿烧结现状 ·············· 60

    3.1.2 低品位褐铁矿型红土镍矿烧结行为 ·············· 61

3.1.3　褐铁矿型红土镍矿烧结矿固结机理分析 ……………………………… 67

3.1.4　低品位褐铁矿型红土镍矿强化烧结技术 …………………………… 78

3.1.5　褐铁矿型红土镍矿与铬铁矿复合烧结 ……………………………… 83

3.1.6　强化烧结工艺机理 ……………………………………………………… 84

3.1.7　低品位褐铁矿型红土镍矿烧结生产工艺及装备 …………………… 104

3.2　红土镍矿烧结矿高炉冶炼不锈钢母液 ……………………………… 107

3.2.1　红土镍矿高炉冶炼基础理论 …………………………………………… 107

3.2.2　高炉熔炼工艺参数优化 ………………………………………………… 124

3.2.3　高炉冶炼不锈钢母液和炉渣性能表征 ……………………………… 129

3.3　红土镍矿烧结矿高炉冶炼生产工艺及装备 ………………………… 134

3.3.1　高炉冶炼工艺参数 ……………………………………………………… 134

3.3.2　高炉冶炼生产主要技术经济指标 ……………………………………… 136

参考文献 ……………………………………………………………………………… 136

4　低品位红土镍矿直接还原—磁选理论与新技术 ………………………… 138

4.1　概述 …………………………………………………………………………… 138

4.2　低品位红土镍矿直接还原机理 ……………………………………… 138

4.2.1　红土镍矿热性质 ………………………………………………………… 138

4.2.2　红土镍矿直接还原热力学 ……………………………………………… 139

4.2.3　铁和镍氧化物等温还原动力学机制 ………………………………… 142

4.2.4　还原过程物相和微观结构演变机理 ………………………………… 145

4.3　低品位红土镍矿直接还原—磁选新技术 …………………………… 153

4.3.1　高强度高还原性红土镍矿生球制备 ………………………………… 153

4.3.2　直接还原—磁选工艺小型实验参数优化 …………………………… 156

4.3.3　直接还原—磁选半工业试验 …………………………………………… 165

4.3.4　直接还原—磁选工业试验 ……………………………………………… 168

参考文献 ……………………………………………………………………………… 173

5　低品位褐铁矿型红土镍矿熔融还原理论与工艺 ……………………… 174

5.1　低品位褐铁矿型红土镍矿选择性还原—熔融分离基础 ………… 174

5.2　选择性预还原—熔分工艺 …………………………………………… 176

5.2.1　原料性能 ………………………………………………………………… 176

5.2.2　红土镍矿自还原团块制备工艺 ……………………………………… 179

5.2.3　红土镍矿自还原团块还原行为 ……………………………………… 187

5.2.4　红土镍矿预还原团块熔分行为 ……………………………………… 192

参考文献 ……………………………………………………………………………… 198

6　低品位腐殖土型红土镍矿 RKEF 法冶炼理论与工艺 ………………… 199

6.1　概述 …………………………………………………………………………… 199

6.2　RKEF 法基础理论 ··· 200

6.2.1　低品位红土镍矿预还原行为 ····························· 200

6.2.2　红土镍矿预还原球团电炉熔分特性 ····················· 206

6.3　低品位红土镍矿 RKEF 法工艺优化 ····························· 214

6.3.1　原料性能 ··· 214

6.3.2　低品位红土镍矿造球性能 ······························· 216

6.3.3　低品位红土镍矿球团预还原行为 ························· 218

6.3.4　低品位红土镍矿预还原球团熔分特性 ····················· 221

6.3.5　镍铁产品分析 ··· 225

6.4　低品位腐殖土型红土镍矿 RKEF 法工业实践 ····················· 225

6.4.1　北港新材 RKEF 工艺流程与设备配置 ····················· 225

6.4.2　北港新材 RKEF 法生产实践 ····························· 227

参考文献 ·· 229

7　低品位红土镍矿 DRMS-RKEF 双联法新工艺 ······················· 230

7.1　概述 ·· 230

7.2　DRMS-RKEF 双联法基础理论 ··································· 231

7.2.1　低镍铁粉诱导镍铁晶粒生长机理 ························· 231

7.2.2　基于双联法的 RKEF 法工艺特性 ························· 238

7.3　DRMS-RKEF 双联法新工艺及应用 ······························· 239

7.3.1　DRMS-RKEF 双联法工艺 ································· 239

7.3.2　DRMS-RKEF 双联法扩大试验 ····························· 248

7.3.3　DRMS-RKEF 双联法工业应用 ····························· 250

7.4　DRMS-RKEF 双联法新工艺与现有工艺比较 ····················· 261

参考文献 ·· 263

8　不锈钢母液精炼及铸钢理论与工艺 ······························· 264

8.1　概述 ·· 264

8.2　不锈钢母液精炼理论 ··· 264

8.2.1　不锈钢冶炼的脱碳保铬行为 ····························· 264

8.2.2　不锈钢二氧化碳混合吹炼脱碳保锰行为 ··················· 270

8.2.3　不锈钢冶炼脱磷行为 ····································· 274

8.3　不锈钢母液精炼生产实践 ······································· 276

8.3.1　不锈钢精炼与铸钢工艺及主要设备 ······················· 276

8.3.2　AOD 炉保铬工艺实践 ····································· 278

8.3.3　AOD 炉 CO_2 与 O_2 混吹脱碳保锰工艺实践 ················ 282

8.3.4　AOD 炉脱磷工艺实践 ····································· 289

8.3.5　镍铬基及铬基不锈钢精炼生产实践 ······················· 291

8.3.6　LF 炉精炼生产实践 ······································· 299

8.4 铸钢工艺 ··· 301
    8.4.1 铸钢工艺主要设备及技术参数 ······················· 301
    8.4.2 连铸工艺及特点 ··· 302
参考文献 ··· 305

9 不锈钢轧制与酸洗一体化新技术 ······························· 307
9.1 概述 ··· 307
9.2 不锈钢轧制理论与生产 ··· 310
    9.2.1 不锈钢轧制基础理论 ···································· 310
    9.2.2 不锈钢轧制生产工艺及装备 ··························· 312
9.3 不锈钢酸洗工艺与实践 ··· 327
    9.3.1 不锈钢酸洗基础理论 ···································· 328
    9.3.2 不锈钢酸洗生产工艺及装备 ··························· 333
9.4 不锈钢轧制与酸洗一体化新工艺及实践 ···················· 339
参考文献 ··· 345

10 不锈钢冶炼固废资源化利用新技术 ·························· 347
10.1 镍铁渣综合利用 ··· 347
    10.1.1 高炉渣利用 ··· 347
    10.1.2 电炉渣利用 ··· 348
10.2 直接还原—磁选尾渣利用 ···································· 350
    10.2.1 镍铁渣强化红土镍矿烧结试验 ······················ 351
    10.2.2 尾渣强化红土镍矿烧结工业应用 ···················· 356
10.3 不锈钢尘泥综合利用新技术 ·································· 358
    10.3.1 不锈钢尘泥性质 ·· 358
    10.3.2 不锈钢尘泥综合利用现状 ···························· 358
    10.3.3 不锈钢尘泥球团预还原—熔炼新技术 ·············· 363
参考文献 ··· 383

1 不锈钢冶炼工艺技术发展概况

根据《不锈钢和耐热钢牌号及化学成分》（GB/T 20878—2007）定义，不锈钢是以不锈、耐蚀性为主要特性，且铬含量至少为 10.5%，碳含量最大不超过 1.2% 的钢。它是不锈耐酸钢的总称，其中，耐空气、蒸汽、水等弱腐蚀介质或具有不锈性的钢种称为不锈钢，而耐酸、碱、盐等化学腐蚀介质的钢种称为耐酸钢[1, 2]。在不锈钢中，加入铬元素可促进不锈钢表面形成富铬钝化膜（约 10μm），保证不锈钢的耐腐蚀性；加入镍元素可促使钢的晶体类型由体心立方结构的铁素体向面心立方结构的奥氏体转变，改善不锈钢的可成型性、焊接性、韧性、耐腐蚀性等性能。不锈钢种类众多，其分类方法繁多。按其金相组织分类，可分为奥氏体不锈钢、铁素体不锈钢、马氏体不锈钢、奥氏体和铁素体双相钢、沉淀硬化型不锈钢等；按其用途分类，可分为耐硝酸不锈钢、耐点蚀不锈钢、高强度不锈钢等；按其功能特点分类，可分为低温不锈钢、易切削不锈钢、无磁不锈钢、耐热不锈钢等；按照其化学成分分类，可分为铬锰不锈钢、铬镍不锈钢和铬不锈钢，即 200 系、300 系及 400 系，其化学成分及性能的对比见表 1-1[3,4]。在我国现有炼钢结构中，200 系、300 系和 400 系不锈钢产量占比分别为约 33%、52% 和 15%。

表 1-1 不同化学成分的不锈钢性能对比　　　　　　　　　　　（%）

不锈钢种类		铬锰不锈钢（200 系）	铬镍不锈钢（300 系）	铬不锈钢（400 系）
化学成分	Cr	10.5~20.0	15~25	11~17
	Ni	1~6	6~22	≤0.75
	Mn	5.5~12.0	≤2	≤1
	Cu	1.5~2.5	无	无
	Fe	剩余	剩余	剩余
性能		锰蒸气对人体危害很大，不利于环保；性能比 300 系差，但有价格优势，且不易与 300 系区分，回收再利用困难	具有抗氧化、耐腐蚀、耐高温等性能（无磁性，使用温度 -196~800℃），在不锈钢中用途最广泛	具有 300 系的成型性、耐蚀性、抗氧化性等性能，且具有价格上的优势，但对于技术要求很高

相对于普通碳素钢，不锈钢不仅具有良好的耐腐蚀性能，而且具有表面美观、光洁度高、强度高、易加工、焊接性能好等优良特性，在金属材料中拥有举足轻重的地位。不锈钢产业链如图 1-1 所示，以矿石采选或废钢收购为原料的不锈钢产业链，发展至下游其产品可应用于石油化工、能源动力、交通运输、环保建材和医疗器具等各个领域。

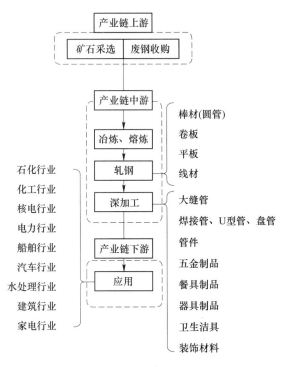

图 1-1 不锈钢产业链概况

1.1 世界不锈钢生产技术及产量发展历程

1.1.1 世界不锈钢生产技术发展历程

1.1.1.1 国外不锈钢生产技术发展历程

世界不锈钢行业已有 100 多年历史，大概经过 3 个发展阶段[5-8]。

A 起步阶段

20 世纪初到 50 年代为起步阶段，1950 年代初以一步法冶炼为主。从 19 世纪开始，人们逐渐认识到铬可以提高钢产品的抗蚀性，不锈钢研究进入探索阶段。1895—1910 年，不锈钢研究取得显著进展，初步明确了 Fe-Cr 合金的金相组织特点、热处理性能、机械性能等一系列特性，并通过 Fe-Cr-Ni 合金的研究，探明了构成马氏体系、铁素体系、奥氏体系等不锈钢母体的冶金学特性。1911 年，Monnartz 揭示了钢的耐腐蚀性原理，并首次提出了钝化和临界铬含量的概念，说明了碳和铬的作用和影响。1913 年，H. Brearley 开发出了与现在 AISI420 相当的马氏体不锈钢，其 C 和 Cr 含量分别为 0.24% 和 12.8%。随后，C. Dantsizen 等开发出了与现在 SUS430 相当的铁素体不锈钢，其 C 和 Cr 含量分别为 0.07%~0.15% 和 14%~16%。E. Maurer 和 B. Strauss 则通过加入 Ni 首次开发出了 C 含量 1.0%、Cr 含量 15%~20%、Ni 含量 <20% 的奥氏体不锈钢。至此，不锈钢工业牌号相继问世。研制时仅采用坩埚冶炼法进行少量生产，形成一步法冶炼不锈钢工艺的雏形。1922 年炉顶旋开式电弧炉（EAF）问世后，逐渐开始采用氧化还原法冶炼不锈钢。当时氧化熔炼是以碳素废钢、纯铁以及在还原期才加入的低碳铬铁为主要原料，而不使用废不锈钢，因

为废不锈钢中所含有的铬铁在熔炼时会妨碍脱碳。1931 年，矿石氧化脱碳法进入了实用阶段，开发出了 Rustless 法，即用廉价的废不锈钢、高碳铬铁和铬矿石作为冶炼炉料来代替昂贵的低碳铬铁。20 世纪 40 年代，吹氧冶炼不锈钢的方法逐渐普及，电弧炉内吹氧可实现高速脱碳，并可大量利用废不锈钢。至此，形成了不锈钢一步法冶炼工艺，即在一座电炉内完成废钢熔化、脱碳、还原、精炼等环节，一步将炉料冶炼成不锈钢。主要应用在一些特殊要求抗腐蚀、耐高温的领域。

B 中期发展阶段

20 世纪 50 年代至 80 年代中期为发展阶段，即以炉外精炼为代表的不锈钢冶炼技术、连铸技术和多辊冷轧机技术相继开发成功，促进了全球不锈钢的规模化发展。不锈钢开始进入普通百姓家里，民用水平开始逐步扩大。

1954 年，美国联合碳化物公司（Union Cabide）尼亚加拉金属实验室发现了氩氧脱碳原理，即降低 CO 分压可实现降碳保铬，真空吹氧冶炼不锈钢工艺的研究逐渐受到关注。20 世纪 60 年代，德国 Edel-stahlwerk Witten 公司的真空吹氧脱碳炉——VOD 炉、美国 Union Carbide 公司的氩氧精炼炉——AOD 炉和乌克兰国家冶金学院的底吹转炉——GOR 炉相继问世。之后，随炉外精炼技术的发展和 AOD 炉及 VOD 炉在不锈钢冶炼领域的应用，冶炼周期长、作业率低、生产成本高、返回废钢量大的不锈钢电炉单炼工艺逐渐被淘汰，形成了 AOD 炉不锈钢一步法改进工艺。其主要以低磷、高热量的铁水及合金为炉料，大大减少了废钢的使用比例，同时省去了额外的熔化环节，显著降低了冶炼能耗和生产成本，吨钢成本可减少 400 元以上，被广泛应用于 400 系不锈钢冶炼。但该工艺一般需要额外的铁水脱磷工序，以满足低磷炉料的要求；此外，由于高碳合金的大量加入会破坏冶炼过程的热平衡，该工艺不适合高纯度不锈钢的冶炼。

随后在一步法工艺基础上，逐渐形成了以电弧炉（EAF）或转炉（BOF）为初炼炉，AOD 炉及 VOD 炉为精炼炉的二步法不锈钢冶炼工艺。其中，VOD 炉二步法工艺适合于规模小、品种多的不锈钢冶炼，AOD 炉二步法工艺宜于大型不锈钢企业生产。相对于一步法工艺，二步法工艺对固态炉料适应性强，金属回收率高，冶炼周期短，综合成本低，可生产除超低碳氮钢外的所有不锈钢种。但其亦有炉衬使用寿命短、还原剂硅铁及氩气消耗量大等缺陷。

20 世纪 80 年代，通过结合 AOD 炉及 VOD 炉优势形成了以 EAF-AOD-VOD 流程为代表的三步法冶炼工艺。该工艺各环节分工明确，初炼炉（EAF、BOF）仅具熔化初炼功能，AOD 炉起到快速脱碳、防止铬氧化的作用，VOD 炉等精炼炉实现对最终成分的微调和纯净度的控制，其原料适应性强、氩气消耗量少、脱碳速度快、脱氮效果好、不锈钢产品质量高，可完成超低碳、控氮或含氮不锈钢和超纯铁素体不锈钢的冶炼。但三步法工艺增加了冶炼工艺环节，投资及生产成本增高；同时，其真空设备体系复杂，维护难度加大。三种不锈钢冶炼工艺特点对比见表 1-2[9-11]。

表 1-2 不锈钢冶炼工艺特点对比

不锈钢冶炼工艺	代表工艺	特 点
一步法	电炉单炼工艺	工艺简单，冶炼周期长，作业率低，生产成本高，返回废钢量大
	AOD 工艺	废钢比例及生产成本降低，不适合高纯度不锈钢的冶炼

不锈钢冶炼工艺	代表工艺	特 点
二步法	EAF-AOD 工艺	生产规模大，固态炉料适应性强，金属回收率高，冶炼周期短，综合成本低，炉衬使用寿命短，还原硅铁及氩气消耗量大，不能冶炼超低碳氮钢
三步法	EAF-AOD-VOD 工艺	各环节分工明确，原料适应性强，氩气消耗量减少，脱碳速度快，脱氮效果好，不锈钢产品质量高，可冶炼超低碳、控氮或含氮不锈钢和超纯铁素体不锈钢；冶炼工艺环节较多，投资及生产成本增高；真空设备体系复杂，维护工作难度加大

C 高速发展阶段

20 世纪 80 年代中期至今为高速发展阶段，尤其是红土镍矿冶炼不锈钢技术得到快速发展。

1990—2000 年市场拓展期；2000—2016 年加速发展阶段；2016 年至今，增速放缓阶段。20 世纪 90 年代以来，不锈钢产业发展突破欧美、日本等传统市场，开始向更广阔的新兴市场发展。90 年代诞生了全球不锈钢产业史上的第一个大型主产区域，即欧洲不锈钢市场，到 2002 年，世界不锈钢产量突破 2000 万吨。进入 21 世纪，全球不锈钢产业进一步加速发展。发展中国家不锈钢的产量与消费量持续增长，特别是中国和其他亚太地区国家经济快速发展，以及民用领域的消费增加，带动了全球不锈钢产量快速增长。

1.1.1.2 国内不锈钢生产技术发展历程

新中国成立后，为加速实现工业化的发展，1952 年太钢炼出第一炉不锈钢，结束了我国不能生产不锈钢的历史。20 世纪 70 年代我国不锈钢生产工艺以没有炉外精炼的电弧炉一步法为主。80—90 年代，我国一些钢厂陆续建成炉外精炼设备，例如 AOD、VOD，不锈钢冶炼技术得到提升。"十五"及"十一五"时期，中国不锈钢行业快速发展。2005 年，中国首创用红土镍矿生产含镍生铁，这一工艺在中国得到快速发展，使得中国不锈钢产量有了爆发式的增长。"十二五"时期，RKEF 法镍铁冶炼技术和 RKEF-AOD 一体化生产工艺的成本优势使得不锈钢产能快速扩张。"十三五"时期，我国深入推进供给侧结构性改革，推动钢铁行业高质量发展。2018 年中频感应电炉全部停产退出市场，推动不锈钢产业转型升级。"十四五"时期，钢铁行业将"由大到强"发展，以深化供给侧结构性改革为主线，加快构建现代化的钢铁产业体系，促进钢铁行业质量效益全面提升。我国不锈钢产业将实现低碳、高效、可持续发展[12-14]。

1.1.2 世界不锈钢产量发展历程

1.1.2.1 全球不锈钢产量

根据 Mysteel 数据，全球不锈钢产量的发展经历了大概 3 个阶段，如图 1-2 所示。20 世纪 50 年代初全球不锈钢产量约 100 万吨，经过近 40 年的发展，1990 年全球不锈钢产量突破 1000 万吨，主要是欧洲区域不锈钢产量快速增长。经过 10 年的快速发展，尤其是发展中国家不锈钢的产量与消费量持续增长，特别是中国和其他亚太地区国家经济快速发展，以及民用领域的消费增加，带动了全球不锈钢产量快速增长。到 2002 年全球不锈钢产量突破 2000 万吨。尤其是近 10 年，我国不锈钢产业飞速发展，2019 年全球不锈钢粗钢产量达 5221.8 万吨，2020 年因全球蔓延的新冠疫情全球不锈钢粗钢产量下降至 5089.2 万吨，同比下降 2.5%，但 2021 年不锈钢产量继续上升，增加到 5828.9 万吨。

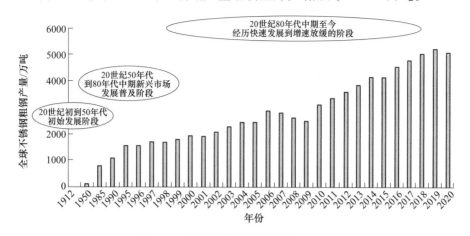

图 1-2　世界不锈钢粗钢产量发展历程

1.1.2.2　中国不锈钢产量

中国不锈钢粗钢产量的发展大致经历了 4 个阶段，如图 1-3 所示。

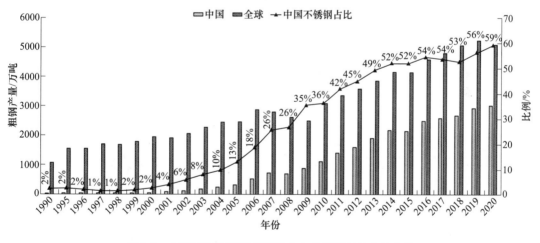

图 1-3　中国不锈钢粗钢产量及在全球粗钢产量中的占比

1952—1979 年初始阶段：我国建立了一些小型特钢企业。这个阶段不锈钢需求主要以工业和国防尖端使用为主，不锈钢年产量很小，只有几万吨。

1980—1999 年进入快速发展阶段：国家工作重点转移到现代化建设上来，到 1999 年，产量还只是在 30 万吨，大量靠进口。

2000—2007 年开始进入技术更迭阶段：随着国民经济的快速发展和人民生活水平的不断提高，不锈钢需求快速增长，国产镍铁的大规模化使用，使得我国不锈钢的成本大大降低。2006 年我国不锈钢粗钢产量超越日本，居世界第一，年产量达 530 万吨。

2008 年至今开始进入调整转型阶段：2010 年，不锈钢产量明显上升，出口量首次超过进口量，净出口量 47 万吨，实现了从不锈钢净进口国到净出口国的角色转型。2010 年不锈钢粗钢产量达到 1126 万吨。自 2010 年以来全球不锈钢产量增量主要来自我国。根据中国特钢企业协会不锈钢分会数据，2020 年我国不锈钢粗钢产量为 3014 万吨，在全球产量占比高达 59.2%，2021 年我国不锈钢粗钢产量为 3263.3 万吨，占全球产量的 56%。从 2013 年以来，我国不锈钢粗钢产量在全球的占比均高于 50%。

据 Mysteel 统计显示，2019—2021 年，中国前十大钢厂基本稳定，排名 1~5 分别为福建青拓、太钢不锈、北港新材料、江苏德龙与阳江广青。2021 年前十大钢厂产量为 2602.3 万吨，占全国产量的 80.20%。中国不锈钢现有炼钢年产能 4300 万吨左右，主要的产能集中在福建、广西、广东、山西和江苏等省份，前五大生产基地钢厂的产能占比高达 77%。

1.2 世界不锈钢冶炼工艺技术现状

目前，世界不锈钢冶炼工艺技术主要为二步法和三步法，据统计，二步法约占 70%，三步法约占 20%，一步法约占 10%。不锈钢冶炼技术的选择与钢种和原料有关，所需原料主要包括废钢、铁水、铬矿石、镍矿合金等。不锈钢冶炼所用的装备分为初炼设备和精炼设备两大类，初炼设备包括电弧炉（EAF）、非真空感应炉等；精炼设备主要包括钢包型精炼设备（VOD、SS-VOD、VOD-PB 等）、转炉型精炼设备（AOD、VODC、VCR、CLU、KCB-S、KOBMS、K-BOP、MRP-L、GOR 等）及 RH 功能扩展型精炼设备（RH-OB、RH-KTB、RH-KPB 等）三大类。通常，冶炼原料为废钢时，初炼设备采用电弧炉+精炼设备的短流程工艺；原料是铁水时，初炼设备采用转炉+精炼设备的工艺；原料是废钢+铁水时，初炼设备采用电弧炉+转炉+精炼设备的工艺；原料是铬矿石时，初炼设备采用熔融还原转炉+脱碳转炉+精炼设备的工艺[7,8,11]。

1.2.1 不锈钢一步法冶炼工艺

早期的一步法电炉冶炼工艺已被逐步淘汰。目前，不锈钢一步法冶炼工艺主要为 AOD 炉一步法改进工艺，采用部分低磷或脱磷铁水代替废钢，将铁水和合金作为原料加入 AOD 炉进行不锈钢的冶炼，其对于冶炼 400 系列不锈钢尤为经济。

日本住友厂采用铁水倒罐混冲脱硅-铁水罐脱磷→85t AOD 炉（带顶枪）的一步法冶炼工艺。新日铁在 1971—1980 年及 1980 年以后采用的一步法冶炼工艺分别为：高炉铁水→175t LD-OB 炉→150t VOD 炉→浇注、高炉铁水预处理脱磷→175t LD-OB 炉→150t VOD 炉→浇注。太钢第二炼钢厂北区和酒钢的一步法冶炼工艺流程均为：脱磷转炉→60t AOD 炉→LF 炉→浇注，可实现 409、420、430 等 400 系不锈钢种的生产。

国内邢钢采用铁水包脱磷站→60t AOD 炉一步法工艺生产 400 系不锈钢，钢种涵盖 0Cr17、0Cr13 等铁素体类，1Cr13、2Cr13 等马氏体类及易切削不锈钢生产。其具体流程为：高炉铁水脱磷—扒渣→AOD 炉→LF 炉→浇注，高炉铁水经铁水包脱磷站进行脱硅、脱磷、拔除炉渣后兑入 AOD 炉，脱磷铁水成分为：$w(C) \geq 2.0\%$，$w(Mn) \leq 0.10\%$，$w(P) \leq 0.010\%$，$w(S) \leq 0.040\%$，在 AOD 吹氧脱碳过程中从高仓加入高碳铬铁，同时通过控制过程温度和降低 CO 分压等措施实现脱碳保铬，然后在 LF 炉进行成分、温度等微调。泰钢开发了铁水罐脱磷→70t TSR 炉全铁水一步法冶炼 400 系不锈钢工艺，其工艺流程为：高炉铁水→铁水三脱→TSR 炉→LF 炉→浇注，主要冶炼钢种包括 410S、430、420、409 等。TSR 炉不锈钢冶炼工艺是在 GOR 底吹工艺基础上，增加底枪数量和顶枪后形成的顶底复吹工艺，类似于 K-OBM-S 冶炼工艺。吹炼阶段一般分为装料、脱碳、还原、脱硫、调节和出钢等 6 个阶段。TSR 转炉增设顶枪和增加底枪支数后，供氧强度增加，冶炼周期大幅度缩短，400 系不锈钢冶炼周期达到 80min 左右。TSR 脱碳反应原理是通过在 TSR 炉冶炼的不同阶段吹入不同比例的惰性气体（如氩、氮等气体），降低 C-O 反应中的 CO 分压，达到降低高铬条件下 C-O 反应温度和铬损失，实现降碳保铬的目的[15-17]。

1.2.2 不锈钢二步法冶炼工艺

二步法中的精炼可分为在常压和真空状态下的精炼，形成了 EAF-转炉（AOD、CLU、K-OBM、KCB、MRP、GOR）二步法工艺和 EAF-真空吹氧（RH-OB、RH-KTB、VOD）二步法工艺。其中，EAF→转炉工艺是目前二步法冶炼不锈钢的最主要方式，其中电炉主要用于熔化废钢和合金原料，生产粗炼钢水，粗炼钢水再兑入 AOD 进行脱碳等处理，冶炼成合格的不锈钢钢水。而与 EAF→转炉工艺相比，EAF→真空吹氧工艺主要是通过提高炉内的真空度来促进脱碳反应的进行，使其在较低的温度下得到更低的碳含量，脱碳保铬效果好。通过控制真空度，可在铬几乎不被氧化的情况下脱碳。脱碳后用于还原氧化铬的还原剂硅铁用量少，其主要用于生产超低碳（[C] ≤ 0.02%）和低氮的超纯铁素体不锈钢[7,8,18]。

国外不锈钢企业中，采用二步法工艺的主要有以下钢厂：

瑞典 Sandivck 厂：EAF 炉→AOD 炉→浇注；

瑞典 Kanthal 厂：EAF 炉→CLU 炉→浇注；

日本知多厂：EAF 炉→AOD/VCR 炉→浇注；

日本山阳厂：EAF 炉→RH 炉→浇注；

日本和歌山厂：AOD 炉→VOD-PB 炉→浇注；

芬兰 Tomio 厂：EAF 炉→AOD 炉→浇注；

巴西阿塞西塔厂：35t×EAF 炉/MRP-L 炉→80t×AOD 炉→浇注；

日本川崎千叶厂：铁水预处理-脱磷→80t K-BOP 炉（FeCr 熔化、粗脱碳、脱硫）→50t SS-VOD 炉（终脱碳、脱氮）→连铸，冶炼含 30% Cr、2% Mo 的极低碳、氮不锈钢（[N] = $60×10^{-6}$，VOD 炉初始碳含量大于 0.8%）。

国内不锈钢企业中，采用二步法工艺的主要有以下钢厂：

太钢一炼钢厂二步法生产线流程为：90t EAF 炉×1→45t AOD 炉×3→吹氩站→立式板坯连铸机，这 3 座 45t AOD 炉是由我国第一座 18t AOD 炉换代而来，该 45t AOD 炉增加了顶吹氧枪，并配有奥钢联的智能精炼系统；

宝钢二步法工艺为：120t EAF 炉×1→135t AOD 炉×1→LF 炉×1→单流板坯连铸机，其年产不锈钢 100 万吨，板坯规格为厚 180 ~ 200mm，宽 700 ~ 900mm，1780mm 热连轧带钢车间年产能力约 400 万吨；

张家港浦项不锈钢厂以固态镍铁作为母料，采用二步法工艺：140t EAF 炉×1+60t 电炉×1→150t AOD 炉×1（1 个工位 3 个炉子）→立弯板坯连铸机→1600 炉卷热轧机→7 架冷轧机，其产品以 300 系不锈钢为主；

东方特钢也采用固态镍铁为母料冶炼 300 系不锈钢，其不锈钢冶炼工艺为：80t EAF 炉×1→90t AOD 炉→90t LF 炉→220×1600 m^2 板坯连铸机→1800 炉卷轧机；

西南不锈钢厂采用二步法冶炼工艺：60t EAF 炉×2→60t GOR 炉×3→70t LF 炉×2→一机一流连铸机→1450 连轧机，以固态镍铁作为母料，年产 68 万~70 万吨 300 系不锈钢；

唐钢唐山不锈钢有限公司采用二步法工艺：铁水脱磷→AOD 炉×1→110t AOD 炉×1→LF 炉×1→1000mm 板坯连铸机→1580mm 热连轧带钢机，其年产不锈钢 60 万吨；

酒钢采用铁水罐顶喷脱磷→100t EAF 炉×1→110t AOD 炉×1→LF 炉×1 的二步法工艺，主要用于生产 200 系和 300 系不锈钢。

1.2.3   不锈钢三步法冶炼工艺

随着转炉冶炼不锈钢技术的发展及不锈钢精炼技术的多样化，克服了两步法存在的缺陷，逐步开发出了不锈钢三步法工艺，将不锈钢的冶炼引入了崭新的阶段。三步法工艺在保留 AOD 炉、VOD 炉优点的基础上，将顶底复吹转炉引入到不锈钢生产中，其流程是：初炼炉→脱碳精炼炉→真空脱碳精炼炉。三步法工艺克服了 EAF→VOD 二步法工艺较高的氩氧消耗和炉衬消耗，缩短了 EAF→VOD 二步法工艺所需要的较长处理时间；同时，可采用顶底复吹转炉，实现高速脱碳，从而优化炼钢工艺，提高产品质量，降低生产成本，获得最佳的冶炼效果；另外，其转炉炉衬寿命长，产品范围广、质量好（O、N、H 含量低），有利于同连铸的匹配，提高连铸炉数[7,8,18,19]。

国外不锈钢企业中，采用三步法工艺的主要有以下钢厂：

日本川崎千叶第四炼钢厂以南非铬矿砂为原料，采用双转炉三步法工艺：SR-KCB/KMS-S 炉→DC-KCB/K-OBM-S 炉→VOD 炉→浇注；

日本新日铁周南厂：30t EAF 炉×2→45~75t AOD 炉×2→60t VOD 炉×1→浇注；

德国曼内斯曼-德马克厂：初炼炉→MRP-L 炉→VOD 炉→浇注；

韩国浦项不锈钢厂：EAF 炉→复吹 AOD 炉→VOD 炉→浇注；

奥地利伯乐钢厂：EAF 炉→AOD 炉→VOD 炉→浇注；

比利时阿尔兹钢厂：EAF 炉→K-OBM-S 炉→VOD 炉→浇注；

巴西阿塞西塔厂：预处理铁水+33t EAF 炉×2→75t MRP-L 炉×1→VOD 炉→浇注。

国内不锈钢企业中，采用三步法工艺的主要有以下钢厂：

太钢二炼钢南区三步法工艺为：（高炉→炉外脱磷、脱硅）/EAF 炉→90t K-OBM-S 炉→VOD 炉→连铸机，该条生产线于 2002 年末建成，是我国第一条以铁水为主要原料的三步法不锈钢生产线，其中 90t K-OBM-S 炉使用顶枪供氧，并伴有 5 支底吹喷嘴，可加快脱碳速度，熔池搅拌强烈，成分均匀快，年产 60 万吨；

太钢二炼钢北区三步法工艺生产线为：160t EAF 炉×2→180t AOD 炉×2→180t VOD 炉×2→连铸机，该工艺路线既有电炉又有转炉，可选择性强，原料结构灵活，不用铁水三脱，可采用转炉脱磷、脱碳、脱硅，减轻了 AOD 炉的负担，年产 200 万吨；

宝钢不锈钢本部三步法工艺流程为：（高炉→铁水罐脱磷→）100t EAF 炉×2→120t AOD 炉×1→120t VOD 炉×1→连铸机，可用于生产 200 系、300 系、400 系不锈钢。

1.3　世界镍铁冶炼工艺技术发展

无论哪种工艺，不锈钢均需采用镍铁合金或含镍、铬铁水、废不锈钢、氧化镍或电解镍为原料进行冶炼，其中镍铁合金是一种非常重要的原料，国产镍铁合金的规模化生产极大地推动了我国不锈钢产业的快速发展。

镍铁合金按镍含量的高低可分为低镍铁（Ni：1.5%~2%）、中镍铁（Ni：4%~8%）和高镍铁（Ni>10%）三类。由于镍铁合金（或含镍铁水、不锈钢母液）取代电解镍作为不锈钢生产中的镍元素添加剂时具有突出的成本优势，不锈钢及合金企业使用镍铁的比例正在逐步增加。如图1-4所示，中国不锈钢镍原料结构中，自2017年至2020年，镍铁占比由50%增至约64%，镍铁已逐渐成为冶炼不锈钢时最主要的含镍原料。据全球金属统计局（WBMS）数据，2020年中国镍铁产量占镍总产量的74%左右。随镍铁冶炼工艺的迅速发展和广泛应用，不仅改变了不锈钢的原料结构，解决了铁基原料和废钢资源不足的问题，还有效缓解了全球金属镍紧缺的局面，提高产品性能的同时控制成本投入，在钢铁微利时代为企业的良好发展提供了保障。目前，镍铁合金冶炼工艺主要包括：烧结—高炉法、直接还原—磁选（DRM）法、回转窑—电炉（RKEF）法等[20-32]。

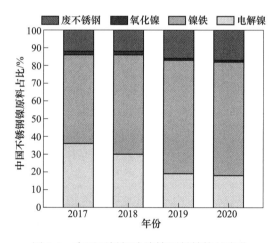

图1-4　中国不锈钢冶炼镍原料结构的变化

1.3.1　直接还原—磁选（DRMS）工艺

直接还原—磁选工艺是在日本大江山工艺的基础上发展起来的一种新型工艺。该工艺主要包括红土镍矿原矿干燥、破碎、筛分、压团、还原和还原矿破碎磁选等工序。为了获得高品位的镍铁精矿，在还原过程中需抑制铁氧化物的还原，尽可能地促进镍的还原，即选择性还原；同时为了保证镍的回收率，还需诱导镍铁晶粒的充分长大，使其在后续的磨选过程中能够很好的解离。然而，红土镍矿中SiO₂、MgO₂等脉石矿物含量高，镍主要赋存于针铁矿或硅酸盐矿物中，矿物嵌布关系复杂，因此，还原难度大，镍铁晶粒也不易长大。直接还原—磁选工艺一般不适于处理铁品位较高的褐铁矿型红土镍矿，多适用于腐殖土型红土镍矿[33-35]。

直接还原—磁选工艺中约85%的能耗来自于还原煤，吨矿耗煤160~180kg，回转窑高温还原焙烧产生的热废气可直接用于团块干燥，其整体工艺能耗和生产成本低，环境污染相对较小，镍铁精粉质量好（镍品位一般在 8%~12%），是处理中高品位红土镍矿的经济性工艺。但同时由于中高品位红土镍矿硅镁含量高，还原过程中易形成高熔点矿物，回转窑还原温度较高（一般在 1250℃ 左右），镍铁晶粒长大困难，回转窑结圈问题严重，加之镍铁选择性还原程度控制难度大，该工艺虽经过几十年发展，但工艺技术仍不稳定，大型化困难（单机镍金属年产量仅 1 万吨左右）。

采用直接还原—磁选（DRMS）工艺的企业如下：

大江山冶炼厂：拥有 4 台 ϕ3.6m×72m 和 1 台 ϕ4.2m×84m 的回转窑，每个窑配置一个链算机，多用来处理新喀里多尼亚、菲律宾和印度尼西亚进口的红土镍矿，其选用的红土镍矿原料中 Ni 含量在 2.3%~2.5%，Fe 含量在 11%~15%，SiO_2 含量在 40%~45%，MgO 含量在 20%~25%，水分在 25%~30%。生产过程中，镍铁产品呈 0.5~20mm 的粒状，并夹带 1%~2% 的炉渣，其 C 含量一般小于 0.10%，Ni 含量在 23% 左右，年产量约 1.5 万吨。

北港新材料有限公司：拥有 4 台 ϕ3.6m×72m 的回转窑，公用一条干燥窑和磁选系统。回转窑窑头火焰温度约 1300℃，料面温度约 1100℃，窑尾尾气温度约 350℃。其主要以含镍 1.4%~1.6%、含铁小于 20% 的红土镍矿为原料生产含镍 2%~4% 的干选铁和含镍 4%~8% 的镍铁精粉，直接还原的粒镍铁（≥2mm）约占 50%，剩余的为粉镍铁，年产镍铁产品约 3 万吨。这是国内第一家较为系统地进行工厂设计的回转窑镍铁项目，配置了烟气脱硫系统，工艺流程连贯，采用密闭物料输送，粉尘得到了有效控制。

辽宁凯圣锻冶有限公司：拥有 1 台 ϕ4m×80m 的回转窑，其主要以含 Ni 为 1.4%~2.2% 的红土镍矿为原料，生产含 Ni 为 1.85% 左右的镍铁产品，镍回收率在 74.38% 左右。其设计镍矿投入量为 500~600t/d，镍铁产量在 40~50t/d，其中镍铁产品 1~5mm 占 85% 左右，−1mm 占 10% 左右，30~50mm 占 5% 左右，还原煤和燃料煤单位镍铁设计消耗量分别为 1.7t 和 500kg。

此外，上海泛太平洋集团在印度尼西亚北马鲁古省建成 2 条回转窑直接还原—磁选生产线，镍铁产品镍含量在 10%~13%；大丰港和顺镍业有限公司规划在印度尼西亚苏拉威西兴建 6 条回转窑直接还原—磁选生产线，预计镍铁产能约在 15 万吨。

1.3.2 回转窑—电炉（RKEF）工艺

回转窑—电炉工艺（RKEF 法）起源于 20 世纪 50 年代，在全球范围内得到广泛利用。该工艺流程主要包括红土镍矿干燥及破碎、回转窑预还原焙烧、电炉高温熔炼、AOD 精炼等环节，最终得到镍铁产品。红土镍矿回转窑—电炉工艺中，预还原温度一般在 600~1000℃，电炉熔炼温度一般在 1600℃ 左右，为保证较高的镍品位和回收率，红土镍矿镍品位尽量要高。因此，该工艺适合处理镍品位较高的红土镍矿，即腐殖土型红土镍矿，其中，红土镍矿镍品位每降低 0.1%，生产成本大约增加 3%~4%[20,30,36,37]。

回转窑—电炉工艺环保性好，技术成熟，温度易控制，生产规模较大（单机镍金属年产量可达 8 万~12 万吨），原料强度及粒度要求低，精炼镍铁产品品质好（镍品位可达 10%~25%）。目前，其广泛用于处理镍品位较高的腐殖土型红土镍矿。但该工艺也存在许多问题，主要有设备投资大，电耗高（含镍 12% 铁水的电耗在 4000~5000kW·h/t，电耗约占操作成本的 50%），电力或燃料供应要求高，回转窑结圈问题仍存在，炉渣渣量高。

采用回转窑—电炉（RKEF）工艺的企业如下：

缅甸达贡山冶炼厂：拥有 2 台 ϕ5.5m×115m 回转窑，2 台 55MV·A 电炉，镍铁产品含 Ni 26% 左右，年产量约 8.5 万吨。

巴西淡水河谷公司：在帕拉（PARA）州开工建设了阿萨普玛镍铁项目，拥有 2 台 ϕ6m×135m 回转窑，2 台 120MV·A 电炉，可年产含 Ni 约 25% 的镍铁 22 万吨。

哥伦比亚塞罗马托沙（Cerro Matoso）冶炼厂：拥有 1 台 ϕ6.1m×185m 回转窑，1 台 ϕ6.0m×135m 回转窑，2 台 75MV·A 电炉，其以含 Ni 约 2.2% 的红土镍矿为原料，用于冶炼含 Ni 34%~36% 的镍铁产品，年产量约 4.91 万吨（2003 年）。

日本八户（Hachinohe）冶炼厂：拥有 1 台 ϕ5.25m×100m 回转窑，1 台 ϕ5.5m×115m 回转窑，1 台 ϕ4.6m×131m 回转窑，2 台 54MV·A 电炉，1 台 43MV·A 电炉，其以含 Ni 约 2.3% 的红土镍矿为原料，用于冶炼含 Ni 17%~23% 的镍铁产品，年产量约 4.10 万吨（2002 年与 2004 年平均值）。

日本住友金属矿业公司日向冶炼厂：拥有 2 台 ϕ4.8m×105m 回转窑，1 台 60M·VA 电炉，1 台 40MV·A 电炉，其以含 Ni 约 2.3%~2.5% 的红土镍矿为原料，用于冶炼含 Ni 17%~28% 的镍铁产品，镍铁产品年产量约 2.2 万吨。

新喀里多尼亚多尼阿姆博（Donniambo）冶炼厂：拥有 5 台 ϕ4m×95m 回转窑，3 台 50MV·A 电炉，其以含 Ni 约 2.7% 的红土镍矿为原料，用于冶炼含 Ni 22%~30% 的镍铁产品，年产量约 4.8 万吨（2003 年）。

希腊拉里姆纳（Larymna）冶炼厂：拥有 2 台 ϕ4.2m×90m 回转窑，1 台 ϕ5.2m×90m 回转窑，1 台 ϕ6.1m×125m 回转窑，1 台 50MV·A 电炉，1 台 36MV·A 电炉，2 台 32MV·A 电炉，其以含 Ni 约 1.1% 的红土镍矿为原料，用于冶炼含 Ni 20%~25% 的镍铁产品，年产量约 1.92 万吨（2002 年）。

乌克兰帕布什（Pobuzhsky）镍厂：拥有 4 台 ϕ4.6m×75m 回转窑，2 台 60MV·A 电炉，1 台 5MV·A 电炉，其以含 Ni 约 1.1% 或 2.3% 的红土镍矿为原料，用于冶炼含 Ni 4%~5.5% 或 20%~35% 的镍铁产品，年产量约 1.75 万吨。

青山印尼冶炼厂：于 2015 年和 2016 年先后投产 4 台和 8 台 33MV·A 电炉，镍铁年产量达到约 150 万吨。

广西北港新材料有限公司：拥有 2 条 KEF 生产线，其中 2 台 ϕ5.2m×122m 回转窑，2 台 36MV·A 电炉，年产镍铁水约 16 万吨。

福建盛德镍业公司：拥有 8 台 ϕ4.85m×75m 回转窑，4 台 25MV·A 电炉，4 台 50MV·A 电炉，用于冶炼含 Ni 约 5% 或 25% 的镍铁，年产量约 70 万吨。

福建鼎信实业有限公司：拥有 5 台 ϕ4.4m×100m 回转窑，5 台 55MV·A 电炉，其以含 Ni 1.8%~2.0% 的红土镍矿为原料，用于冶炼 $w(Ni)>10\%$ 的镍铁，年产量约 30 万吨。

中宝滨海镍业公司：拥有 2 台 ϕ4.85m×75m 回转窑，2 台 48MV·A 电炉，其以 $w(Ni)>1.5\%$ 的红土镍矿为原料，用于冶炼含 Ni 约 25% 的镍铁，年产量约 8 万吨。

广东广青金属科技公司：拥有 4 台 ϕ4.4m×100m 回转窑，4 台 33MV·A 电炉，2 台 60MV·A 电炉，用于冶炼含 Ni 约 12% 的镍铁，年产量约 12 万吨。

福建通海镍业公司：拥有 2 台 ϕ5.2m×118m 回转窑，6 台 25.5MV·A 电炉，年产

$w(\mathrm{Ni})>10\%$ 的镍铁 10 万～14 万吨。

此外，印尼波马拉厂拥有 1 台 27MV·A 电炉，鹰桥多米尼加（Falcondo）镍铁厂拥有 2 台 80MV·A 电炉，哥伦比亚蒙特利巴诺厂拥有 1 台 50MV·A 电炉，美国汉纳矿业公司拥有 4 台 14MV·A 电炉。同时，国内和国外仍有许多建成投产或在建的回转窑—电炉（RKEF）工艺生产线。国内有金川集团广西防城港年产 100 万吨镍铁项目，河北唐山凯源实业年产 100 万吨镍铁项目，临沂亿晨镍铬合金有限公司规划建设具有 6 台 33MV·A 电炉、年产 100 万吨镍铁项目等。国外特别是在印尼，金川集团、江苏德龙镍业有限公司、新华联等企业均已进行 RKEF 生产线的规划与兴建。

1.3.3　烧结—高炉工艺

烧结—高炉工艺是借鉴铁矿石铁前工艺应用于处理红土镍矿生产镍铁水的技术，该工艺流程主要包括红土镍矿干燥、配料、混合制粒、烧结、高炉熔炼、钢包精炼等工序。为保证高炉顺行，适用于处理铁品位较高、硅镁含量较低的红土镍矿，即褐铁矿型红土镍矿。因此，该方法通常以铁品位 50% 左右、镍品位 0.7%～1.5% 左右的高铁低镁褐铁矿型红土镍矿为原料，产出镍品位 3%～6% 的含镍生铁，作为 200 系不锈钢的生产原料[28,30,38]。

烧结—高炉工艺主要以价格相对便宜的褐铁矿型红土镍矿为原料，原料成本低，工艺技术成熟，设备投资与技术风险低，电耗少，可以低成本地完成镍铁冶炼，以大幅缓解全球镍供应的巨大压力。然而，该工艺镍铁产品质量较低，镍品位一般在 1%～5% 左右，高炉焦比高（500～600kg/t 左右），炉容相对于传统高炉仍较小（低于 1000m³），原料需要造块处理，烧结矿产质量指标差，环境污染较大。

采用烧结—高炉工艺的企业如下：

宝钢德盛公司：拥有 3 台 126m² 烧结机，3 座 450m³ 高炉，以含 Ni 为 0.8%～1.0%、含 Fe 为 47%～49% 的红土镍矿为原料，生产含 Ni 为 1.57% 左右的镍铁，烧结机和高炉年产量分别为 293 万吨和 76 万吨。烧结生产中，烧结矿碱度在 1.5～1.7，利用系数约 1.07t/(m²·h)。高炉生产中，烧结矿单耗为 1730kg/t，热风温度在 1070℃，富氧率在 1.6%，炉顶压力为 135kPa，焦比为 530kg/t，燃料比为 670kg/t，利用系数为 3t/(m³·d)，渣铁比为 890kg/t。

北港新材料有限公司：拥有 1 台 180m² 烧结机，2 台 132m² 烧结机，2 座 550m³ 高炉，1 座 450m³ 高炉，主要以含 Ni 为 0.8%～1.0%、含 Fe 为 43%～49% 的红土镍矿为原料，生产含 Ni 为 1.2%～1.6% 左右的镍铁，烧结机和高炉年产量分别为 219 万吨和 130 万吨。烧结生产中，台车运行速度 2.2m/min，混合料厚度约 750mm，点火温度为（1100±50）℃，点火负压约 8.5kPa，烧结负压约 14.5kPa，烧结结束后，烧结矿在 170m² 鼓风环式冷却机逐渐被冷却至 120℃ 以下，烧结矿碱度在 1.2～1.4，固体燃耗达到 161.40kg/t。高炉生产中，炉料结构以含镍烧结矿为主，配以少量块矿，用以调整炉渣渣型，两者比例约在 90∶10，炉料入炉品位在 48%～49% 左右。此外，还原剂以焦炭为主，辅以少量的焦丁和喷吹煤，高炉风压约在 280～290kPa，风温在 1200℃ 左右，铁水温度在 1460～1500℃，炉渣二元碱度在 0.9～1.0，高炉焦比约 559.56kg/t。

此外，山东鑫海科技有限公司建有 1 座 350m³ 和 1 座 128m³ 高炉；振石控股集团在印尼马鲁古省格贝岛投产 4 座 80m³ 高炉，用以生产含 Ni 为 10% 以下的镍铁；联富达进出口有限公司印尼新建 3 座 80m³ 高炉，用以生产含 Ni 4%~6% 以下的镍铁，以金属镍量计，可年产镍铁 0.18 万吨；大丰港和顺镍业有限公司在印尼苏拉威西省兴建 4 座 86m³ 高炉，镍铁年产量在 13.5 万~15 万吨；宁波明辉集团和亨泰源冶金有限公司分别在印尼苏拉威西省和万丹省建成投产 1 座 128m³ 高炉；新华联在印尼正在建设 4 座 80m³ 高炉，镍铁年产量约 10 万吨。

整体上，三种镍铁冶炼工艺中，直接还原—磁选工艺和回转窑—电炉工艺适用于处理镍品位较高、铁品位较低的腐殖土型红土镍矿，而烧结—高炉工艺适用于处理镍品位较低、铁品位较高的褐铁矿型红土镍矿。

1.4　从红土镍矿冶炼不锈钢技术发展现状及前景

1.4.1　不锈钢生产发展前景分析

1.4.1.1　不锈钢产量发展前景

我国不仅是世界不锈钢第一大生产国，而且是世界不锈钢第一大消费国。下游行业快速增长带来了钢材市场旺盛的需求，近 30 年来我国不锈钢表观消费量增长情况如图 1-5 所示。中国不锈钢产业从 20 世纪 90 年代末期逐步发展壮大，不锈钢消费也随之增长。进入 21 世纪，我国不锈钢消费高速增长。2001—2020 年，中国不锈钢表观消费量年复合增长率为 12.93%。根据 ISSF 统计，2001 年中国不锈钢表观消费量为 225 万吨，超越美国成为世界不锈钢第一消费大国。2014 年以来，我国不锈钢消费量保持稳定增长。

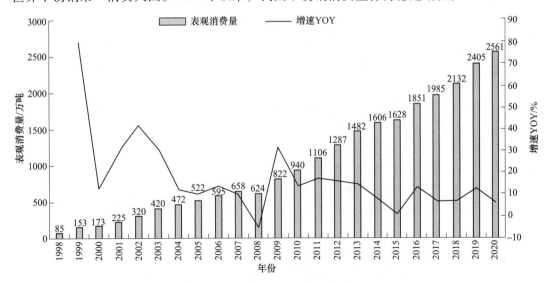

图 1-5　中国不锈钢表观消费量增长情况（来源于 ISSF）

我国不锈钢人均消费量也在逐年提升（图 1-6）。2010—2020 年，中国不锈钢人均消费量年复合增长率为 10.75%。据中国特钢企业协会统计，2019 年我国不锈钢产量仅占我国粗钢总产量的 2.95%，与欧盟的 4.27% 仍有一定差距。截至 2020 年我国人均消费量为 18.1kg，同比增长 6.5%，但仍低于德国、日本、意大利等制造业较发达国家（人均不锈钢消费量为 25~45kg）的消费水平。

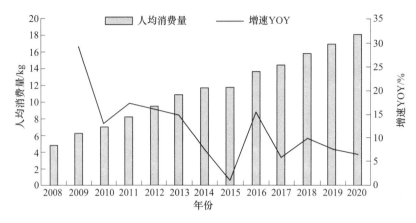

图 1-6 中国不锈钢人均表观消费量增长情况（来源于 ISSF）

随着我国不锈钢产品竞争力的提升，中国不锈钢出口量呈上升趋势。2010 年，中国成为不锈钢净出口国，并且连续 11 年为不锈钢净出口国。

从不锈钢产品消费领域来看，其中餐具、制品和电器占据最大比重，为 32.6%；其次为建筑、结构、装饰领域，占比 24.6%；交通运输领域占比 14.4%；能化及工业领域分别占比 13% 和 11%。随着人民群众日益增长的物质文化需要，人均不锈钢需求将进一步提高。

我国高端不锈钢能为制造业提供不可或缺的材料支撑，高品质、高性能不锈钢分别被国家统计局和国家发改委纳入《战略性新兴产业分类（2018）》和《2019 年产业结构调整指导目录》鼓励类。高质量发展将推动部分普钢需求转变为不锈钢需求，特别是当前以 5G 基站、大数据中心、城市轨道交通等为代表的"新基建"将需要大量高端不锈钢。

由此可见，我国不锈钢产品具有巨大的市场，不锈钢生产仍然具有巨大的发展空间。

1.4.1.2 不锈钢生产技术发展前景

经过 100 多年的发展，不锈钢已经成为特殊钢中第一大钢种。未来我国不锈钢产业将着重从以下方面开发新技术和新产品。

（1）技术创新方面将围绕低成本原料制备、高洁净度和极限元素、高表面质量、酸洗与高效轧制、低碳绿色发展等五个方面进行；

（2）新产品研发注重以下方面[39]：

1）极端环境下的材料研发，例如超高温环境、热核聚变用不锈钢等，超低温环境及储氢容器用不锈钢板材等；

2）制造难度较大的品种研发，如宽幅超薄不锈精密带钢、核电用特厚板等极限规格产品，高表面质量装饰用材等；

3）更加广泛领域的应用，如氢能源电堆双极板用不锈精密带钢、固体燃料电池连接件用超纯铁素体不锈钢等，以及低成本建筑用不锈钢等。

1.4.2 从红土镍矿冶炼不锈钢技术发展现状及前景

自从镍矿石中提取镍开始发展以来，由于硫化镍矿镍平均品位高，富矿（镍品位 1%~3%）约占其总量的 66%，且易于富集，选矿后精矿品位可达 6%~12%，同时其开采冶炼工艺技术成熟，可回收伴生矿种类多、价值高，发展初期硫化镍矿的开采占主导地位，红土镍矿的供给较少。20 世纪 50 年代，仅有 15% 的镍产自红土镍矿，其余均产自硫化镍矿。但硫化镍矿因长期开采（开采比例已达 70%）及近年新硫化镍矿资源勘探无重大进展，其保有储量已严重下滑，加之传统硫化镍矿采矿深度逐渐加深，开采难度日益加大，选、冶难度也不断增加；而红土镍矿资源更为丰富，多位于地表，勘查、采矿成本低，且主要红土镍矿矿床多靠近海岸线，运输便利[28-30]。

在镍矿提取的发展初期，市场中不锈钢的生产主要采用硫化镍矿生产的电解镍作为原材料，对硫化镍矿的大量需求拉高了镍价，也因此提高了不锈钢的生产成本。随着不锈钢行业的快速发展，不锈钢生产国由欧、美、日逐渐转向中国，特别是 2000 年后，中国不锈钢需求迅速发展，带动镍价猛涨，不锈钢原料瓶颈压力凸显。随着红土镍矿冶炼镍铁工艺的出现、发展与成熟，为从红土镍矿冶炼不锈钢提供了重要途径。

目前，在全球镍供应中，从红土镍矿提取的镍产量占比已扩大至 60% 以上，而硫化镍矿的镍产量占比已不足 40%，前者目前已占据主导地位。而高炉、矿热炉冶炼出的镍铁水，可以直接装入 AOD 转炉进行精炼处理，也可继续冶炼成 200 或 300 系列的不锈钢，这就形成了以利用红土镍矿工艺为技术核心的冶炼不锈钢新流程，即烧结+高炉+AOD 炉工艺、RKEF+AOD 炉工艺，分别主要用于生产 200 系和 300 系不锈钢。据中国钢铁协会统计，2020 年从红土镍矿冶炼不锈钢的粗钢产量达到不锈钢总产量的 65%，其中烧结+高炉+AOD 炉工艺占比 26%，RKEF+AOD 炉工艺占比 39%，其他工艺占 25%[21,24,28]。综上所述，从红土镍矿冶炼不锈钢具有广阔的发展前景。

参 考 文 献

[1] 伍千思. 钢铁材料手册：不锈钢（第 5 卷）[M]. 北京：中国标准出版社，2009.

[2] 陆世英. 不锈钢概论 [M]. 北京：化学工业出版社，2013.

[3] 郭文军. 不锈钢的性能及生产工艺特点 [J]. 现代冶金，2012，40（6）：1-4.

[4] 贾凤翔，侯若明，贾晓滨. 不锈钢性能及选用 [M]. 北京：化学工业出版社，2013.

[5] PARK J H, KANG Y. Inclusions instainless steels—A review [J]. Steel Research International, 2017, 88（12）：1700130.

[6] JOHNSON J, RECK B K, WANG T, et al. The energy benefit of stainless steel recycling [J]. Energy Policy, 2008, 36（1）：181-192.

[7] SALEIL J, MANTEL M, LE COZE J. Stainless steels making：History of developments. Part Ⅱ：Processing in electric arc furnace; refining of chromium containing hot metal; stainless steels production in integrated steel-plants [J]. Materials & Techniques, 2020, 108（1）：104.

[8] LO K H, SHEK C H, LAI J K L. Recent developments in stainless steels [J]. Materials Science & Engineering R-Reports, 2009, 65（4-6）：39-104.

[9] 史彩霞，吴燕萍，李冬刚，等. 不锈钢冶炼工艺流程的分析与比较 [J]. 钢铁技术，2014（1）：15-18.

[10] 黄飞，朱伟伟，闫抒宇. 不锈钢冶炼工艺的发展与分析 [J]. 大型铸锻件，2017（4）：50-51，59.

[11] 程志旺，许勇. 不锈钢冶炼工艺技术 [J]. 特钢技术，2011，17（1）：1-5.

[12] 冀志宏，王兴艳. 我国不锈钢产业现状分析及发展建议 [J]. 冶金经济与管理，2017（1）：40-43.

[13] 张晋. 不锈钢产业链梳理之中国不锈钢蓬勃发展. https：//mri. mysteel. com/21/1126/16/8EAF81DCD7D924AE. html.

[14] 王定武. 我国不锈钢生产的发展和展望 [J]. 冶金管理，2016（3）：21-24，60.

[15] 史彩霞，游香米. 铁水一步法冶炼 400 系不锈钢转炉脱磷可行性分析 [J]. 炼钢，2017，33 (6)：20-25.

[16] 冯文甫，叶凡新，马富平，等. 60t AOD 精炼使用炉料级铬铁冶炼 400 系不锈钢的生产实践 [J]. 特殊钢，2015，36 (6)：36-38.

[17] 刘闯. 不锈钢 AOD 精炼工艺的应用和发展 [J]. 特殊钢，2007 (1)：44-46.

[18] 刘卫东. 三步法和二步法不锈钢冶炼工艺的分析和生产实践 [J]. 特殊钢，2013，34 (5)：34-37.

[19] 谷宇，刘亮. 太钢不锈钢高效低成本生产技术 [J]. 炼钢，2014，30 (4)：75-78.

[20] WARNER A E M, DIAZ C M, DALVI A D, et al. JOM world nonferrous smelter survey. Part Ⅲ：Nickel：laterite [J]. JOM, 2006, 58 (4)：11-20.

[21] 周建男，周天时. 利用红土镍矿冶炼镍铁合金及不锈钢 [M]. 北京：化学工业出版社，2015.

[22] 兰兴华. 世界红土镍矿冶炼厂调查 [J]. 世界有色金属，2006 (11)：65-71.

[23] 刘晓民，姜晓东，鹿宁，等. 开发中国特色红土镍矿冶炼工艺建设现代化镍铁厂 [J]. 铁合金，2009，40 (2)：6-12.

[24] 栾心汉，唐琳，李小明，等. 镍铁冶金技术及设备 [M]. 北京：冶金工业出版社，2011.

[25] 张邦胜，蒋开喜，王海北，等. 我国红土镍矿火法冶炼进展 [J]. 有色冶金设计与研究，2012，33 (5)：16-19.

[26] 刘安治，李韩璞. 红土镍矿冶炼工艺分析 [J]. 现代冶金，2013，41 (1)：1-4.

[27] 李小明，白涛涛，赵俊学，等. 红土镍矿冶炼工艺研究现状及进展 [J]. 材料导报，2014，28 (5)：112-116.

[28] 郭鸿发，吴林翀. 我国镍资源利用同不锈钢工业发展简述 [J]. 铁合金，2015，46 (6)：44-48.

[29] 武兵强，齐渊洪，周和敏，等. 红土镍矿火法冶炼工艺现状及进展 [J]. 矿产综合利用，2020 (3)：78-83，93.

[30] 王成彦，马保中. 红土镍矿冶炼 [M]. 北京：冶金工业出版社，2020.

[31] 王帅，姜颖，郑富强，等. 红土镍矿火法冶炼技术现状与研究进展 [J]. 中国冶金，2021，31 (10)：1-7.

[32] XIAO J H, XIONG W L, ZOU K, et al. Extraction of nickel from magnesia-nickel silicate ore [J]. Journal of Sustainable Metallurgy, 2021, 7 (2)：642-652.

[33] TIAN H Y, GUO Z Q, ZHAN R N, et al. Effective and economical treatment of low-grade nickel laterite by a duplex process of direct reduction-magnetic separation & rotary kiln-electric furnace and its industrial application [J]. Powder Technology, 2021, 394：120-132.

[34] ZHANG Y Y, CUI K K, WANG J, et al. Effects of direct reduction process on the microstructure and reduction characteristics of carbon-bearing nickel laterite ore pellets [J]. Powder Technology, 2020, 376：496-506.

[35] YUAN S, ZHOU W T, LI Y J, et al. Efficient enrichment of nickel and iron in laterite nickel ore by deep reduction and magnetic separation [J]. Transactions of Nonferrous Metals Society of China, 2020, 30 (3)：812-822.

[36] 刘佳利. 我国镍铁行业发展及企业经营现状分析 [J]. 冶金经济与管理，2016 (5)：13-17.

[37] 吴殿臣，胡立夫，张烽，等. 矿热电炉红土矿冶炼镍铁技术概论 [J]. 铁合金，2013，44 (4)：43-48.

[38] RAO M J, LI G H, JIANG T, et al. Carbothermic reduction of nickeliferous laterite ores for nickel pig iron production in China：a review [J]. JOM, 2013, 65 (11)：1573-1583.

[39] 李建民. 不锈钢产品及工艺技术发展的思考. 第十三届中国钢铁年会论文集. 北京：冶金工业出版社，2022：69-71.

2 红土镍矿工艺矿物学

2.1 世界镍矿资源开发现状

2.1.1 世界镍资源概况

地球上的镍储量十分丰富，除暂时无法有效利用的海底含镍锰结核和锰结壳等深海镍资源外，地球上可供开采的陆基镍矿资源主要分为硫化镍矿和氧化镍矿两大类，前者主要含镍矿物为镍黄铁矿 $(Fe,Ni)_9S_8$，其他还包括含镍磁黄铁矿 $(Fe,Ni)_7S_8$、钴镍黄铁矿 $(Ni,Co)_3S_4$、针硫镍矿 NiS、紫硫镍铁矿 $(Fe,Ni)_2S_4$ 和辉铁镍矿 $3NiS \cdot FeS_2$ 等，后者主要有硅镁镍矿 $(Ni,Mg)_3Si_2O_5(OH)_4$、含镍褐铁矿 $(Fe,Ni)O(OH) \cdot nH_2O$ 等[1-3]。

全球镍资源在 150 个国家和地区均有发现。据 2022 年美国地质调查局（USGS）统计数据[4]，全球已探明镍品位高于 0.5% 的陆基镍资源总量约 3 亿吨金属量，其中硫化镍矿占 40%，红土镍矿占 60%，合计镍金属基础储量超过 9500 万吨。但全球镍储量分布极不均衡（见表 2-1）[1,5]，印度尼西亚、澳大利亚、巴西分别位列前三位，镍金属储量分别为 2100 万吨、2000 万吨、1600 万吨，三者占比达到 60.76%，其余依次是新喀里多尼亚（850 万吨）、俄罗斯（750 万吨）、古巴（550 万吨）以及菲律宾（480 万吨），占比分别为 8.91%、7.86%、5.76% 和 5.03%；我国镍金属储量为 280 万吨，仅占 2.93%。

表 2-1 全球镍金属储量分布及占比[3,6-10]

国家	基础储量/万吨	占比/%	主要矿石类型
澳大利亚	2100	22.00	红土镍矿和硫化镍矿
巴西	1600	16.76	红土镍矿
俄罗斯	750	7.86	硫化镍矿
古巴	550	5.76	红土镍矿
菲律宾	480	5.03	红土镍矿
印度尼西亚	2100	22.00	红土镍矿
新喀里多尼亚	850	8.91	红土镍矿
中国	280	2.93	硫化镍矿
加拿大	200	2.10	硫化镍矿
美国	34	0.36	红土镍矿
其他	600	6.29	红土镍矿和硫化镍矿
合计	9544	100.0	红土镍矿 60%，硫化镍矿 40%

由于硫化镍矿床和红土镍矿床的成矿原因不同，导致两种矿资源的空间分布在世界范

围内差异明显，矿床也存在显著的错位关系（图2-1）：红土镍矿主要分布在如印度尼西亚、澳大利亚、菲律宾、古巴、新喀里多尼亚、巴西等赤道线南北30°以内的环太平洋热带-亚热带国家和地区；硫化镍矿主要分布在南非、加拿大、俄罗斯、澳大利亚、中国等欧亚非、大洋洲和北美洲的古生代地槽区、中生代凹陷区和古老地段区[6-12]。

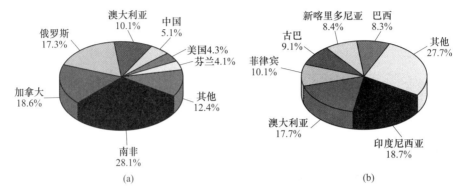

图 2-1　世界硫化镍矿和红土镍矿资源分布情况
（a）硫化镍矿；（b）红土镍矿

尽管硫化镍矿镍平均品位高，富矿（含1%～3% Ni）约占其总量的66%，且易于富集，选矿后精矿镍品位可达6%～12%，开采冶炼工艺技术成熟，可回收伴生矿种类多、价值高，但因已开采比例已达70%以上及近年硫化镍矿资源勘探无重大进展，其保有储量已严重下滑，镍平均品位也有明显下降（图2-2），加之采矿深度逐渐加深，开采难度日益加大，选、冶难度也不断增加，故成本明显上升[8,9,11]。相比而言，红土镍矿资源更为丰富，多位于地表，勘查、采矿成本较低，且主要矿床多靠近海岸线，运输便利；此外，其可直接用于生产氧化镍、镍锍、镍铁、氢氧化镍钴等中间产品，不锈钢冶炼成本低，资源利用率高。

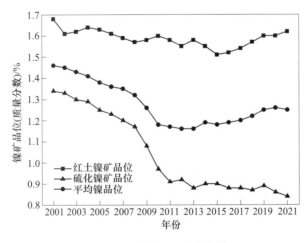

图 2-2　全球镍资源品位变化情况

20世纪50年代，全球仅有15%的镍产自红土镍矿，其余均来自硫化镍矿；而自2000年以来，70%以上的镍产自红土镍矿（图2-3），并且仍呈上升趋势。另外，近五年从全球各大洲镍金属产量与分布情况来看（图2-4），全球镍生产和消费的重心正在向亚洲，尤其是向红土镍矿资源丰富的国家转移[6,9,10]。

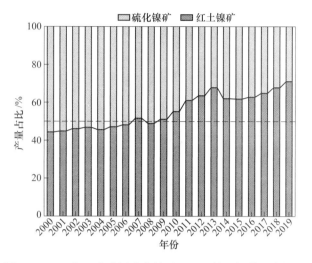

图 2-3　2000 年以来世界硫化镍矿和红土镍矿提镍生产情况

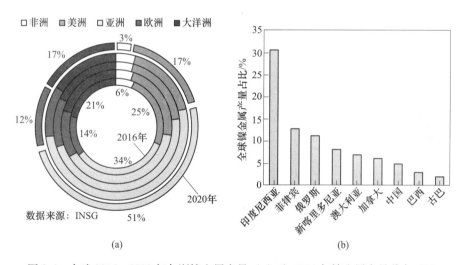

图 2-4　全球 2016—2020 年各洲镍金属产量（a）和 2021 年镍金属产量分布（b）

2.1.2　中国镍资源概况

镍矿是我国传统优势矿产，资源储量较为丰富，但分布相对分散。根据中华人民共和国自然资源部 2022 年发布的《中国矿产资源报告》，2021 年我国镍金属储量有 422 万吨；已探明矿化点以上规模的镍矿区 140 余处，分布在全国 21 个省区。图 2-5 所示为我国镍矿区分布及资源储量概况。在查明资源储量中，甘肃金昌是我国著名的"镍都"，拥有国内最大、世界排名第三的超大型硫化镍铜钴矿床，镍矿储量约占全国总储量的 60%。此外，新疆、青海等地也均有镍矿分布[12-15]。

我国镍矿资源类型较为单一，共伴生组分多。岩浆型硫化镍矿占比 90% 左右，伴生有

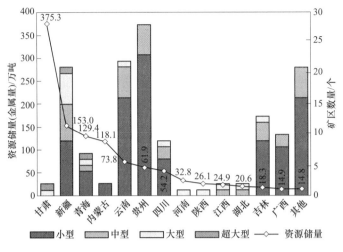

图 2-5 我国主要镍矿床分布及资源储量

铜、钴和铂、金、银、硒、碲多种稀贵金属且品位较高，具有极高的综合利用价值。除金川镍矿之外，我国还有青海夏日哈木镍矿，新疆喀拉通克镍矿、黄山镍矿、坡北镍矿、图拉尔根镍矿，甘肃黑山镍矿等超大型和大型硫化镍矿床，其中青海夏日哈木镍钴矿于 2013 年勘探成功，镍金属资源量达 118 万吨，是我国第二大硫化镍矿床。此外，近年来中国企业"走出去"参与境外镍矿项目投资取得了一定进展，控股了赞比亚 Munali、澳大利亚 Avebury、加拿大 Nunavik 等硫化镍矿项目，但总体上海外权益资源量与产量均较少。

相比之下，风化壳型红土镍矿仅在我国四川西南部攀枝花、云南元江和德宏邦滇寨、青海平安县元石山等地区有存在，资源占比不足 10%。以元江镍矿床为例，其主要有安定及金厂两个矿区，含镍金属约 42 万吨，加上表外矿储量，镍金属资源量达到 52.6 万吨，平均镍品位为 0.8%，属于低品位腐殖土型红土镍矿，因而目前仅是小规模开采利用。

我国硫化镍矿资源虽然较丰富、综合利用价值大，但人均镍资源量仅为全球平均水平的 1/5，而且随着开采年限的增加，其资源日趋枯竭，镍生产原料逐渐从硫化镍矿转向资源更丰富的红土镍矿。但是国内红土镍矿资源储量少、品位低，远无法满足市场需求，需长期大量进口。近年我国镍矿对外依存度长期保持在 80% 以上（图 2-6），进口的镍矿中 95% 以上为红土镍矿；受镍矿来源国出口政策、资源限制等影响，其中约 90% 为来自于菲律宾的低品位矿[8-10,13-16]。

因此，低成本、高效利用国内外丰富的红土镍矿资源，对于保障我国镍资源供给，支撑国内不锈钢行业可持续发展具有重要意义。

2.1.3 红土镍矿资源特点

红土镍矿通常分布在地表以下 0~40m 的深度，较典型、发育较完全的含镍红土风化壳的剖面按照矿层深度自上而下一般可分为褐铁矿型红土镍矿、过渡型红土镍矿和腐殖土型红土镍矿三层（图 2-7）。随矿床深度增加，SiO_2 和 MgO 含量逐渐升高，全铁品位和 Al_2O_3 含量逐渐降低，Co 含量变化不大，Ni 品位逐渐升高，当达到一定深度后，随深度增加，Ni 品位逐渐降低（图 2-8）[16-18]。

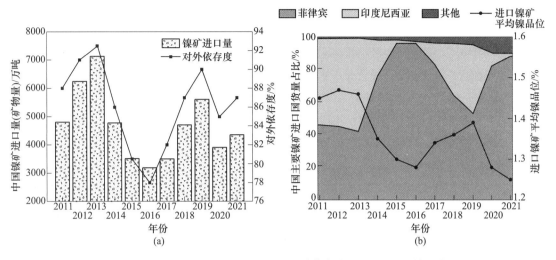

图 2-6　2011~2021 年我国镍矿进口量、对外依存度（a）和平均镍品位（b）

图 2-7　某红土镍矿矿床典型剖面图

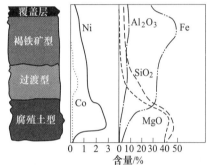

图 2-8　红土镍矿矿床剖面
主要元素垂直分布特征

红土镍矿通常具有矿床规模大，伴生有铁、锰、钴、铬等有价金属元素多等优点，具有极高的综合利用价值。但因其成矿过程复杂，不同地区的红土镍矿成分差异较大，且镍以类质同像的形式存在于其他矿物中，故难以通过物理方法富集。

不同类型红土镍矿化学成分大致范围及特点见表 2-2[2,5,9,11]，褐铁矿型红土镍矿位于矿床上部，红土化（蚀变）程度较高，其成分特点为高铁钴低镍镁，含铁 40%~50%，镍和钴含量分别在 0.8%~1.5% 和 0.1%~0.2% 之间，MgO 含量为 0.5%~5%，通常适宜采

表 2-2　不同类型红土镍矿化学成分及特点

红土镍矿类型	矿石特点	化学成分（质量分数）/%						提取工艺
		Fe总	Ni	Cr2O3	Co	SiO2	MgO	
褐铁矿型	高铁钴/低镍镁	40~50	0.8~1.5	2~5	0.1~0.2	5~30	0.5~5	湿法
过渡层	过渡	25~40	1.5~2.0	1~2	0.02~0.1	10~30	5~15	火/湿法
腐殖土型	低铁/高镍镁硅	10~25	1.5~3.0	1~2	0.02~0.1	30~50	15~35	火法

用湿法冶金工艺, 主要产品为金属镍; 腐殖土型红土镍矿通常位于矿床下部, 其蚀变程度最低, 镍含量 1.5% ~ 3.0%, 含铁 10% ~ 25%, MgO 含量达 15% ~ 35%, 成分上呈现低铁高镍镁硅的特点。而过渡型红土镍矿位于矿床中部, 属于混合型过渡带, 其主要成分介于褐铁矿型和腐殖土型之间, 镍含量一般为 1.5% ~ 2.0%。

　　由于地理位置及气候等差异, 不同类型红土镍矿矿床的化学成分、资源量等均有较大不同 (表 2-3)。主导类型为褐铁矿型红土镍矿的有 24 个镍矿床, 主要分布在菲律宾、印度尼西亚、希腊、古巴、澳大利亚、巴布亚新几内亚、多米尼加等 9 个国家, 资源总量约 6052.6 万吨, 镍品位大致在 0.61% ~ 1.60% 之间, 其资源量丰富, 但镍品位较低。主导类型为硅镁型红土镍矿 (过渡型和腐殖土型) 的有 16 个镍矿床, 主要集中在菲律宾、印度尼西亚、新喀里多尼亚、科特迪瓦等 8 个国家, 平均镍品位不低于 1.15%, 资源总量约为 2907.8 万吨, 其镍品位较高, 但资源总量明显低于前者。褐铁矿型和硅镁镍矿型兼有的红土镍矿矿床主要有 14 个, 大致分布在菲律宾、印度尼西亚、澳大利亚、古巴、布隆迪等 6 个国家, 资源总量约 1939.48 万吨, 镍品位在 0.86% ~ 2.38% 之间。因此, 世界范围内褐铁矿型红土镍矿最为丰富, 其镍金属储量占红土镍矿镍总量的 60% 以上, 也是目前国内进口镍矿的主要类型。世界不同产地典型红土镍矿的主要化学成分见表 2-4。

表 2-3　全球主要红土镍矿床资源量及镍品位

成矿类型	国别	Ni 平均品位/%	镍资源量/万吨	主要矿床
褐铁矿型	菲律宾	0.78 ~ 1.60	639.4	苏里高镍矿床等
	印度尼西亚	1.36	670.7	北科纳威镍矿床等
	缅甸	1.00 ~ 1.19	115.7	姆韦当镍矿床
	中国	0.80	52.6	云南元江镍矿床
	希腊	1.10 ~ 1.40	332.0	阿尔森斯铁镍矿床等
	古巴	0.80 ~ 1.30	1190.6	莫亚湾镍矿床等
	澳大利亚	0.61	2741.2	雷文斯索普镍矿床等
	巴布亚新几内亚	0.91 ~ 1.01	213.4	瑞木镍矿床等
	多米尼加	1.19	97.0	班南镍矿床
	合计	0.61 ~ 1.60	6052.6	9 个国家的 24 个主要镍矿床
褐铁矿型和硅镁型	菲律宾	0.86 ~ 2.38	844.0	里奥图巴镍矿床等
	印度尼西亚	1.06 ~ 2.10	274.5	加里曼丹岛镍矿床等
	古巴	1.40	140.0	尼卡罗镍矿床
	马达加斯加	1.04	130.0	阿姆巴托维镍矿床等
	布隆迪	1.60	116.0	穆桑加堤镍矿床
	澳大利亚	1.00 ~ 1.50	435.0	格林维尔镍矿床等
	合计	0.86 ~ 2.38	1939.5	6 个国家的 14 个主要镍矿床

续表 2-3

成矿类型	国别	Ni 平均品位/%	镍资源量/万吨	主要矿床
硅镁型	菲律宾	1.15~1.58	199.2	诺诺克镍矿床等
	印度尼西亚	1.40~1.67	942.9	索罗阿科镍矿床等
	缅甸	2.00	80.0	太公当镍矿床
	前南斯拉夫	1.32	35.0	格拉维卡矿床
	巴西	1.56	62.5	塞拉多斯萨拉斯镍矿床
	新喀里多尼亚	1.47~2.58	1103.0	科尼安博镍矿床等
	科特迪瓦	≥1.80	452.3	锡皮卢镍矿床等
	美国	1.50	33.0	里德尔镍矿床
	合计	≥1.15	2907.8	8 个国家的 16 个主要镍矿床

表 2-4 世界不同产地典型红土镍矿的主要化学成分（质量分数） （%）

矿产地	Ni	Co	Fe$_总$	MgO	SiO$_2$	CaO	Al$_2$O$_3$	Cr$_2$O$_3$
新喀里多尼亚	2.43	0.04	9.30	28.80	42.20	—	—	—
印度尼西亚	2.60	0.10	14.47	25.48	36.37			0.75
国际镍公司	2.00	—	19.30	17.40	33.30			
菲律宾-高铁	2.30	0.07	21.57	15.77	35.92			1.24
中国云南元江	1.24	0.08	24.60	19.40	31.84	0.34	6.90	—
菲律宾	1.15	0.09	38.00	0.60	10.00			1.50
巴西普列尼亚斯	0.89	0.06	42.90	2.67	13.86	2.31	5.90	
古巴莫亚湾	1.35	0.15	47.50	1.70	3.70		8.50	1.98
阿尔巴尼亚	0.96	0.06	50.40	1.33	6.48	2.46	3.00	

2.2　红土镍矿工艺矿物学

较典型、发育较完全的风化壳红土镍矿按照矿层深度自上而下一般可分为褐铁矿带、黏土（过渡）带和腐殖土带三层。图 2-9 所示为其剖面特征示意图，各带的矿物学特征总结如下[16-18]：

（1）褐铁矿带：系由原生的超基性岩经风化和淋滤液作用后形成的氧化矿物带，其顶部时而出现薄层铁帽或铁壳，底部则出现锰结核层（锰土层或钴土层）。该带的主要矿物有针铁矿 $Fe_2O_3 \cdot nH_2O$、赤铁矿 Fe_2O_3、高岭石 $Al_4[Si_4O_{10}](OH)_8$，次生矿物有石英、铝尖晶石、锰氧化物、铬铁矿、磁铁矿等。

（2）黏土带：该带与下伏的腐殖土带呈逐渐过渡关系，主要特点是出现黏土硅酸盐矿物层，主要矿物组分为绿脱石 $Na_{0.3}Fe_2[(Si,Al)_4O_{10}](OH)_2 \cdot nH_2O$、斜绿泥石 $(Mg,Fe)_{4.75}Al_{1.25}[Al_{1.25}Si_{2.75}O_{10}](OH)_8$等，次要矿物为针铁矿、铝尖晶石、锰铁矿等。其中，绿脱石是主要的载镍矿物，次要的载镍矿物有蛇纹石、绿泥石、针铁矿等。

（3）腐岩带（即腐殖土带）：与下伏的基岩带呈渐变过渡关系，主要矿物有蛇纹石 $Mg_6[Si_4O_{10}](OH)_8$、蒙脱石 $(Al,Mg)_2[Si_4O_{10}](OH)_2 \cdot nH_2O$、滑石 $Mg_3[Si_4O_{10}](OH)$、

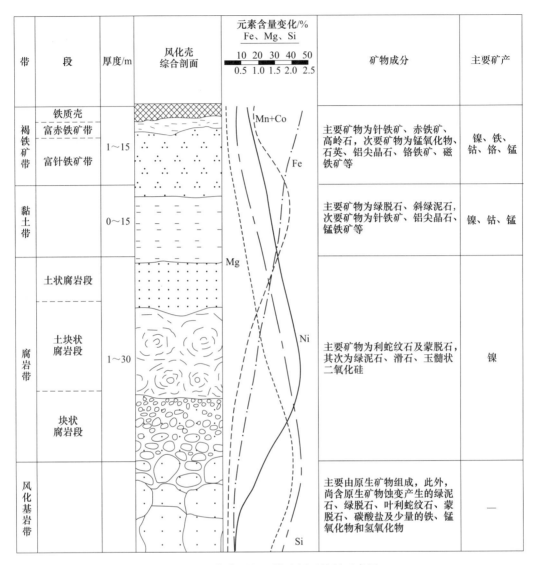

图 2-9 风化壳型红土镍矿剖面特征示意图

斜绿泥石$(Mg, Fe)_{4.75}Al_{1.25}[Al_{1.25}Si_{2.75}O_{10}](OH)_8$、石英 SiO_2 等，也常伴生少量含铁氧化物、硅镁镍矿等。

由于形成红土镍矿的成矿条件等具有显著的区别，使得不同区域和矿床的红土镍矿在化学成分和工艺矿物学特征方面也千差万别。下面将综合光学显微镜、X 射线衍射分析（XRD）、扫描电镜-能谱分析（SEM）及电子探针显微分析（EPMA）等表征手段着重针对东南亚（印度尼西亚、菲律宾和缅甸）不同类型红土镍矿的工艺矿物学特征作为实例进行阐述。

2.2.1 褐铁矿型红土镍矿

2.2.1.1 化学成分

红土镍矿样品 A 和 B 分别产自印度尼西亚和菲律宾，其化学成分见表 2-5。两种红土镍矿样品 A 和 B 均具有铁高、镍镁低的特点，分别含铁 40.09% 和 45.09%，而镍品位分别为 0.97% 和 0.86%，MgO 含量为 4.65% 和 5.58%，是典型的褐铁矿型红土镍矿。此外，还含有 2.86%~3.45% 的 Cr_2O_3，具有一定的综合利用价值[19,20]。

表 2-5　典型褐铁矿型红土镍矿的主要化学成分（质量分数）　　　　　（%）

样品	$Fe_总$	Ni	Co	Cr_2O_3	MgO	SiO_2	CaO	Al_2O_3	P	S	LOI
A	40.09	0.97	0.09	2.86	4.65	12.55	0.30	6.52	0.006	0.035	13.23
B	45.09	0.86	—	3.45	5.58	5.70	0.12	4.50	0.001	0.011	12.49

注：LOI—烧损，干燥样品在 1000℃ 及空气气氛下焙烧 2h 时的烧失量。

2.2.1.2　工艺矿物学

A　褐铁矿型红土镍矿 A

综合化学成分、光学显微镜和扫描电镜-能谱分析及 XRD 物相分析（图 2-10），矿样 A 的主要矿物包括针铁矿 $(Fe, Ni, Al)O(OH)$，含铁、镁的高结晶水硅酸盐类矿物，如利蛇纹石 $(Mg, Fe, Ni)_3Si_2O_5(OH)$ 等；次要矿物包括铬铁尖晶石 $(Fe, Mg)O(Cr, Fe, Al)_2O_3$、赤铁矿 (Fe_2O_3)、磁赤铁矿、石英等；没有发现独立镍矿物，与已有文献报道相似。其矿物组成见表 2-6，针铁矿含量为 77%；其次为利蛇纹石，含量为 13%，属于褐铁矿型红土镍矿。

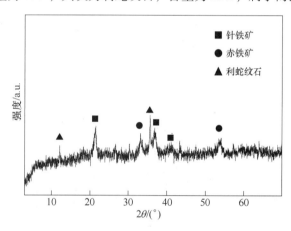

图 2-10　褐铁矿型红土镍矿 A 的 XRD 主要物相分析

表 2-6　褐铁矿型红土镍矿 A 的矿物组成（面积分数）　　　　　（%）

针铁矿	赤铁矿（含磁赤铁矿）	利蛇纹石等硅酸盐	石英	铬铁尖晶石
77	6	13	1	3

镍在各种矿物中的赋存状态以及分布规律见表 2-7。针铁矿、铁镁硅酸盐矿物是主要载镍矿物，赤铁矿、铬铁尖晶石、石英等矿物含镍量均较低。样品 A 的针铁矿含量高达 77%，平均含镍 0.87%，镍分布率超过 70%；而利蛇纹石等硅酸盐矿物平均含镍量 1.19%，但其含量仅为 13%，镍分布率低于 10%。

在针铁矿物相中，发现了钴土矿 $(Co, Ni)_{1-y}[MnO_2]_{2-x}(OH)_{2-2y+2x}\cdot n(H_2O)$ 的存在。钴土矿含结晶水在 40% 左右，为主要载钴矿物，同时在钴土矿中镍富集程度也较高，平均含镍为 2.31%。但并未发现独立存在的钴土矿物相，而是与针铁矿紧密共生。

表 2-7　褐铁矿型红土镍矿 A 的 EPMA 分析结果　　　　　　（%）

物相名称	物相比例（面积分数）	元素含量（质量分数）									
		O	Ni	Co	Mg	Cr	Fe	Al	Mn	Si	总
针铁矿	77	24.55	**0.87**	0.06	0.28	0.74	44.23	3.79	0.25	1.80	77.06
钴土矿	—	17.14	**2.31**	3.06	0.33	0.07	12.30	1.08	19.95	0.38	57.46
硅酸盐矿物	13	36.93	**1.19**	0.02	11.77	0.19	10.55	0.52	0.06	21.12	82.94
铬铁尖晶石	3	33.00	**0.06**	0.07	5.00	34.43	19.72	6.63	0.41	0.11	99.48
石英	1	51.24	**0.13**	0.02	0.20	0.08	2.51	0.06	0.02	41.23	95.53
赤铁矿	6	28.59	**0.14**	0.11	0.61	0.21	66.55	0.61	0.23	0.18	98.5
磁赤铁矿		28.76	**0.02**	0.05	0.05	0.03	70.97	0.00	0.05	0.11	100.11

各种矿物中元素的赋存状态和分布规律如下。

a　针铁矿

针铁矿是主要矿物，在镜下主要呈微细颗粒的团聚状，多孔，呈独立物相或者与硅酸盐矿物、铬铁尖晶石、石英、赤铁矿等共生，针铁矿主要呈团聚状包裹在这些矿物外面。如图 2-11 所示，针铁矿主要有两种产出形态：黏土状针铁矿（Earthy goethite），如

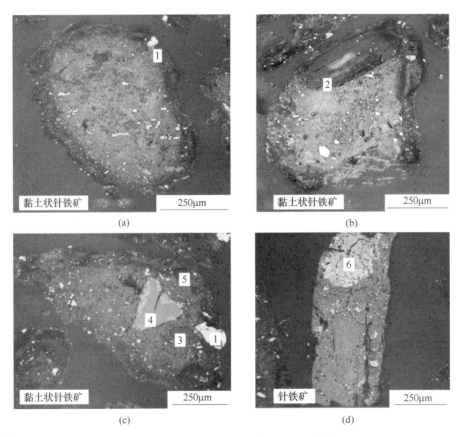

图 2-11　红土镍矿 A 中针铁矿的微观结构

1—赤铁矿；2—利蛇纹石；3—蛇纹石；4—铬铁尖晶石；5—石英；6—磁赤铁矿

图 2-11(a)~(c)所示，以及硬质针铁矿（Vitreous goethite），如图 2-11（d）所示。在图 2-11（a）中，亮白色的赤铁矿嵌布在针铁矿物相中；图 2-11（b）(c)中，针铁矿嵌布关系更加复杂，可见有利蛇纹石、石英、赤铁矿、铬铁矿的嵌布。硬质针铁矿镜下表面略微光滑，孔隙小，常与赤铁矿共生。

　　黏土状针铁矿中夹杂大量的赤铁矿、硅酸盐矿物颗粒，嵌布粒度在 10μm 左右（图 2-12）。由其能谱分析（图 2-12（e）~(j)）可知，针铁矿和硅酸盐矿物是含镍矿物，赤铁矿、铬铁矿等不含镍。而这些不含镍矿物在针铁矿中广泛的微细嵌布，也解释了红土镍矿不能通过细磨后进行物理选矿富集镍的内在原因。在硅酸盐物相的衍射分析中发现 Fe、Mg 的衍射峰，表明该硅酸盐可能以富铁蛇纹石形式存在。在针铁矿物相中，同时也发现 Al、Si 以及微弱的 Ni 衍射峰，结合文献可知，其主要通过晶格取代的形式存在。石英则多具有致密的结构，且极少夹杂其他元素。

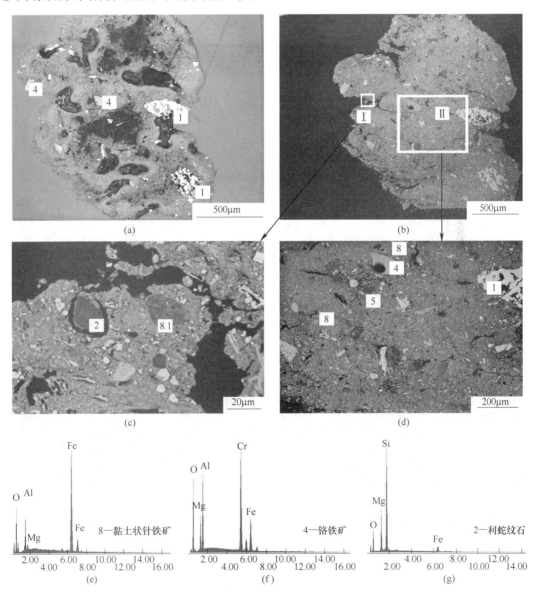

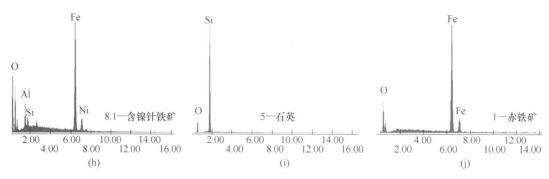

图 2-12 红土镍矿中黏土状针铁矿物相的扫描电镜-能谱（SEM-EDS）分析

(a)~(d) 微观结构；(e)~(j) 能谱分析

针铁矿晶格中 Ni 元素的分布规律以及各元素间共生关系如图 2-13 以及表 2-8 所示。Ni 主要以晶格取代的形式赋存在针铁矿以及蛇纹石矿物晶格中。在针铁矿晶格中，除 Ni 之外还检测到 Al、Mg 元素；而蛇纹石矿物主要成分为 Fe、Mg、Si、O，为富铁型蛇纹石。由此也说明了针铁矿物相中夹杂矿物多，相互之间的嵌布关系复杂。

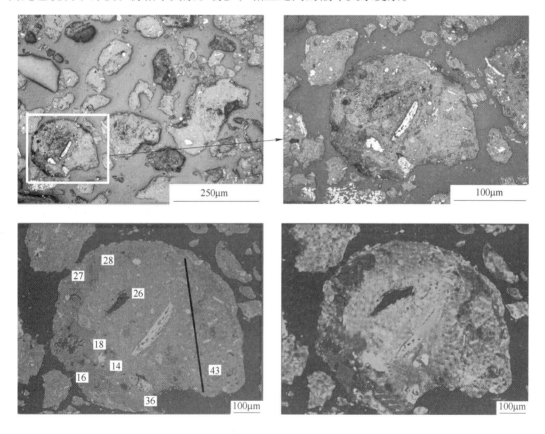

图 2-13 红土镍矿 A 中针铁矿颗粒 EPMA-BSE 图片

在针铁矿晶格中 Ni 和 Si 元素的分布规律大致相近（图 2-14、图 2-15）。在镍含量高的矿物晶格中，硅含量也较高；Fe 与 Al 则在总体上呈现出相反的分布规律。根据文献报

表 2-8　红土镍矿 A 中针铁矿物相 EPMA 元素含量分析（质量分数）　　　（%）

矿相	分析区域	O	Ni	Co	Mg	Fe	Al	Mn	Si	总
蛇纹石	27	29.74	0.85	0.04	5.16	13.82	0.36	0.01	21.41	71.81
	28	21.16	1.39	0.04	2.44	21.29	0.91	0.01	13.88	62.40
	38	29.19	1.51	0.00	4.75	12.49	0.03	0.03	21.69	70.10
	平均	28.44	1.19	0.02	5.29	14.10	0.36	0.02	19.47	69.50
针铁矿	34	28.93	0.99	0.00	0.04	44.24	5.36	0.07	2.28	83.78
	43	23.24	0.74	0.12	0.11	41.52	5.66	0.76	3.88	77.28
	实线位置	21.22	0.72	0.06	0.54	42.49	3.18	0.27	1.73	71.36
	平均	23.78	0.82	0.05	0.17	42.19	4.54	0.23	2.08	75.65
赤铁矿		29.44	0.07	0.13	0.20	70.31	0.00	0.18	0.25	100.75
石英		52.47	0.07	0.03	0.01	0.93	0.01	0.01	41.14	94.79

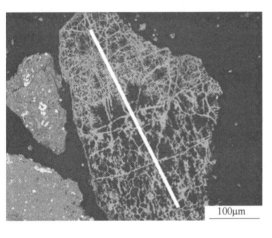

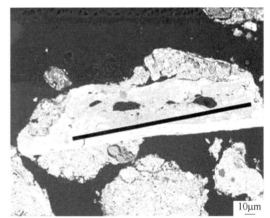

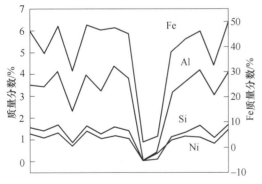

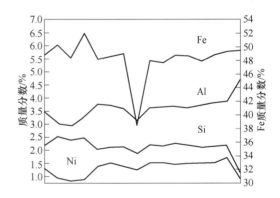

图 2-14　红土镍矿 A 中针铁矿 EPMA 线扫描元素分析

道，由于 Al^{3+} 与 Fe^{3+} 具有相似的离子半径，使得铝在针铁矿中普遍取代铁，导致在分析区域铝与铁具有相反的分布规律。

红土镍矿成矿过程当中，以下反应比较普遍：

$$含镍绿泥石 \longrightarrow 针铁矿 + 石英 + Si^{2+} + Ni^{2+} \tag{2-1}$$

该反应主要在酸性环境下进行，硅离子与镍离子从绿泥石中进入到酸性溶液当中，同时形成多孔疏松的针铁矿，由于水位上升沉降的关系，硅离子与镍离子可被针铁矿吸附造成镍与硅的同时富集、沉淀，从而在针铁矿物相中表现为相似的分布规律。

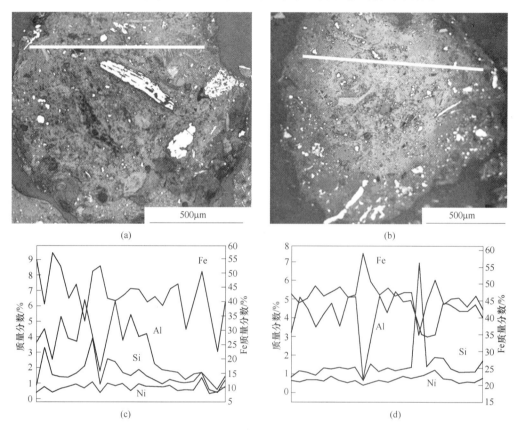

图 2-15　红土镍矿 A 中针铁矿 EPMA 元素分析
(a)(b) 微观结构；(c)(d) EPMA 分析

在褐铁矿型红土镍矿中还发现主要载钴矿物如图 2-16 所示，钴土矿 $(Co,Ni)_{1-y}(MnO_2)_{2-x}(OH)_{2-2y+2x} \cdot n(H_2O)$，其也与针铁矿共生。Ni 与 Co 总体上在钴土矿物相中呈相似的分布规律，且富集程度均较高。同时，在钴土矿中发现大量铁的存在，表明钴土矿中夹杂有针铁矿，与针铁矿紧密共生。

其他学者在研究土耳其、菲律宾、阿尔巴尼亚、巴西、古巴毛阿湾等不同地区红土镍矿的工艺矿物学时，同样发现了 Ni、Co 在钴土矿中得到明显富集的证据，这与本书所发现的现象一致，即钴土矿一般含较高锰、镍、钴和结晶水。

b　硅酸盐矿物

硅酸盐矿物主要包括蛇纹石、利蛇纹石等。此处以利蛇纹石为代表介绍硅酸盐矿物微观结构以及物相组成。

通常利蛇纹石在反光条件下呈现为橄榄色或者暗灰色，表面有时可见清晰平行解理，可见呈独立大颗粒物相，结构致密（图 2-17 照片 1～5），或呈碎裂小块状与针铁矿（图 2-17 照片 6，7）或铬铁矿（图 2-17 照片 8）共生。

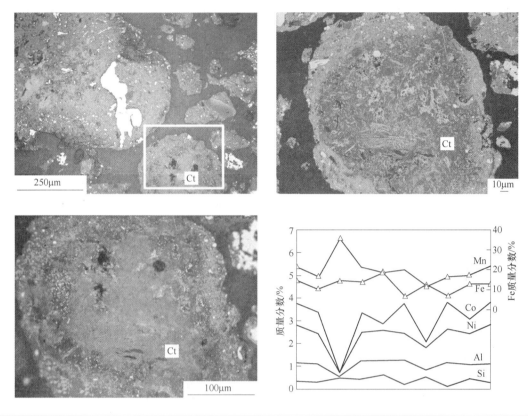

元素	O	Ni	Co	Mg	Fe	Al	Mn	Si	总
钴土矿成分（质量分数）/%	17.14	2.31	3.06	0.33	12.30	1.08	19.95	0.38	57.46

图 2-16　红土镍矿 A 中钴土矿物相 EPMA 分析（Ct-钴土矿）

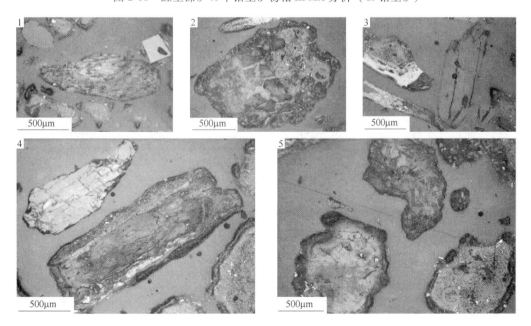

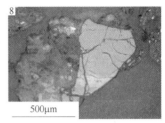

图 2-17　红土镍矿 A 中利蛇纹石微观结构

利蛇纹石与石英共生（图 2-18）。石英物相纯度极高，无其他夹杂元素；而利蛇纹石物相中含有较高的镍，约在 9%（质量分数）左右。由于 SEM-EDS 的元素含量分析误差较大，该数据仅作为镍赋存在利蛇纹石物相中的依据。

其他蛇纹石矿物多呈暗灰色，存在单独物相或者与针铁矿共生（图 2-19）；此外，蛇纹石物相与赤铁矿紧密共生（图 2-20），赤铁矿物相呈亮白色，表现出较高纯度，几乎不含镍，而蛇纹石物相的衍射图中发现 Ni 衍射峰，含镍量显示约在 2% 左右（图 2-20）。

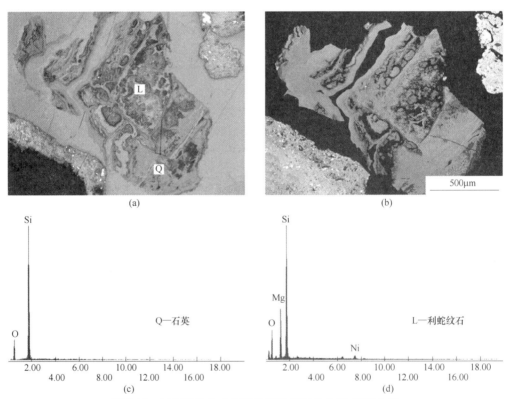

图 2-18　红土镍矿 A 中利蛇纹石物相扫描电镜-能谱分析
(a)(b) 微观结构；(c)(d) 能谱分析

由利蛇纹石中元素分布规律（图 2-21）可见，该利蛇纹石颗粒的平均镍含量高达 2%。根据文献报道，Ni^{2+} 在高结晶水的铁镁硅酸盐物相中主要取代 Mg^{2+}，在成矿过程中以下离子取代反应较为普遍：

$$镁蛇纹石 + Ni^{2+} \longrightarrow 镍蛇纹石 + Mg^{2+} \qquad (2-2)$$

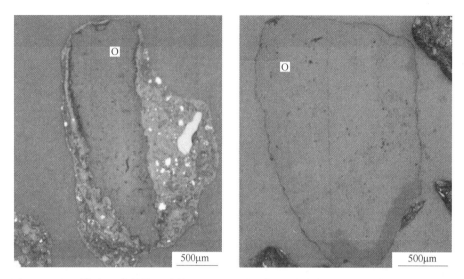

图 2-19 红土镍矿 A 中蛇纹石矿物（O）以不规则粒状与针铁矿共生或以独立矿物存在

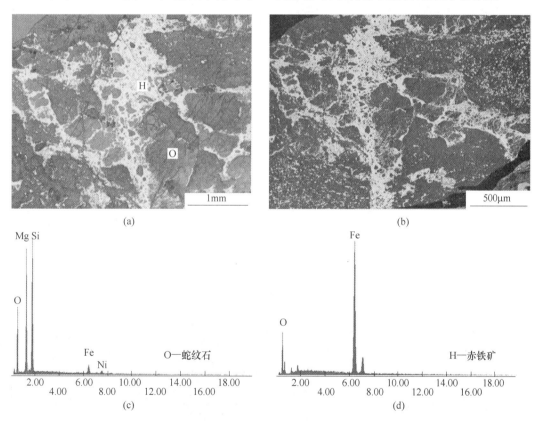

图 2-20 红土镍矿 A 中蛇纹石矿物扫描电镜-能谱分析
（a）（b）微观组织；（c）（d）能谱分析

对于利蛇纹石颗粒的元素分析也发现了 Ni 与 Mg 元素的分布总体表现出相反的趋势，即在矿物晶格中 Mg 含量高时，Ni 含量低；反之亦然，由此证明了镍以类质同象形式赋存于橄榄石物相中。

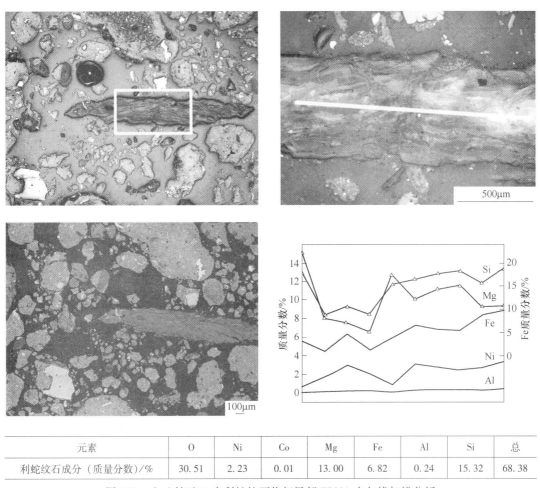

元素	O	Ni	Co	Mg	Fe	Al	Si	总
利蛇纹石成分（质量分数）/%	30.51	2.23	0.01	13.00	6.82	0.24	15.32	68.38

图 2-21 红土镍矿 A 中利蛇纹石物相局部 EPMA 点与线扫描分析

其他类型蛇纹石矿物分析如图 2-22 所示。在该物相中镍含量较利蛇纹石低。一般而言，结构致密的硅酸盐矿往往较结构松散的物相含镍量低，对于针铁矿物相亦有相同的趋势。其原因可能是，致密结构的物相风化程度轻，在淋滤过程中不易吸附沉淀镍离子，镍取代镁的阻力也较大，表明镍在红土镍矿中的富集与矿物微观结构有密切关系。

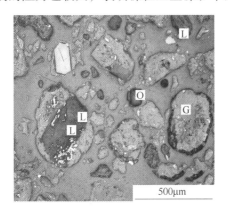

元素	O	Ni	Co	Mg	Fe	Al	Mn	Si	总
蛇纹石成分（质量分数）/%	36.59	1.67	0.02	7.07	17.17	0.68	0.01	23.37	87.15

图 2-22　红土镍矿 A 中蛇纹石矿物 EPMA 分析

O—蛇纹石；L—利蛇纹石；G—针铁矿

c　其他物相

除针铁矿、硅酸盐矿物等主要矿物外，还包括赤铁矿、磁赤铁矿、铬铁矿、石英等物相。

不同赤铁矿以及磁赤铁矿的微观结构和形貌如图 2-23 所示。图 2-23（a）和（b）中，磁赤铁矿嵌布在黏土状针铁矿中；图 2-23（c）中，赤铁矿与利蛇纹石共生；图 2-23（d）中，磁赤铁矿与硬质针铁矿共生。磁赤铁矿中夹杂元素较少（图 2-24），几乎不含镍。

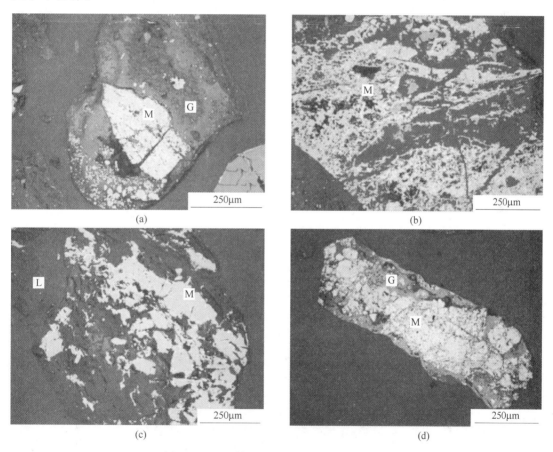

图 2-23　红土镍矿 A 中磁赤铁矿的微观结构

M—磁赤铁矿；G—针铁矿；L—利蛇纹石

铬铁尖晶石也呈较致密的不规则粒状（图 2-25），在镜下呈淡蓝色，以独立矿物或与针铁矿、硅酸盐矿物共生，铬铁矿物相几乎没有发现镍。

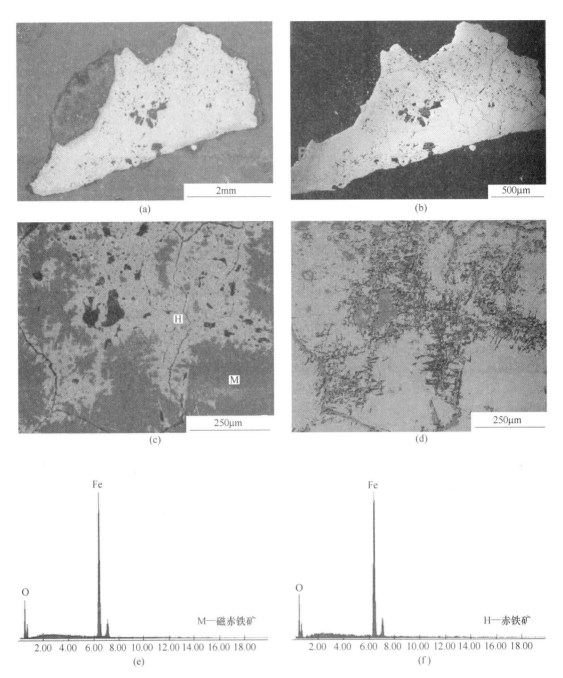

图 2-24 红土镍矿 A 中赤铁矿的扫描电镜-能谱分析

(a)～(d) 微观组织；(e)(f) 能谱分析

B 褐铁矿型红土镍矿 B

红土镍矿 B 的主要矿物组成如图 2-26 和表 2-9 所示。主要矿物包括针铁矿 (Fe,Ni,Al)O(OH)，硅酸盐类矿物，如顽火辉石(Mg,Fe,Ni)$_6$Si$_2$O$_6$ 等；次要矿物包括赤铁矿和磁赤铁矿 (Fe$_2$O$_3$)、铬铁尖晶石(Fe,Mg)O(Cr,Fe,Al)$_2$O$_3$、石英 SiO$_2$ 等。相比于红土镍矿 A，红土镍矿 B 的针铁矿含量较低，为 71%。

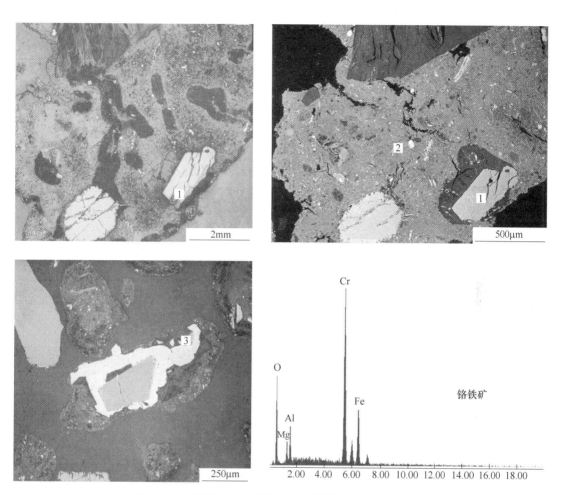

图 2-25 红土镍矿 A 中铬铁矿的微观结构与 SEM-EDS 分析

1—铬铁矿；2—针铁矿；3—磁赤铁矿

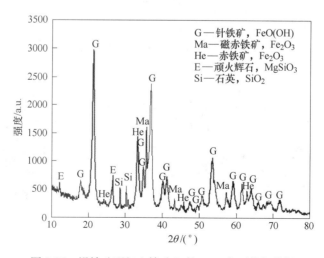

图 2-26 褐铁矿型红土镍矿 B 的 XRD 主要物相分析

表 2-9 褐铁矿型红土镍矿 B 的矿物组成（面积分数） （%）

针铁矿	赤铁矿（含磁赤铁矿）	顽火辉石	石英	铬铁尖晶石
71	7	18	1	3

由图 2-27（a）（b）及表 2-10 可知，在褐铁矿型红土镍矿 B 中，主体矿物也是硬质或黏土状针铁矿，其含量达到了 71%，部分 Al^{3+} 取代针铁矿中 Fe^{3+}，形成了铝针铁矿；少量粒状、长条状的赤铁矿及磁赤铁矿、板状的铬尖晶石和碎屑状的石英零散地镶嵌在铝针铁矿中，而在铝针铁矿边缘夹杂着不规则块状的顽火辉石。Ni 主要赋存于赤铁矿、磁赤铁矿和针铁矿中，Cr 主要富集于铬尖晶石中，其他含铁矿物亦有少量存在，Mg、Al 分别主要富集于顽火辉石和含铁矿物中，Si 则赋存于顽火辉石和石英中。

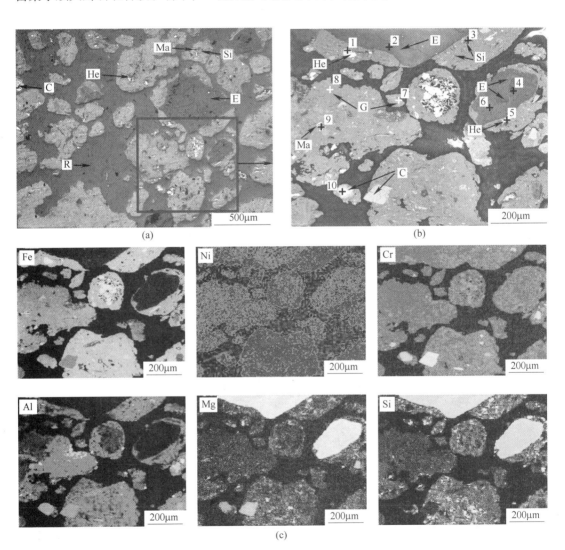

图 2-27 褐铁矿型红土镍矿 B 中主要物相的 SEM 图片及元素分布特征

（a）光学显微图片；（b）SEM 图；（c）元素分布图

表 2-10 图 2-27（b）中主要物相 EDS 点扫描分析结果

点区域	元素组成（原子分数）/%								物相
	Fe	Cr	Ni	Mg	Al	Si	Ca	O	
1	35.87	0.36	0.24	0.68	1.11	0.15	0.09	61.50	赤铁矿（Fe_2O_3）
2	0.65	—	—	17.80	—	12.97	—	68.58	顽火辉石（$MgSiO_3$）
3	0.12	—	—	0.13	0.08	32.54	0.06	67.07	石英（SiO_2）
4	0.24	—	—	14.36	—	9.68	—	75.72	顽火辉石（$MgSiO_3$）
5	34.67	0.53	0.28	0.72	0.97	0.23	0.17	62.43	赤铁矿（Fe_2O_3）
6	0.26	—	—	16.40	—	10.59	—	72.75	顽火辉石（$MgSiO_3$）
7	32.22	0.81	0.42	0.55	5.01	1.02	0.35	59.62	针铁矿（FeO(OH)）
8	27.63	0.93	0.37	0.69	3.21	1.25	0.23	65.69	针铁矿（FeO(OH)）
9	33.88	0.65	0.29	0.88	1.01	0.31	0.15	62.83	磁赤铁矿（Fe_2O_3）
10	19.75	15.26	—	6.24	5.78	0.16	0.28	52.53	铬尖晶石（(Fe,Mg)·(Cr,Fe,Al)$_2$O$_4$）

2.2.2 腐殖土型红土镍矿

2.2.2.1 化学成分和矿物组成

五种腐殖土型红土镍矿（J、K、P、Q、T）化学成分见表 2-11。其中 J、K、P 产自印度尼西亚，Q 来自于菲律宾，T 产自缅甸。样品普遍具有铁低、镁硅高的特点：含铁 15%~25%，镍品位在 1.1%~1.7% 之间，MgO 为 15%~30%，SiO_2 为 27%~42%。其中，红土镍矿 J 的铁和镍品位最高，分别为 23.16% 和 1.68%，SiO_2 和 MgO 分别为 27.74% 和 17.65%。从化学成分上看，红土镍矿 J 属于过渡型或腐殖土型红土镍矿，其他四种则属于典型腐殖土型红土镍矿。

表 2-11 腐殖土型红土镍矿的主要化学成分（质量分数） （%）

样品	$Fe_总$	Ni	Co	Cr_2O_3	MgO	SiO_2	CaO	Al_2O_3	P	S	LOI
J	23.16	1.42	0.08	1.68	17.65	27.74	0.50	4.05	0.008	0.096	12.80
K	16.31	1.29	—	1.32	27.38	32.28	0.36	1.74	0.003	0.002	7.88
P	17.49	1.68	0.04	1.12	15.78	33.36	0.96	2.70	0.006	0.050	17.91
Q	16.89	1.35	—	1.32	22.54	33.68	0.35	1.65	0.002	0.003	11.01
T	15.72	1.11	—	0.95	15.81	41.29	0.60	6.15	0.030	0.060	9.55

五种腐殖土型红土镍矿中主要的物相有利蛇纹石$(Mg,Fe,Ni)_3Si_2O_5(OH)$等硅酸盐矿物，针铁矿$(Fe,Ni,Al)O(OH)$，次要矿物为斜绿泥石$(Mg,Fe)_5Al(AlSi_3O_{10})(OH)_8$、滑石$(Mg,Fe,Ni)_3[Si_4O_{10}](OH)$、顽火辉石$(Mg,Fe,Ni)_6Si_2O_6$、镍纤蛇纹石$Ni_3Si_2O_5(OH)_4$、赤铁矿$Fe_2O_3$和石英$SiO_2$等（图 2-28），其矿物组成见表 2-12。由于各红土镍矿的化学成分有明显不同，矿物类型和组成也具有较大的差异性。

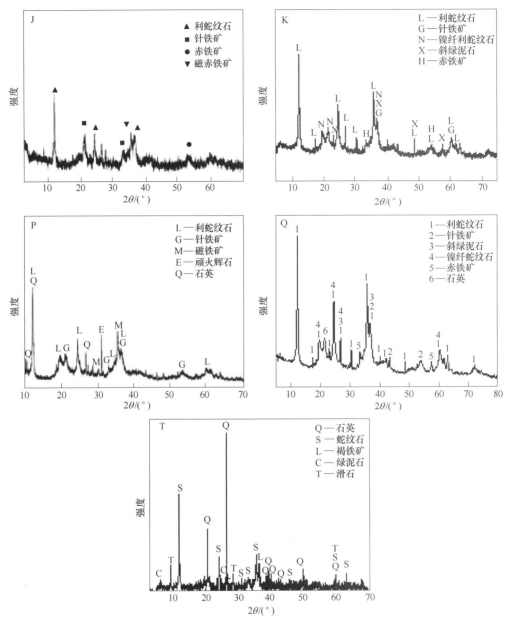

图 2-28　五种腐殖土型红土镍矿 XRD 物相分析

表 2-12　腐殖土型红土镍矿的矿物组成（面积分数）　　　　　　　　（％）

样品	针铁矿	赤铁矿	蛇纹石	绿泥石	滑石	顽火辉石	石英	铬铁尖晶石
J	30	2	65	—	—	—		3
K	16	4	71	5	—	—	2	2
P	20	2	60	—	—	10	6	2
Q	28	2	61	5	—	—	2	2
T	15	2	56	8	7	—	10	2

2.2.2.2　工艺矿物学

A　腐殖土型红土镍矿 J

腐殖土型红土镍矿 J 中针铁矿及利蛇纹石等硅酸盐矿物为主要矿物，呈不规则粒状产出。其中利蛇纹石的反射色呈橄榄色或者暗灰色，结构较致密，多以独立矿物或与针铁矿伴生等形式产出；针铁矿的反射色为棕灰色，结构相对疏松，可见多矿物伴生；零散分布的少量铬铁矿颗粒通常较亮，结构也较致密（图 2-29）。

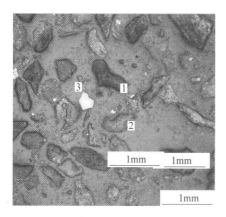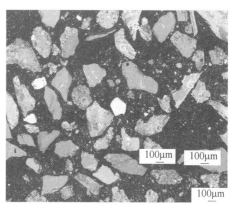

图 2-29　红土镍矿 J 的光学和 SEM 显微结构照片
1—利蛇纹石；2—针铁矿；3—铬铁矿

a　针铁矿

在矿样 J 中，硬质针铁矿含量明显增多，黏土状针铁矿含量较少。针铁矿多发现与蛇纹石、石英等共生（图 2-30）。针铁矿颗粒细小，呈团聚状，结构松散，夹杂物相多，具有多种矿物（尤其是硅酸盐矿物）伴生形成的复杂微观结构（图 2-30(d)）。各元素在针铁矿中的分布并没有表现出明显的规律（图 2-31），原因可能是其微观结构过于复杂，夹杂的硅酸盐矿物嵌布密度高，沿线扫描轨迹上有不同矿物的分布。由此也可推断，当针铁矿颗粒中大量嵌布硅酸盐矿物时，必将导致其还原性能的惰化，一方面在还原中硅酸盐矿物与铁氧化物形成难还原的铁橄榄石的可能性加大；另一方面，一旦 Ni 进入硅酸盐矿物的晶格中，其活性也会下降，增加还原难度，由此进而影响后续火法提取工艺的镍金属回收率。

(a)　　　　　　　　　(b)　　　　　　　　　(c)

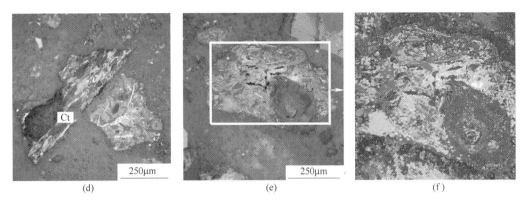

图 2-30　红土镍矿 J 中针铁矿微观结构

(a)（b）红土镍矿 J 中微区 1 号和 2 号的 EPMA-BSE 图片；（c）（d）图（a）和（b）方框区域的针铁矿
颗粒光学显微放大照片，直线为线扫描轨迹；（e）（f）对应（c）和（d）中直线轨迹的线扫描元素分析结果
G—针铁矿；L—利蛇纹石；Ct—钴土矿

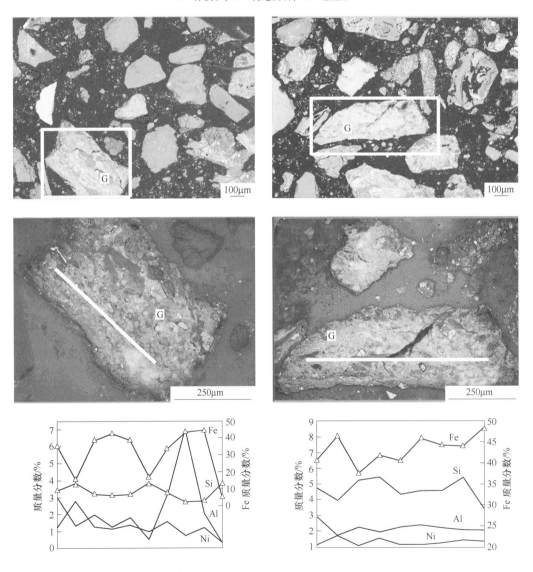

元素	O	Ni	Co	Mg	Cr	Fe	Al	Mn	Si	总
针铁矿成分（质量分数）/%	27.12	1.34	0.07	4.18	0.66	37.42	2.27	0.29	6.53	80.19

图 2-31　红土镍矿 J 中针铁矿物相的 EPMA 分析

G—针铁矿颗粒

b　硅酸盐矿物

红土镍矿 J 中的利蛇纹石表面可见平行解理，呈橄榄色或暗灰色，可见独立物相或与针铁矿、钴土矿共生，结构变化不一，结构致密（图 2-32）。

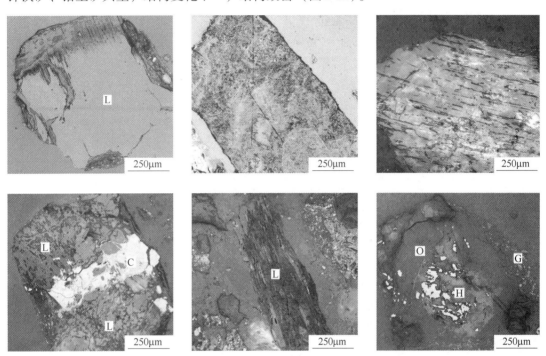

图 2-32　红土镍矿 J 中硅酸盐矿物的微观结构

L—利蛇纹石；O—蛇纹石；G—针铁矿；C—铬铁矿；H—赤铁矿

不同粒度大小的利蛇纹石常嵌布于针铁矿相物中。蛇纹石等硅酸盐矿物是重要的载镍矿物，Ni 含量可达 1.65%（图 2-33），但其晶格中的镍含量波动较大，分布规律同样与其

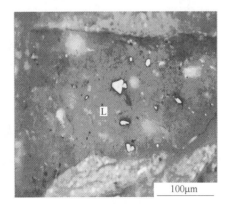

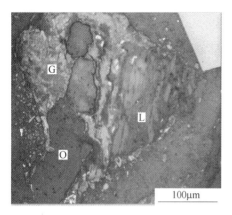
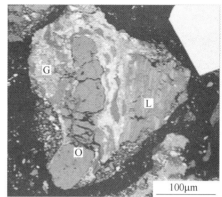

元素	O	Ni	Co	Mg	Fe	Al	Mn	Si	总
利蛇纹石成分（质量分数）/%	48.91	0.89	0.05	22.11	5.28	0.25	0.04	19.43	96.19
蛇纹石成分（质量分数）/%	29.88	1.65	0.02	11.78	15.93	0.87	0.13	12.89	73.64

图 2-33　红土镍矿 J 中硅酸盐矿物 EPMA 分析
L—利蛇纹石；G—针铁矿；O—蛇纹石

结构的致密程度有一定关系，即结构致密的物相中含镍量较低，反之亦然，这与前面褐铁矿型红土镍矿的分布规律相一致。

　　c　其他矿物

　　少量铬铁矿、石英、赤铁矿可见呈独立物相或者与针铁矿共生，结构致密（图 2-34）。这些物相中的镍含量通常较低，不是主要的载镍矿物。

　　腐殖土型红土镍矿 J 中各矿物的成分汇总于表 2-13。利蛇纹石等硅酸盐矿物和针铁矿的平均镍含量均较高，分别为 1.07% 和 1.59%，是主要的载镍矿物；此外，在红土镍矿 J 的针铁矿物相中同样检出了少量钴土矿，其在针铁矿中嵌布的几率较前述褐铁矿型红土镍矿 A 更高，是主要含钴矿物，镍、钴富集程度很高，含镍达 6.1%。

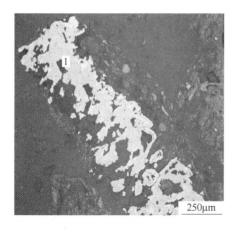
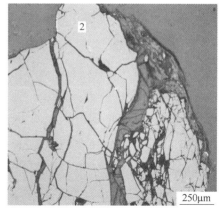

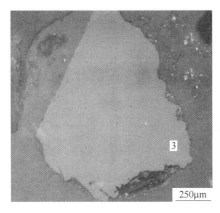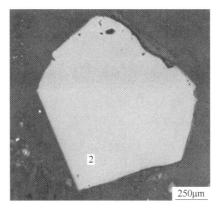

图 2-34 红土镍矿 J 中的微量矿物微观结构

1—磁赤铁矿；2—铬铁矿；3—石英

表 2-13 红土镍矿 J 主要物相的 EPMA 分析结果

物相名称	元素含量（质量分数）/%									
	O	Ni	Co	Mg	Cr	Fe	Al	Mn	Si	总
硅酸盐	37.67	**1.07**	0.03	15.24	0.25	11.33	0.96	0.10	15.61	82.45
钴土矿	28.78	**6.10**	1.04	0.55	0.51	33.81	3.74	10.64	2.06	87.47
针铁矿	28.40	**1.59**	0.08	2.11	0.60	44.75	1.30	0.24	4.45	83.70
铬铁矿	35.95	**0.08**	0.05	7.37	41.36	12.20	5.85	0.21	0.02	103.09

注：硅酸盐（利蛇纹石等）的物相含量为 65%，针铁矿为 30%，铬铁矿 3% 和赤铁矿 2%。

B 腐殖土型红土镍矿 K

腐殖土型红土镍矿 K 产自印度尼西亚，微观结构如图 2-35 所示，其中的硅酸盐矿物主要包括利蛇纹石和斜绿泥石，矿物的产出形式呈现多样性，结构不一。利蛇纹石在镜下为灰色、深灰色或黄褐色，通常为片状或者块状，且结构多较为致密。与利蛇纹石相比，斜绿泥石的光泽度较低，多呈暗灰色，灰度较均匀，通常嵌布在利蛇纹石内，两者紧密共生。赤铁矿呈亮白色的金属光泽，嵌布粒度十分微细，不足 $10\mu m$，这将导致即使其被还原成金属铁，也会因铁颗粒小，磨矿解离困难，导致回收率和品位均较低。此外，针铁矿呈现疏松多孔的结构，而铬铁矿多以独立矿物形式存在，表面光滑，结构致密。该样品含蛇纹石 71%，针铁矿 16%，绿泥石 5%，赤铁矿 4%，石英和铬铁矿各 2%。

对红土镍矿 K 中的利蛇纹石与其嵌布矿物的微观结构和元素分布特征（图 2-36）进行分析可知，图 2-36（a）中的点 1 与图 2-36（b）中的点 2 均为利蛇纹石相，点 1 较为致密，而点 2 结构疏松。镍含量均较高，分别为 1.10% 和 1.78%，为主要的含镍矿物。与利蛇纹石紧密共生的铬铁矿（点 3）和赤铁矿（点 4），镍含量较低，分别为 0.03% 和 0.02%。图 2-36（c）中的点 5 为斜绿泥石，其铝含量较高，达 12.13%，同时，该矿物镍含量为 1.73%，亦是主要的载镍矿物。图 2-36（d）中的点 7 为针铁矿，镍含量为 1.10%。此外，红土镍矿 K 中还检出少量的硬锰矿（点 6），其镍含量高达 10.65%；而石英（点 8）几乎不含镍。

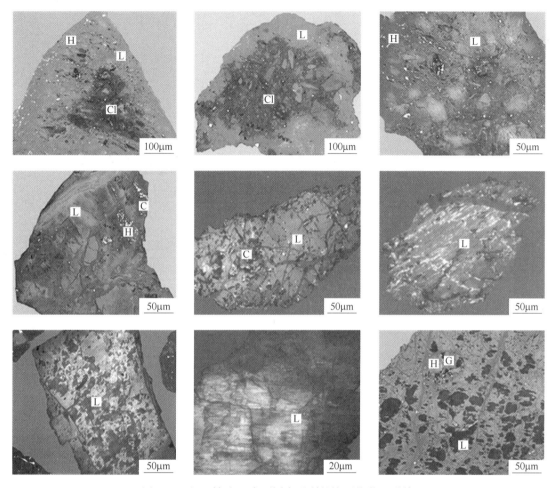

图 2-35 红土镍矿 K 中不同表观利蛇纹石的微观形貌
L—利蛇纹石；Cl—斜绿泥石；H—赤铁矿；G—针铁矿；C—铬铁矿

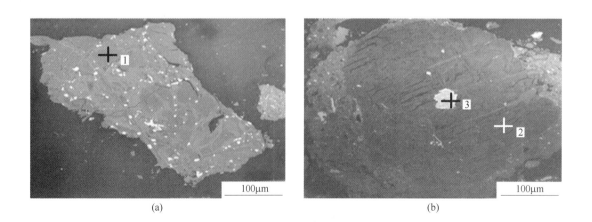

(a)　　　　　　　　　　　　(b)

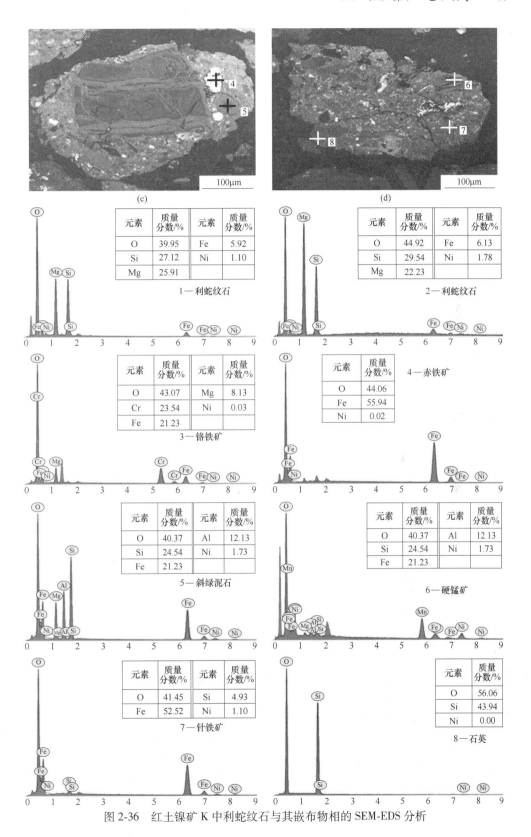

图 2-36 红土镍矿 K 中利蛇纹石与其嵌布物相的 SEM-EDS 分析

C 腐殖土型红土镍矿 P

腐殖土型红土镍矿 P 产自印度尼西亚，矿物共生关系如图 2-37 所示。针铁矿（点 1）

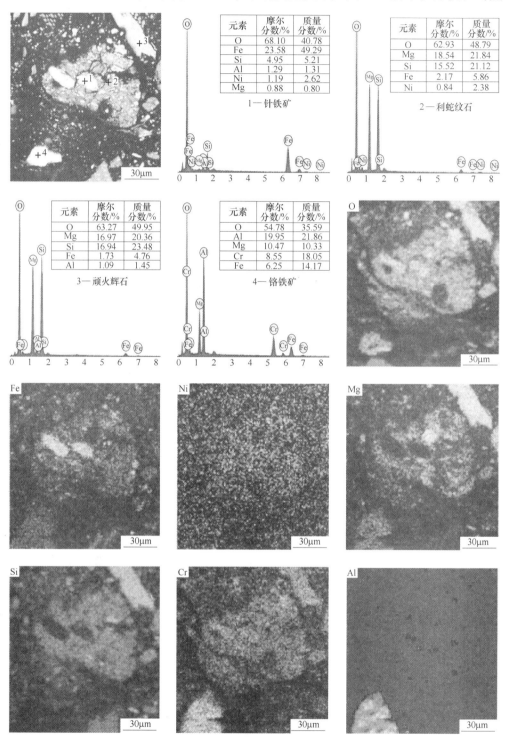

图 2-37 红土镍矿中利蛇纹石和针铁矿的微观结构和 SEM-EDS 分析

与利蛇纹石（点 2）紧密共生，相互夹杂在一起，局部含镍量分别达到了 2.62% 和 2.38%，是主要的载镍矿物；顽火辉石（点 3）和铬铁矿（点 4）在红土镍矿中含量较少，多以独立矿物形式存在，结构致密，通常镍元素含量较低。利蛇纹石中富镁的区域往往含镍比较低，而富镍的区域则含镁较低，这是因为在红土镍矿成矿过程中，成矿带表层矿物中的镍渗滤到了下层，两者发生了离子交换反应：$Mg-蛇纹石+Ni^{2+} \rightarrow Ni-蛇纹石+Mg^{2+}$。当 Ni 进入硅酸盐矿物中以后，其反应活性将大幅下降，从而对镍的提取和利用产生不利影响。样品 P 的矿物组成为：蛇纹石 60%，针铁矿 20%，顽火辉石 10%，石英 6%，赤铁矿和铬铁矿各 2%。

红土镍矿 P 中也发现了极少量的钴土矿（图 2-38），其颗粒尺寸达到了 $20\mu m$ 以上，结构致密，表面光滑。此外，钴土矿边缘有少量针铁矿，说明钴土矿与针铁矿存在共生关系。Mn、Ni、Co 三者的分布规律基本一致。其中，Ni 含量达到了 6.2%，远高于针铁矿和利蛇纹石的含镍量；Co 的含量范围大约为 0.27%~1.49%，是主要的载钴矿物。Co 容易和 Mn 结合的原因主要是，红土镍矿的形成过程中，风化作用能够将橄榄石和蛇纹石中的 Co^{2+} 和 $Mn^{(2+,3+)}$ 逐渐氧化成 Co^{3+} 和 $Mn^{(3+,4+)}$，在淋滤作用下，Co^{3+} 和 $Mn^{(3+,4+)}$ 逐渐向下层迁移，在迁移过程中 Co^{3+} 很容易被 $Mn^{(3+,4+)}$ 氧化物或氢氧化物捕获，从而形成含 Co^{3+} 的 $Mn^{(3+,4+)}$ 氧化物或氢氧化物。类似的，Ni^{2+} 在淋滤作用下向下层迁移的过程中也很容易被 $Mn^{(3+,4+)}$ 氧化物或氢氧化物捕获。因此，Ni、Co 容易富集在锰氧化物或氢氧化物中，这与前人研究结论相一致。

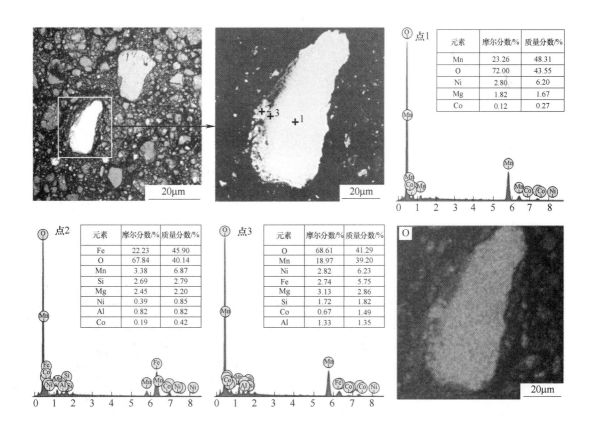

点1

元素	摩尔分数/%	质量分数/%
Mn	23.26	48.31
O	72.00	43.55
Ni	2.80	6.20
Mg	1.82	1.67
Co	0.12	0.27

点2

元素	摩尔分数/%	质量分数/%
Fe	22.23	45.90
O	67.84	40.14
Mn	3.38	6.87
Si	2.69	2.79
Mg	2.45	2.20
Ni	0.39	0.85
Al	0.82	0.82
Co	0.19	0.42

点3

元素	摩尔分数/%	质量分数/%
O	68.61	41.29
Mn	18.97	39.20
Ni	2.82	6.23
Fe	2.74	5.75
Mg	3.13	2.86
Si	1.72	1.82
Co	0.67	1.49
Al	1.33	1.35

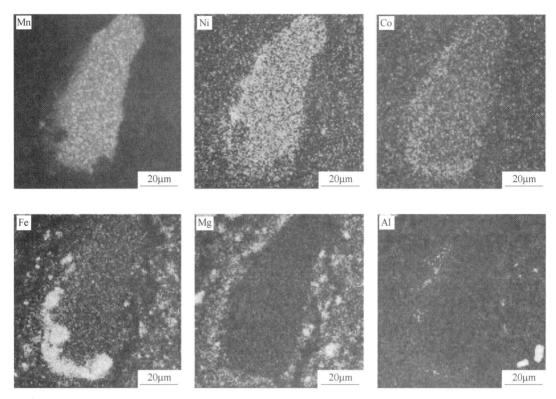

图 2-38 红土镍矿 P 中钴土矿的微观结构和 SEM-EDS 分析

D 腐殖土型红土镍矿 Q

腐殖土型红土镍矿 Q 产自菲律宾，典型微观形貌，矿物嵌布关系和元素分布规律如图 2-39 所示。红土镍矿 Q 中的主要矿物为利蛇纹石和针铁矿，另还有少量的斜绿泥石、赤铁矿、镍纤蛇纹石、铬尖晶石、硬锰矿和石英等矿物。由于红土镍矿大多在风化-淋滤-沉积的外界环境下形成，其中的利蛇纹石、针铁矿、斜绿泥石、镍纤蛇纹石和锰矿的微观形貌均发现不同程度的黏土质现象，其结构大多较为疏松，矿物表面多见裂纹和孔洞，因此为成矿过程中含镍淋滤液的迁移和富集创造了条件。晶体颗粒结晶度较高，结构致密，轮廓较明显，镜下较易辨认。

红土镍矿 Q 中含有蛇纹石 61%，针铁矿 28%，绿泥石 5%，赤铁矿、石英和铬铁矿各 2%。图 2-39 中各种矿物的化学成分见表 2-14。

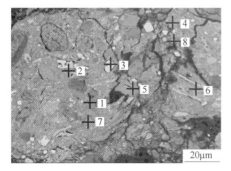
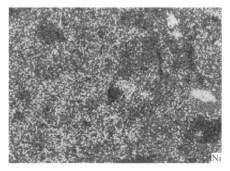

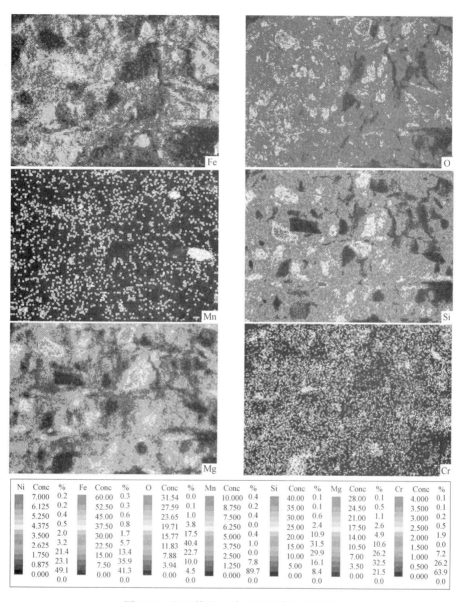

图 2-39 红土镍矿 Q 中主要元素分布特征

表 2-14 红土镍矿 Q 中不同矿物的 EPMA 分析结果（质量分数） （%）

分析点	O	Ni	Fe	Si	Mg	Al	Cr	Mn	物相
1	45.91	1.58	7.31	24.95	17.87	0.87	0.22	0.03	利蛇纹石
2	39.17	1.05	52.84	3.23	1.81	0.29	0.10	0.08	针铁矿
3	32.01	0.02	65.87	0.15	0.08	0.05	0.01	0.01	赤铁矿
4	47.91	4.34	3.29	25.34	16.94	0.81	0.01	0.04	镍纤利蛇纹石
5	46.08	1.41	8.75	21.95	16.87	3.15	0.17	0.09	斜绿泥石
6	51.89	6.45	14.85	3.29	1.98	0.21	0.01	18.98	硬锰矿
7	55.19	0.01	0.89	43.05	0.09	0.08	0.01	0.02	石英
8	30.87	0.01	22.38	0.21	4.12	5.87	36.18	0.20	铬尖晶石

利蛇纹石、针铁矿、斜绿泥石、镍纤蛇纹石为载镍矿物，平均镍含量分别达到了1.58%、1.05%、1.41%和4.34%。硬锰矿平均含镍高达6.45%，但因其矿物含量不高，故不是主要的载镍矿物；赤铁矿、石英和铬铁尖晶石等矿物未出现镍富集现象，几乎不含镍。铬和锰元素主要分别富集于铬尖晶石和硬锰矿中，铬和锰含量分别为36.18%和18.98%，其他矿物的铬含量和锰含量均较低。镍和铁多呈弥散状微细颗粒分布，铬和锰元素分布较为集中，各矿物间共生紧密，嵌布关系复杂。

a 硅酸盐矿物

红土镍矿 Q 中硅酸盐矿物的利蛇纹石以独立矿物或与其他矿物共生形式产出，如赤铁矿、铬铁矿、锰矿和石英以颗粒状或条带状内嵌于利蛇纹石中，斜绿泥石呈固溶体溶蚀状交代嵌布于利蛇纹石中（图2-40（a）(b)）。结构疏松的利蛇纹石（点1）较结构致密的利蛇纹石（点2）含有更多的镍和铁，分别为1.52%Ni、8.71%Fe和0.16%Ni、2.32%Fe，且检测到一定的铬和锰含量，分别为0.21%和0.05%(图2-40(c))。从还原动力学角度分析，前者的结构特征更有利于 CO 与利蛇纹石内部的有价元素接触和还原。此外，镍纤蛇纹石作为高含镍矿物（点4，含镍4.07%），也多与利蛇纹石呈共生关系。利蛇纹石中的镍和铁元素分布规律较为相似，而与镁元素的分布呈现出相反的趋势(图2-40(d))，这与前面几种红土镍矿的工艺矿物学研究所得的规律一致。

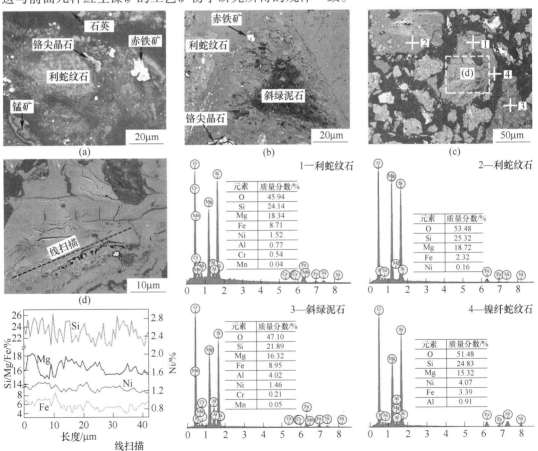

图2-40 红土镍矿 Q 中硅酸盐矿物的微观结构和 SEM-EDS 分析

b 针铁矿

红土镍矿 Q 中针铁矿结构疏松，结晶程度较低，产出形态多以细纹-网脉状结构的黏土质矿物与利蛇纹石、斜绿泥石、赤铁矿、石英和铬铁矿等矿物紧密共生（图 2-41）。针铁矿颗粒中各种矿物间彼此嵌布紧密。其中针铁矿、利蛇纹石和斜绿泥石是主要载镍矿物。

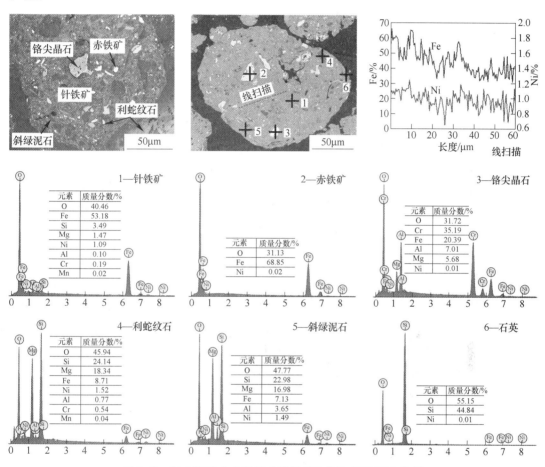

图 2-41 红土镍矿 Q 中针铁矿的微观结构和 SEM-EDS 分析

c 硬锰矿

硬锰矿是红土镍矿 Q 中锰矿物的主要载锰矿物（图 2-42），其反射色呈深灰或浅灰色，锰矿晶粒较大，可达 50μm 以上，结构较为致密，多与利蛇纹石、针铁矿等共生。锰和镍元素的分布规律一致，但与脉石元素镁和硅元素的分布规律相反。

E 腐殖土型红土镍矿 T

腐殖土型红土镍矿 T 产自缅甸，矿物组成较复杂。主要含有蛇纹石 56%、针铁矿 15%、石英 10%、绿泥石 8%、滑石 7%，赤铁矿和铬铁尖晶石各 2%。针铁矿颗粒有时内部还包裹粒状铬尖晶石、赤铁矿或者石英，导致成分不纯，除富集一定量的镍外，常含有较多的硅、铝等杂质；蛇纹石和滑石中也含有一定量的镍。上述三者是红土镍矿 T 中主要的载镍矿物（图 2-43、图 2-44）。

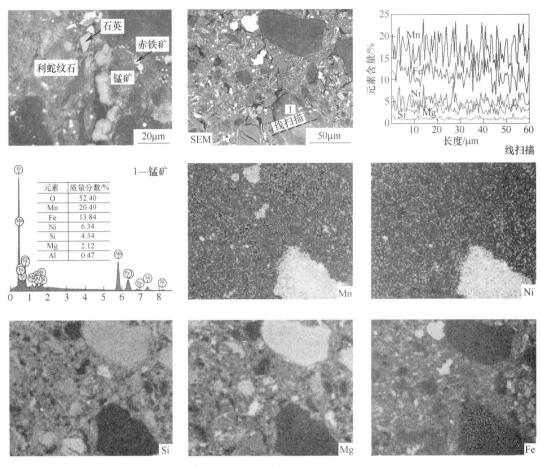

图 2-42 红土镍矿 Q 中硬锰矿的微观结构和 SEM-EDS 分析

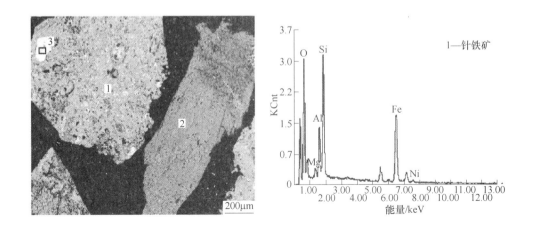

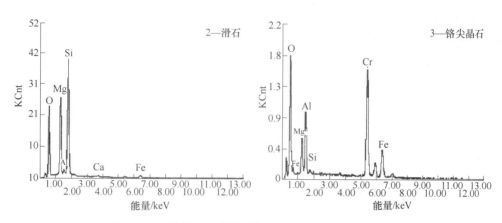

图 2-43 红土镍矿 T 中铁矿物与滑石的扫描电镜-能谱图

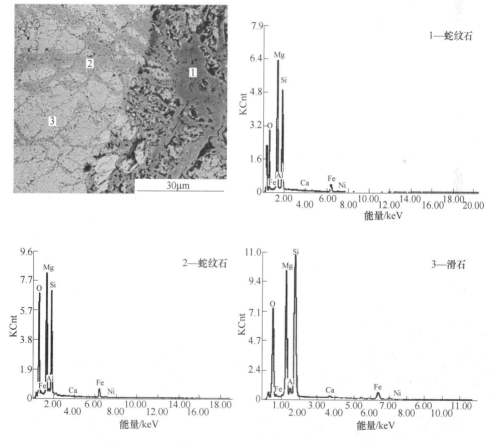

图 2-44 红土镍矿 T 中蛇纹石和滑石的 SEM-EDS 分析

由图 2-45 和表 2-15 可见，红土镍矿 T 中主要的载镍矿物为褐铁矿、蛇纹石和滑石。褐铁矿中镍含量相对较低，仅为 0.80%，而硅、铝等杂质含量较高，可达 9.93% 和

6.62%；相比而言，蛇纹石中的镍含量在所分析的矿物中最高，达到了 1.05%，且其 Si 和 Mg 含量亦较高，分别为 15.41% 和 17.38%；滑石含有较低的镍，平均为 0.5%，Si 和 Mg 含量与蛇纹石较为相似，分别为 17.54% 和 15.63%；石英和铬尖晶石的镍含量非常低，仅为 0.06% 和 0.10%。

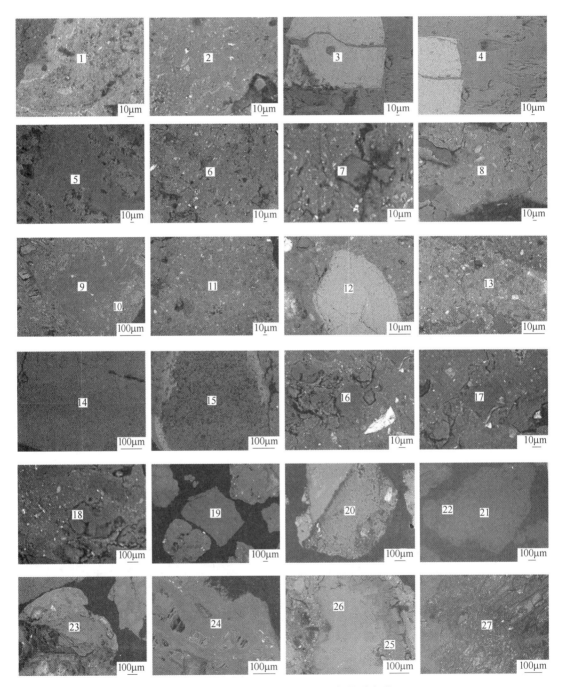

图 2-45　红土镍矿 T 主要矿物电子探针分析位置

表 2-15　红土镍矿 T 中各矿物的电子探针分析（质量分数）　　　（%）

矿物	分析点	O	Si	Al	Mg	Ca	Fe	Cr	Ni
褐铁矿	1	33.76	0.39	4.98	0.18	0.00	34.26	2.84	1.53
	2	29.43	11.39	7.45	0.50	0.02	20.23	0.22	0.62
	6	30.96	10.24	7.44	0.52	0.00	19.38	0.44	0.60
	8	55.61	13.55	8.17	0.53	0.03	21.33	0.24	0.53
	11	37.31	8.30	5.72	0.68	0.00	22.43	0.47	0.70
	13	40.23	11.83	6.17	0.41	0.00	19.28	0.64	0.44
	16	35.16	13.80	6.44	1.97	0.12	13.64	0.18	1.16
	平均	**37.49**	**9.93**	**6.62**	**0.68**	**0.02**	**21.51**	**0.72**	**0.80**
蛇纹石	4	61.42	15.69	0.83	16.07	0.02	4.66	0.28	1.03
	5	46.37	16.15	0.01	19.86	0.02	4.35	0.00	0.26
	10	59.86	15.29	0.16	17.72	0.84	5.42	0.44	0.27
	17	58.85	15.77	0.00	19.47	0.07	5.04	0.01	0.79
	23	60.93	14.88	0.69	16.19	0.07	5.41	0.44	1.41
	24	60.88	14.66	0.03	18.39	0.07	5.28	0.02	0.72
	25	43.21	15.79	0.58	13.79	0.00	4.96	0.11	2.23
	26	60.23	15.05	0.17	17.58	0.07	5.22	0.01	1.67
	平均	**56.47**	**15.41**	**0.31**	**17.38**	**0.14**	**5.04**	**0.16**	**1.05**
滑石	9	60.54	19.13	1.32	16.38	0.01	2.31	0.19	0.11
	20	42.26	16.48	0.72	16.10	0.02	2.54	0.30	0.42
	21	58.06	18.75	0.75	16.19	0.03	4.89	0.30	1.03
	22	54.94	17.87	0.70	15.86	0.46	3.89	0.37	0.29
	27	48.15	15.49	0.08	13.62	0.04	5.17	0.08	0.66
	平均	**52.79**	**17.54**	**0.71**	**15.63**	**0.11**	**3.76**	**0.25**	**0.50**
铬尖晶石	3	46.38	0.18	14.87	7.98	0.00	9.75	20.77	0.07
	12	47.48	0.12	14.40	7.40	0.02	10.25	20.27	0.05
	平均	**46.93**	**0.15**	**14.64**	**7.69**	**0.01**	**10.00**	**20.52**	**0.06**
石英	7	59.00	40.54	0.00	0.00	0.00	0.45	0.01	0.00
	14	61.86	37.88	0.00	0.10	0.01	0.10	0.05	0.00
	15	46.34	32.79	0.98	0.12	0.04	0.44	0.06	0.45
	18	63.16	36.33	0.00	0.00	0.01	0.47	0.00	0.03
	19	64.61	35.01	0.02	0.07	0.02	0.20	0.05	0.03
	平均	**58.99**	**36.51**	**0.20**	**0.06**	**0.02**	**0.33**	**0.03**	**0.10**

　　上述针对不同红土镍矿的工艺矿物学研究进一步说明，尽管红土镍矿产地、类型、化学成分和矿物组成有所不同，但镍主要赋存于针铁矿、蛇纹石等硅酸盐的规律是基本一致的。不同红土镍矿中镍、铁、钴和铬等有价金属的赋存状态均非常复杂，矿物间共伴生紧密，难以通过磨矿—物理分选的方法进一步富集。从矿物组成来看，褐铁矿型红土镍矿的

主要物相为针铁矿，结晶水含量高、烧损大，采用烧结法对其进行造块时将不可避免面临烧结矿强度差、产量低和固体能耗高等难题；腐殖土型红土镍矿的主要物相为蛇纹石等硅酸盐和针铁矿，烧损大、难还原，因此，如何实现不同类型红土镍矿的低成本高效利用是当前面临的重大课题之一。为此，首先应对原料的矿物学特征，包括物相组成、载镍和载铁矿物的嵌布关系，以及元素分布特征进行深入细致的研究，以为确定下一步综合利用路线，提高金属回收率提供重要的理论依据和指导。

参 考 文 献

[1] 张邦胜，刘贵清，刘昱辰，等. 世界镍矿资源与市场分析 [J]. 中国资源综合利用，2020，38（7）：94-98.

[2] British Geological Survey. Mineral profiles：Nickel [EB/OL]. [2008-09]：https：//www2. bgs. ac. uk/mineralsuk/download/mineralProfiles/nickel_profile. pdf.

[3] USGS. Nickel statistics and information：Mineral commodity summaries 2022 [EB/OL]. [2022-01]. https：//pubs. usgs. gov/periodicals/mcs2022/mcs2022-nickel. pdf.

[4] 杜方权. 红土型镍矿床地质地球化学 [M]. 长沙：中南大学出版社，2019.

[5] 周建男，周天时. 利用红土镍矿冶炼镍铁合金及不锈钢 [M]. 北京：化学工业出版社，2016.

[6] 潘建，田宏宇，朱德庆，等. 镍矿资源供需分析及红土镍矿开发利用现状 [C]//2019 年镍产业发展高峰论坛暨 APOL 年会会刊，2019：22-31.

[7] 李启厚，王娟，刘志宏. 世界红土镍矿资源开发及其湿法冶金技术的进展 [J]. 矿产保护与利用，2009（6）：42-46.

[8] 刘明宝，印万忠. 中国硫化镍矿和红土镍矿资源现状及利用技术研究 [J]. 有色金属工程，2011，1（5）：25-28.

[9] 唐萍芝，陈欣，王京. 全球镍资源供需和产业结构分析 [J]. 矿产勘查，2022，13（1）：152-156.

[10] ELIAS M. Nickel laterite deposits-geological overview，resources and exploitation [J]. Giant ore deposits：Characteristics，genesis and exploration. CODES Special Publication，2002，4：205-220.

[11] KESKINKILIC E. Nickel laterite smelting processes and some examples of recent possible modifications to the conventional route [J]. Metals，2019，9（9）：974.

[12] 刘金龙，李仵民，周永恒，等. 镍矿床分布、成矿背景和开发现状 [J/OL]. 中国地质：1-23，[2023-02-09].

[13] 李注苍，窦贤，闫海卿. 中国金娃娃：金川铜镍矿 [M]. 兰州：甘肃科学技术出版社，2021.

[14] 张森森，载塔根，邹海洋. 新疆喀拉通克铜镍矿成矿规律与找矿预测 [M]. 长沙：中南大学出版社，2017.

[15] 王岩，王登红，孙涛，等. 中国镍矿成矿规律的量化研究与找矿方向探讨 [J]. 地质学报，2020，94（1）：217-240.

[16] GABRIELLE D，FARID J，JESSICA B，et al. Vertical changes of the Co and Mn speciation along a lateritic regolith developed on peridotites（New Caledonia）[J]. Geochimica et Cosmochimica Acta，2017，217：1-15.

[17] CHARLES R M B，DOMINIQUE C. Nickel laterite ore deposits：Weathered serpentinites [J]. Elements，2013，9（2）：123-128.

[18] PUTZOLUA F，BALASSONEA G，BONI M，et al. Mineralogical association and Ni-Co deportment in the Wingellina oxide-type laterite deposit（Western Australia）[J]. Ore Geology Reviews，2018，97：21-34.

[19] 崔瑜. 低品位红土镍矿选择性还原-磁选富集镍的工艺及机理研究 [D]. 长沙：中南大学硕士学位论文，2011.

[20] ZHU D，YU C，HAPUGODA S，et al. Mineralogy and crystal chemistry of a low grade nickel laterite ore [J]. Transactions of nonferrous metals society of China，2012，22（4）：907-916.

3 低品位红土镍矿烧结—高炉法冶炼不锈钢母液

在褐铁矿型、腐殖土型及过渡型三大类型红土镍矿中，褐铁矿型红土镍矿资源量最为丰富，其镍金属储量占红土镍矿镍总量的 60% 以上，但其镍品位偏低，大致在 0.8%~1.5% 之间，全铁品位较高，约在 40%~50% 之间。在脉石成分方面，SiO_2 和 Al_2O_3 含量较高，分别在 5%~10% 及 5.0%~7.0% 之间，MgO 含量为 0.5%~5.0%，属于低品位红土镍矿资源。因此，开发利用如此丰富的低品位褐铁矿型红土镍矿资源将对我国不锈钢行业的可持续发展有着十分重要的意义。

红土镍矿冶炼工艺主要分为火法工艺和湿法工艺。与湿法工艺相比，虽然火法工艺的镍产品纯度较低，但对原料的适应性强、产量高、工艺较成熟，可以很好地满足不锈钢市场的巨大需求，并充分契合现今我国红土镍矿资源波动性大的特点。同时，在火法工艺中，可将红土镍矿直接冶炼为镍铁，这样可以避免在以电解镍为含镍原料时，镍与铁先分离而后再高温熔炼造成的能源和资源的巨大浪费，缩短冶炼工艺流程，大幅降低生产成本。因此，整体上红土镍矿火法冶炼工艺更具优势。目前，红土镍矿火法冶炼主流工艺主要分为三种，即直接还原—磁选工艺（DRMS）、回转窑—电炉（RKEF）工艺和烧结—高炉工艺（SBF）。其中 RKEF 法适合处理高品位腐殖土型红土镍矿，DRMS 法适处理过渡型红土镍矿，烧结—高炉法更适合于处理褐铁矿型红土镍矿。

红土镍矿烧结—高炉法始于 20 世纪 90 年代，在不锈钢行业快速发展、镍价飞涨及小高炉面临淘汰的背景下，我国沿海私有企业开始通过小高炉处理低品位的进口红土镍矿，用于生产镍铁。虽然后续镍铁价格下降，炉容过小的小型高炉已无利润空间，许多采用此工艺进行镍铁冶炼的企业也相继停产，但在印度尼西亚红土镍矿出口政策的变化和我国"一带一路"倡议的刺激下，国内烧结—高炉法镍铁冶炼工艺重新得到发展。目前，高炉炉容已由原来的 80~150m³ 扩大至 500m³ 以上，如北港新材料有限公司拥有 2 座 500m³ 高炉用以冶炼红土镍矿。红土镍矿烧结—高炉工艺主要以价格相对便宜的褐铁矿型红土镍矿为原料，原料成本低，工艺技术成熟，设备投资与技术风险低，电耗少，可在满足当今我国镍资源进口现状的条件下，低成本地完成镍铁冶炼，以大幅缓解我国镍市场供不应求的窘况。此外，该法冶炼含镍铁水，可综合回收利用其中的铁、镍、铬和锰等有价元素；得到的含镍铁水可以直接作为冶炼 200 系不锈钢的母液，能缩短不锈钢冶炼流程，降低生产成本及能耗，减少碳排放。然而，该工艺生产的镍铁产品镍品位一般为 1%~5%，主要用于生产 200 系不锈钢，其高炉焦比高（500~600kg/t 左右），炉容相对于传统高炉仍较小（低于 1000m³），原料需要造块处理，烧结矿产质量指标差，能耗高。

红土镍矿烧结—高炉法是基于传统铁矿石高炉炼铁工艺发展而来。但是，低品位褐铁矿型红土镍矿的烧结性能及其烧结矿高炉冶炼行为与普通铁矿存在较大差异。本章主要介绍低品位褐铁矿型红土镍矿烧结—高炉法冶炼不锈钢母液的基础研究及工业化应用研究成果。

3.1　低品位褐铁矿型红土镍矿烧结

3.1.1　低品位褐铁矿型红土镍矿烧结现状

近几十年来，国内外学者及钢铁工作者对褐铁矿型红土镍矿烧结工艺研究进行了大量的探索和实践。

国丰二炼铁厂进行了铁矿配加褐铁矿型红土镍矿的烧结生产实践[1]，烧结矿碱度在1.80左右，当褐铁矿型红土镍矿为15%时，与基准相比，烧结矿转鼓强度由75.20%降至73.80%，固体燃耗由55.21kg/t增至61.60kg/t，返矿率由17%增至19%。FeO含量由9.07%增至9.50%，RI由79.53%降至75.70%，RDI$_{+3.15}$略有改善。整体上，随着褐铁矿型红土镍矿配比升高，烧结矿质量及冶金性能变差。

在承钢1号烧结机进行了配加褐铁矿型红土镍矿与球团返粉混合粉的烧结生产实践[2]，其中，烧结矿碱度为2.1，混合镍矿粉比例在5%~20%。当混合镍矿粉由5%增至20%时，烧结矿转鼓强度和利用系数分别由66.27%和0.95t/（m²·h）降至59.07%和0.88t/（m²·h），固体燃耗由58.11kg/t增至72.78kg/t，烧结性能明显恶化。

国内某钢厂在72m²烧结机上进行了配加褐铁矿型红土镍矿的烧结生产实践[3]，在烧结矿碱度1.80条件下，当红土镍矿配比由5%增至28%时，烧结矿0~5mm粒级增加约7%，烧结矿转鼓强度降低5.39%；还原度由83.1%降至72.8%，烧结矿指标整体变差。

五矿营钢对配加15%左右的混合镍矿粉（褐铁矿型红土镍矿与高炉返矿按3∶1混合）的烧结生产表明，与基准期相比（不配加混合粉），转鼓强度降低1%左右，固体燃耗升高1kg/t，烧结矿产质量均有所降低[4]。

上述烧结生产实践表明，在普通铁矿中配加褐铁矿型红土镍矿，烧结指标变差，能耗升高。

诸多学者对全褐铁矿型红土镍矿展开了烧结杯实验，例如在返矿配比和煤粉用量分别控制在17.0%和7.0%时，随烧结碱度由0.7增至1.2，烧结矿转鼓强度由58.70%稍降至56.90%，利用系数由1.00t/（m²·h）增至1.21t/（m²·h），整体烧结性能明显提高。同时，烧结矿还原度亦由56.70%增至65.20%[5]；通过优化混合料水分（15.0%~22.0%）和碱度（1.0~1.2）等参数，在料层高度600mm，返矿配比20%条件下，随碱度由1.0增至1.2，转鼓强度和固体燃耗分别由60.64%和128.61kg/t略降至59.57%和124.29kg/t，利用系数变化不大，烧结性能整体略有改善。烧结矿微观结构分析表明，烧结矿为磁铁矿（富氏体）和玻璃相（辉石）构成的斑杂状结构，或富氏体、橄榄石等构成的共生结构[5]；优化配碳量（6.0%~16.0%）、碱度（1.0~2.1）、水分（14.0%~20.0%）、加水方式、制粒时间等参数的烧结杯试验表明，在混合料水分为18%，一混和二混加水比例为4∶6，一混和二混制粒时间为3min和6min时，配碳量9%~12%，碱度1.3~1.7，烧结矿转鼓强度在65%左右，FeO含量高达33%~40%，还原度仅56%左右，远远不能满足高炉生产需求[6,7]。

北港新材料有限公司在132m²烧结机上进了全比例褐铁矿型红土镍矿烧结生产实践，返矿配比30%，料层高度680mm，烧结矿碱度在1.0~1.4。随烧结矿碱度由1.0增至1.4，烧结矿转鼓强度由60.4%降至59.4%，利用系数则由0.63t/（m²·h）增至0.83t/（m²·h），固体燃耗由 194kg/t 降至 174kg/t，整体烧结性能得到改善[9]。

综上所述，褐铁矿型红土镍矿与普通褐铁矿相比，虽都属于褐铁矿类型，但前者铁品位更低，铝、镁及 Cr_2O_3 含量更高，高熔点的物相更多；其物理水量高达 30% 以上，使用前需设置额外的烘干段，结晶水含量一般在 15% 左右，烧失量更大。因此，褐铁矿型红土镍矿烧结矿孔隙率和固体燃耗更高，产质量指标更差，进而使高炉冶炼难度加大。

虽然迄今已进行大量褐铁矿型红土镍烧结试验研究和生产实践，但仍缺乏系统性的基础研究。尤其是对碱度变化的研究未覆盖整个碱度区间，缺乏充足的说服力。尤其是褐铁矿型红土镍矿烧结传热特性和固结机理、烧结矿冶金性能及其与常规铁矿粉烧结特性的差异及强化烧结新技术鲜有报道。

3.1.2 低品位褐铁矿型红土镍矿烧结行为

3.1.2.1 褐铁矿型红土镍矿烧结高温性能

铁矿粉烧结高温性能是表征铁矿粉自身性质对其烧结特性影响的重要评价指标，通常包括同化性能、液相流动性、黏结相强度和铁酸钙生成特性[10,11]。

A 同化性能

最低同化温度越高，铁矿粉反应性越差。由图 3-1 可知，褐铁矿型红土镍矿与普通褐铁矿最低同化温度分别为 1290℃ 和 1250℃。这主要是因为褐铁矿型红土镍矿含有更多的高熔点组分，如 Cr_2O_3、Al_2O_3 和 MgO，而两者 SiO_2 含量相似，这使烧结过程中初始液相的形成温度变高，即使在较高的烧结温度下，褐铁矿型红土镍矿也更难与 CaO 反应形成液相。因此，在褐铁矿型红土镍矿烧结过程中，需要更高的烧结温度，导致固体燃料消耗需增多，烧结成本升高，碳排放量增大。

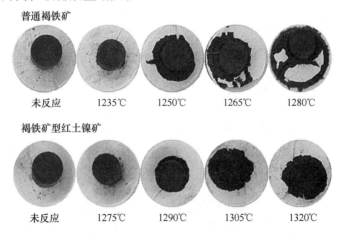

图 3-1 褐铁矿型红土镍矿与普通褐铁矿同化性能对比

B 液相流动性

液相流动性指数随烧结温度的变化规律如图 3-2 所示。随烧结温度从 1235℃ 上升到 1310℃，普通褐铁矿液相流动性指数由 0.04 急剧上升到 11.45。而随烧结温度从 1280℃ 上升到 1370℃，褐铁矿型红土镍矿液相流动性指数由 0.21 缓慢上升到 3.61，烧结温度进一步上升到 1400℃ 时，其迅速上升到 11.27。在相同或更高的烧结温度下，褐铁矿型红土镍矿液相流动性指数更低，其液相流动性远差于普通褐铁矿。这主要是因为褐铁矿型红土镍矿中高熔点矿物 Cr_2O_3、Al_2O_3 和 MgO 含量高，使液相黏度显著增高，液相流动性变差，同时液相量也少，导致黏结相分布不均，严重影响烧结矿固结效果。

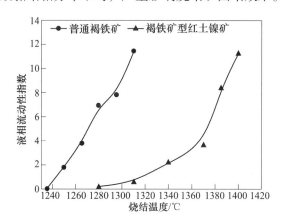

图 3-2 褐铁矿型红土镍矿与普通褐铁矿液相流动性指数变化

C 黏结相强度

黏结相强度随碱度的变化规律如图 3-3 所示。随着碱度由 0.6 增至 1.0，普通褐铁矿黏结相强度由 60MPa 迅速降至 56MPa，而随碱度进一步提高至 2.2，黏结相强度则大幅升至 62.3MPa。对于褐铁矿型红土镍矿，随碱度由 0.6 增至 1.4，其黏结相强度由 19.1MPa 稍降至 18.6MPa，而当碱度进一步上升至 2.2，其黏结相强度则急剧降至 13.9MPa。在碱度为 1.0~1.4 时，褐铁矿型红土镍矿黏结相强度则相对较好；在碱度不低于 1.8 时，普通褐铁矿黏结相强度较高。两种矿石在烧结过程中的适宜碱度明显不同，表明褐铁矿型红土镍矿具有独特的烧结固结特性。此外，即使在合适的碱度下，褐铁矿型红土镍矿烧结矿的黏结相强度也远低于普通褐铁矿。

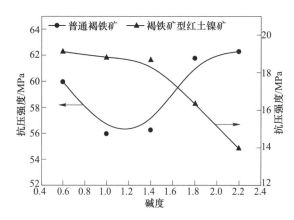

图 3-3 褐铁矿型红土镍矿与普通褐铁矿黏结相强度变化

D 铁酸钙生成特性

不同碱度下烧结矿的矿物组成见表 3-1。两种烧结矿铁酸钙生成特性有很大差别。在普通褐铁矿烧结团块 A 中，低碱度 0.6 时，液相主要为铁橄榄石（$2FeO \cdot SiO_2$）和钙铁橄榄石（$CaO \cdot FeO \cdot SiO_2$）；随碱度增至 1.4，铁橄榄石逐渐转变为钙铁橄榄石，并形成少量硅酸二钙（$2CaO \cdot SiO_2$）和复合铁酸钙（SFCA）；随碱度进一步增至 2.2，液相主要由 SFCA 和硅酸三钙（$3CaO \cdot SiO_2$）组成。而在褐铁矿型红土镍矿烧结团块 B 中，当碱度低至 0.6 时，液相为尖晶石型橄榄石（$CaO \cdot (Fe,Mg)Al_2O_4 \cdot SiO_2$），其由铁尖晶石与 CaO 和 SiO_2 发生共晶反应形成；碱度增加至 1.4 则促进了一定量的 SFCA 形成；当碱度达到 2.2，液相以 SFCA 和 $3CaO \cdot SiO_2$ 为主。两者铁酸钙等液相形成特性明显不同，这将导致其烧结特性有很大差异。

表 3-1　不同碱度下烧结团块矿物组成及孔隙率（面积分数）　　（%）

类别	固相			液相						孔隙率
	铁尖晶石	赤铁矿	铬尖晶石	铁橄榄石	钙铁橄榄石	尖晶石型橄榄石	SFCA	硅酸二钙	硅酸三钙	
A-0.6	—	74.13	—	11.27	14.6	—	—	—	—	40.27
A-1.4	—	64.58	—	—	24.46	—	6.76	4.20	—	46.03
A-2.2	—	55.54	—	—	—	—	34.27	—	10.19	29.38
B-0.6	7.54	74.72	2.29	—	—	15.45	—	—	—	43.47
B-1.4	6.78	63.45	2.42	—	—	17.43	9.92	—	—	46.85
B-2.2	5.53	54.98	2.38	—	—	—	23.82	—	13.29	53.06

总体而言，与普通褐铁矿相比，褐铁矿型红土镍矿同化性能和液相流动性更差。而两者黏结相强度和铁酸钙形成特性随碱度的变化规律也有很大差异。综合考虑烧结矿产质量指标，褐铁矿型红土镍矿烧结适宜碱度不应超过 1.4，而普通褐铁矿烧结适宜碱度不应低于 1.8。同时，由于液相形成量有限，微观结构疏松，褐铁矿型红土镍矿烧结矿黏结相强度远低于普通褐铁矿。可以预见，褐铁矿型红土镍矿烧结性能远差于普通褐铁矿。

3.1.2.2　褐铁矿型红土镍矿烧结行为

基于上述褐铁矿型红土镍矿高温性能研究结果，本节介绍在烧结杯中褐铁矿型红土镍矿的烧结行为，同时揭示混合料水分、固体燃料配比及碱度对褐铁矿型红土镍矿烧结指标的影响规律[10,11]。

混合料水分对烧结料层透气性的影响如图 3-4 所示[12]。随着混合料水分由 15% 升至 18%，料层透气性阻力由 139.6mm H_2O 大幅降至 15.2mm H_2O，表明混合料透气性明显改善；当混合料水分继续增至 21%，透气性阻力趋于稳定，混合料透气性变化不大。混合料水分对烧结过程有着至关重要的作用，在适宜水分下产生了毛细引力，与机械力共同作用，促进粉料聚集成粒，从而改善料层透气性。混合料水分过低，物料不能很好地参与制粒，造成料层透气性较差；混合料水分过高，则会导致烧结料层下部过湿，料层透气性下降。褐铁矿型红土镍矿烧结适宜的混合料水分为 18% 左右，远高于普通铁矿粉烧结适宜的水分（7%~8%）。

混合料水分混对褐铁矿型红土镍矿烧结指标的影响如图 3-5 所示。随着混合料水分由 15% 升至 18%，烧结矿转鼓强度由 38.31% 增至 45.87%，固体燃耗由 297.09kg/t 降至 140.52kg/t；当混合料水分继续增至 21%，烧结矿转鼓强度降至 40.11%，固体燃耗则升

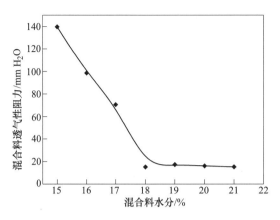

图 3-4　混合料水分对褐铁矿型红土镍矿烧结料层透气性的影响

（碱度 1.4，无烟煤粉用量 7.5% 及返矿配比 30%）

至 178.17kg/t。此外，随混合料水分由 15% 增至 21%，烧结矿利用系数由 0.16t/（m² · h）增至 1.15t/（m² · h）。烧结适宜的混合料水分为 18%，这与适宜的混合料制粒水分基本一致。烧结矿转鼓强度、利用系数及固体燃耗分别为 45.87%、0.97t/（m² · h）和 140.52kg/t。由此类指标可见，褐铁矿型红土镍矿烧结性能很差，不仅混合料水分偏高，而且烧结矿强度差、产量低及固体能耗偏高。褐铁矿型红土镍矿烧结性能明显劣于普通褐铁矿，必须采取相关新工艺、新技术进行强化烧结，以提高烧结-高炉法的竞争力，降低不锈钢母液成本。

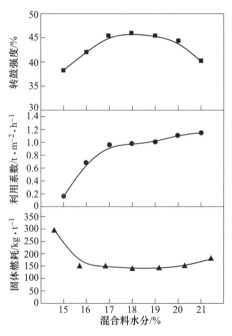

图 3-5　混合料水分对褐铁矿型红土镍矿烧结指标的影响

（碱度 1.4，无烟煤粉用量 7.5% 及返矿配比 30%）

固体燃料配比对褐铁矿型红土镍矿烧结指标的影响如图 3-6 所示。随着固体燃料无烟煤配比由 6.5% 增至 8.5%，烧结矿利用系数和固体燃耗由 0.75t/（m² · h）和 109.53kg/t 分别增至 1.22t/（m² · h）和 151.91kg/t。而当无烟煤用量由 6.5% 增至 7.5% 时，转鼓强度由 42.40% 升至 45.37%；当无烟煤用量继续增至 8.5%，转鼓强度则降至 44.87%。烧结过程中，大约 80% 的热量来自固体燃料燃烧，当固体燃料用量不足时，由于烧结过程温度较低，烧结矿难以固结；当固体燃料用量过多时，烧结过程中高温保持时间大大延长，这不利于烧结矿产量的提高。褐铁矿型红土镍矿烧结适宜的无烟煤用量为 7.5%，相应烧结指标为：转鼓强度为 45.37%，利用系数为 0.95t/（m² · h），固体燃耗为 149.68kg/t。

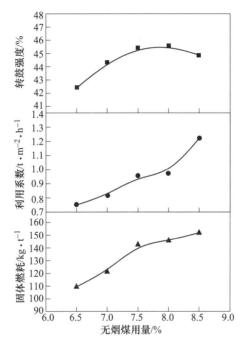

图 3-6　无烟煤配比对褐铁矿型红土镍矿烧结指标的影响
（混合料水分 18.0%，碱度 1.4 及返矿配比 30%）

碱度对褐铁矿型红土镍矿烧结指标的影响如图 3-7 所示。当碱度由 0.6 增至 1.4 时，烧结矿转鼓强度变化不大，稳定在 45.00%~46.00%；当碱度进一步增至 2.2，烧结矿转鼓强度急剧降低至 30.50%，表明高碱度对褐铁矿型红土镍矿烧结矿转鼓强度不利，这是与普通铁矿烧结行为的最大差别。

此外，随碱度由 0.6 增至 1.0，烧结矿固体燃耗由 144.14kg/t 逐渐降至 120.15kg/t；随碱度进一步增加，烧结矿固体燃耗呈上升趋势，当碱度为 2.2 时，烧结矿固体燃耗高达 185.46kg/t。而当碱度由 0.6 增至 1.4，烧结矿利用系数由 0.66t/（m² · h）升至 0.97t/（m² · h）；当碱度继续增至 1.8，烧结矿利用系数降至 0.79t/（m² · h）；随碱度进一步增至 2.2，烧结矿利用系数则略有提高，达到 0.94t/（m² · h）。综合烧结各项指标，褐铁矿型红土镍矿烧结适宜的碱度为 1.2~1.4，在低碱度（<1.2）或高碱度（>1.4）区间，烧结性能均较差，这也表明其烧结矿固结机理明显不同于普通铁矿。在碱度 1.4 时，褐铁矿型红土镍矿烧结性能最佳，烧结矿转鼓强度为 45.87%，利用系数为 0.97t/（m² · h），固体燃耗为

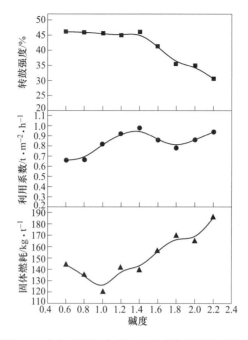

图 3-7 碱度对褐铁矿型红土镍矿烧结性能的影响

140.52kg/t，这与其高温性能研究结果基本一致。

褐铁矿型红土镍矿与普通褐铁矿分别在适宜碱度 1.4 和 1.8 及最佳烧结工艺条件下，达到返矿平衡时两者最佳烧结指标及烧结矿质量的对比见表 3-2、表 3-3 和表 3-4。除适宜碱度相差较大外，两者适宜的无烟煤配比和混合料水分亦有很大差别，褐铁矿型红土镍矿适宜的无烟煤配比和混合料水分分别为 7.5% 和 18.0%，远高于普通褐铁矿（4.6% 无烟煤和 8.5% 水分）。在上述条件下，普通褐铁矿烧结矿转鼓强度、利用系数和固体燃耗分别为 63.60%、1.51t/（m²·h）和 74.24kg/t，而褐铁矿型红土镍矿烧结矿转鼓强度和利用系数则分别为 45.87% 和 0.97t/（m²·h），固体燃耗高达 140.52kg/t[13]。

表 3-2 褐铁矿型红土镍矿与普通褐铁矿烧结指标对比

铁矿粉	混合料水分/%	无烟煤用量/%	垂直烧结速度/mm·min⁻¹	转鼓强度/%	利用系数/t·m⁻²·h⁻¹	固体燃耗/kg·t⁻¹	适宜碱度
褐铁矿型红土镍矿	18.0	7.5	32.77	45.87	0.97	140.52	1.4
普通褐铁矿	8.5	4.6	28.04	63.60	1.51	74.24	1.8

由表 3-3 可知，相对于普通褐铁矿成品烧结矿，褐铁矿型红土镍矿成品烧结矿粗粒级含量更低，5~10mm 粒级含量高达 31.28%，这不利于高炉冶炼时炉料透气性的提高。而由表 3-4 可见，褐铁矿型红土镍矿烧结矿中全铁含量仅 43.95%，远低于普通褐铁矿烧结矿，而 FeO、Al_2O_3 和 MgO 含量则分别高达 21.15%、4.89% 和 6.65%，表明烧结矿冶金性能较差，不利于高炉生产中焦比的降低。整体上，褐铁矿型红土镍矿烧结性能比普通褐铁矿更差，利用难度也远比后者大。

表 3-3　成品烧结矿粒度组成对比（质量分数）　　　　　　（%）

粒度组成/mm	+40	−40+25	−25+16	−16+10	−10+5
褐铁矿型红土镍矿	0.00	9.49	21.15	38.08	31.28
普通褐铁矿	4.55	15.27	29.25	27.64	23.29

表 3-4　成品烧结矿化学成分对比（质量分数）　　　　　　（%）

化学成分	$Fe_{总}$	FeO	NiO	Cr_2O_3	SiO_2	CaO	Al_2O_3	MgO
褐铁矿型红土镍矿	43.95	21.15	1.08	3.36	7.69	10.79	4.89	6.65
普通褐铁矿	51.23	7.85	—	—	7.97	14.37	1.88	1.20

3.1.3　褐铁矿型红土镍矿烧结矿固结机理分析

3.1.3.1　烧结液相形成规律及特性理论分析

烧结过程中液相的形成是烧结矿固结的重要基础，其组成、性质和数量对烧结矿强度具有决定性作用。而烧结矿碱度是液相形成特性的主要影响因素。依据烧结矿化学成分，利用 FactSage 8.0 热力学软件 Phase Diagram 模块绘制了 $CaO-Al_2O_3-SiO_2-22wt.\%MgO$ 四元相图（图 3-8）。高硅区主要为低熔点共晶相，包括 $Mg_2Al_4Si_5O_{18}$、$CaAl_2Si_2O_8$、原辉石和

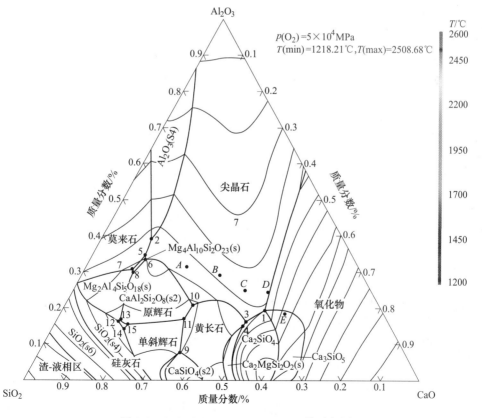

图 3-8　$CaO-Al_2O_3-SiO_2-22wt.\%MgO$ 体系相图

单斜辉石等。随 CaO 含量增加，硅灰石、$CaSiO_3$、黄长石、$Ca_3MgSi_2O_8$、Ca_2SiO_4 和 Ca_3SiO_5 随之生成，这也造成液相熔点的升高。在高铝区，除纯 Al_2O_3 外，主要物相为高熔点的尖晶石和莫来石。结合烧结矿化学成分，在碱度 0.6、1.0、1.4、1.8 和 2.2 所对应的点位分别为 *A*、*B*、*C*、*D* 和 *E*。依据等温线标识，烧结矿液相的熔点随烧结矿碱度的增加而升高，这会使烧结矿孔隙率和固体燃耗随之增加。当碱度从 0.6 增至 1.8 时，烧结矿主要由尖晶石型液相组成，考虑到烧结矿中 FeO 含量高，其应为共晶尖晶石型橄榄石相；随着碱度进一步增至到 2.2，烧结矿主要含有 $3CaO \cdot SiO_2$，由于烧结矿的不均匀性，烧结矿中也会形成一定量的 $2CaO \cdot SiO_2$，这对烧结矿的强度不利；同时，随碱度的升高，在较高碱度区域，由于 Fe_2O_3 的存在，亦会形成少量的 SFCA[10,12,13]。

碱度和温度对烧结液相量及液相黏度的影响如图 3-9 和图 3-10 所示。随碱度和温度升高，烧结矿液相量逐渐增多。烧结矿中适宜的液相量约在 40%~50%。在低碱度 0.6 及 1.0 条件下，烧结液相量的不足会导致烧结矿产量偏低；在较高碱度 1.8 及 2.2 条件下，过多高熔点液相的逐渐形成会导致褐铁矿型红土镍矿烧结固体燃耗增高，烧结速度进一步加快，使烧结矿强度持续降低。此外，随碱度由 0.6 增至 1.8，液相黏度逐渐降低；而当碱度进一步增至 2.2 时，液相黏度则升高，这主要是由大量 $3CaO \cdot SiO_2$ 和 $2CaO \cdot SiO_2$ 等高熔点相的形成所致。综合来看，在碱度为 1.4 时，褐铁矿型红土镍矿烧结特性较优。然而，在 1300~1350℃烧结温度下，褐铁矿型红土镍矿烧结液相黏度依旧保持在较高的水平，导致液相流动性差，这也是其烧结性能差的重要原因之一。

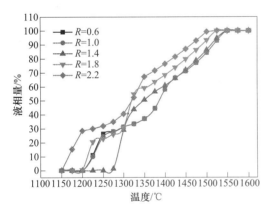

图 3-9   烧结矿碱度对烧结过程液相量的影响

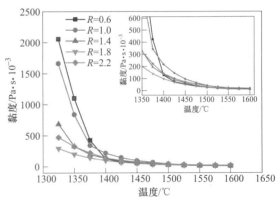

图 3-10   烧结矿碱度对液相黏度的影响

3.1.3.2   成品烧结矿工艺矿物学

A   碱度对烧结矿孔隙特征的影响

烧结矿碱度对其孔隙结构的影响如图 3-11 所示，碱度对成品烧结矿孔隙率及其孔隙形状系数影响见表 3-5。其中，孔隙形状系数越大，孔隙形状越不规则，与标准圆的差异性越大，一般孔隙形状系数在 1~2 时，孔隙视为规则状孔隙；在 2~5 时，孔隙视为不规则状孔隙；在大于 5 时，孔隙视为长条状孔隙。当烧结矿碱度为 0.6 时，烧结矿主要呈大孔或中孔薄壁结构，孔隙最大直径约在 550μm，孔隙形状系数为 1.89，孔洞大多为规则的圆形。随烧结矿碱度持续增至 2.2，烧结矿孔隙结构逐渐转变为大孔薄壁结构，烧结矿孔隙通过互相连接，连通性增强，尺寸逐渐增大，其最大直径可达到 1210μm，孔隙形状系数大幅增至 3.94, 孔隙形状愈发不规则。同时, 由于褐铁矿型红土镍矿物理水和结晶水含量高, 其烧结矿孔隙率也很高, 并且随碱度由 0.6 增至 2.2, 烧结矿孔隙率由 39.81% 增至 64.34%。整体上, 碱度的增加造成烧结矿孔隙形状愈发不规则, 孔隙尺寸和孔隙率不断增加, 这均不利于烧结矿强度的提高。

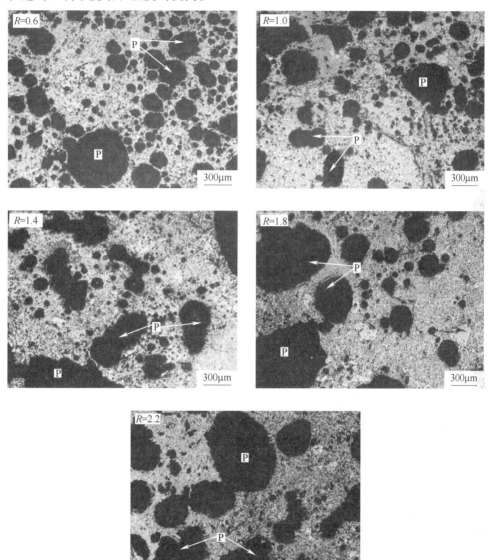

图 3-11 不同碱度下褐铁矿型红土镍矿成品烧结矿孔隙结构
P—孔洞

表 3-5 碱度对褐铁矿型红土镍矿烧结矿孔隙率和孔隙形状系数的影响

碱度	0.6	1.0	1.4	1.8	2.2
孔隙形状系数	1.89	2.29	3.51	3.75	3.94
孔隙率/%	39.81	45.11	48.92	55.27	64.34

B　碱度对烧结矿矿物组成的影响

由图 3-12 可知，在整个碱度范围内，烧结矿主要固相为铁铝尖晶石（(Fe, Mg)·(Fe, Al)$_2$O$_4$)，其是由 Mg^{2+} 和 Al^{3+} 分别部分取代 Fe^{2+} 和 Fe^{3+} 离子形成的。在碱度为 0.6 时，液相主要以铁橄榄石（2FeO·SiO$_2$）为主，亦有少量钙铁橄榄石（CaO·FeO·SiO$_2$）存在，其是由铁橄榄石与 CaO 发生共晶反应形成的；此外，由于碱度较低，仍有少量浮氏体（FeO）存在。当碱度增至 1.0，随 CaO 含量增多，钙铁橄榄石和钙镁橄榄石（CaO·MgO·SiO$_2$）衍射峰强度增强，铁橄榄石衍射峰增加，这主要是由于残余的浮氏体参与了液相反应，使橄榄石相生成量增加。当碱度增至 1.4，铁橄榄石与褐铁矿型红土镍矿中的顽火辉石（MgSiO$_3$）及 CaO 之间共晶反应加强，使得钙铁橄榄石和钙镁橄榄石衍射峰增多，铁橄榄石衍射峰减小；此外，由于此时 CaO 含量较高，亦有少量的 SFCA 形成。当碱

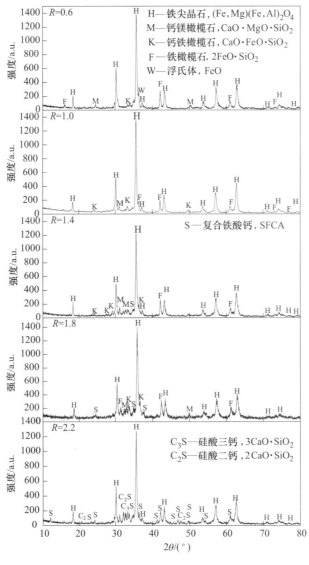

图 3-12　不同碱度下褐铁矿型红土镍矿成品烧结矿 XRD 分析

度继续增至 1.8，随 CaO 含量的持续增多，SFCA 形成量增加，钙铁橄榄石、钙镁橄榄石和铁橄榄石衍射峰均减少。当碱度进一步增至 2.2，烧结矿黏结相主要由硅酸二钙（2CaO·SiO$_2$）、硅酸三钙（3CaO·SiO$_2$）和 SFCA 构成，SFCA 形成量进一步增多；而 β-2CaO·SiO$_2$ 到 γ-2CaO·SiO$_2$ 的晶体转变对烧结矿强度极其不利，这是高碱度褐铁矿型红土镍矿烧结矿强度极差的原因之一。

碱度 0.6 时，成品烧结矿微观结构如图 3-13 所示。由于褐铁矿型红土镍矿结晶水及铝

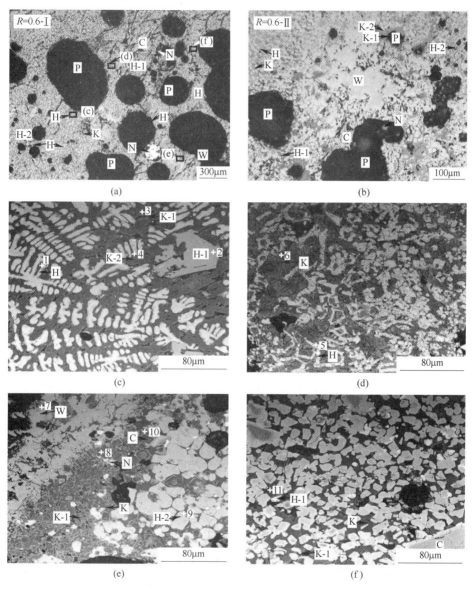

图 3-13　碱度 0.6 时褐铁矿型红土镍矿成品烧结矿微观结构

（a）（b）光学照片；（c）~（f）图 3-13（a）中对应的扫描区域的 SEM 照片

H—(Fe,Mg)·(Fe,Al)$_2$O$_4$；H-1—Fe(Fe,Al)$_2$O$_4$；H-2—(Fe,Mg)Fe$_2$O$_4$；

W—FeO；K—CaO·(Fe,Mg)Al$_2$O$_4$·SiO$_2$；K-1—CaO·FeAl$_2$O$_4$·SiO$_2$；

K-2—CaO·(Fe,Mg)Fe$_2$O$_4$·SiO$_2$；N—NiFe$_2$O$_4$；C—(Fe,Mg)·(Cr,Fe,Al)$_2$O$_4$；P—孔洞

镁含量高，大量无烟煤的消耗有利于形成更多的铁尖晶石。由表 3-6 可见，烧结矿中，由于 Al^{3+}、Mg^{2+} 取代 Fe^{3+} 和 Fe^{2+} 的比例不同，铁尖晶石分为三种，一种呈长条状或鳞状，以 $(Fe,Mg) \cdot (Fe,Al)_2O_4$ 形式存在；一种呈板片状，以 $Fe(Fe,Al)_2O_4$ 形式存在；一种呈粒状，以 $(Fe,Mg)Fe_2O_4$ 形式存在。此外，烧结过程中，铁尖晶石与顽火辉石、斯石英及 CaO 参与液相反应，形成了钙铁橄榄石、钙镁橄榄石及铁橄榄石。而由于 Al^{3+}、Mg^{2+}、Fe^{3+} 和 Fe^{2+} 的不断扩散与取代，钙铁橄榄石、钙镁橄榄石及铁橄榄石发生共晶反应形成了 3 种尖晶石型橄榄石相，即 $CaO \cdot (Fe,Mg)Al_2O_4 \cdot SiO_2$、$CaO \cdot FeAl_2O_4 \cdot SiO_2$ 和 $CaO \cdot (Fe,Mg)Fe_2O_4 \cdot SiO_2$。此外，还有少量块状铬尖晶石和粒状镍铁尖晶石形成，零散地分布在烧结矿中。由于低熔点铁橄榄石是共晶相的主要成分，因此，虽然铁尖晶石对碱性渣相具有很高的耐蚀性，但容易被尖晶石型橄榄石等酸性渣相所润湿。因此，铁尖晶石与共晶橄榄石相结合良好，烧结矿强度相对较高。

表 3-6　图 3-13 中打点区域 EDS 分析结果

打点区域	元素组成（摩尔分数）/%								物　相
	Fe	Cr	Ni	Mg	Al	Si	Ca	O	
1	41.72	—	0.51	3.84	3.03	0.85	0.25	49.80	$(Fe,Mg) \cdot (Fe,Al)_2O_4$
2	42.40	0.09	0.40	0.64	8.09	0.47	0.22	49.70	$Fe(Fe,Al)_2O_4$
3	12.91	—	3.06	0.44	10.40	20.39	7.79	45.01	$CaO \cdot FeAl_2O_4 \cdot SiO_2$
4	10.42	—	0.36	7.80	0.20	16.16	9.30	55.74	$CaO \cdot (Fe,Mg)Fe_2O_4 \cdot SiO_2$
5	49.03	—	0.70	2.11	2.28	0.64	0.31	44.03	$(Fe,Mg) \cdot (Fe,Al)_2O_4$
6	9.01	0.09	0.28	4.89	2.99	22.06	11.14	49.54	$CaO \cdot (Fe,Mg)Al_2O_4 \cdot SiO_2$
7	45.92	—	1.04	1.48	0.74	0.17	0.09	50.57	FeO
8	21.02	0.54	17.58	0.49	1.38	1.56	0.36	57.08	$NiFe_2O_4$
9	49.56	0.52	—	2.79	0.91	0.42	0.11	45.69	$(Fe,Mg)Fe_2O_4$
10	12.08	19.08	—	4.79	11.05	—	—	52.27	$(Fe,Mg) \cdot (Cr,Fe,Al)_2O_4$
11	39.25	0.11	0.58	0.65	8.60	0.29	0.14	50.38	$Fe(Fe,Al)_2O_4$

碱度 1.0 时，成品烧结矿微观结构如图 3-14 所示。结合表 3-7 可知，当碱度增至 1.0，铁尖晶石中粒状的 $(Fe,Mg)Fe_2O_4$ 和片状的 $Fe(Fe,Al)_2O_4$ 形成量较多，三种铁尖晶石之间的相互转变是由 Al^{3+}、Mg^{2+} 取代 Fe^{3+} 和 Fe^{2+} 的取代比例变化决定的。此外，与碱度 0.6 时相比，铁尖晶石晶粒分布较为分散，表明液相黏结相对铁尖晶石的润湿性减弱，这在一定程度上削弱了烧结矿强度。而残余的浮氏体（FeO）进一步参与了液相反应，促进了液相的形成和扩散，从而又改善了烧结矿强度。因此，随碱度由 0.6 增至 1.0，烧结矿强度变化不大。

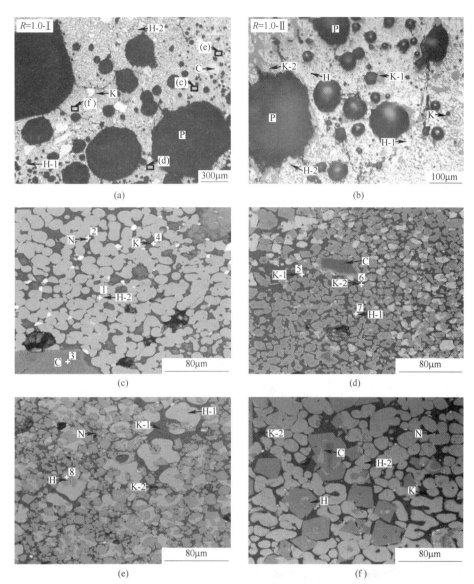

图 3-14 碱度 1.0 时褐铁矿型红土镍矿成品烧结矿微观结构

(a)(b) 光学照片；(c)~(f) 图 3-14 (a) 中对应的扫描区域的 SEM 照片

H—$(Fe,Mg) \cdot (Fe,Al)_2O_4$；H-1— $Fe(Fe,Al)_2O_4$；H-2—$(Fe,Mg)Fe_2O_4$；

K—$CaO \cdot (Fe,Mg)Al_2O_4 \cdot SiO_2$；K-1—$CaO \cdot FeAl_2O_4 \cdot SiO_2$；

K-2—$CaO \cdot (Fe,Mg)Fe_2O_4 \cdot SiO_2$；N—$NiFe_2O_4$；C—$(Fe,Mg) \cdot (Cr,Fe,Al)_2O_4$；P—孔洞

表 3-7 图 3-14 中打点区域 EDS 分析结果

打点区域	元素组成（摩尔分数）/%								物相
	Fe	Cr	Ni	Mg	Al	Si	Ca	O	
1	39.95	0.47	0.90	3.98	0.64	—	—	54.07	$(Fe,Mg)Fe_2O_4$
2	26.62	—	16.46	0.82	0.84	0.89	0.24	54.21	$NiFe_2O_4$
3	9.40	14.85	0.43	6.83	6.53	0.21	0.50	61.26	$(Fe,Mg) \cdot (Cr,Fe,Al)_2O_4$
4	7.13	0.11	0.02	2.27	3.65	15.35	17.02	54.45	$CaO \cdot (Fe,Mg)Al_2O_4 \cdot SiO_2$

打点区域	元素组成（摩尔分数）/%								物相
	Fe	Cr	Ni	Mg	Al	Si	Ca	O	
5	3.53	0.10	0.06	0.53	6.12	14.00	18.93	56.73	$CaO \cdot FeAl_2O_4 \cdot SiO_2$
6	11.09	0.15	0.09	3.47	0.68	14.60	16.90	53.03	$CaO \cdot (Fe,Mg)Fe_2O_4 \cdot SiO_2$
7	31.57	2.18	0.07	0.79	5.64	0.14	0.20	59.40	$Fe(Fe,Al)_2O_4$
8	32.52	0.63	0.52	2.22	5.62	—	—	58.49	$(Fe,Mg) \cdot (Fe,Al)_2O_4$

碱度 1.4 时，成品矿微观结构如图 3-15 所示。结合表 3-8 可见，三种铁尖晶石晶粒更

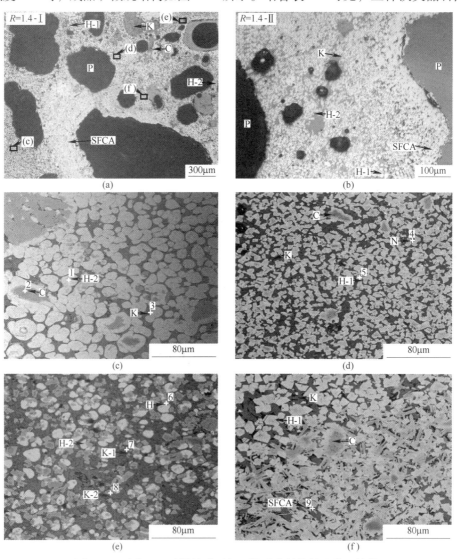

图 3-15　碱度 1.4 时褐铁矿型红土镍矿成品烧结矿微观结构

（a）（b）光学照片；（c）~（f）图 3-15（a）中对应的扫描区域的 SEM 照片

H—$(Fe,Mg) \cdot (Fe,Al)_2O_4$；H-1—$Fe(Fe,Al)_2O_4$；H-2—$(Fe,Mg)Fe_2O_4$；

K—$CaO \cdot (Fe,Mg)Al_2O_4 \cdot SiO_2$；K-1—$CaO \cdot FeAl_2O_4 \cdot SiO_2$；K-2—$CaO \cdot (Fe,Mg)Fe_2O_4 \cdot SiO_2$；

N—$NiFe_2O_4$；C—$(Fe,Mg) \cdot (Cr,Fe,Al)_2O_4$；SFCA—复合铁酸钙；P—孔洞

加分散，相互之间存在明显界限，这表明液相黏结相对铁尖晶石的润湿性进一步减弱，这对烧结矿强度不利。而碱度进一步提高到 1.4，促进了少量针状、树枝状 SFCA 的形成，这在一定程度上弥补了孔隙率的提高和黏结相润湿性的减弱对烧结矿强度的不利影响。因此，当碱度增至 1.4 时，褐铁矿型红土镍矿烧结矿强度变化不大，而 SFCA 的形成在一定程度上促进了烧结矿产量的提高，这与图 3-10 的研究结果一致。

表 3-8 图 3-15 中打点区域 EDS 分析结果

打点区域	元素组成（摩尔分数）/%								物相
	Fe	Cr	Ni	Mg	Al	Si	Ca	O	
1	43.57	1.05	1.11	6.66	—	0.23	0.27	47.11	$(Fe,Mg)Fe_2O_4$
2	14.14	21.42	—	5.20	9.20	—	—	50.04	$(Fe,Mg) \cdot (Cr,Fe,Al)_2O_4$
3	11.83	0.25	0.10	6.04	3.27	13.44	15.40	49.66	$CaO \cdot (Fe,Mg)Al_2O_4 \cdot SiO_2$
4	25.22	0.54	15.33	0.56	0.78	0.22	0.38	56.97	$NiFe_2O_4$
5	32.47	0.97	0.37	0.65	5.57	0.12	0.43	59.41	$Fe(Fe,Al)_2O_4$
6	32.57	0.52	0.36	1.96	4.43	0.04	0.10	60.11	$(Fe,Mg) \cdot (Fe,Al)_2O_4$
7	11.53	0.14	0.11	0.12	4.38	9.25	12.22	62.05	$CaO \cdot FeAl_2O_4 \cdot SiO_2$
8	11.64	0.05	0.06	4.46	0.19	10.75	19.12	53.37	$CaO \cdot (Fe,Mg)Fe_2O_4 \cdot SiO_2$
9	31.53	0.64	0.11	0.50	2.64	1.04	5.31	58.23	SFCA

碱度 1.8 时，成品烧结矿微观结构如图 3-16 所示。结合表 3-9 可见，当碱度继续提高至 1.8，SFCA 沿气孔边缘向烧结矿内部延伸，大多呈斑状结构，其自身强度较低。因此，虽然 SFCA 形成量增多，但对烧结矿强度的提高并无益处。同时，图 3-13 研究结果已表明，碱度持续升高至 1.8，促进了液相黏度的减小和流动性的增强，使三种尖晶石型橄榄石相逐渐转变为一种，即 $CaO \cdot (Fe,Mg)Al_2O_4 \cdot SiO_2$。但与碱度 1.4 时相比，碱度的升高使铁尖晶石更加难以被润湿，铁尖晶石晶粒尺寸减小，分布更加分散，同时，液相熔点升高，还有少量 $2CaO \cdot SiO_2$ 形成，均对烧结矿强度产生不利影响。因此，当碱度升至 1.8 时，烧结矿强度出现明显降低。

表 3-9 图 3-16 中打点区域 EDS 分析结果

打点区域	元素组成（摩尔分数）/%								物相
	Fe	Cr	Ni	Mg	Al	Si	Ca	O	
1	37.66	0.79	1.21	0.36	2.96	0.63	0.27	55.10	$Fe(Fe,Al)_2O_4$
2	34.50	0.80	0.53	9.19	0.13	0.84	0.27	53.74	$(Fe,Mg)Fe_2O_4$
3	21.09	31.04	—	1.23	1.34	0.71	0.50	44.09	$(Fe,Mg) \cdot (Cr,Fe,Al)_2O_4$
4	9.54	0.32	—	1.34	0.80	17.83	23.66	46.52	$CaO \cdot (Fe,Mg)Al_2O_4 \cdot SiO_2$
5	30.30	0.13	14.91	1.09	0.89	—	—	51.68	$NiFe_2O_4$
6	44.11	0.30	0.32	5.83	2.57	0.78	0.11	45.98	$(Fe,Mg) \cdot (Fe,Al)_2O_4$
7	30.68	0.38	0.12	1.30	8.31	4.64	9.06	45.51	SFCA
8	20.87	0.07	0.20	0.22	3.97	1.68	23.02	49.97	SFCA
9	1.62	0.25	—	0.36	0.28	16.65	32.41	48.43	$2CaO \cdot SiO_2$

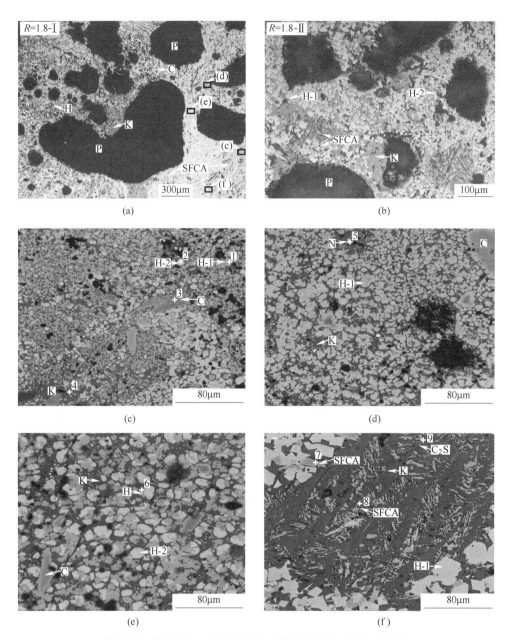

图 3-16   碱度 1.8 时褐铁矿型红土镍矿成品烧结矿微观结构

(a)(b) 光学照片;(c)~(f) 图 3-16(a) 中对应的扫描区域的 SEM 照片

H—$(Fe,Mg) \cdot (Fe,Al)_2O_4$;H-1—$Fe(Fe,Al)_2O_4$;H-2—$(Fe,Mg)Fe_2O_4$;K—$CaO \cdot (Fe,Mg)Al_2O_4 \cdot SiO_2$;

N—$NiFe_2O_4$;C_2S—$2CaO \cdot SiO_2$;C—$(Fe,Mg) \cdot (Cr,Fe,Al)_2O_4$;SFCA—复合铁酸钙;P—孔洞

碱度 2.2 时,成品烧结矿微观结构如图 3-17 所示。结合表 3-10 可见,当碱度增至 2.2,烧结矿液相主要由 SFCA、$2CaO \cdot SiO_2$ 和 $3CaO \cdot SiO_2$ 组成。其中,SFCA 主要呈网状结构,铁含量低,大都分布在多孔基底中,其自身强度差,这也导致烧结矿强度明显降低。同时,$2CaO \cdot SiO_2$ 含量的增加,加剧了 β-$2CaO \cdot SiO_2$ 向 γ-$2CaO \cdot SiO_2$ 晶体转变带来

的不利影响，致使烧结矿强度进一步降低。此外，铁尖晶石呈更分散、更细的颗粒状或板状结构，其更加难以被 SFCA、2CaO·SiO₂、3CaO·SiO₂ 等液相所黏结，造成烧结矿结构更为疏松。这些因素使得烧结矿强度大幅削弱。而且，大量 2CaO·SiO₂、3CaO·SiO₂ 等高熔点物相的形成，也促进了固体燃耗进一步提高。这均使褐铁矿型红土镍矿烧结性能进一步变差。

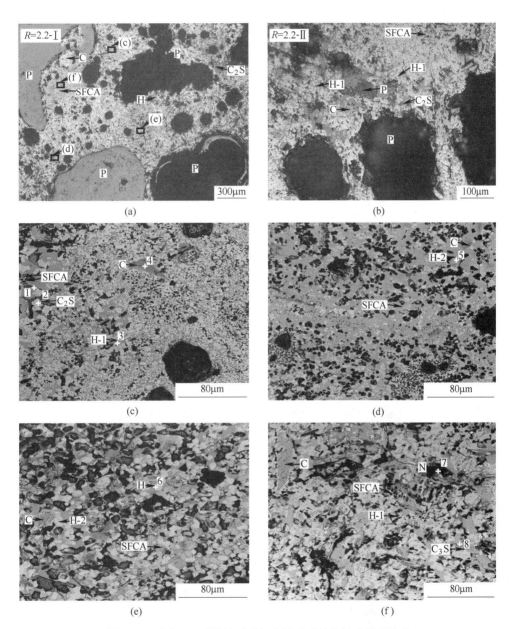

图 3-17　碱度 2.2 时褐铁矿型红土镍矿成品烧结矿微观结构

（a）（b）光学照片；（c）~（f）图 3-17（a）中对应的扫描区域的 SEM 照片

H—(Fe,Mg)·(Fe,Al)₂O₄；H-1—Fe(Fe,Al)₂O₄；H-2—(Fe,Mg)Fe₂O₄；N—NiFe₂O₄；

C₂S—2CaO·SiO₂；C₃S—3CaO·SiO₂；C—(Fe,Mg)·(Cr,Fe,Al)₂O₄；SFCA—复合铁酸钙；P—孔洞

表 3-10　图 3-17 中打点区域 EDS 分析结果

打点区域	元素组成（摩尔分数）/%								物相
	Fe	Cr	Ni	Mg	Al	Si	Ca	O	
1	16.66	0.20	0.04	0.10	7.44	3.59	21.07	50.94	SFCA
2	0.83	0.12	0.14	0.12	1.26	14.79	29.17	53.57	$2CaO \cdot SiO_2$
3	28.78	1.57	0.32	0.21	6.45	—	1.45	61.22	$Fe(Fe,Al)_2O_4$
4	9.65	15.01	0.39	6.71	6.83	—	0.53	60.88	$(Fe,Mg) \cdot (Cr,Fe,Al)_2O_4$
5	33.86	0.98	0.46	5.92	0.75	0.29	0.96	56.77	$(Fe,Mg)Fe_2O_4$
6	32.12	0.02	0.52	4.30	3.49	0.22	0.61	58.71	$(Fe,Mg) \cdot (Fe,Al)_2O_4$
7	19.81	—	11.90	1.33	1.89	0.18	0.39	58.50	$NiFe_2O_4$
8	3.33	0.20	0.03	0.09	1.31	10.53	27.02	57.48	$3CaO \cdot SiO_2$

由表 3-11 可知，铁尖晶石作为褐铁矿型红土镍矿烧结矿中主要固相，其含量在 60% 左右。随碱度由 0.6 增至 1.0，尖晶石型橄榄石相生成量有所增多；当碱度继续增至 1.4，有 8.78% SFCA 生成，这均在一定程度上保证了烧结矿强度在碱度 0.6~1.4 范围内保持稳定且处于较高水平。而随碱度进一步增至 2.2，虽然 SFCA 生成量逐渐增多，但其自身强度大幅降低，加之铁尖晶石不易被高碱度液相所润湿，使烧结矿结构愈发疏松，孔隙率增大，孔隙结构愈发不规则，这也就造成了烧结矿强度的急剧降低。因此，在较低碱度 0.6~1.4 范围内，褐铁矿型红土镍矿烧结矿强度较高；而在高碱度区域（>1.4）中，其烧结矿强度很差。为同时保证褐铁矿型红土镍矿烧结矿产质量均较优，其碱度应保持在 1.2~1.4。这与褐铁矿型红土镍矿高温性能研究结果相一致。然而，在最佳条件下，褐铁矿型红土镍矿烧结矿孔隙率仍高达 48.92%，SFCA 生成量仅 8.78%，远差于常规烧结矿，难以满足烧结矿固结需要。因此，褐铁矿型红土镍矿烧结性能极差，烧结矿产质量亟须有效改善。

表 3-11　各碱度条件下褐铁矿型红土镍矿成品烧结矿矿物组成（面积分数）　（%）

碱度	固　相						液　相					
	铁尖晶石			铬尖晶石	镍铁尖晶石	浮氏体	尖晶石型橄榄石			SFCA	$2CaO \cdot SiO_2$	$3CaO \cdot SiO_2$
	H	H-1	H-2				K	K-1	K-2			
0.6	32.21	15.27	15.78	2.59	1.16	6.36	16.23	2.76	7.64	—	—	—
1.0	24.33	18.45	19.33	3.08	1.03	—	18.39	4.67	10.72	—	—	—
1.4	17.14	20.81	23.24	2.55	1.05	—	17.23	2.13	7.07	8.78	—	—
1.8	15.25	22.38	23.17	2.98	1.12	—	17.18	—	—	12.23	5.69	—
2.2	10.76	24.35	24.21	3.23	1.15	—	—	—	—	17.89	8.15	10.26

注：H—$(Fe,Mg) \cdot (Fe,Al)_2O_4$；H-1—$Fe(Fe,Al)_2O_4$；H-2—$(Fe,Mg)Fe_2O_4$；K—$CaO \cdot (Fe,Mg)Al_2O_4 \cdot SiO_2$；
　　K-1—$CaO \cdot FeAl_2O_4 \cdot SiO_2$；K-2—$CaO \cdot (Fe,Mg)Fe_2O_4 \cdot SiO_2$。

3.1.4　低品位褐铁矿型红土镍矿强化烧结技术

上述烧结行为系统研究结果表明，褐铁矿型红土镍矿烧结性能极差，其比普通褐铁矿更加难以利用。为显著改善褐铁矿型红土镍矿烧结性能，制备出合格的含镍/镍铬烧结矿，笔者团队开发了加压致密化烧结技术、热风烧结技术、多力场协同强化烧结技术及镍铬矿复合烧结技术等强化烧结技术，并揭示相关烧结强化机理[10,14-17]。

3.1.4.1　加压致密化强化烧结技术

对烧结料面持续施加一定的外加压力对褐铁矿型红土镍矿烧结指标的影响如图3-18所示。当外加压力由0Pa提高到6369Pa时，烧结矿转鼓强度和利用系数分别由45.87%和0.97t/(m²·h)迅速升至54.67%和1.15t/(m²·h)，固体燃耗由140.52kg/t大幅降至126.12kg/t。随外加压力进一步增至7803Pa，烧结矿转鼓强度和利用系数分别降至53.87%和1.08t/(m²·h)，固体燃耗增至128.97kg/t。外加压力场的施加促进了松散烧结料层逐步致密化，促使烧结矿孔隙率大幅度降低，适当提高外加压力（0~6369Pa）有利于褐铁矿型红土镍矿烧结性能的提高。但当外加压力超过适宜值（>6369Pa），由于烧结料层过度致密化，会导致烧结料层透气性变差，不利于固体燃料的燃烧，垂直烧结速度过低，烧结性能恶化。因此，外加压力场最佳压力应为6369Pa。与无外加压力烧结试验（0Pa）相比，加压致密化烧结技术可显著改善褐铁矿型红土镍矿烧结性能，转鼓强度和利用系数分别提高19.18%和18.56%，固体燃耗降低10.25%。

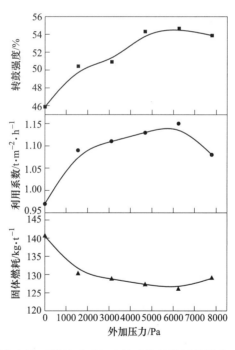

图3-18　外加压力对褐铁矿型红土镍矿烧结指标的影响（碱度1.4）

3.1.4.2　热风烧结强化技术

在烧结点火后，向烧结料层提供一定温度的热风，对烧结料层施加持续一定时间的外加热力场，可以强化褐铁矿型红土镍矿烧结。热风温度对褐铁矿型红土镍矿烧结的影响如图3-19所示。当热风温度由160℃升至260℃，烧结矿转鼓强度和利用系数分别由51.60%和1.00t/(m²·h)分别增至54.00%和1.03t/(m²·h)，同时由于外加热力场提供了额外的物理热，固体燃耗由 130.54kg/t 降至 122.02kg/t。当热风温度进一步达到 360℃，高温燃烧区的过分延长及烧结料层阻力的增大造成烧结指标恶化[18]，烧结矿转鼓强度和利用系数分别降至 51.87% 和 0.89t/(m² · h)，固体燃料升至 137.05kg/t。可见，最佳热风温度应为 260℃。与基准烧结试验（室温 25℃）相比，通过热风烧结技术强化褐铁矿型红土镍矿烧结工艺，其烧结性能明显改善，烧结矿转鼓强度和利用系数分别达到 54.00% 和 1.03t/(m² · h)，固体燃耗降至 122.02kg/t。

热风作用时间对褐铁矿型红土镍矿烧结性能的强化效果如图 3-20 所示。当热风通入时间由 5min 增至 10min，烧结矿转鼓强度和利用系数由 48.27% 和 0.98t/(m² · h) 分别升至 54.00% 和 1.03t/(m² · h)，固体燃耗由 139.20kg/t 降至 122.02kg/t。当热风通入时间继续增至 25min，由于烧结速度明显降低，褐铁矿型红土镍矿烧结性能变差，烧结矿转鼓强度和利用系数分别降至 53.27% 和 0.91t/(m² · h)，固体燃耗增至 132.75kg/t。因此，适宜的热风通入时间为 10min。在热风烧结最佳工艺条件下，即热风温度 260℃ 及通入时间 10min 时，进行烧结杯重复试验，以保证试验的准确性和可重复性，得到最佳烧结指标为：转鼓强度 54.13%，利用系数 1.04t/(m² · h)，固体燃耗 121.25kg/t。由此可见，热风烧结技术可大幅改善褐铁矿型红土镍矿烧结性能，与基准烧结试验相比，烧结矿转鼓强度和利用系数分别提高 18.01% 和 7.22%，固体燃耗降低 13.71%。

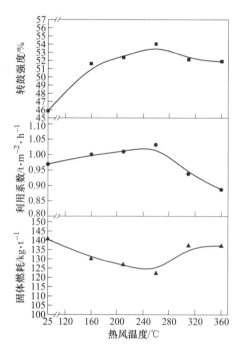 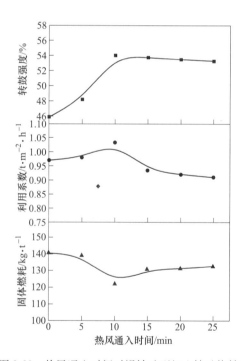

图 3-19 热风温度对褐铁矿型红土镍矿烧结
指标的影响（碱度 1.4，热风通入时间 10min）

图 3-20 热风通入时间对褐铁矿型红土镍矿烧结
指标的影响（碱度 1.4，热风温度 260℃）

3.1.4.3 多力场协同强化烧结

综合上述两种强化烧结技术优势，通过加压装置和热风罩，对烧结料层同时施加外加压力场和热力场协同强化烧结技术，结果如表 3-12 和图 3-21 所示。

表 3-12 各烧结工艺参数对比（碱度 1.4）

烧结工艺	混合料水分/%	无烟煤用量/%	返矿平衡系数
A	18.0	7.5	0.96
B	18.0	7.4	0.98
C	17.5	7.1	1.01
D	17.0	6.7	0.95

注：A—基准烧结工艺；B—热风烧结工艺；C—加压致密化烧结工艺；D—多力场协同强化烧结工艺。

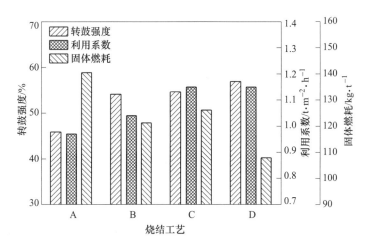

图 3-21 各工艺褐铁矿型红土镍矿烧结指标对比（碱度 1.4）
A—基准烧结工艺；B—热风烧结工艺；C—加压致密化烧结工艺；D—多力场协同强化烧结工艺

褐铁矿型红土镍矿基准烧结试验中（A），烧结矿转鼓强度和利用系数分别仅 45.87%和 0.97t/（m²·h），固体燃耗高达 140.52kg/t。单独采用热风烧结技术后（B），在热风温度 260℃，热风通入时间 10min 最佳工艺条件下，烧结矿转鼓强度和利用系数分别增至54.13%和 1.04t/（m²·h），固体燃耗降至 121.25kg/t。单独采用加压致密化烧结技术后（C），在最佳外加压力 6242Pa 条件下，烧结矿转鼓强度和利用系数分别增至 54.67%和 1.15t/（m²·h），固体燃耗降至 126.12kg/t。结合上述研究结果，在外加压力 6242Pa，热风温度 260℃，热风通入时间 10min 最佳工艺条件下，在烧结料层同时施加压力场和热力场，实现多力场协同烧结技术对褐铁矿型红土镍矿烧结工艺的强化（D），烧结矿转鼓强度和利用系数分别增至 56.93%和 1.15t/（m²·h），固体燃耗则大幅降至 107.91kg/t，褐铁矿型红土镍矿烧结性能得到进一步改善。相对于基准烧结试验，采用多力场协同强化技术后，烧结矿转鼓强度和利用系数分别提高 24.11%和 18.56%，固体燃耗降低 23.21%。

成品烧结矿粒度组成对比见表 3-13。相对于基准烧结工艺，多力场协同强化烧结工艺中烧结矿粒度明显变粗，5~10mm 粒级含量由 31.28%降至 24.52%，这有利于高炉炉料透气性的改善。而后者烧结矿 FeO 含量显著降低，由 21.15%降至 15.14%，这有利于烧结过程中 SFCA 的生成，进而促进烧结矿强度提高。两者烧结矿其他化学成分相似。多力场协同强化烧结技术可显著改善褐铁矿型红土镍矿烧结指标。

表 3-13 成品烧结矿粒度组成对比（质量分数） （%）

粒度组成/mm	+40	-40+25	-25+16	-16+10	-10+5
基准烧结工艺	0.00	9.49	21.16	38.08	31.28
多力场协同强化烧结工艺	2.92	7.65	24.31	40.60	24.52

各种工艺烧结废气排放规律对比如图 3-22 所示。烧结点火过程中，随着天然气和无烟煤的燃烧，CO_2、NO_x 和 SO_2 的含量略有增加，而 O_2 的含量则逐渐减少。点火结束后，随着混合料水分逐渐蒸发，O_2 含量逐渐上升，然后缓慢下降，CO_2 含量上升速度减慢，NO_x 和 SO_2 含量趋于相对稳定。随着烧结过程的进一步进行，烧结混合料水分的蒸发逐渐完成，无烟煤迅速燃烧，发生各种物理化学反应，导致 CO_2、NO_x 和 SO_2 含量再次增加，O_2 含量降低。最终，随着烧结结束，CO_2、NO_x 和 SO_2 的含量逐渐下降到 0 左右，O_2 的含量恢复到自然值（约 21%）。值得注意的是，在整个烧结过程中，多力场协同强化烧结工艺的 O_2 含量始终高于其他烧结工艺，而 CO_2、NO_x 和 SO_2 的含量则相反。多力场协同强化烧结工艺兼顾了加压致密化烧结工艺和热风烧结工艺的优点，即外加热力场可充分改善烧结过程中的热力学条件，降低固体燃料的消耗，促进氧势的提高，减少 CO_2、NO_x 和 SO_2 等温室气体或污染物的排放；外加压力场则有助于松散烧结矿的致密化，使烧结层的

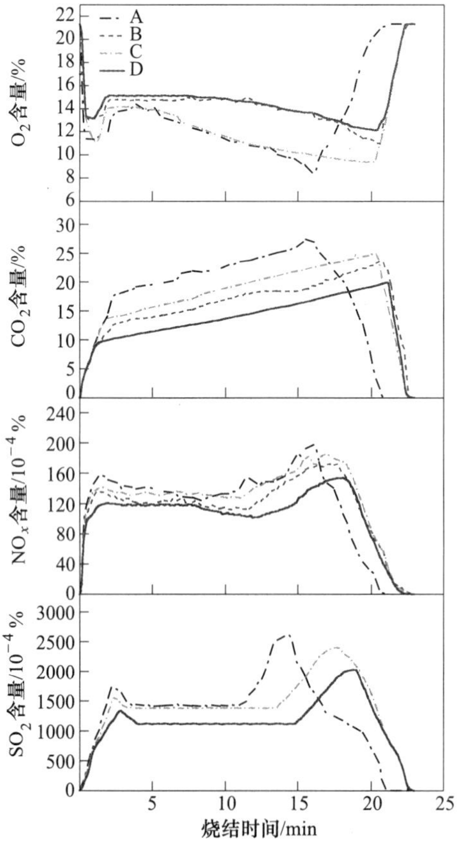

图 3-22 各工艺烧结废气排放规律对比（碱度 1.4）

A—基准烧结工艺；B—热风烧结工艺；C—加压致密化烧结工艺；D—多力场协同强化烧结工艺

透气性均匀化，有效抑制过快的烧结速度，保证烧结过程的稳定和烧结性能的提高。因此，采用多力场协同强化烧结技术后，褐铁矿型红土镍矿烧结矿产品结构将更加致密，更大限度地促进烧结过程中液相的形成和固结，进一步改善烧结矿性能，同时还显著降低 NO_x、SO_2 等有害气体及 CO_2 的排放[18]。

3.1.5 褐铁矿型红土镍矿与铬铁矿复合烧结

为了提高不锈钢母液中铬的含量，减少对高碳铬铁的依赖，降低不锈钢生产成本，将铬铁矿粉加入红土镍矿进行复合烧结，然后带入高炉冶炼高铬铁水[10,19]。

3.1.5.1 常规镍铬矿复合烧结工艺

在常规褐铁矿型红土镍矿烧结工艺中，逐步增加铬铁矿配比对相关烧结性能的影响如图 3-23 所示。在常规烧结工艺中，随铬铁矿配比由 0 升至 15%，烧结矿转鼓强度由 45.87% 增至 50.67%；当铬铁矿配比进一步升至 25%，烧结矿转鼓强度则降至 45.91%。此外，当铬铁矿配比由 0 升至 10%，烧结矿利用系数由 0.97t/(m²·h) 增至 1.08t/(m²·h)；当铬铁矿配比继续升至 25%，烧结矿利用系数则逐渐降至 0.99t/(m²·h)。而随铬铁矿配比由 0 升至 25%，烧结矿固体燃耗则由 140.52kg/t 增至 197.81kg/t。相关结果表明，与基准试验（0 铬铁矿）相比，铬铁矿配比的增加有利于烧结矿转鼓强度和利用系数的提高，但同时也会使烧结矿固体燃耗增多。这主要因为铬铁矿的加入有效填充了褐铁矿型红土镍矿烧结时留下的大量孔隙，促进了烧结料层致密化和烧结矿产质量的提高，但铬铁矿过多的高熔点成分使烧结液相形成温度增高，造成固体燃料消耗的增加。综合来看，在铬铁矿配比为 15% 时，烧结性能整体较优，烧结矿转鼓强度、利用系数及固体燃耗分别为

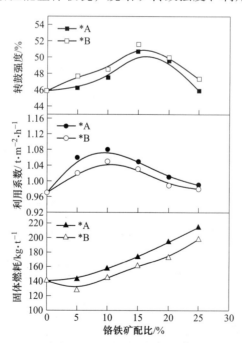

图 3-23 不同工艺下铬铁矿配比对烧结性能的影响（碱度 1.4）

*A—常规镍铬矿复合烧结工艺；*B—多力场协同强化镍铬矿复合烧结工艺

50.67%、1.05t/（m² · h）和173.63kg/t。因此，有必要采用强化烧结技术，进一步降低红土镍矿和铬铁矿粉复合烧结的固体能耗，减少碳排放。

3.1.5.2 多力场强化镍铬矿复合烧结工艺

为进一步改善镍铬复合烧结矿指标，采用多力场协同强化烧结技术对镍铬矿复合烧结工艺进行了强化。多力场协同强化烧结技术对镍铬矿复合烧结矿指标的影响如图3-23所示。采用多力场协同技术对烧结工艺进行强化后，随铬铁矿配比的增加，烧结矿转鼓强度、利用系数及固体燃耗的变化规律与常规烧结工艺时是一致的。与常规镍铬矿复合烧结工艺相比，在多力场作用下，烧结料层进一步致密化，同时，烧结过程热力学条件可明显改善，烧结矿转鼓强度得以进一步改善，固体燃耗大幅降低，但由于烧结时间的延长，烧结矿利用系数略有降低。当铬铁矿配比为15%时，烧结矿转鼓强度和利用系数分别达到51.60%和1.03t/（m² · h），固体燃耗由173.63kg/t降至161.05kg/t，相对常规镍铬矿复合烧结工艺，烧结性能得到进一步的改善。

基准烧结工艺和多力场协同强化镍铬矿复合烧结工艺中成品烧结矿粒度组成和化学成分对比分别见表3-14和表3-15。相对于基准烧结工艺，多力场协同强化烧结工艺中不同铬铁矿配比下烧结矿粒度组成明显改善，5~10mm细粒级含量显著降低，这可促进高炉冶炼时炉料透气性的改善。此外，随铬铁矿配比逐渐增加，成品烧结矿全铁含量逐渐降低，Cr_2O_3、Al_2O_3及MgO等高熔点成分含量则逐渐升高，使得镍铬复合烧结矿固体燃耗要高于基准工艺烧结矿，FeO含量亦较高，这限制了镍铬复合烧结矿产质量指标的进一步提高。

表 3-14 成品烧结矿粒度组成对比 （质量分数） （%）

粒度组成/mm		+40	25~40	16~25	10~16	5~10
基准烧结工艺		0.00	9.49	21.15	38.08	31.28
多力场协同强化烧结工艺	5%铬铁矿	6.22	20.85	19.51	29.26	24.16
	15%铬铁矿	15.98	19.53	24.53	19.38	20.58
	25%铬铁矿	3.93	16.52	28.33	23.77	27.45

表 3-15 成品烧结矿化学成分对比 （质量分数） （%）

化学成分		$Fe_总$	FeO	NiO	Cr_2O_3	SiO_2	CaO	Al_2O_3	MgO
基准烧结工艺		43.95	21.15	1.08	3.36	7.69	10.79	4.89	6.65
多力场协同强化烧结工艺	5%铬铁矿	42.75	25.58	1.03	4.47	7.64	10.69	5.12	6.72
	15%铬铁矿	40.56	27.02	0.95	6.55	7.86	10.99	5.68	6.96
	25%铬铁矿	38.63	29.36	0.88	8.59	7.98	11.15	6.18	7.16

3.1.6 强化烧结工艺机理

3.1.6.1 多力场协同强化烧结技术机理

相关文献表明，烧结过程氧分压一般在$10^{-7} \sim 10^{-2}$atm（1atm=101325Pa），而为保证得到强度高、还原性好的烧结矿，烧结温度一般保持在1200~1400℃。由于褐铁矿型红土镍矿烧结固体燃料消耗量大、固体燃耗高，相应烧结温度约在 1300~1350℃，氧分压处于较低水平，因此，在上述适宜氧分压和温度范围内，依据相应的烧结矿化学成分，研究了氧分压对 Fe_2O_3-CaO-SiO_2-7%MgO-9%Al_2O_3 体系液相线的影响，结果如图 3-24 所示。

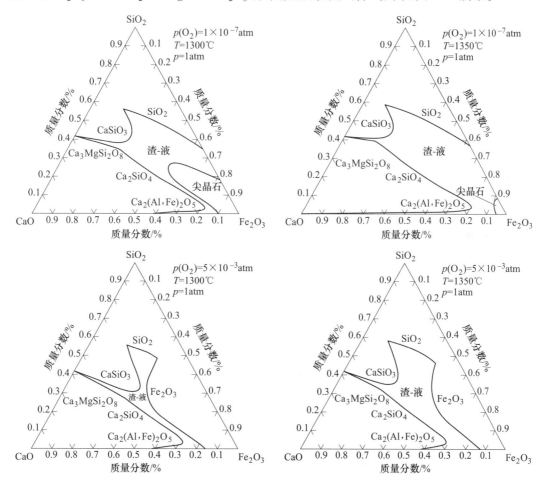

图 3-24　氧分压对 Fe_2O_3-CaO-SiO_2-7%MgO-9%Al_2O_3 体系液相线的影响

由图 3-24 可知，随氧分压从 $1×10^{-8}$MPa 提高到 $5×10^{-4}$MPa，更多的 Fe^{2+} 转化为 Fe^{3+}，液相区由高 SiO_2 区转变为低 SiO_2 区，这抑制了低熔点橄榄石的扩散，促进了 SFCA 的形成。结果表明，氧分压的提高对褐铁矿型红土镍矿烧结过程中最理想黏结相（即 SFCA）的形成有着积极推动作用，可以改善其烧结矿的质量指标。而相对于常规烧结工艺，热风烧结技术的应用可以促进烧结过程热效率的改善及固体燃料消耗的减少，有利于烧结过程氧分压的升高。因此，热风烧结技术可以显著改善褐铁矿型红土镍矿烧结性能。

由图 3-25（a）可知，在不同的外加压力下，废气温度峰值显著变化。在没有外加压力条件下，废气温度峰值仅 283℃，当外加机械压力增至 7962Pa 时，废气温度峰值逐渐升至 363℃，相应的高温保温时间也随之延长。相关研究表明，烧结过程中，褐铁矿大量结晶水的分解会导致多孔烧结矿的形成，使得传热前沿速度较低，对褐铁矿型红土镍矿而言更是如此。这使无烟煤燃烧产生的热量不能有效地传递到高温区烧结料层中，造成高温区的温度不足以满足烧结成矿需要。同时，来自顶部的冷空气不能被高温区很好地预热，阻碍了燃烧区温度的提高。而燃烧区的高温热废气在下部也没有得到充分利用。这就造成了传热前沿速度与燃烧前沿速度的不同步，促进了厚度大、温度低的高温区的形成，最终导致褐铁矿型红土镍矿烧结性能较差。

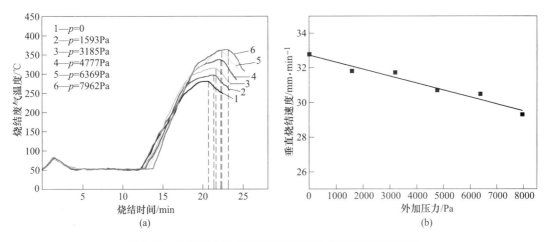

图 3-25   外加压力对烧结废气温度和垂直烧结速度的影响

而外加压力场的施加促进了烧结料层中颗粒在固相和液相反应中的扩散，实现了松散烧结料层的致密化，使得烧结矿孔隙率大幅降低，有利于传热前沿速度与燃烧前沿速度相匹配，烧结过程传热传质条件明显改善。同时，这会促进烧结过程中液相的形成和烧结矿微观结构的改善，进而显著提高褐铁矿型红土镍矿的烧结性能。另一方面，当外部机械压力从 0Pa 增加到 6369Pa 时，最高废气温度急剧增加，而当外部机械压力继续达到 7962Pa时，最高废气温度略有上升。此外，由于松散烧结料层在外加压力场作用下不断致密化，烧结时间随着外加压力的增加逐步延长，相应的垂直烧结速度亦不断降低，如图 3-25（b）所示。这在一定程度上不利于烧结矿利用系数的提高。因此，综合考虑成品烧结矿产质量指标，适宜的外加压力应为 6369Pa，这也与图 3-18 的研究结果一致。

在外加压力 6369Pa，热风温度 260℃，热风通入时间 10min 的最佳条件下，采用多力场协同技术强化褐铁矿型红土镍矿烧结，各工艺烧结废气温度对比如图 3-26 所示。由图可知，与基准烧结工艺相比，单独采用加压致密化技术和热风烧结技术强化褐铁矿型红土镍矿烧结工艺后，烧结废气温度由 281℃ 分别升至 359℃ 和 386℃。而采用多力场协同强化烧结技术后，烧结废气温度进一步升至 413℃；同时，由表 3-16 可见，垂直烧结速度由 32.77mm/min降至 30.51mm/min，在保证烧结矿产量的基础上，有效抑制了褐铁矿型红土镍矿过快的烧结速度，烧结矿成矿效果可明显改善。因此，多力场协同强化烧结技术可进一步改善烧结过程热力学及动力学条件，促进褐铁矿型红土镍矿烧结性能更为显著的提高。

表 3-16   不同烧结工艺垂直烧结速度对比   （mm/min）

烧结工艺	A	B	C	D
垂直烧结速度	32.77	30.22	30.49	30.51

注：A—基准烧结工艺；B—热风烧结工艺；C—加压致密化烧结工艺；D—多力场协同强化烧结工艺。

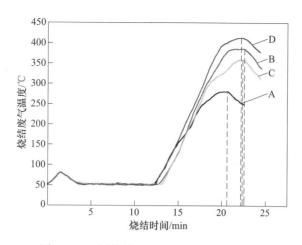

图 3-26 不同烧结工艺的烧结废气温度变化

A—基准烧结工艺；B—热风烧结工艺；C—加压致密化烧结工艺；D—多力场协同强化烧结工艺

3.1.6.2 多力场强化烧结的烧结矿工艺矿物学

A 成品烧结矿孔隙特征

由图 3-27 和表 3-17 可知，在基准烧结工艺中，由于褐铁矿型红土镍矿结晶水和高熔点矿物含量高、烧损大，成品烧结矿 A 呈现大孔薄壁结构，孔隙尺寸大，其直径最高可达

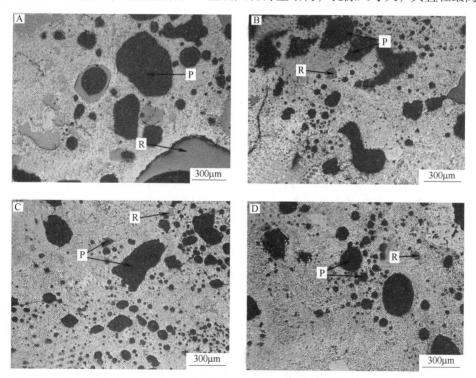

图 3-27 不同烧结工艺烧结矿孔洞结构

A—基准烧结工艺；B—热风烧结工艺；C—加压致密化烧结工艺；D—多力场协同强化烧结工艺；
P—孔洞；R—树脂

1150μm 左右，孔隙率高达 48.92%，同时孔隙多相互连通，孔隙形状系数达到 3.51，孔隙形状不规则，这均对烧结矿强度极其不利。而单独采用热风烧结技术后，烧结过程传热传质条件明显好转，改善了烧结矿的固结效果，促使烧结矿 B 孔隙率降至 31.66%，孔隙尺寸明显减小，其最大直径降至约 350μm，但烧结矿 B 孔隙形状系数依然高达 3.69，孔隙形状特性并未改善。单独采用加压致密化烧结技术后，在外加压力场作用下，松散的烧结料层实现了致密化，烧结矿 C 孔隙尺寸显著减小，其最大直径约在 350μm 左右，烧结矿孔隙率大幅降低至 25.42%；同时，孔隙形状系数降至 2.79，孔隙形状向趋于规则的圆形转变。而采用多力场协同强化烧结技术后，烧结矿 D 由大孔薄壁结构转化为大孔厚壁或小孔薄壁结构，孔隙尺寸进一步减小，其最大直径在 300μm 左右，烧结矿孔隙率和孔隙形状系数分别进一步降至 20.04% 和 1.95，孔隙多呈规则的圆形。在多力场协同强化烧结工艺中，烧结矿孔隙结构特性改善更为显著，促进了烧结矿强度的进一步提高。

表 3-17　不同烧结工艺成品烧结矿孔隙率及孔隙形状系数对比

烧结工艺	A	B	C	D
孔隙形状系数	3.51	3.69	2.79	1.95
孔隙率/%	49.82	31.66	25.42	20.04

注：A—基准烧结工艺；B—热风烧结工艺；C—加压致密化烧结工艺；D—多力场协同强化烧结工艺。

B　成品烧结矿固结特性

基准烧结工艺的成品烧结矿 A 微观结构如图 3-28 所示，结合表 3-18，基准烧结工艺的成品烧结矿中主要固相为铁尖晶石，其呈粒状、团块状及弥散状，分别以（Fe，Mg）Fe$_2$O$_4$、Fe(Fe，Al)$_2$O$_4$、（Fe，Mg）·（Fe，Al）$_2$O$_4$ 形式存在。除铁尖晶石外，烧结矿中还存在少量粒状镍铁尖晶石（NiFe$_2$O$_4$）和块状铬尖晶石（（Fe，Mg）·（Cr，Fe，Al）$_2$O$_4$）。但固相晶粒分布分散、尺寸小、连接程度差，不能被尖晶石型橄榄石和 SFCA 等液相有效地黏结。尖晶石型橄榄石有三种类型，分别为 CaO·（Fe，Mg）Al$_2$O$_4$·SiO$_2$、CaO·FeAl$_2$O$_4$·SiO$_2$ 及 CaO·（Fe，Mg）Fe$_2$O$_4$·SiO$_2$。尖晶石型橄榄石的 MgO 和 Al$_2$O$_3$ 含量较高，属于高熔点矿物，其形成需要更多的热量供应，造成了固体燃耗高。SFCA 呈针状、树枝状或片状，多存在于孔洞边缘，形成量有限。整体上，基准烧结工艺烧结矿中液相对固相的润湿性差，SCFA 生成量少，导致烧结矿强度低；而高熔点的固相及尖晶石型橄榄石的大量形成造成固体燃耗高；高孔隙率及大孔薄壁结构的存在使烧结速度过快，烧结矿成矿条件恶化，大大降低了烧结矿产量。因此，如何有效强化褐铁矿型红土镍矿烧结工艺对褐铁矿型红土镍矿的利用至关重要。

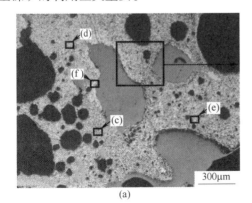

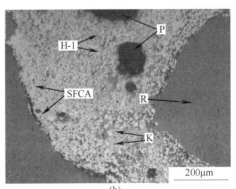

(a)　　　　　　　　　　　　　　(b)

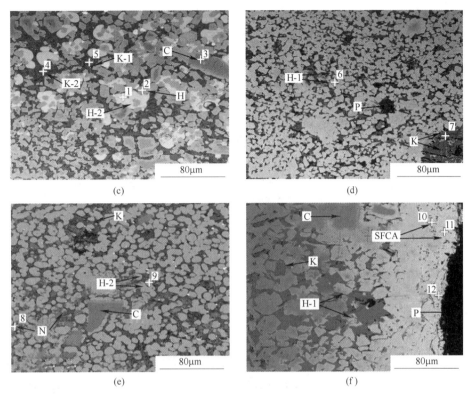

图 3-28 基准烧结工艺成品烧结矿（A）微观结构

（a）（b）光学照片；（c）~（f）图 3-28（a）中对应的扫描区域的 SEM 照片

H—$(Fe,Mg) \cdot (Fe,Al)_2O_4$；H-1—$Fe(Fe,Al)_2O_4$；H-2—$(Fe,Mg)Fe_2O_4$；

K—$CaO \cdot (Fe,Mg)Al_2O_4 \cdot SiO_2$；K-1—$CaO \cdot FeAl_2O_4 \cdot SiO_2$；K-2—$CaO \cdot (Fe,Mg)Fe_2O_4 \cdot SiO_2$；

N—$NiFe_2O_4$；C—$(Fe,Mg) \cdot (Cr,Fe,Al)_2O_4$；SFCA—复合铁酸钙；P—孔洞；R—树脂

表 3-18 图 3-28 中打点区域 EDS 分析结果

打点区域	元素组成（摩尔分数）/%								物相
	Fe	Cr	Ni	Mg	Al	Si	Ca	O	
1	34.02	0.23	0.16	4.78	0.56	0.43	0.32	59.50	$(Fe,Mg)Fe_2O_4$
2	35.27	0.14	0.09	3.69	5.21	0.54	0.27	54.79	$(Fe,Mg) \cdot (Fe,Al)_2O_4$
3	16.78	17.25	—	3.72	6.33	0.22	0.13	55.57	$(Fe,Mg) \cdot (Cr,Fe,Al)_2O_4$
4	12.27	0.08	0.11	4.56	0.36	11.24	12.79	58.59	$CaO \cdot (Fe,Mg)Fe_2O_4 \cdot SiO_2$
5	13.89	0.05	0.07	0.23	6.69	12.31	14.57	52.19	$CaO \cdot FeAl_2O_4 \cdot SiO_2$
6	34.65	0.46	0.29	0.66	6.77	0.35	0.21	56.61	$Fe(Fe,Al)_2O_4$
7	11.39	0.06	0.08	4.35	5.27	10.98	13.36	54.51	$CaO \cdot (Fe,Mg)Al_2O_4 \cdot SiO_2$
8	31.74	0.05	16.59	0.35	0.52	0.12	0.09	50.54	$NiFe_2O_4$
9	33.68	0.13	0.25	5.39	0.45	0.15	0.12	59.83	$(Fe,Mg)Fe_2O_4$
10	30.37	0.31	0.18	0.68	4.54	4.33	7.68	51.91	SFCA
11	26.56	0.19	0.13	0.88	6.82	5.36	8.22	51.84	SFCA
12	31.26	0.17	0.09	0.51	3.79	5.33	7.69	51.16	SFCA

热风烧结工艺中成品烧结矿 B 微观结构如图 3-29 所示，结合表 3-19 可知，与基准烧结工艺相比，随着热风通入烧结料层，氧势得到显著提高，可以观察到形成更多的 SFCA，并沿着孔洞边缘向烧结矿内部扩展。同时，由于高温保持时间延长，烧结过程传热传质条件明显改善，尖晶石型橄榄石相由三种转化为一种，即 $CaO \cdot (Fe, Mg) Al_2O_4 \cdot SiO_2$，这促进了液相的均质化。此外，铁尖晶石晶粒逐渐长大，相互之间联结程度增强，其可以更好地被 SFCA 及尖晶石型橄榄石相（$CaO \cdot (Fe, Mg) Al_2O_4 \cdot SiO_2$）所黏结，烧结矿微观结构明显改善。这些有利条件都促进了烧结矿强度和产量的提高。此外，热风携带的额外物理

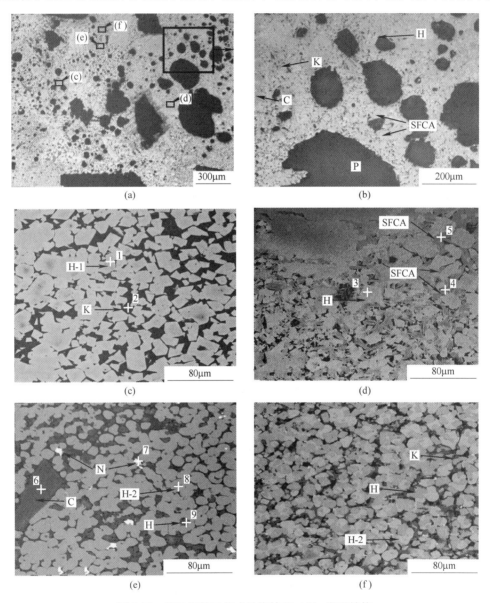

图 3-29　热风烧结工艺成品烧结矿（B）微观结构

（a）（b）光学照片；（c）~（f）图 3-29（a）中对应的扫描区域的 SEM 照片

H—(Fe, Mg) · (Fe, Al)$_2$O$_4$；H-1—Fe(Fe, Al)$_2$O$_4$；H-2—(Fe, Mg)Fe$_2$O$_4$；K—CaO · (Fe, Mg)Al$_2$O$_4$ · SiO$_2$；
N—NiFe$_2$O$_4$；C—(Fe, Mg) · (Cr, Fe, Al)$_2$O$_4$；SFCA—复合铁酸钙；P—孔洞

热可大幅减少烧结过程中无烟煤的消耗，同时实现对 CO_2 及其他有害气体的减排。因此，采用热风烧结工艺可显著改善褐铁矿型红土镍矿的烧结性能，并有效降低碳排放。

表 3-19　图 3-29 中打点区域 EDS 分析结果

打点区域	元素组成（摩尔分数）/%								物相
	Fe	Cr	Ni	Mg	Al	Si	Ca	O	
1	35.65	0.05	0.12	0.42	8.78	0.32	0.16	54.50	$Fe(Fe,Al)_2O_4$
2	12.72	0.13	0.10	2.82	6.26	13.51	13.42	51.04	$CaO \cdot (Fe,Mg)Al_2O_4 \cdot SiO_2$
3	36.53	0.49	0.83	4.42	5.80	0.15	0.33	51.45	$(Fe,Mg) \cdot (Fe,Al)_2O_4$
4	35.11	0.28	0.58	0.49	3.27	3.40	4.23	52.64	SFCA
5	26.83	0.04	0.12	1.12	6.68	3.78	7.21	54.22	SFCA
6	20.62	17.54	0.05	3.05	4.19	0.16	0.19	54.20	$(Fe,Mg) \cdot (Cr,Fe,Al)_2O_4$
7	30.45	—	15.86	0.19	0.47	0.43	0.77	51.83	$NiFe_2O_4$
8	37.82	0.78	0.06	3.56	0.72	0.21	0.30	56.55	$(Fe,Mg)Fe_2O_4$
9	32.32	0.06	0.43	6.53	8.00	0.04	0.27	52.35	$(Fe,Mg) \cdot (Fe,Al)_2O_4$

　　加压致密化烧结工艺的成品烧结矿 C 微观结构如图 3-30 所示，结合表 3-20 可知，相对于基准烧结工艺，加压致密化烧结工艺更有利于形成具有较高强度的针状和树枝状 SFCA。这主要是因为外加压力场可促进固相和液相反应中颗粒的扩散，并延长高温保持时间，促进铁尖晶石晶粒聚集长大，相互之间连接程度加强，并与 SFCA、共晶橄榄石型之间的黏结程度更为紧密。此外，在外加压力场作用下，由于烧结过程传热传质条件的改善，三种共晶尖晶石型橄榄石相转化为一种类型，即 $CaO \cdot (Fe,Mg)Al_2O_4 \cdot SiO_2$，这有助于烧结矿液相成分的均匀化。烧结料层的致密化显著降低烧结矿孔隙率，大幅改善烧结矿的微观结构和矿物组成。

表 3-20　图 3-30 中打点区域 EDS 分析结果

打点区域	元素组成（摩尔分数）/%								物相
	Fe	Cr	Ni	Mg	Al	Si	Ca	O	
1	12.42	21.53	0.11	3.98	6.78	0.14	0.33	54.71	$(Fe,Mg) \cdot (Cr,Fe,Al)_2O_4$
2	32.95	0.72	0.44	3.78	7.07	0.13	0.33	54.58	$(Fe,Mg) \cdot (Fe,Al)_2O_4$
3	37.61	0.17	0.51	4.92	0.52	0.18	0.51	55.58	$(Fe,Mg)Fe_2O_4$
4	10.34	0.11	0.05	2.12	6.15	13.21	15.80	52.22	$CaO \cdot (Fe,Mg)Al_2O_4 \cdot SiO_2$
5	34.98	0.23	0.35	0.69	6.75	0.19	0.48	56.33	$Fe(Fe,Al)_2O_4$
6	34.39	0.52	0.10	5.30	0.24	0.19	0.33	58.93	$(Fe,Mg)Fe_2O_4$
7	35.28	0.28	17.54	0.80	0.31	0.20	0.27	45.32	$NiFe_2O_4$
8	37.99	0.84	0.33	4.92	2.55	0.12	0.59	52.66	$(Fe,Mg) \cdot (Fe,Al)_2O_4$
9	28.53	0.72	0.12	0.81	5.61	4.52	6.99	52.70	SFCA
10	34.32	0.45	0.14	0.68	3.69	4.07	6.45	50.20	SFCA
11	35.21	0.63	0.11	0.85	3.36	4.29	6.77	48.78	SFCA

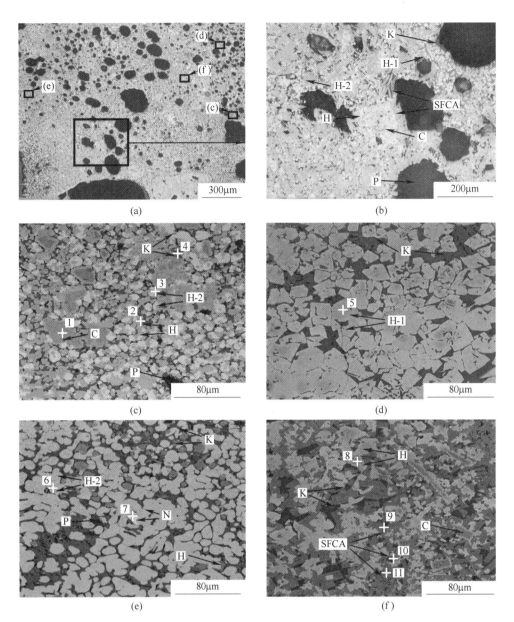

图 3-30 加压致密化烧结工艺成品烧结矿（C）微观结构

（a）（b）光学照片；（c）~（f）图 3-30（a）中对应的扫描区域的 SEM 照片

H—(Fe,Mg)·(Fe,Al)$_2$O$_4$；H-1— Fe(Fe,Al)$_2$O$_4$；

H-2—(Fe,Mg)Fe$_2$O$_4$；K—CaO·(Fe,Mg)Al$_2$O$_4$·SiO$_2$；

N—NiFe$_2$O$_4$；C—(Fe,Mg)·(Cr,Fe,Al)$_2$O$_4$；SFCA—复合铁酸钙；P—孔洞

多力场协同强化烧结工艺中成品烧结矿微观结构如图 3-31 所示。结合表 3-21 可知，多力场协同强化烧结技术提高了料层氧位及进一步改善了固-液相反应条件，使得 SFCA 更加容易形成，大幅度增加液相量。同时，随着烧结过程中传热传质条件的进一步改善和烧结矿愈发致密化，三种共晶尖晶石型橄榄石相转化为一种，以 CaO·(Fe,Mg)Al$_2$O$_4$·SiO$_2$

形式存在，提高了液相的均匀性。此外，在更好的热力学和动力学条件下，铁尖晶石作为主要固相，晶粒进一步聚集长大，晶粒间连接程度明显增强，铁尖晶石与 SCFA、尖晶石型橄榄石等液相形成了更为紧密的交织结构，这促进了烧结矿产质量指标的进一步提高。

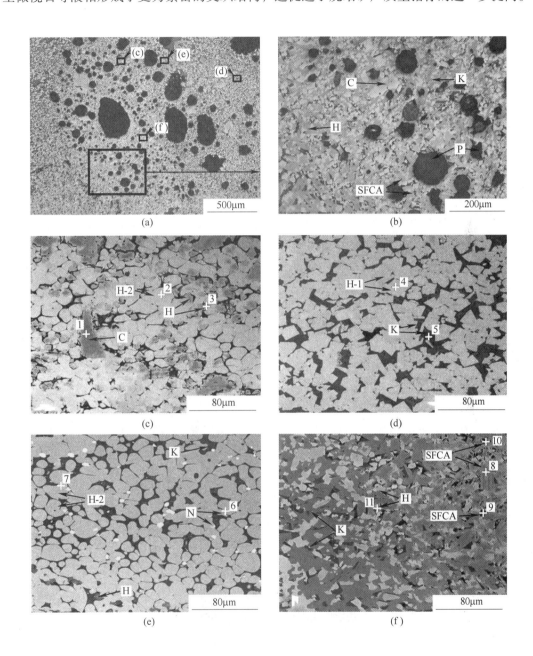

图 3-31　多力场协同强化烧结工艺（D）成品烧结矿微观结构

（a）（b）光学照片；（c）~（f）图 3-31（a）中对应的扫描区域的 SEM 照片

H—$(Fe,Mg) \cdot (Fe,Al)_2O_4$；H-1—$Fe(Fe,Al)_2O_4$；

H-2—$(Fe,Mg)Fe_2O_4$；K—$CaO \cdot (Fe,Mg)Al_2O_4 \cdot SiO_2$；

N—$NiFe_2O_4$；C—$(Fe,Mg) \cdot (Cr,Fe,Al)_2O_4$；SFCA—复合铁酸钙；P—孔洞

表 3-21　图 3-31 中打点区域 EDS 分析结果

打点区域	元素组成（摩尔分数）/%								物相
	Fe	Cr	Ni	Mg	Al	Si	Ca	O	
1	13.31	20.55	0.05	4.32	5.56	0.15	0.24	55.82	$(Fe,Mg) \cdot (Cr,Fe,Al)_2O_4$
2	35.66	0.12	0.13	4.24	0.65	0.21	0.06	58.93	$(Fe,Mg)Fe_2O_4$
3	33.27	0.45	0.16	3.88	7.36	0.23	0.17	54.48	$(Fe,Mg) \cdot (Fe,Al)_2O_4$
4	34.29	0.35	0.18	0.43	6.99	0.25	0.34	57.17	$Fe(Fe,Al)_2O_4$
5	11.45	0.14	0.38	3.57	5.49	12.78	15.36	50.83	$CaO \cdot (Fe,Mg)Al_2O_4 \cdot SiO_2$
6	32.56	0.32	19.28	0.42	0.53	0.08	0.06	46.75	$NiFe_2O_4$
7	36.34	0.19	0.23	5.73	0.86	0.26	0.12	56.27	$(Fe,Mg)Fe_2O_4$
8	29.58	0.11	0.29	0.51	6.77	5.83	7.62	49.29	SFCA
9	34.88	0.09	0.15	0.46	4.22	4.74	6.87	48.59	SFCA
10	37.76	0.15	0.22	0.24	3.45	4.39	5.66	48.13	SFCA
11	36.87	0.26	0.25	4.26	5.37	0.29	0.13	52.57	$(Fe,Mg) \cdot (Fe,Al)_2O_4$

各烧结工艺成品烧结矿的矿物组成如图 3-32 所示。与基准烧结工艺相比，单独采用热风烧结技术或加压致密化烧结技术后，成品烧结矿中 SFCA 含量均大幅增加，分别由 8.78% 增至 18.61% 和 19.62%。而采用多力场协同强化烧结技术后，成品烧结矿中 SFCA 含量进一步增加，达到 25.83%；同时，烧结矿孔隙率的进一步减小及更为致密的烧结矿微观结构的形成，促进了烧结矿强度的进一步改善。而外加热力场中热风携带的大量物理热和更好的热力学条件有效降低了烧结过程固体燃料的消耗，在外加压力场的共同作用下，保证了烧结矿更好的固结效果，最终使得褐铁矿型红土镍矿具有更加优异的烧结性能。因此，在多力场协同强化烧结工艺中，可制备出优质的含镍烧结矿。

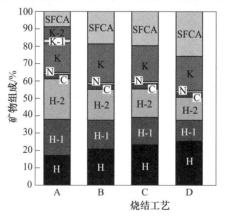

图 3-32　各烧结工艺的成品烧结矿矿物组成

H—$(Fe,Mg) \cdot (Fe,Al)_2O_4$；H-1—$Fe(Fe,Al)_2O_4$；H-2—$(Fe,Mg)Fe_2O_4$；

K—$CaO \cdot (Fe,Mg)Al_2O_4 \cdot SiO_2$；K-1—$CaO \cdot FeAl_2O_4 \cdot SiO_2$；K-2—$CaO \cdot (Fe,Mg)Fe_2O_4 \cdot SiO_2$；

N—$NiFe_2O_4$；C—$(Fe,Mg) \cdot (Cr,Fe,Al)_2O_4$；SFCA—复合铁酸钙；

A—基准烧结工艺；B—热风烧结工艺；C—加压致密化烧结工艺；D—多力场协同强化烧结工艺

3.1.6.3 镍铬矿复合烧结技术强化机理

充分利用褐铁矿型红土镍矿与铬铁矿粉各自烧结特性，开展了镍铬矿复合烧结，使得褐铁矿型红土镍矿烧结指标得到改善，同时又能制备高铬镍烧结矿，为高炉冶炼高铬含镍铁水提供优质原料。

由图 3-33 可知，随铬铁矿配比在褐铁矿型红土镍矿中的增加，烧结混合料透气性阻力逐渐增大，垂直烧结速度随之减小。这主要是因为铬铁矿颗粒有效填充了因褐铁矿型红土镍矿大量结晶水蒸发所产生的孔隙，从而很好地抑制了其过快的烧结速度。同时，褐铁矿型红土镍矿优异的制粒性能也充分改善了铬铁矿成球性差的难题。

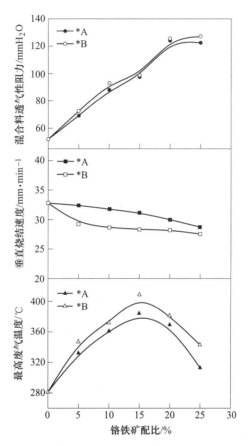

图 3-33　混合料透气性、垂直烧结速度及最高废气温度随铬铁矿配比的变化规律
* A—常规镍铬矿复合烧结工艺；* B—多力场协同强化镍铬矿复合烧结工艺

前述研究表明，由于烧结过程中褐铁矿型红土镍矿结晶水的大量分解，烧结料层孔隙率高，造成传热前沿速度较低，不利于无烟煤燃烧产生的热量向高温区烧结料层的传递，极大妨碍了燃烧区温度的提高和高温废气的有效利用，进而加剧了传热前沿速度与燃烧前沿速度的不同步，使高温区厚度大、温度低，烧结过程中的固相扩散和液相黏结的效果差。而铬铁矿的配入使烧结料层孔隙减小，促使传热前沿速度与燃烧前沿速度相匹配，进而改善烧结矿固结效果。褐铁矿型红土镍矿烧结过程中，最高废气温度仅 281℃。随着铬铁矿配比从 0 提高到 15%，最高废气温度从 281℃ 提高到 384℃，高温保持时间逐渐延长。

这是因为适量添加铬铁矿大幅度降低了烧结料层孔隙率，从而提高了传热前沿速度，降低了燃烧前沿速度，有利于两者同步进行，最终改善了烧结过程的热力学条件及烧结矿固结效果，促进烧结性能的改善。但随铬铁矿配比进一步升至25%，铬铁矿和褐铁矿型红土镍矿不能充分参与制粒，使混合料细粒级增多，烧结过程热力学和动力学条件改善幅度降低，这对烧结矿固结不利。而在采用多力场协同强化技术后，外加热力场可以提供额外的物理热，加之烧结过程热力学条件的改善，固体燃耗大大降低，同时在外加压力场持续的机械压力作用下，褐铁矿型红土镍矿与铬铁矿更加容易聚结，烧结料层孔隙更少，烧结矿强度可进一步提高。而随烧结过程传热效果的改善，废气最高温度也得到进一步提高，这也就造成了烧结速度的持续降低，在一定程度上不利于烧结矿产量的提高，但其仍高于基准值。

从图 3-34 和图 3-35 可见，在未添加铬铁矿时（基准），褐铁矿型红土镍矿烧结矿主要以大孔薄壁结构为主，孔隙率和形状系数分别高达 48.92% 和 3.51，孔洞形状不规则，其尺寸可达到 1150μm 左右，这是其烧结矿强度差的主要原因之一。在常规烧结工艺（*A）

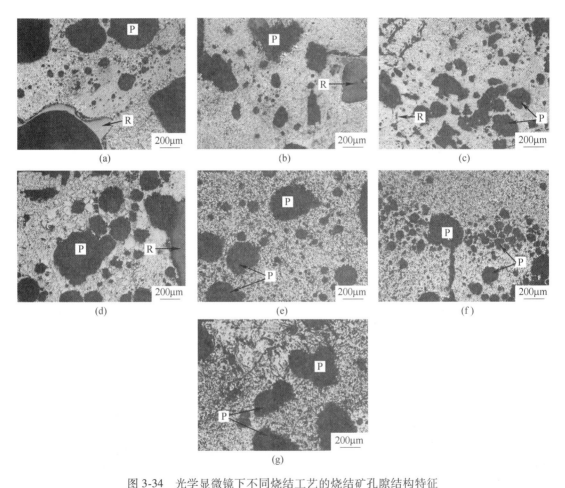

图 3-34　光学显微镜下不同烧结工艺的烧结矿孔隙结构特征

（a）基准；（b）*A-5%；（c）*A-15%；（d）*A-25%；（e）*B-5%；（f）*B-15%；（g）*B-25%

*A—常规镍铬矿复合烧结工艺；*B—多力场协同强化镍铬矿复合烧结工艺；P—孔洞；R—树脂

中，随着铬铁矿配比由 0 增至 15%，由于铬铁矿颗粒的有效填充，烧结矿逐渐转变为小孔薄壁或大孔厚壁结构，虽然孔隙形状系数仍较高，孔隙形状依然不规则，但烧结矿孔隙率由 48.92% 降低至 35.64%，孔隙尺寸明显减小，其最大直径降至约 $500\mu m$，促进了烧结矿强度的提高。但当铬铁矿配比继续增至 25%，细粒级铬铁矿进一步增多，其不能与褐铁矿型红土镍矿颗粒有效参与制粒，使烧结矿大孔薄壁结构增多，烧结矿孔隙率升至 47.12%，孔隙尺寸增大，最高可达 $800\mu m$，致使烧结矿强度降低。而在多力场协同强化烧结工艺中（*B），多力场的施加使烧结料层进一步致密化，在相同铬铁矿配比条件下，烧结矿孔洞尺寸进一步减小，烧结矿孔隙率显著地降低，同时，孔隙形状系数降低，特别在铬铁矿配比 15% 时，孔隙形状系数降至 2.28，从而使烧结矿强度进一步提高。

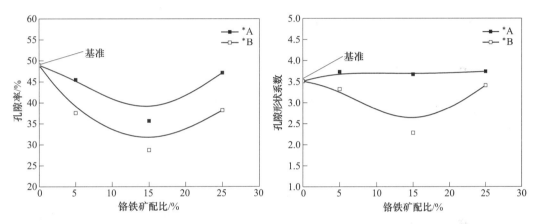

图 3-35 不同烧结工艺铬铁矿配比对烧结矿孔隙率和孔隙形状系数的影响
*A—常规镍铬矿复合烧结工艺；*B—多力场协同强化镍铬矿复合烧结工艺

结合图 3-36、图 3-37 及表 3-22 可知，成品烧结矿中固相包括铁尖晶石、铬尖晶石和镍铁尖晶石，而液相主要由共晶尖晶石型橄榄石和 SFCA 构成。铁尖晶石作为主要的固相，呈粒状、团块状及弥散状，分别以 $(Fe,Mg)Fe_2O_4$、$Fe(Fe,Al)_2O_4$ 和 $(Fe,Mg)\cdot(Fe,Al)_2O_4$ 形式存在。基准烧结试验中，共晶尖晶石型橄榄石分为 3 种，分别以 $CaO\cdot(Fe,Mg)Al_2O_4\cdot SiO_2$、$CaO\cdot FeAl_2O_4\cdot SiO_2$ 和 $CaO\cdot(Fe,Mg)Fe_2O_4\cdot SiO_2$ 形式存在。而随铬铁矿配比由 0 增至 15%，由于烧结过程中热力学及动力学条件的改善，共晶尖晶石型橄榄石逐渐转变为一种，以 $CaO\cdot(Fe,Mg)Al_2O_4\cdot SiO_2$ 形式存在，这促进了烧结液相的均质化，有利于烧结矿强度的提高；但当铬铁矿配比进一步增至 25%，由于烧结料层细粒级的增多，烧结过程中热力学及动力学条件逐渐变差，共晶尖晶石型橄榄石又由一种转化为三种，这对烧结矿固结产生不利影响。此外，随着铬铁矿的配入，SFCA 主要呈树枝状和板片状；当铬铁矿配比增至 15%，铁尖晶石及铬尖晶石等固相可以较好地被 SFCA 及共晶尖晶石型橄榄石等液相所润湿，铁尖晶石晶粒之间的连接更加紧密，晶粒聚集长大，烧结矿强度逐渐提高；而当铬铁矿配比进一步增至 25%，由于细粒级的增多和烧结矿结构致密性的减弱，烧结矿强度随之降低。

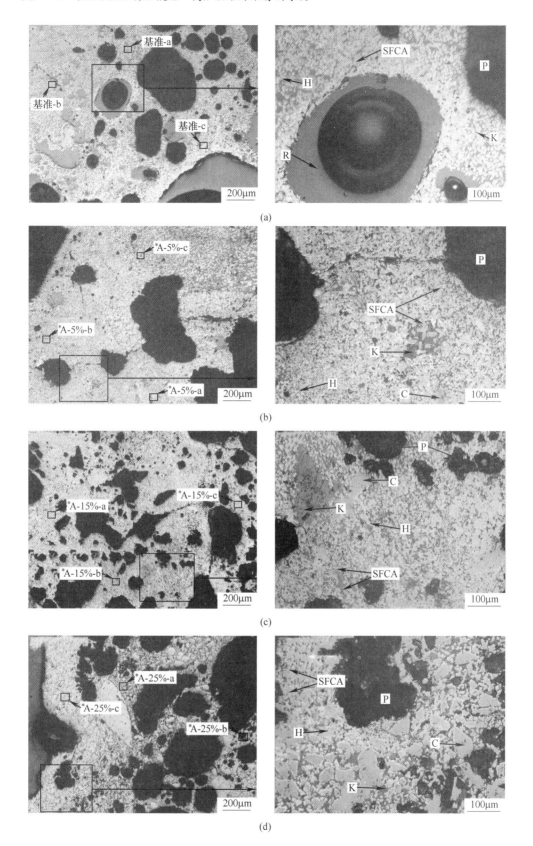

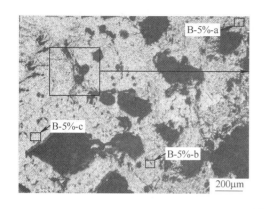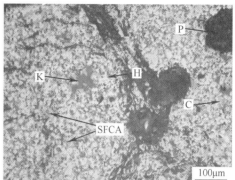

(e)

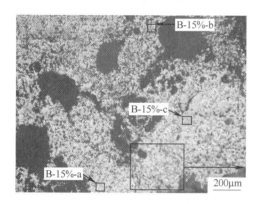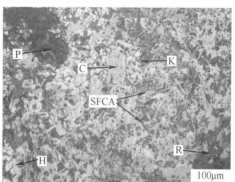

(f)

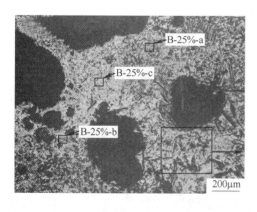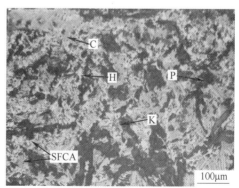

(g)

图 3-36 光学显微镜下各烧结工艺烧结矿微观结构

（a）基准-1 和基准-2；（b）* A-5%-1 和 * A-5%-2；（c）* A-15%-1 和 * A-15%-2；（d）* A-25%-1 和 * A-25%-2；

（e）* B-5%-1 和 * B-5%-2；（f）* B-15%-1 和 * B-15%-2；（g）* B-25%-1 和 * B-25%-2

* A—常规镍铬矿复合烧结工艺；* B—多力场协同强化镍铬矿复合烧结工艺；H—铁尖晶石；

K—共晶尖晶石型橄榄石；SFCA—复合铁酸钙；C—铬尖晶石；P—孔洞；R—树脂

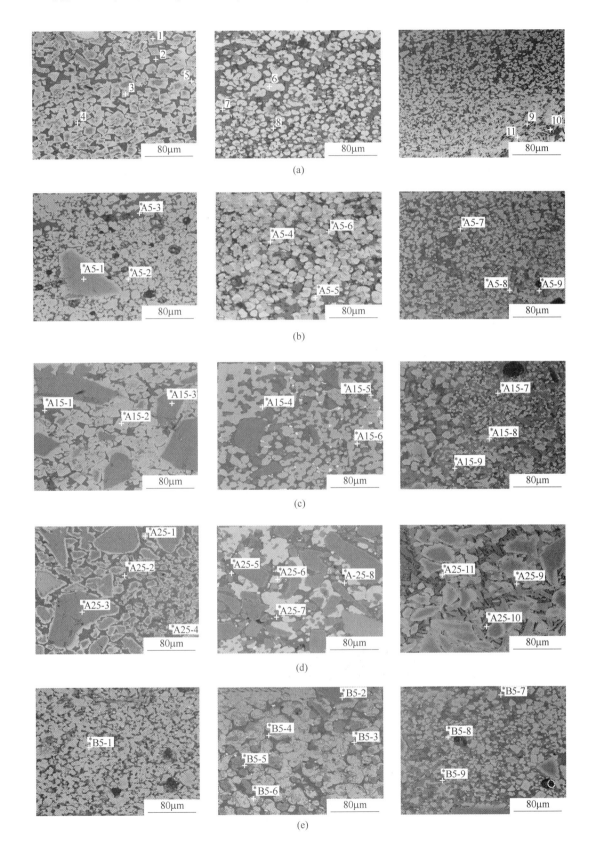

图 3-37 扫描电镜下各烧结工艺烧结矿微观结构

（a）基准-a、基准-b 和基准-c；（b）*A-5%-a、*A-5%-b 和*A-5%-c；（c）*A-15%-a、
*A-15%-b 和*A-15%-c；（d）*A-25%-a、*A-25%-b 和*A-25%-c；（e）*B-5%-a、*B-5%-b 和
*B-5%-c；（f）*B-15%-a、*B-15%-b 和*B-15%-c；（g）*B-25%-a、*B-25%-b 和*B-25%-c

*A—常规镍铬矿复合烧结工艺；*B—多力场协同强化镍铬矿复合烧结工艺

表 3-22　图 3-37 中打点区域 EDS 分析结果

打点区域	元素组成（摩尔分数）/%								物相
	Fe	Cr	Ni	Mg	Al	Si	Ca	O	
1	22.10	15.39	0.10	4.38	5.55	0.20	0.08	52.20	$(Fe,Mg) \cdot (Cr,Fe,Al)_2O_4$
2	13.21	0.16	0.05	3.80	6.01	13.25	13.56	49.96	$CaO \cdot (Fe,Mg)Fe_2O_4 \cdot SiO_2$
3	35.92	0.11	0.08	0.39	5.25	0.39	0.13	57.73	$Fe(Fe,Al)_2O_4$
4	15.09	0.10	0.06	0.61	6.35	13.81	14.18	49.80	$CaO \cdot FeAl_2O_4 \cdot SiO_2$
5	28.63	0.03	18.93	0.18	0.32	0.15	0.12	51.64	$NiFe_2O_4$
6	36.27	0.14	0.09	5.49	0.35	0.20	0.16	57.30	$(Fe,Mg)Fe_2O_4$
7	13.17	0.18	0.11	3.86	5.78	13.60	13.72	49.58	$CaO \cdot (Fe,Mg)Al_2O_4 \cdot SiO_2$
8	36.11	0.22	0.07	3.20	4.69	0.12	0.10	55.49	$(Fe,Mg) \cdot (Fe,Al)_2O_4$
9	33.57	0.15	0.05	0.37	2.51	4.39	6.87	52.09	SFCA
10	31.38	0.17	0.10	0.55	4.35	5.50	7.75	50.20	SFCA
11	27.56	0.12	0.03	0.69	6.93	5.90	7.81	50.96	SFCA
*A5-1	20.26	18.88	0.27	5.78	4.23	0.21	0.08	50.29	$(Fe,Mg) \cdot (Cr,Fe,Al)_2O_4$
*A5-2	35.32	0.47	0.15	0.60	4.65	0.36	0.42	58.03	$Fe(Fe,Al)_2O_4$
*A5-3	12.61	0.19	0.13	2.99	5.12	16.33	16.72	45.91	$CaO \cdot (Fe,Mg)Al_2O_4 \cdot SiO_2$
*A5-4	35.13	0.89	0.65	2.27	6.86	0.38	0.33	53.49	$(Fe,Mg) \cdot (Fe,Al)_2O_4$

打点区域	元素组成（摩尔分数）/%								物相
	Fe	Cr	Ni	Mg	Al	Si	Ca	O	
* A5-5	34.96	0.24	0.58	4.91	0.55	0.25	0.47	58.04	$(Fe,Mg)Fe_2O_4$
* A5-6	30.83	0.19	18.91	0.52	0.32	0.16	0.58	48.49	$NiFe_2O_4$
* A5-7	31.73	0.47	0.25	0.46	4.88	5.45	6.94	49.82	SFCA
* A5-8	36.21	0.33	0.36	3.61	3.85	0.40	0.64	54.60	$(Fe,Mg)\cdot(Fe,Al)_2O_4$
* A5-9	27.02	0.62	0.23	0.45	7.24	6.25	7.45	50.74	SFCA
* A15-1	14.33	0.41	0.10	2.85	4.64	13.67	14.21	49.79	$CaO\cdot(Fe,Mg)Al_2O_4\cdot SiO_2$
* A15-2	35.83	0.36	0.30	0.11	5.67	0.32	0.63	56.78	$Fe(Fe,Al)_2O_4$
* A15-3	18.81	15.16	0.06	7.63	8.18	0.20	0.30	49.66	$(Fe,Mg)\cdot(Cr,Fe,Al)_2O_4$
* A15-4	36.04	0.58	0.31	3.71	0.43	0.67	0.31	57.95	$(Fe,Mg)Fe_2O_4$
* A15-5	35.74	0.42	0.29	2.55	6.88	0.30	0.61	53.21	$(Fe,Mg)\cdot(Fe,Al)_2O_4$
* A15-6	31.73	0.27	17.17	0.12	0.47	0.81	0.41	49.02	$NiFe_2O_4$
* A15-7	32.02	0.38	0.24	0.32	5.09	6.24	7.05	48.66	SFCA
* A15-8	35.64	0.08	0.10	3.97	2.42	0.26	0.34	57.19	$(Fe,Mg)\cdot(Fe,Al)_2O_4$
* A15-9	27.19	0.54	0.18	0.35	6.81	7.16	8.70	49.07	SFCA
* A25-1	35.78	0.51	0.37	0.24	4.94	0.35	0.13	57.68	$Fe(Fe,Al)_2O_4$
* A25-2	14.49	0.44	0.25	4.75	0.47	14.32	14.63	50.65	$CaO\cdot(Fe,Mg)Fe_2O_4\cdot SiO_2$
* A25-3	20.35	20.70	0.21	5.42	6.35	0.18	0.17	46.62	$(Fe,Mg)\cdot(Cr,Fe,Al)_2O_4$
* A25-4	15.14	0.33	0.18	0.70	5.80	13.38	14.55	49.92	$CaO\cdot FeAl_2O_4\cdot SiO_2$
* A25-5	30.75	0.66	18.16	0.39	0.21	0.30	0.27	49.26	$NiFe_2O_4$
* A25-6	35.34	0.19	0.11	4.48	0.35	0.25	0.31	58.97	$(Fe,Mg)Fe_2O_4$
* A25-7	14.14	0.13	0.08	2.70	4.80	13.38	13.55	51.22	$CaO\cdot(Fe,Mg)Al_2O_4\cdot SiO_2$
* A25-8	35.50	0.69	0.48	3.37	4.32	0.74	0.91	53.99	$(Fe,Mg)\cdot(Fe,Al)_2O_4$
* A25-9	27.28	0.41	0.22	0.45	6.84	6.52	7.75	50.53	SFCA
* A25-10	31.26	0.86	0.26	0.85	4.54	4.44	7.91	49.88	SFCA
* A25-11	34.91	0.76	0.47	2.44	3.91	0.21	0.27	57.03	$(Fe,Mg)\cdot(Fe,Al)_2O_4$
* B5-1	35.82	0.88	0.19	0.65	5.01	0.10	0.22	57.13	$Fe(Fe,Al)_2O_4$
* B5-2	20.75	21.60	0.26	3.99	8.65	0.33	0.11	44.31	$(Fe,Mg)\cdot(Cr,Fe,Al)_2O_4$
* B5-3	12.25	0.10	0.07	2.36	4.94	13.94	14.36	51.98	$CaO\cdot(Fe,Mg)Al_2O_4\cdot SiO_2$
* B5-4	31.11	0.26	16.31	0.32	0.59	0.41	0.29	50.71	$NiFe_2O_4$
* B5-5	35.54	0.52	0.38	2.79	4.58	0.43	0.35	55.41	$(Fe,Mg)\cdot(Fe,Al)_2O_4$
* B5-6	35.47	0.63	0.24	3.82	0.44	0.25	0.66	58.49	$(Fe,Mg)Fe_2O_4$
* B5-7	27.58	0.54	0.15	0.67	5.73	6.07	9.65	49.61	SFCA
* B5-8	35.48	0.21	0.16	3.43	5.12	0.24	0.37	54.99	$(Fe,Mg)\cdot(Fe,Al)_2O_4$
* B5-9	31.99	0.46	0.10	0.32	4.64	5.81	7.52	49.16	SFCA
* B15-1	19.09	17.38	0.07	7.84	5.63	0.10	0.18	49.71	$(Fe,Mg)\cdot(Cr,Fe,Al)_2O_4$

打点区域	元素组成（摩尔分数）/%								物相
	Fe	Cr	Ni	Mg	Al	Si	Ca	O	
* B15-2	36.15	0.53	0.32	0.46	6.09	0.76	0.61	55.08	$Fe(Fe,Al)_2O_4$
* B15-3	13.24	0.11	0.08	3.24	5.52	13.89	13.53	50.39	$CaO \cdot (Fe,Mg)Al_2O_4 \cdot SiO_2$
* B15-4	31.75	0.46	15.77	0.83	0.47	0.84	0.18	49.70	$NiFe_2O_4$
* B15-5	36.31	0.96	0.22	3.99	0.78	0.28	0.31	57.15	$(Fe,Mg)Fe_2O_4$
* B15-6	36.59	0.94	0.41	2.67	4.64	0.17	0.28	54.30	$(Fe,Mg) \cdot (Fe,Al)_2O_4$
* B15-7	33.50	0.57	0.34	0.64	3.07	5.30	6.29	50.29	SFCA
* B15-8	31.37	0.62	0.26	0.75	5.06	5.68	8.05	48.21	SFCA
* B15-9	27.34	0.53	0.42	0.28	5.70	5.48	9.18	51.07	SFCA
* B15-10	35.26	0.58	0.38	2.22	5.80	0.26	0.35	55.32	$(Fe,Mg) \cdot (Fe,Al)_2O_4$
* B25-1	17.98	18.53	0.21	5.38	6.39	0.27	0.15	51.09	$(Fe,Mg) \cdot (Cr,Fe,Al)_2O_4$
* B25-2	35.73	0.57	0.42	0.88	5.89	0.25	0.39	55.87	$Fe(Fe,Al)_2O_4$
* B25-3	13.81	0.31	0.16	2.40	4.86	13.43	13.34	51.69	$CaO \cdot (Fe,Mg)Al_2O_4 \cdot SiO_2$
* B25-4	35.91	0.57	0.27	3.77	3.71	0.22	0.70	54.85	$(Fe,Mg) \cdot (Fe,Al)_2O_4$
* B25-5	35.40	0.32	0.17	5.90	0.32	0.23	0.70	56.96	$(Fe,Mg)Fe_2O_4$
* B25-6	29.99	0.39	15.15	0.39	0.31	0.53	0.81	52.43	$NiFe_2O_4$
* B25-7	27.68	0.43	0.28	0.66	6.99	6.63	8.53	48.80	SFCA
* B25-8	36.57	0.36	0.10	2.85	4.56	0.49	0.54	54.53	$(Fe,Mg) \cdot (Fe,Al)_2O_4$
* B25-9	30.84	0.17	0.13	0.25	3.99	5.86	8.54	50.22	SFCA

当采用多力场协同强化烧结技术后，由于烧结料层的进一步致密化和烧结过程传热传质条件的显著提高，在相同铬铁矿配比条件下，烧结矿显微结构得到进一步改善。同时，针状、树枝状及板片状的 SFCA 沿孔洞边缘向烧结矿内部扩展，其生成量进一步增多；铁尖晶石晶粒进一步聚集长大，固、液相间黏结程度更为紧密。此外，当铬铁矿比例为 25% 时，共晶尖晶石型橄榄石相也转变为一种类型，有利于液相的均质化。因此，在相同铬铁矿配比下，烧结矿强度高于常规烧结工艺。

各烧结工艺成品烧结矿矿物组成见表 3-23。在常规烧结工艺中，随着铬铁矿配比的增大，固体燃耗的持续升高不利于 SFCA 形成，SFCA 生成量有所减少，但尖晶石型橄榄石含量的增加弥补了 SFCA 含量减少对烧结矿强度的不利影响。加之烧结矿显微结构的改善，烧结矿强度可得到有效的提高。

表 3-23　各烧结工艺成品烧结矿矿物组成（面积分数）　　　　　　　　（%）

烧结工艺	固相					液相			
	铁尖晶石			铬尖晶石	镍铁尖晶石	尖晶石型橄榄石			SFCA
	H	H-1	H-2			K	K-1	K-2	
基准	17.14	20.81	23.24	2.55	1.05	17.23	2.13	7.07	8.78
* A-5%	19.25	19.76	20.54	3.49	1.03	27.41	—	—	8.52
* A-15%	19.67	18.12	19.29	5.08	0.96	28.52	—	—	8.36

烧结工艺	固相					液相			
	铁尖晶石			铬尖晶石	镍铁尖晶石	尖晶石型橄榄石			SFCA
	H	H-1	H-2			K	K-1	K-2	
* A-25%	18.31	19.26	17.89	6.56	0.91	22.15	2.36	4.58	7.98
* B-5%	23.16	18.52	17.63	3.45	1.02	25.68	—	—	10.54
* B-15%	24.59	17.24	15.37	5.21	0.97	24.94	—	—	11.68
* B-25%	22.49	18.38	14.62	6.63	0.90	27.42	—	—	9.56

注：H—$(Fe,Mg) \cdot (Fe,Al)_2O_4$；H-1—$Fe(Fe,Al)_2O_4$；H-2—$(Fe,Mg)Fe_2O_4$；K—$CaO \cdot (Fe,Mg)Al_2O_4 \cdot SiO_2$；
K-1—$CaO \cdot FeAl_2O_4 \cdot SiO_2$；K-2—$CaO \cdot (Fe,Mg)Fe_2O_4 \cdot SiO_2$；SFCA—复合铁酸钙；* A—常规镍铬矿复合烧结工艺；* B—多力场协同强化镍铬矿复合烧结工艺。

3.1.7　低品位褐铁矿型红土镍矿烧结生产工艺及装备

北港新材料有限公司采用烧结—高炉法处理褐铁矿型红土镍矿，建成了 3 条褐铁矿型红土镍矿烧结生产线，为高炉冶炼含镍铁水提供优质原料。其中，1 台 $180m^2$ 烧结机（长×宽：45m×4m）和 2 台 $132m^2$ 烧结机（长×宽：44m×3m）。强化烧结工业试验首先在其中一条 $132m^2$ 烧结机生产线上进行，然后推广到其他两条生产线。

3.1.7.1　烧结工业试验流程

烧结工业试验流程主要包括烧结含铁原料和固体燃料的接受及储存，含铁原料的烘干，固体燃料的破碎、筛分，烧结原料的配料、混料、制粒、布料、点火和烧结，烧结矿的破碎、冷却和整粒。烧结原料主要包括褐铁矿型红土镍矿、生石灰、无烟煤、尾渣等，其化学成分与实验室所用原料相似。烧结工业试验中，烧结碱度、返矿和尾渣配比分别保持在 1.4%、30% 和 1.5% 左右，亦与实验室相同。

基准烧结工业试验中，褐铁矿型红土镍矿在原料场进入原料矿槽后由皮带输送机送至烘干工序，经滚筒式干燥机（ϕ3.4m×34m）脱除一定水分后，再送至配料矿槽进行配料。固体燃料则经破碎后送往配料室配料。石灰窑生产的生石灰通过管道输送运至配料室旁，后送入配料仓中。高炉返矿及冷筛返矿分别经过矿槽、皮带、输送管道送入配料仓中。生石灰采用定量式双螺旋给料机给料，其他各种原料包括返矿均由定量圆盘给料机加电子皮带秤控制料量。配料量通过配料室的计算机控制圆盘转速，并由电子皮带秤的反馈信息加以调整。配料后经混合、制粒再经皮带机输送至烧结机主厂房，其中一次混合机尺寸 ϕ3200mm×14000mm，筒体倾角 2.5°，筒体转速 7r/min，二次混合机尺寸 ϕ3500mm×16000mm，筒体倾角 1.5°，筒体转速 7r/min。混合料由梭式布料器送入混合料矿槽，然后由圆辊和七辊布料器联合向台车布料。$132m^2$ 烧结机台车数量为 123 辆，台车尺寸（长×宽×高）1000mm×3000mm×700mm，台车运行速度 2.2m/min，混合料厚度约 750mm，随台车运行，在点火温度（1100±50）℃，点火负压 8.5kPa 条件下点火，点火完成后，在负压 14.5kPa 条件下进行抽风烧结。烧结产生的烟气经风箱进入大烟道，经电除尘器后的烟气经过脱硫系统，净化后排入大气。台车上的混合料烧结完成后，从机尾翻落，由单辊破碎机破碎后，进入鼓风环式冷却机（有效冷却面积 $170m^2$），随着冷却机运行，烧结矿逐渐被冷却至120℃以下。冷却后的烧结矿，经过给料机，再由皮带机输送到筛分整粒系统，烧结矿被分成成品烧结矿和返矿两部分，其中成品烧结矿被送往高炉矿槽，返矿则用皮带机输送到配料室继续参与配料。

在基准烧结工业试验条件下，通过采用热风（热废气）循环强化烧结技术，对褐铁矿型红土镍矿烧结工艺进行强化，如图3-38所示。依据相关实验室结果，褐铁矿型红土镍矿热废气循环烧结工艺已完成技术改造，来自烧结矿环冷机250℃左右的热废气通过热风罩直接循环至烧结料层，实现对褐铁矿型红土镍矿烧结过程的强化（图3-39）。其中，热风罩尺寸（长×宽×高）为9m×3m×3.76m，烧结台车速度为1.85m/min，热废气循环烧结时间为4.87min，其余烧结参数均与基准烧结工业试验一致。烧结过程中，测定及计算烧结矿转鼓强度、利用系数、固体燃耗等指标，并检测烧结烟气成分，与基准烧结工业试验指标形成对比。目前，依照企业生产计划，加压致密化烧结工艺还未完全实现改造应用，在后续完成后，可实现多力场协同强化烧结，以进一步改善其烧结矿产质量指标。

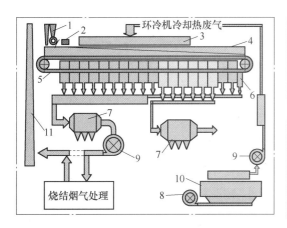 

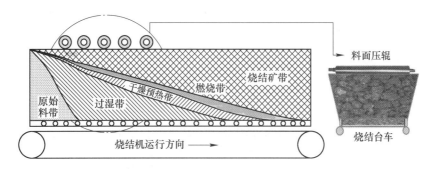

图3-38 烧结工业试验中多力场协同强化烧结工艺示意图

1—混合料仓；2—点火炉；3—热风罩；4—烧结料层；5—皮带；6—风箱；
7—脱硫塔；8—鼓风机；9—抽风机；10—环冷机；11—烟囱

3.1.7.2 工业试生产技术经济指标对比

烧结试生产中不同烧结工艺烧结矿产质量指标对比如图3-39和表3-24、表3-25、表3-26所示。在褐铁矿型红土镍矿基准烧结工业试验中，烧结矿转鼓强度和利用系数分别仅为51.07%和0.90t/(m²·h)，固体燃耗则高达161.04kg/t，烧结矿产质量指标差。而在应用热废气循环烧结技术后，烧结矿转鼓强度和利用系数分别大幅增至 60.80% 和 1.37t/（m²·h），固体燃耗明显减少，降至 128.42kg/t。相对于基准烧结工业试验结果，采用热废气循环烧结技术后，褐铁矿型红土镍矿烧结矿产质量指标显著改善。此外，烧结工业试验中烧结烟气成分对比见表 3-26。相对于基准烧结工艺，热废气循环技术应用后，烧结烟气中 CO_2、NO_x 和 SO_2 含量分别从 31.20%、329.10mg/m³ 和 1604.30mg/m³ 降至 24.96%、218.95mg/m³ 和 1159.70mg/m³，O_2 含量由 11.75% 提高到 14.39%，进一步证明了热废气循环技术的应用可促进烧结过程中 CO_2、NO_x 及 SO_2 的减排和 O_2 含量的提高，这与 4.3.2 章节实验室相关研究结果一致。

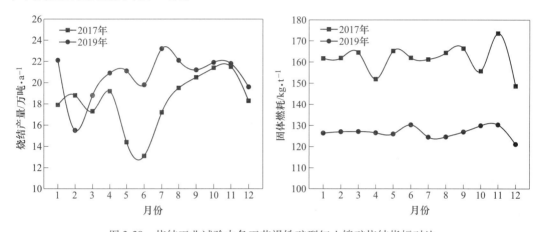

图 3-39　烧结工业试验中各工艺褐铁矿型红土镍矿烧结指标对比

表 3-24　烧结工业生产指标对比

烧结指标	转鼓强度/%	利用系数/t·(m²·h)⁻¹	固体燃耗/kg·t⁻¹
基准指标（2017 年）	51.07	0.90	161.04
新工艺指标（2019 年）	60.80	1.37	128.42

表 3-25　烧结矿化学成分对比　　　　　　　　　　（%）

烧结矿化学成分	TFe	FeO	Ni	Cr_2O_3	Al_2O_3	CaO	MgO	SiO_2	R_2
2017 年	48.73	15.60	0.89	3.75	5.69	9.28	3.47	7.16	1.30
2019 年	48.91	16.19	0.87	4.42	5.53	8.95	3.11	6.99	1.29

表 3-26　烧结工业试验中烧结烟气成分对比

烧结工艺		O_2/%	CO_2/%	NO_x/mg·m⁻³	SO_2/mg·m⁻³
烧结工业试验	基准烧结工艺	11.75	31.20	329.10	1604.30
	热废气循环强化烧结工艺	14.39	24.96	218.95	1159.70

对于年产约 200 万吨成品烧结矿的不锈钢企业而言，完成热废气循环强化烧结技术改造后，褐铁矿型红土镍矿烧结矿产量可增加约 20.00 万吨/年，按含镍烧结矿 650 元/吨计，仅在烧结工艺中，新增产值即可达 1.30 亿元/年；同时，可减少无烟煤用量约 6.52 万吨/年，以无烟煤单价 750 元/吨计，可节约成本约 0.49 亿元/年（表 3-27）。此外，CO_2 排放量可减少约 19.14 万吨/年，实现了对 CO_2 的有效减排，可极大地减轻烧结生产对环境的压力。

在后续完成加压致密化烧结技术改造后，可以预见，在多力场协同作用下，褐铁矿型红土镍矿烧结矿产质量指标和 CO_2 减排效果有望进一步改善，这对不锈钢企业生产和环境保护均有重要意义。

表 3-27 褐铁矿型红土镍矿烧结工艺技术经济分析

烧结产能方面		固体燃耗方面		
烧结产能增加量 /万吨·年$^{-1}$	新增产值 /亿元·年$^{-1}$	无烟煤减少量 /万吨·年$^{-1}$	节约成本 /亿元·年$^{-1}$	CO_2 减排量 /万吨·年$^{-1}$
20.00	1.30	6.52	0.49	19.14

3.2 红土镍矿烧结矿高炉冶炼不锈钢母液

由于褐铁矿型红土镍矿硅、镁和铬含量高，且不能采用高碱度烧结生产工艺，因此，烧结矿高炉冶炼时炉渣熔化性温度高、黏度高、流动性差，导致冶炼焦比高、渣铁分离困难等问题，高炉造渣制度与普通铁矿高炉冶炼存在较大差距。因此，红土镍矿高炉冶炼通常采取添加萤石降低炉渣熔化温度及黏度的方法来强化高炉冶炼，但影响高炉寿命并存在潜在的环境隐患。因此，本节将介绍红土镍矿高炉冶炼行为、高炉炉料结构特点、造渣制度优化方案，为制定在不添加萤石的情况下降低炉渣熔化温度及黏度的适宜渣型制度提供理论依据。

3.2.1 红土镍矿高炉冶炼基础理论

3.2.1.1 红土镍矿高炉冶炼炉料结构设计

红土镍矿高炉冶炼目前主要以红土镍矿的烧结矿为原料，冶炼不锈钢母液，铬含量较低。为了强化高炉冶炼，设计了全红土镍矿烧结矿、烧结矿+氧化球团矿、烧结矿+预还原球团矿三大类炉料结构，以强化高炉冶炼。同时，在烧结矿和球团矿原料中配入一定比例铬铁矿，在改善其烧结性能及球团焙烧性能的同时，提高入炉烧结矿和球团矿含铬量，从而提高不锈钢母液中铬含量，减少后续炼钢中铬铁合金添加量，降低生产成本。

A 红土镍矿高炉冶炼炉料选择

a 含镍/镍铬复合烧结矿

通过烧结工艺参数优化，对配矿结构分别为 100%褐铁矿型红土镍矿、95%褐铁矿型红土镍矿+5%铬铁矿、85%褐铁矿红土镍矿+15%铬铁矿、75%褐铁矿型红土镍矿+25%铬铁矿的烧结混合料，制备出一批相应的含镍/镍铬复合烧结矿，分别记为 S-1、S-2、S-3、S-4，其化学成分见表 3-28，其铬含量由 3.31%逐渐增至 6.46%。

表 3-28 含镍/镍铬复合烧结矿化学成分（质量分数）　　　（%）

烧结矿种类	Fe$_{总}$	FeO	Ni$_{总}$	Cr$_{总}$	SiO$_2$	CaO	Al$_2$O$_3$	MgO
S-1	47.76	16.96	0.88	3.31	6.86	9.85	5.88	3.28
S-2	46.30	26.79	0.83	4.02	6.96	10.00	6.04	3.48
S-3	44.87	28.36	0.82	5.28	6.84	9.95	6.59	4.09
S-4	43.16	30.00	0.78	6.46	6.85	9.72	6.74	4.50

b　含铬/镍铬复合球团矿

所用球团矿有 5 种，包括 1 种含铬氧化球团、2 种镍铬复合氧化球团和 2 种镍铬复合预还原球团，其分别在配矿条件 40%铬铁矿+60%磁铁矿、75%褐铁矿型红土镍矿+25%铬铁矿、55%褐铁矿型红土镍矿+25%铬铁矿+20%磁铁矿下制备出氧化球团矿，分别记为 P-1、P-2-1、P-3-1、P-2-2、P-3-2。其中，预还原球团经相应配矿条件下的氧化球团制备而来。各球团矿制备工艺条件及球团矿理化性能见表 3-29 ~ 表 3-32。各球团矿铬含量不同，球团矿 P-1、P-2-1、P-3-1、P-2-2 及 P-3-2 中 Cr 含量分别为 10.43%、9.60%、8.83%、12.57%和 10.40%，提供了不同铬含量的球团矿炉料。同时，所用球团矿分为氧化球团和预还原球团，增加了球团矿炉料的选择来源。

表 3-29　氧化球团矿制备条件及性能

球团矿种类		预热温度 /℃	预热时间 /min	焙烧温度 /℃	焙烧时间 /min	预热球团强度 /N·个⁻¹	焙烧球团强度 /N·个⁻¹
氧化球团	P-1	1000	11	1280	15	982	2933
	P-2-1	1100	12	1250	20	488	1387
	P-3-1	1100	12	1250	20	636	1589

注：P-1—自然碱度；P-2-1、P-3-1 碱度 0.8，内配碳量 3%。

表 3-30　预还原球团矿制备条件及性能

球团矿种类		预还原温度/℃	预还原时间/min	抗压强度/N·个⁻¹	全金属化率/%
还原球团	P-2-2	1100	90	752	50.81
	P-3-2	1100	90	1015	55.11

表 3-31　各氧化球团矿化学成分（质量分数）　　（%）

球团矿种类		$Fe_{总}$	FeO	$Ni_{总}$	$Cr_{总}$	SiO_2	CaO	Al_2O_3	MgO
氧化球团	P-1	47.48	2.66	0.06	10.43	4.00	0.42	6.36	3.88
	P-2-1	43.45	2.45	0.77	9.60	5.19	3.13	7.41	4.05
	P-3-1	46.45	2.07	0.56	8.83	4.32	2.66	6.28	3.56

表 3-32　各预还原球团矿化学成分（质量分数）　　（%）

球团矿种类		$Fe_{总}$	$Ni_{总}$	$Cr_{总}$	MFe	MNi	MCr	FeO	SiO_2	CaO	Al_2O_3	MgO
还原球团	P-2-2	51.00	0.87	12.57	31.69	0.78	0.27	16.00	5.76	5.10	8.21	4.55
	P-3-2	55.93	0.66	10.40	35.92	0.60	0.40	16.70	4.83	4.49	7.21	4.53

注：MFe、MNi、MCr 分别为金属铁、金属镍及金属铬含量。

B　新型镍铬高炉炉料结构设计

高炉冶炼不锈钢母液时，如果铁水中铬含量过高会造成炉渣及铁水黏度大、流动性差，渣铁分离困难，严重影响高炉生产顺行。因此，高炉冶炼中铁水铬含量不能过高，炉料中铬含量要加以控制。理论研究及相关生产实践发现，高炉生产含铬 18%以下的铁水是可行的[19-21]。因此，以上述含镍铬烧结矿和球团矿为基本炉料，以铁水中铬含量 5%、

8%、12%为目标值，以 Fe、Ni 和 Cr 回收率及铁水中渗碳量分别按95%、100%、90%和5%计，设计一系列新型含镍铬的高炉炉料结构，其对应的理论铁水成分见表3-33，各种镍铬炉料化学成分见表3-34。所设计的新型镍铬炉料结构对应的理论铁水 Cr 含量在5%~12%，Ni 含量在1.5%~1.7%，能满足生产要求。可将9种高炉炉料分为3大类：含镍/镍铬烧结矿（S1、S2、S3、S4）、含镍烧结矿+含铬/镍铬氧化球团矿（SP1、SP2、SP3）及含镍烧结矿+镍铬预还原球团矿（SP4、SP5）[11,22]，为强化高炉冶炼选择炉料提供充足的空间，以保证高炉法耐热不锈钢母液的顺利冶炼。

表3-33 新型镍铬高炉炉料结构及其理论铁水成分（质量分数）　　　　　（%）

炉料种类	高炉炉料结构									理论铁水成分		
	烧结矿				氧化球团			预还原球团				
	S-1	S-2	S-3	S-4	P-1	P-2-1	P-3-1	P-2-2	P-3-2	Fe	Ni	Cr
S1	100	—	—	—	—	—	—	—	—	87.55	1.70	5.75
S2	—	100	—	—	—	—	—	—	—	86.27	1.63	7.10
S3	—	—	100	—	—	—	—	—	—	84.02	1.62	9.37
S4	—	—	—	100	—	—	—	—	—	81.84	1.56	11.60
SP1	90	—	—	—	10	—	—	—	—	86.57	1.52	6.91
SP2	79	—	—	—	—	21	—	—	—	85.36	1.64	7.99
SP3	75	—	—	—	—	—	25	—	—	85.48	1.52	8.01
SP4	84	—	—	—	—	—	—	16	—	85.34	1.63	8.02
SP5	77	—	—	—	—	—	—	—	23	85.44	1.50	8.06

表3-34 各种含镍铬高炉炉料的化学成分（质量分数）　　　　　（%）

炉料种类	Fe$_总$	FeO	Ni$_总$	Cr$_总$	SiO$_2$	CaO	Al$_2$O$_3$	MgO	R
S1	47.76	16.96	0.88	3.31	6.86	9.85	5.88	3.28	1.44
S2	46.30	26.79	0.83	4.02	6.96	10.00	6.04	3.48	1.44
S3	44.87	28.36	0.82	5.28	6.84	9.95	6.59	4.09	1.45
S4	43.16	30.00	0.78	6.46	6.85	9.72	6.74	4.50	1.42
SP1	47.73	15.53	0.80	4.02	6.57	8.91	5.93	3.34	1.35
SP2	46.85	13.91	0.86	4.63	6.51	8.44	6.20	3.44	1.30
SP3	47.43	13.24	0.80	4.69	6.23	8.05	5.98	3.35	1.29
SP4	48.28	16.81	0.88	4.79	6.68	9.09	6.25	3.48	1.36
SP5	49.64	16.90	0.83	4.94	6.39	8.62	6.19	3.57	1.35

3.2.1.2 新型镍铬高炉炉料结构特性

A 还原性

高炉炉料的还原性直接影响着高炉煤气利用率及燃料比，进而影响高炉产量。据相关统计数据，炉料还原度降低10%，高炉燃料比相对于现今水平会升高40kg/t以上，高炉产量降低8%~9%。还原性指标对高炉冶炼至关重要。各镍铬炉料还原度（RI）如图3-40

所示。对于 4 种烧结矿炉料（S1~S4），随其 FeO 含量升高，还原度有所降低，但仍均在 70% 以上，这主要是因为其孔隙率相对于常规烧结矿仍较高，为还原过程的进行提供了十分有利的条件。而对于含镍烧结矿+含铬/镍铬氧化球团矿 3 种炉料（SP1~SP3），随着氧化球团的配入，炉料还原度均有一定程度的降低，这主要是因为氧化球团矿结构比含镍烧结矿结构更为致密，不利于还原过程的进行，但因其比例相对较低，炉料还原度仍可保持在 73% 以上。对于含镍烧结矿+含铬/镍铬预还原球团矿 2 种炉料（SP4、SP5），由于预还原球团自身具有一定还原度，此 2 种炉料还原度均可保持在 80% 左右。整体上，各镍铬高炉炉料还原度虽有所差异，但均保持在 70% 以上，可很好地满足高炉冶炼的需求。

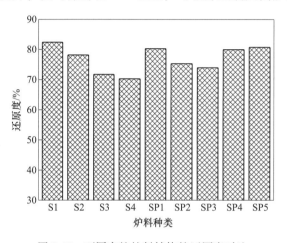

图 3-40   不同高炉炉料结构的还原度对比

B   低温还原粉化性能

高炉炉料的低温还原粉化性能（RDI）反映炉料在高炉中低温还原（400~600℃）后产生的粉化程度，这主要是由于在低温还原过程中，炉料内 αFe_2O_3 会转变为 γFe_2O_3，其由六方晶格转化为立方晶格，晶格转变产生了极大的内应力，造成炉料粉化碎裂，炉料低温还原粉化性能对高炉上部的透气性有着重要影响。各镍铬高炉炉料的低温还原粉化性能见表 3-35。由表可知，各镍铬高炉炉料低温还原粉化性能均相当优异，$RDI_{+6.3mm}$ 指标均在 84% 以上，$RDI_{+3.15mm}$ 指标均在 90% 以上，$RDI_{-0.5mm}$ 指标均低于 3.5%。这主要是由于各镍铬高炉炉料 FeO 含量均较高，保持在 13% 以上，使得其在低温还原过程中，还原应力产生较少，几乎不发生还原粉化。因此，各镍铬高炉炉料的低温还原粉化性能可充分地满足高炉冶炼的要求。

表 3-35   各镍铬高炉炉料低温还原粉化性能（质量分数）   （%）

炉料种类	$RDI_{+6.3mm}$	$RDI_{+3.15mm}$	$RDI_{-0.5mm}$
S1	93.25	96.10	0.85
S2	93.69	96.32	1.28
S3	96.08	97.55	0.80
S4	96.11	97.62	0.87
SP1	94.37	96.84	0.74

炉料种类	RDI$_{+6.3mm}$	RDI$_{+3.15mm}$	RDI$_{-0.5mm}$
SP2	92.40	96.59	1.07
SP3	91.67	95.54	1.24
SP4	84.92	90.58	3.40
SP5	86.18	91.94	3.29

C 荷重软熔性能

高炉炉料的荷重软熔性能反映了高炉下部的透气性，其透气阻力约占高炉总透气阻力损失的85%，对高炉长期稳定运行十分重要。一般来说，软化开始温度不能过低，滴落温度要高，软化及融滴区间要窄，最大压差要低[23,24]。各镍铬高炉炉料荷重软熔性能见表3-36。当炉料种类由S1逐渐转变至S4时，随铬含量逐渐升高，渣相熔点亦逐渐升高，渣相黏度变大，其软化开始温度和滴落温度逐渐升高，软化及融滴区间略有变窄，而最大压差逐渐升高。在3种配加氧化球团的炉料结构中（SP1、SP2、SP3），与基准方案S1相比，因为铬含量有所提高，加之氧化球团结构较烧结矿更为致密，此3种炉料软化开始温度和滴落温度相对升高，软化及融滴区间略有变宽，最大压差亦有所升高。在2种配加预还原球团的炉料结构中（SP4、SP5），与基准方案S1相比，其软化开始温度有所升高，软化区间略有变窄，融滴区间变宽幅度则更大，滴落温度和最大压差进一步升高。这主要因为相对于氧化球团，预还原球团具有一定的金属化率，其渣相熔点更高，黏度更大。整体来看，炉料结构和成分均对其荷重软熔性能有较大影响。此外，相对于常规铁矿烧结矿和球团矿组成的高炉炉料，镍铬高炉炉料软化开始温度及滴落温度稍高，滴落区间略宽，但这可通过高炉操作制度的适当调节来更好地满足高炉冶炼的需求。

表 3-36 各镍铬高炉炉料荷重软熔性能

炉料结构	$T_{10}/℃$	$T_{40}/℃$	$T_s/℃$	$T_d/℃$	$\Delta T_1/℃$	$\Delta T_2/℃$	$\Delta P_{max}/kPa$
S1	1139	1231	1240	1417	92	177	11.10
S2	1157	1247	1252	1435	90	183	13.15
S3	1172	1258	1274	1454	86	180	15.09
S4	1196	1280	1296	1475	84	179	16.64
SP1	1161	1263	1279	1486	102	207	17.21
SP2	1165	1271	1281	1493	106	212	17.51
SP3	1169	1270	1283	1497	101	214	17.19
SP4	1164	1262	1280	1505	98	225	17.64
SP5	1167	1266	1287	1518	99	231	17.88

注：T_{10}—软化开始温度；T_{40}—软化终了温度；T_s—熔化开始温度；T_d—滴落温度；ΔT_1—软化区间；ΔT_2—融滴区间；ΔP_{max}—最大压差。

D   熔融金属滴落物性能表征

收集各镍铬炉料荷重软熔性能测定中的金属滴落物，并对各方案金属滴落物的化学成分进行分析，结果见表 3-37。各方案金属滴落物中金属含量较高，铁品位在 90% 左右，铬品位随炉料铬含量的升高有所提高，但整体水平不高，同时渗碳量在 5.5% 左右，SiO_2、CaO、Al_2O_3 及 MgO 等杂质含量较低。同时，借助 FactSage 8.0 热力学软件 Phase Diagram 模块，在 C 含量 5.5% 条件下，绘制了 Fe-Ni-Cr-C 体系相图，如图 3-41 所示。依据各方案金属滴落物的化学成分，其在相图中显示区域见图 3-41 粗线标记部分。可以看出，各方案金属滴落物的熔点均在 1250℃ 左右，与高炉出铁口温度（1400~1500℃）相契合，可保证高炉出铁顺利。此外，各方案金属滴落物中铬含量偏低，后续研究需进一步提高金属的回收率和品位，尤其是铬的回收率和品位。

表 3-37   各镍铬高炉炉料金属滴落物化学成分（质量分数）   （%）

炉料种类	$Fe_总$	$Ni_总$	$Cr_总$	C	SiO_2	CaO	Al_2O_3	MgO
S1	89.63	1.50	1.36	5.15	0.41	0.11	0.17	0.08
S2	89.46	1.44	1.83	5.04	0.43	0.10	0.20	0.10
S3	89.42	1.22	2.23	5.11	0.46	0.08	0.12	0.05
S4	89.15	1.38	2.91	5.27	0.30	0.01	0.11	0.02
SP1	90.29	1.21	1.40	4.97	0.43	0.01	0.18	0.04
SP2	90.65	1.12	1.55	4.89	0.36	0.08	0.10	0.02
SP3	90.87	1.05	1.45	5.25	0.39	0.06	0.12	0.02
SP4	89.44	1.40	1.97	5.34	0.36	0.09	0.20	0.02
SP5	88.79	1.46	2.26	5.20	0.30	0.16	0.12	0.02

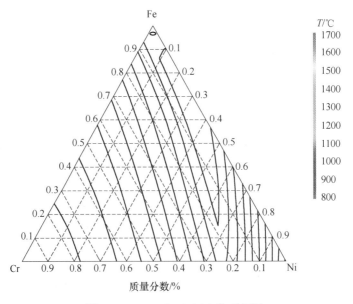

图 3-41   Fe-Ni-Cr-5.5%C 体系相图

各高炉炉料金属滴落物工艺矿物学分析如图 3-42 及表 3-38 所示。相关结果表明，各高炉炉料金属滴落物金属含量高，杂质含量少，且均由 $(Fe,Cr)_3C$ 和 $(Fe,Cr)_7C_3$ 构成，其在合金相内呈相间分布，前者镍含量较高、铬含量较低，后者则相反。$(Fe,Cr)_3C$ 和 $(Fe,Cr)_7C_3$ 均为典型的合金渗碳体，在合金熔炼过程中，保持一定的渗碳量有利于合金相熔点的降低和渣铁的分离[23,24]。综合来看，对于各镍铬炉料，采用高炉工艺制备耐热不锈钢母液在理论上是可行的。但同时也应发现，各高炉炉料金属滴落物中铬含量较低。因此，后续研究将通过合金成分、炉渣渣型及熔炼工艺参数的优化，进一步提高铬的品位及回收率。

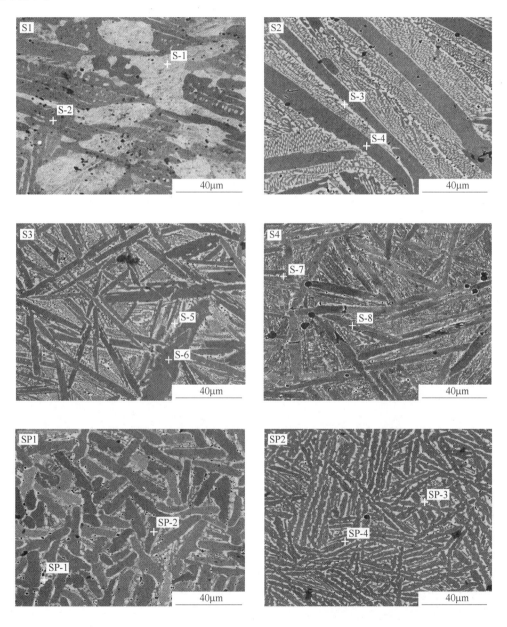

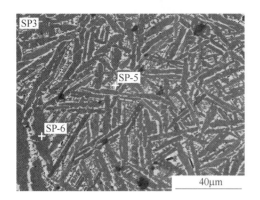
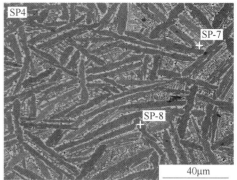
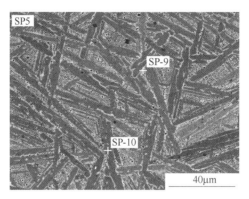

图 3-42 电子显微镜下各镍铬高炉炉料金属滴落物微观结构

表 3-38 图 3-42 中打点区域 EDS 分析结果

打点区域	元素组成（摩尔分数）/%				物相
	Fe	Cr	Ni	C	
S-1	71.52	0.86	1.57	26.05	$(Fe,Cr)_3C$
S-2	66.51	1.96	0.44	31.09	$(Fe,Cr)_7C_3$
S-3	71.91	1.05	1.68	25.36	$(Fe,Cr)_3C$
S-4	66.06	2.67	0.53	30.74	$(Fe,Cr)_7C_3$
S-5	72.60	1.12	1.38	24.90	$(Fe,Cr)_3C$
S-6	65.67	2.88	0.72	30.73	$(Fe,Cr)_7C_3$
S-7	72.97	0.67	1.40	24.96	$(Fe,Cr)_3C$
S-8	66.03	2.47	0.55	30.95	$(Fe,Cr)_7C_3$
SP-1	73.37	0.73	1.22	24.68	$(Fe,Cr)_3C$
SP-2	65.83	2.04	0.54	31.59	$(Fe,Cr)_7C_3$
SP-3	72.72	0.75	1.28	25.25	$(Fe,Cr)_3C$
SP-4	65.64	2.28	0.60	31.48	$(Fe,Cr)_7C_3$
SP-5	71.49	0.47	1.69	26.35	$(Fe,Cr)_3C$

打点区域	元素组成（摩尔分数）/%				物相
	Fe	Cr	Ni	C	
SP-6	67.15	2.35	0.56	29.94	$(Fe,Cr)_7C_3$
SP-7	72.70	0.62	1.31	25.37	$(Fe,Cr)_3C$
SP-8	66.28	2.50	0.50	30.72	$(Fe,Cr)_7C_3$
SP-9	71.12	0.81	1.64	26.43	$(Fe,Cr)_3C$
SP-10	66.61	2.39	0.65	30.35	$(Fe,Cr)_7C_3$

3.2.1.3 红土镍矿高炉熔炼行为

A 合金熔点

依照各镍铬炉料理论铁水成分及热力学软件，绘制了 Fe-Ni-Cr-C 体系等温线图，如图 3-43 所示。渗碳量过高或过低，均不利于合金熔点的降低。当各镍铬炉料理论铁水成分中 Cr 含量在 5.75%~11.60%，渗碳量在 3%~5% 时，合金熔点均可保持在 1300℃ 以下（图 3-43 深色块标记区域），在保证一定过热度的前提下，可实现高炉出铁顺利[11]。

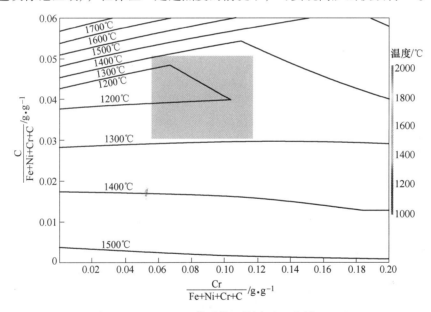

图 3-43 Fe-Ni-Cr-C 体系等温线图（Ni 含量 1.7%）

B 炉渣熔化温度

为保证高炉顺行和渣铁分离良好，炉渣熔点需适宜。基于炉料 S1 合成渣化学成分及热力学软件绘制了 SiO_2-CaO-MgO-22%Al_2O_3-4%FeO 体系相图（图 3-44）。当 MgO/SiO_2 质量比过高，高熔点镁橄榄石生成量增多，将导致炉渣熔点升高；同理，炉渣二元碱度过低或过高，均对熔炼过程不利。因此，为使炉渣熔点适宜，保证高炉冶炼顺利进行，需要炉渣二元碱度及 MgO/SiO_2 质量比在合适的范围。考虑到各镍铬炉料均为碱性炉料，由图中标记所示，当炉渣二元碱度在 0.8~1.2，MgO/SiO_2 质量比低于 0.5，可保证炉渣熔点在

1600℃以下，适宜于高炉法耐热不锈钢母液的冶炼。基于此，为进一步保证高炉出渣顺利，后续系统地研究了炉渣主要成分对炉渣熔化行为和流动性的影响。

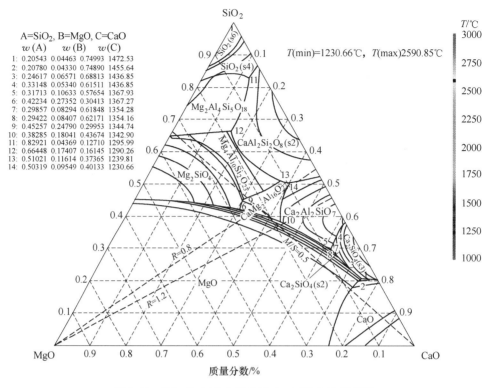

图 3-44　SiO_2-CaO-MgO-22%Al_2O_3-4%FeO 体系相图

C　炉渣液相生成量和熔化温度

a　炉渣二元碱度的影响

基于炉料 S1 合成渣成分，二元碱度下合成渣化学成分见表 3-39，在炉渣二元碱度 0.60~1.44 范围内，二元碱度及温度对炉渣液相生成量的影响如图 3-45 所示。随温度升高，炉渣液相生成量逐渐增加，直至其完全熔化。而在炉渣未完全熔化前，随二元碱度由 0.6 增至 1.44，炉渣液相生成量逐渐减少，二元碱度的提高不利于炉渣液相的生成。不同二元碱度下炉渣熔化温度见表 3-40。随二元碱度由 0.6 增至 1.44，炉渣熔化温度由 1280℃升

表 3-39　不同二元碱度下炉料 S1 合成渣化学成分

化学成分（质量分数）/%				二元碱度
SiO_2	CaO	Al_2O_3	MgO	
26.52	38.07	22.73	12.68	1.44
30.16	36.19	21.60	12.05	1.20
34.13	34.13	20.38	11.37	1.00
36.53	32.89	19.63	10.95	0.90
39.31	31.45	18.77	10.47	0.80
46.34	27.81	16.60	9.26	0.60

至 1600℃，当 $R=1.0$ 时，炉渣熔化温度为 1480℃，适宜于高炉冶炼。综合来看，推荐适宜的炉渣二元碱度为 0.8~1.0。

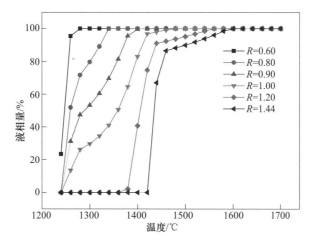

图 3-45 二元碱度及温度对炉料 S1 炉渣液相生成量的影响

表 3-40 不同二元碱度条件下炉料 S1 炉渣的熔化温度

二元碱度	0.60	0.80	0.90	1.00	1.20	1.44
熔化温度/℃	1280	1340	1420	1480	1560	1600

b 炉渣 MgO/SiO_2 质量比的影响

MgO/SiO_2 质量比对合成渣 S1 化学成分见表 3-41，在不同温度下炉渣液相生成量的变化如图 3-46 所示。在不同 MgO/SiO_2 质量比条件下，随温度升高，炉渣液相生成量逐渐增加，直至液相量达到 100% 左右。在相同温度下，随 MgO/SiO_2 质量比增加，液相生成量呈减少趋势。同时，如表 3-42 所示，随 MgO/SiO_2 质量比由初始值 0.33 增至 0.60，炉渣熔化温度由 1480℃ 大幅升至 1600℃；而随 MgO/SiO_2 质量比进一步增大，即使达到 1700℃，炉渣亦无法完全熔化。因此，MgO/SiO_2 质量比的增加不利于炉渣液相的生成。综合来看，当 MgO/SiO_2 质量比低于 0.50 时，炉渣熔化温度更适宜于高炉熔炼。炉料 S1 初始 MgO/SiO_2 质量比为 0.33，故无需调节。

表 3-41 不同 MgO/SiO_2 质量比下炉料 S1 合成渣化学成分（二元碱度 1.0）

化学成分（质量分数）/%				MgO/SiO_2 质量比
SiO_2	CaO	Al_2O_3	MgO	
34.13	34.13	20.38	11.37	0.33
33.37	33.37	19.92	13.35	0.40
32.29	32.29	19.28	16.15	0.50
31.28	31.28	18.67	18.77	0.60
30.33	30.33	18.11	21.23	0.70
29.44	29.44	17.58	23.55	0.80
28.60	28.60	17.07	25.74	0.90
27.80	27.80	16.60	27.80	1.00

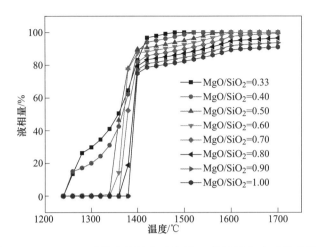

图 3-46   MgO/SiO₂ 质量比及温度对炉料 S1 炉渣液相生成量的影响

表 3-42   不同 MgO/SiO₂ 质量比条件下炉料 S1 炉渣的熔化温度

MgO/SiO₂ 质量比	0.33	0.40	0.50	0.60	0.70	0.80	0.90	1.00
熔化温度/℃	1480	1520	1580	1600	>1700	>1700	>1700	>1700

c   炉渣 Al₂O₃/SiO₂ 质量比的影响

不同 Al₂O₃/SiO₂ 质量比下合成渣化学成分见表 3-43，Al₂O₃/SiO₂ 质量比对炉料 S1 炉渣液相生成量及其熔化温度的影响如图 3-47 所示。随温度增加，液相生成量逐渐增加，直至炉渣完全熔化。在相同温度下，随 Al₂O₃/SiO₂ 质量比增加，炉渣液相生成量呈降低趋势。结合表 3-44，当 Al₂O₃/SiO₂ 质量比由 0.30 增至 0.90，炉渣熔化温度由 1340℃升至1580℃。因此，Al₂O₃/SiO₂ 质量比低于 0.70 时，炉渣熔化温度低于 1520℃，适于高炉熔炼的进行。

表 3-43   不同 Al₂O₃/SiO₂ 质量比下 S1 炉料合成渣化学成分

化学成分（质量分数）/%				Al₂O₃/SiO₂ 质量比
SiO₂	CaO	Al₂O₃	MgO	
43.26	43.26	8.65	4.83	0.20
40.53	40.53	12.16	6.78	0.30
38.12	38.12	15.25	8.50	0.40
35.99	35.99	17.99	10.04	0.50
34.13	34.13	20.38	11.37	0.60
32.97	32.97	23.08	10.98	0.70
31.92	31.92	25.54	10.63	0.80
30.93	30.93	27.84	10.30	0.90

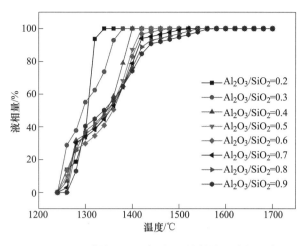

图 3-47 Al_2O_3/SiO_2 质量比及温度对 S1 炉料炉渣液相生成量的影响

表 3-44 不同 Al_2O_3/SiO_2 质量比条件下 S1 炉料炉渣的熔化温度

Al_2O_3/SiO_2 质量比	0.20	0.30	0.40	0.50	0.60	0.70	0.80	0.90
熔化温度/℃	1340	1380	1400	1420	1480	1520	1560	1580

d 炉渣 FeO 含量的影响

由上述研究可知，MgO/SiO_2 和 Al_2O_3/SiO_2 质量比的增加均不利于炉渣液相生成。因此，保持 MgO/SiO_2 和 Al_2O_3/SiO_2 质量比初始值 0.33 和 0.60 及二元碱度 1.0 条件下，不同 FeO 含量下合成渣化学成分见表 3-45，对炉渣液相生成量及熔化温度的影响如图 3-48 和表 3-46 所示。温度的升高有利于炉渣液相生成。而在相同温度下，随 FeO 含量增加，液相生成量亦呈增加趋势。随 FeO 含量由 0 增至 16%，炉渣熔化温度变化不大，均在 1500℃以下。综合考虑铁的回收率，适宜的 FeO 含量应尽可能低。

表 3-45 不同 FeO 含量下 S1 炉料合成渣化学成分（质量分数） （%）

FeO	SiO_2	CaO	Al_2O_3	MgO
0.00	34.13	34.13	20.38	11.37
2.00	33.45	33.45	19.97	11.14
4.00	32.76	32.77	19.56	10.91
6.00	32.08	32.08	19.15	10.68
8.00	31.40	31.40	18.75	10.46
10.00	30.72	30.72	18.34	10.23
12.00	30.03	30.04	17.93	10.00
14.00	29.35	29.35	17.52	9.77
16.00	28.67	28.67	17.12	9.55

表 3-46 不同 FeO 含量条件下 S1 炉料炉渣的熔化温度

FeO/%	0.0	2.0	4.0	6.0	8.0	10.0	12.0	14.0	16.0
熔化温度/℃	1480	1480	1480	1480	1480	1460	1460	1460	1460

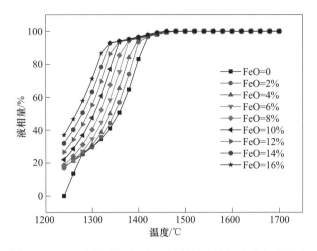

图 3-48 FeO 含量及温度对 S1 炉料炉渣液相生成量的影响

e 炉渣 Cr_2O_3 含量的影响

在二元碱度 1.0，FeO 含量、MgO/SiO_2 及 Al_2O_3/SiO_2 质量比分别为 4.00%、0.33 和 0.60 条件下，不同 Cr_2O_3 含量下合成渣化学成分见表 3-47。Cr_2O_3 含量对炉渣液相生成量熔化温度的影响如图 3-49 和表 3-48 所示。Cr_2O_3 含量的增加对炉渣液相生成量影响较小，但其进一步的增加则明显不利于炉渣液相的生成。当 Cr_2O_3 含量在 0~1.5% 之间时，炉渣熔化温度均在 1480℃；当其继续增至 4.50% 时，炉渣熔化温度达到 1700℃ 以上。综合考虑 Cr 的回收率和熔炼温度，炉渣中 Cr_2O_3 含量应尽可能低，最好保持在 1.50% 以下。

表 3-47 不同 Cr_2O_3 含量下 S1 炉料合成渣化学成分 （质量分数） （%）

FeO	Cr_2O_3	SiO_2	CaO	Al_2O_3	MgO
4.00	0.00	32.76	32.77	19.56	10.91
4.00	0.50	32.59	32.59	19.46	10.85
4.00	1.00	32.41	32.42	19.35	10.79
4.00	1.50	32.24	32.24	19.25	10.74
4.00	2.00	32.07	32.07	19.15	10.68
4.00	2.50	31.90	31.90	19.04	10.62
4.00	3.00	31.73	31.73	18.94	10.57
4.00	3.50	31.56	31.57	18.84	10.51
4.00	4.00	31.40	31.40	18.75	10.46

表 3-48 不同 Cr_2O_3 含量条件下 S1 炉料炉渣的熔化温度

Cr_2O_3/%	0.0	0.5	1.0	1.5	2.0	2.5	3.0	3.5	4.0
熔化温度/℃	1480	1480	1480	1500	1560	1620	1680	1700	>1700

D 炉渣黏度

基于炉料 S1 合成渣成分，经炉渣二元碱度、FeO 及 Cr_2O_3 含量、MgO/SiO_2 及 $Al_2O_3/$

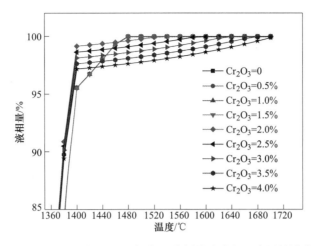

图 3-49 Cr₂O₃ 含量及温度对 S1 炉料炉渣液相生成量的影响

SiO₂ 质量比等参数优化，可保证炉渣熔化温度适宜，但其炉渣流动性状况尚不清楚。高炉炉渣黏度一般应保持在 0.2~0.5Pa·s，过高的炉渣黏度（>1.0Pa·s）会造成高炉出渣困难，渣铁难以分离。因此，为保证渣铁分离效果良好，选择适宜渣型至关重要。

    a 炉渣二元碱度的影响

    基于炉料 S1 合成渣成分，炉渣二元碱度及温度对炉渣黏度的计算结果影响如图 3-50 所示。随温度升高，炉渣黏度逐渐降低，这主要是因为温度的升高促进了液相量的增加，炉渣质点的热振动增强，稳定的 $(SiO_4)^{4-}$ 空间网络结构受到破坏，炉渣流动性增强。而随碱度增加，在低温区（<1450℃），炉渣中有大量未熔固体颗粒，使得炉渣黏度随碱度变化规律不明显；在高温区（>1450℃），碱度的增加促进了炉渣黏度的降低，这主要因为碱性氧化物（CaO）的增多可促使 $(SiO_4)^{4-}$ 离子键断裂，破坏稳定的硅氧空间网络结构，质点迁移能力增强，炉渣流动性变好。但碱度的持续升高，会使炉渣熔化温度升高，液相生成量减少，过热度降低。当二元碱度为 1.0 时，在常规高炉熔炼温度下，炉渣黏度均低于 0.5Pa·s，同时其熔化温度适宜。因此，适宜的炉渣二元碱度应为 1.0。

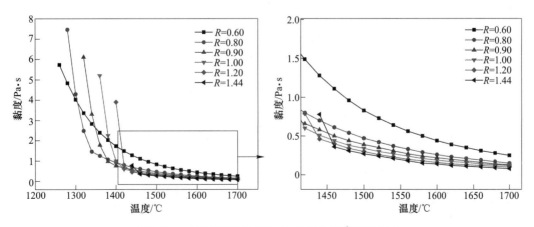

图 3-50 二元碱度及温度对 S1 炉料炉渣黏度的影响

b MgO/SiO₂ 质量比的影响

MgO/SiO₂ 质量比对炉渣黏度 S1 的影响如图 3-51 所示。当 MgO/SiO₂ 质量比由 0.33 增至 0.60 时，炉渣黏度逐渐降低；当其继续增至 1.00 时，炉渣黏度略微升高。这主要是因为 MgO 比例升高，亦可破坏 $(SiO_4)^{4-}$ 空间网络结构，促进炉渣黏度的降低。但当 MgO 含量过高，MgO/SiO₂ 质量比过大，会形成镁橄榄石等高熔点矿物，造成液相形成量减少，熔化温度升高，同样不利于熔炼进行。整体来看，此研究中 MgO/SiO₂ 质量比的变化对炉渣黏度影响不大，在常规 1500~1600℃ 高炉熔炼温度范围内，炉渣黏度均低于 0.5Pa·s。因此，保持 MgO/SiO₂ 质量比初始值 0.33 即可。

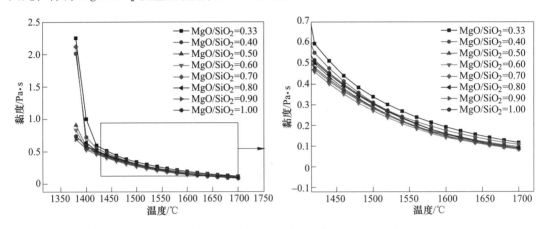

图 3-51 MgO/SiO₂ 质量比及温度对 S1 炉料炉渣黏度量的影响（碱度 1.0）

c Al₂O₃/SiO₂ 质量比的影响

Al₂O₃/SiO₂ 质量比对炉渣黏度的影响如图 3-52 所示。随 Al₂O₃/SiO₂ 质量比增加，炉渣黏度明显升高，其对炉渣黏度的影响程度远大于 MgO/SiO₂ 质量比。Al₂O₃/SiO₂ 质量比保持在 0.7 以下，在常规高炉熔炼温度范围内（1500~1600℃），炉渣黏度均在 0.5Pa·s 以下。此外，考虑到炉料 S1 初始 Al₂O₃ 含量已达到 20.38%，且 Al₂O₃/SiO₂ 质量比的升高不利于炉渣液相生成，因此，为保证炉料流动性良好和高炉冶炼顺行，Al₂O₃/SiO₂ 质量比无需继续调节，保持在初始值 0.6 条件下，即可满足高炉冶炼需求。

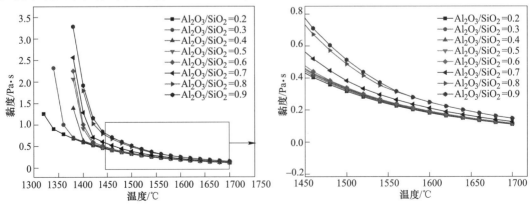

图 3-52 Al₂O₃/SiO₂ 质量比及温度对 S1 炉料炉渣黏度的影响（碱度 1.0）

d FeO 含量的影响

FeO 含量对炉渣 S1 黏度的影响如图 3-53 所示。随 FeO 含量增加，炉渣黏度逐渐降低，在 1500~1600℃温度范围内，炉渣黏度均低于 0.5Pa·s。考虑铁的回收率和实际熔炼过程，炉渣中 FeO 含量保持在 4.0%以下，既可保持较好的渣铁分离效果，又能同时保证铁的回收率高。

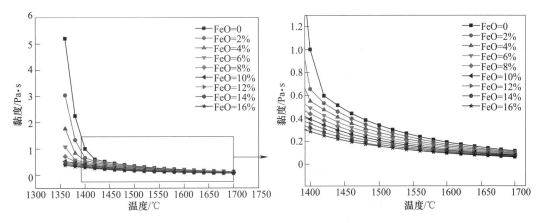

图 3-53 FeO 含量及温度对 S1 炉料炉渣黏度的影响

(二元碱度 1.0，MgO/SiO$_2$ 质量比 0.33，Al$_2$O$_3$/SiO$_2$ 质量比 0.6)

E 渣型选择

经渣型优化后，八种镍铬炉料合成渣化学成分见表 3-49，炉渣液相量及黏度随温度的变化特性分别如图 3-54 和图 3-55 所示，各炉渣熔化温度见表 3-50。各镍铬炉料炉渣熔化温度在 1480~1560℃之间，适宜于高炉冶炼工艺。而由图 3-55 可知，在常规高炉熔炼温度 1500~1600℃范围内，各镍铬炉料炉渣黏度均低于 0.5Pa·s，均可满足高炉冶炼需求。

表 3-49 各种炉料合成渣化学成分（质量分数）　　　　　　　　　（%）

炉料种类	FeO	Cr$_2$O$_3$	SiO$_2$	CaO	Al$_2$O$_3$	MgO
S1	4.00	1.00	32.42	32.42	19.36	10.80
S2	4.00	1.00	32.18	32.18	19.44	11.20
S3	4.00	1.00	30.91	30.91	20.47	12.71
S4	4.00	1.00	30.10	30.10	20.87	13.93
SP1	4.00	1.00	31.24	31.24	20.79	11.72
SP2	4.00	1.00	30.23	30.23	22.21	12.33
SP3	4.00	1.00	30.08	30.08	22.34	12.51
SP4	4.00	1.00	30.93	30.93	21.28	11.85
SP5	4.00	1.00	30.33	30.33	21.78	12.56

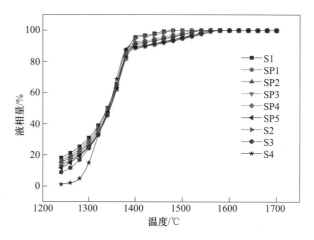

图 3-54 高炉炉料类型及温度对炉渣液相生成量的影响

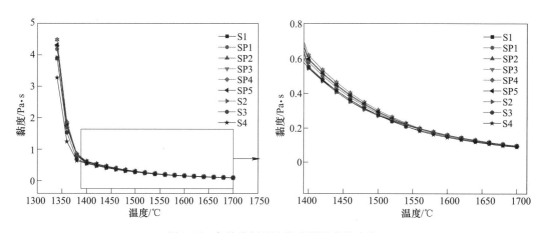

图 3-55 各种炉料炉渣黏度随温度的变化

表 3-50 各种炉料炉渣熔化温度 （℃）

方案	S1	SP1	SP2	SP3	SP4	SP5	S2	S3	S4
熔化温度	1480	1520	1560	1550	1540	1560	1500	1540	1560

3.2.2 高炉熔炼工艺参数优化

本小节介绍 S1（100%褐铁矿红土镍矿制备的烧结矿）、S3（由 85%褐铁矿红土镍矿 + 15%铬铁矿制备的 100%烧结矿）、SP2（79%红土镍矿烧结矿 + 21%球团矿，球团矿由 75% 褐铁矿红土镍矿 + 25%铬铁矿的混合矿制备）、SP4（84%红土镍矿烧结矿 + 16%预还原球团 矿，预还原球团矿由 75%褐铁矿红土镍矿 + 25%铬铁矿混合矿制备的氧化球团还原制备而 来）4 种具有代表性的炉料结构的高炉熔炼工艺参数优化的规律，包括熔炼温度、熔炼时 间、焦炭用量及炉渣二元碱度等熔炼工艺，进一步阐明新型镍铬高炉炉料用于高炉冶炼耐 热不锈钢母液在技术上的可行性[11]。

3.2.2.1 熔炼温度

熔炼温度对镍铬炉料熔炼效果的影响如图 3-56 所示。对于炉料 S1，随熔炼温度由 1450℃升至 1600℃，不锈钢母液中铁品位由 89.38% 略降低至 87.67%，铬品位由 4.06% 增至 5.66%，镍品位在 1.68%~1.82% 范围内有所波动；同时，铁和铬回收率得到不同幅度的升高，两者分别由 89.87% 和 59.40% 增至 97.68% 和 91.30%，而镍回收率则变化不大，在 99% 左右。对于炉料 S3，随熔炼温度由 1450℃升至 1600℃，不锈钢母液中铁品位由 89.64% 稍降低至 84.94%，铬品位由 4.60% 增至 6.68%，镍品位变化不大；同时，铁、铬和镍回收率分别由 83.89%、36.86% 和 90.57% 增至 92.41%、62.21% 和 98.70%。对于炉料 SP2，随熔炼温度由 1450℃升至 1600℃，不锈钢母液中铁品位由 88.88% 略降低至 85.11%，铬品位由 4.70% 增至 6.62%，镍品位略有变化；同时，铁和铬回收率分别由 89.23% 和 48.07% 增至 94.39% 和 74.80%，而镍回收率则在 98%~100% 范围内略有波动。对于炉料 SP4，随熔炼温度由 1450℃升至 1600℃，不锈钢母液中铁品位由 87.85% 略降低至 85.88%，铬品位由 4.92% 增至 8.02%，镍品位变化不大；同时，铁、铬和镍回收率分别由 88.20%、50.11% 和 92.22% 增至 95.43%、90.34% 和 99.54%。可以看出，随熔炼温度升高，各炉料熔炼效果均有明显改善，这主要是因为熔炼温度的升高使得炉渣黏度进一步降低，改善了渣铁界面反应动力学条件，促进了渣铁的有效分离。在熔炼温度 1600℃

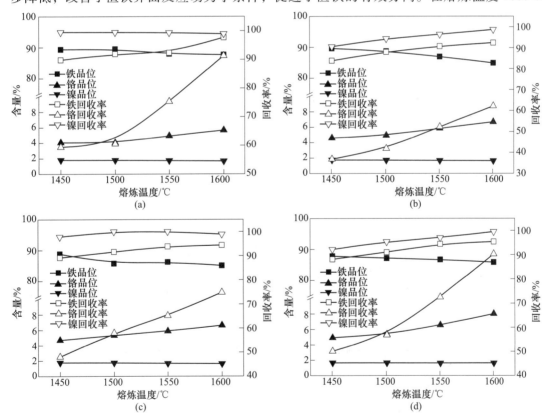

图 3-56 熔炼温度对不锈钢母液中铁、铬、镍品位及回收率的影响
（熔炼时间 60min，炉渣二元碱度 1.0，焦炭用量 20%）
（a）炉料 S1；（b）炉料 S3；（c）炉料 SP2；（d）炉料 SP4

下，各炉料熔炼效果最佳，但铬回收率有着明显差异。这主要是由于各炉料组成种类和铬含量不同。相对于炉料 S3，炉料 S1 中铬含量较低，炉渣熔化温度也较低，其铬回收率较高。而炉料 SP2 和 SP4 中，铬含量虽然相近，但后者铬回收率明显高于前者，这主要是因为炉料 SP2 是由含镍烧结矿和镍铬氧化球团组成，炉料 SP4 是由含镍烧结矿和镍铬预还原球团组成，后者本身具有一定的金属化率，在相同熔炼条件下，熔炼效果更好。经熔炼温度优化，炉料 S3 和 SP2 熔炼过程中铬的回收率依然较低，需在后续熔炼工艺参数优化中进行进一步的提高。

3.2.2.2　熔炼时间

熔炼时间对镍铬炉料熔炼效果的影响如图 3-57 所示。一方面，对于各种不同的炉料来说，随熔炼时间由 30min 增至 120min，不锈钢母液中铁品位均整体呈降低趋势，镍品位则变化不大；另一方面，对于炉料 S1 和 SP4，当熔炼时间由 30min 增至 60min，不锈钢母液中铬品位分别由 4.04% 和 6.05% 增至 5.66% 和 8.02%，铁回收率分别由 91.78% 和 91.67% 升至 97.68% 和 95.43%，铬回收率分别由 61.20% 和 65.20% 升至 91.30% 和 90.34%，镍回收率虽略有波动，但均保持在 95% 以上；而当熔炼时间进一步延长至 120min，不锈钢母液中铬品位及铁和铬回收率均逐渐降低，镍回收率变化不大。对于炉料 S3 和 SP2，当熔炼时间由 30min 增至 90min，不锈钢母液中铬品位分别由 5.79% 和 6.26%

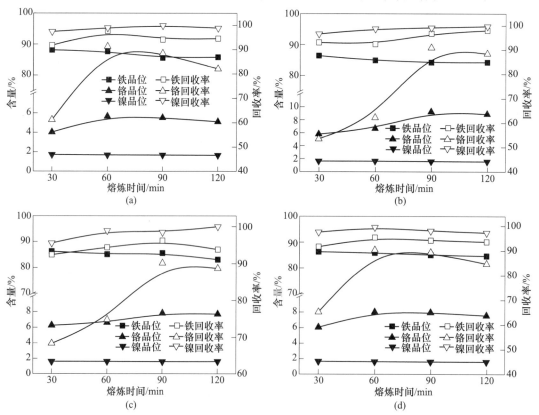

图 3-57　熔炼时间对不锈钢母液中铁、铬、镍品位及回收率的影响
（熔炼温度 1600℃，炉渣二元碱度 1.0，焦炭用量 20%）
（a）炉料 S1；（b）炉料 S3；（c）炉料 SP2；（d）炉料 SP4

增至 9.25% 和 7.82%，铁回收率分别由 93.09% 和 92.40% 增至 96.75% 和 96.23%，铬回收率分别由 53.40% 和 68.32% 增至 90.91% 和 90.11%，镍回收率则均在 95% 以上；当熔炼温度进一步延长至 120min，不锈钢中铬品位和回收率均呈降低趋势，铁和镍回收率变化略有差异。

适当延长熔炼时间可提高金属回收率，特别是对铬回收率而言，由于含铬矿物（铬尖晶石等）熔点高，还原难度大，故熔炼时间的延长有利于铬的充分还原，并促使渣铁有效分离；但当熔炼时间过长，焦炭大量消耗会使还原气氛减弱，对金属氧化物还原不利，造成金属回收率降低。此外，各镍铬炉料适宜的熔炼时间存在差异，炉料 S1 和 SP4 适宜的熔炼时间为 60min，炉料 S3 和 SP2 适宜的熔炼时间为 90min。这因为炉料 S1 主要为含镍烧结矿，且铬含量较低，所需熔炼时间较短，而炉料 SP4 由含镍烧结矿和镍铬预还原球团组成，虽然其铬含量较高，但其中预还原球团中部分金属元素已处于金属态，还原过程缩短，因此，其适宜熔炼时间亦较短。炉料 SP2 含镍烧结矿和镍铬氧化球团组成，其铬含量与炉料 SP4 相似，但金属元素均处于氧化态，因此，其适宜熔炼时间较长。而炉料 S3 由镍铬烧结矿组成，其铬含量在 4 种炉料中最高，但相对于球团矿，烧结矿多孔的结构易于还原过程的进行，因此，其适宜熔炼时间与炉料 SP2 相同。

3.2.2.3 焦炭用量

焦炭用量对镍铬炉料熔炼效果的影响如图 3-58 所示。对于各炉料而言，随焦炭用量

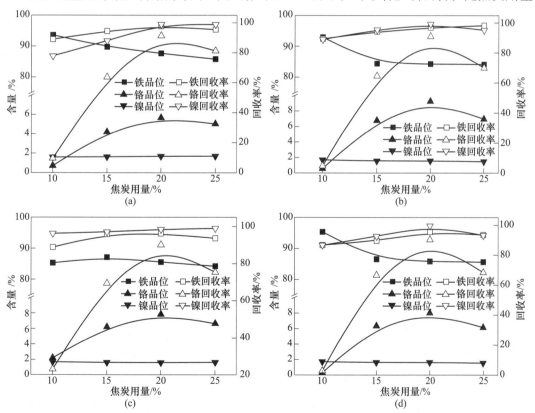

图 3-58 焦炭用量对不锈钢母液中铁、铬、镍品位及回收率的影响

（熔炼温度 1600℃，炉渣二元碱度 1.0，S1 和 SP4 熔炼时间 60min，S3 和 SP2 熔炼时间 90min）

（a）炉料 S1；（b）炉料 S3；（c）炉料 SP2；（d）炉料 SP4

由 5%增至 20%，不锈钢母液中铁品位均逐渐降低，铬品位均呈升高趋势，镍品位整体变化不大，同时，铁、铬和镍回收率均逐渐升高，熔炼效果明显改善；而当焦炭用量进一步增至 25%，铁、铬和镍回收率均有所降低。这主要因为焦炭用量不足时，铁和铬均不能充分得到还原，炉渣熔点和黏度高，渣铁分离效果不好，造成金属回收率较低；而当焦炭用量过高时，由于焦炭气化过程吸热，会造成体系温度降低，同时还可能使不锈钢母液中渗碳过多，不利于金属品位和回收率的提高。故各炉料熔炼工艺中，适宜的焦炭用量均为 20%。

3.2.2.4   炉渣二元碱度

炉渣二元碱度对镍铬炉料熔炼效果的影响如图 3-59 所示。对于各炉料而言，随炉渣二元碱度由 0.8 增至 1.0，不锈钢母液中铁和镍品位变化不大，铬品位呈增加趋势，铁和铬回收率亦逐渐升高，镍回收率变化不大；而当炉渣二元碱度进一步增大，铁和铬回收率逐渐降低，镍回收率波动较小。可见，炉渣二元碱度变化对铁和铬的回收率影响较大。整体上，当炉渣二元碱度低于 1.0 时，由 3.2.1 节结果可知，虽然炉渣熔化温度较低，但炉渣黏度较大，流动性差，渣铁分离效果不好，不利于铁、铬金属回收率的升高；而当炉渣二元碱度高于 1.0 时，炉渣流动性虽然改善，然而炉渣熔化温度的上升，亦加大了渣铁分离的难度，不利于熔炼效果的提高。因此，各炉料适宜的炉渣二元碱度为 1.0。

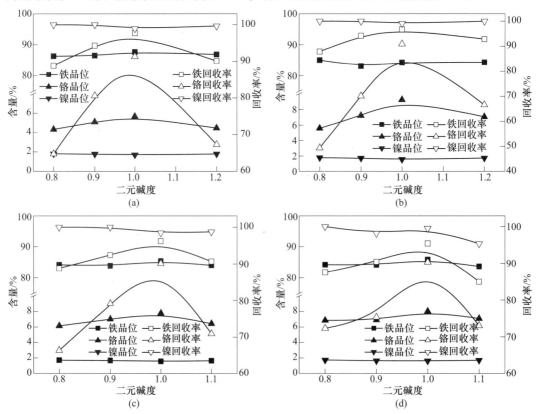

图 3-59   炉渣二元碱度对不锈钢母液中铁、铬、镍品位及回收率的影响

（熔炼温度 1600℃，焦炭用量 20%，S1 和 SP4 熔炼时间 60min，S3 和 SP2 熔炼时间 90min）

（a）炉料 S1；（b）炉料 S3；（c）炉料 SP2；（d）炉料 SP4

综上所述，对于炉料 S1，在熔炼温度 1600℃，熔炼时间 60min，焦炭用量 20%，炉渣二元碱度 1.0 条件下，其熔炼效果最佳，不锈钢母液中铁、铬和镍品位分别为 87.67%、5.66% 和 1.68%，铁、铬和镍回收率分别为 97.68%、91.30% 和 98.94%；对于炉料 S3，在熔炼温度 1600℃，熔炼时间 90min，焦炭用量 20%，炉渣二元碱度 1.0 条件下，其熔炼效果最佳，不锈钢母液中铁、铬和镍品位分别为 84.27%、9.25% 和 1.57%，铁、铬和镍回收率分别为 96.75%、90.91% 和 99.11%；对于炉料 SP2，在熔炼温度 1600℃，熔炼时间 90min，焦炭用量 20%，炉渣二元碱度 1.0 条件下，其熔炼效果最佳，不锈钢母液中铁、铬和镍品位分别为 85.56%、7.82% 和 1.56%，铁、铬和镍回收率分别为 96.23%、90.11% 和 98.46%；对于炉料 SP4，在熔炼温度 1600℃，熔炼时间 60min，焦炭用量 20%，炉渣二元碱度 1.0 条件下，其熔炼效果最佳，不锈钢母液中铁、铬和镍品位分别为 85.88%、8.02% 和 1.62%，铁、铬和镍回收率分别为 95.43%、90.34% 和 99.54%。

3.2.3 高炉冶炼不锈钢母液和炉渣性能表征

3.2.3.1 不锈钢母液和炉渣化学成分

在最佳熔炼工艺条件下，各种炉料结构经过高炉冶炼的不锈钢母液和炉渣的化学成分分别见表 3-51 和表 3-52。各不锈钢母液金属元素含量高，渗碳量在 4.0% ~ 5.0% 左右，杂质（Si 等）和有害成分（S、P 等）含量低，可很好地用于后续不锈钢精炼工艺。炉渣中，金属成分含量低，二元碱度均在 1.0 左右，实际炉渣成分与设计成分大体一致。经熔炼工艺参数优化，利用新型镍铬高炉炉料制备出了高纯度的耐热不锈钢母液，为耐热不锈钢冶炼提供了低成本的镍铬合金替代原料[11]。

表 3-51　各不锈钢母液化学成分（质量分数） （%）

炉料种类	Fe$_总$	Cr$_总$	Ni$_总$	C	Si	P	S
S1	87.67	5.66	1.68	4.37	0.21	0.041	0.043
S3	84.27	9.25	1.57	4.15	0.23	0.042	0.059
SP2	85.56	7.82	1.59	4.27	0.48	0.048	0.055
SP4	85.88	8.02	1.62	4.02	0.35	0.040	0.045

表 3-52　各炉渣化学成分（质量分数） （%）

炉料种类	Fe$_总$	Cr$_总$	Ni$_总$	SiO$_2$	CaO	Al$_2$O$_3$	MgO
S1	1.18	1.14	0.08	31.64	32.08	20.21	10.31
S3	2.21	1.08	0.08	29.52	29.38	22.00	12.40
SP2	2.25	1.19	0.09	29.75	29.81	22.34	11.61
SP4	2.32	1.07	0.11	30.29	30.79	21.32	11.63

3.2.3.2 不锈钢母液和炉渣中金属存在形态

各不锈钢母液 XRD 分析及微观结构分别如图 3-60 和图 3-61 所示。由 XRD 分析结果可知，各不锈钢母液主要由（Fe，Cr）$_3$C 和（Fe，Cr）$_7$C$_3$ 组成，不锈钢母液中铁、铬及镍均以碳化物形式存在，这证明了不锈钢母液熔炼过程中渗碳反应的发生。在不锈钢母液中保持一定的渗碳量有助于降低不锈钢母液的熔点[23,24]，使其流动性得到改善，可促进渣铁的有效分离。这同时表明了熔炼过程中需保持适宜的焦炭用量，以确保渗碳反应的优势得以发挥，最终制备出高纯度的耐热不锈钢母液。

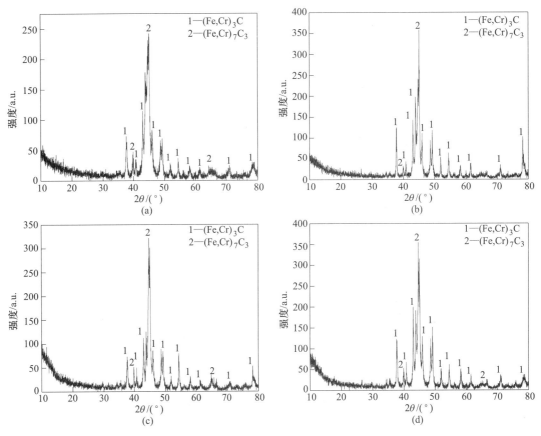

图 3-60　各种不锈钢母液 XRD 分析
(a) 炉料 S1；(b) 炉料 S3；(c) 炉料 SP2；(d) 炉料 SP4

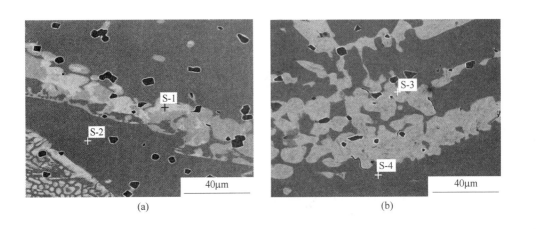

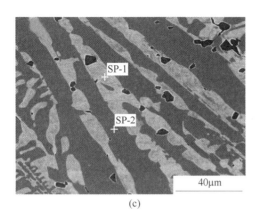 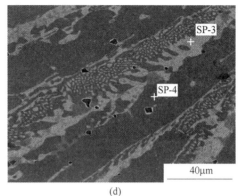

图 3-61　SEM 镜下各不锈钢母液微观结构

(a) 炉料 S1；(b) 炉料 S3；(c) 炉料 SP2；(d) 炉料 SP4

　　结合图 3-62 和表 3-53 可知，不锈钢母液冷凝过程中合金相出现了明显成分偏析，其主要以 $(Fe,Cr)_3C$ 和 $(Fe,Cr)_7C_3$ 两种形式存在，这与其 XRD 分析结果一致。可以看出，在电镜下，$(Fe,Cr)_3C$ 主要呈灰白色的粒状或长条状，其铁及镍含量较高，原子数分数分别在 71% 和 2.5% 左右，铬和碳含量较低，原子数分数分别在 2% 和 24% 左右；而 $(Fe,Cr)_7C_3$ 则呈暗色，与 $(Fe,Cr)_3C$ 相间分布，其铁及镍含量较低，原子数分数分别在 61% 和 0.7% 左右，铬和碳含量较高，且不同炉料间其铬含量存在明显差异，这主要是由于炉料初始铬含量不同。此外，与前述熔融金属滴落物相比，经熔炼工艺参数优化后，合金相中铬含量显著增加，镍铬不锈钢母液品质得到大幅改善。

表 3-53　图 3-61 中打点区域 EDS 分析结果

打点区域	元素组成（原子数分数）/%				物相
	Fe	Cr	Ni	C	
S-1	71.10	2.21	2.07	24.62	$(Fe,Cr)_3C$
S-2	61.29	6.17	0.70	31.84	$(Fe,Cr)_7C_3$
S-3	70.89	2.02	2.56	24.53	$(Fe,Cr)_3C$
S-4	59.98	8.51	0.66	30.85	$(Fe,Cr)_7C_3$
SP-1	71.33	2.11	2.22	24.34	$(Fe,Cr)_3C$
SP-2	60.89	7.54	0.68	30.89	$(Fe,Cr)_7C_3$
SP-3	71.45	1.94	2.57	24.04	$(Fe,Cr)_3C$
SP-4	60.05	7.74	0.58	31.63	$(Fe,Cr)_7C_3$

　　各炉渣 XRD 分析及微观结构分别如图 3-62 和图 3-63 所示。由图可知，各炉渣主要由硅酸盐矿物和少量镁铝尖晶石（$MgAl_2O_4$）组成。结合图 3-63 和表 3-54，炉渣中镁铝尖晶

石主要以不规则的多面体形态嵌布于硅酸盐矿物中，其铝、镁含量高，熔点高，在炉渣冷凝过程中，会造成硅酸盐矿物成分不均，以多种类型析出。为保证渣铁的有效分离，熔炼过程中需要较高的焦炭用量，这与相关结果一致。

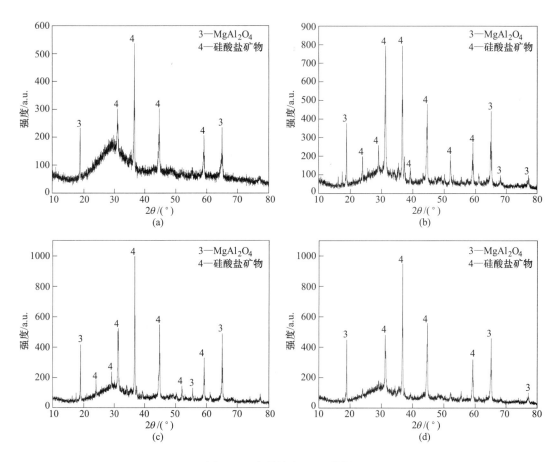

图 3-62 各种炉渣 XRD 分析

（a）炉料 S1；（b）炉料 S3；（c）炉料 SP2；（d）炉料 SP4

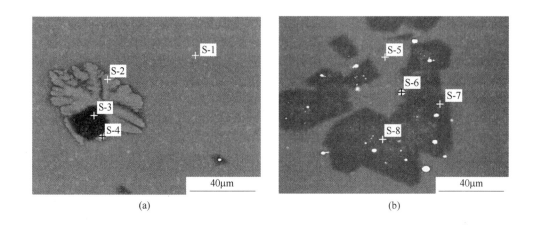

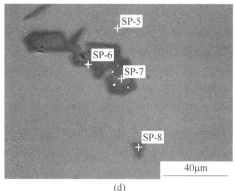

图 3-63 电镜下各炉渣微观结构

(a) 炉料 S1; (b) 炉料 S3; (c) 炉料 SP2; (d) 炉料 SP4

表 3-54 图 3-63 中打点区域 EDS 分析结果

打点区域	元素组成（原子数分数）/%								物相
	Fe	Cr	Ni	Mg	Al	Si	Ca	O	
S-1	0.06	0.32	0.07	5.40	14.14	13.18	14.81	52.02	硅酸盐矿物
S-2	0.05	0.33	0.06	3.95	14.47	13.52	17.24	50.38	硅酸盐矿物
S-3	0.04	0.95	0.03	15.69	34.09	0.12	0.14	48.94	MgAl$_2$O$_4$
S-4	59.21	21.69	0.34	1.65	3.27	2.85	2.18	8.81	Fe-Cr-Ni 合金相
S-5	0.01	0.35	0.07	5.03	12.59	13.24	14.83	53.88	硅酸盐矿物
S-6	65.63	17.17	0.44	1.08	1.17	1.14	1.87	11.50	Fe-Cr-Ni 合金相
S-7	0.02	0.93	0.04	15.36	32.71	0.15	0.14	50.65	MgAl$_2$O$_4$
S-8	0.15	5.91	0.09	15.15	27.80	0.27	0.33	50.30	MgAl$_2$O$_4$
SP-1	0.08	0.48	0.10	4.33	11.08	16.48	15.96	51.49	硅酸盐矿物
SP-2	0.19	2.65	0.09	15.69	33.89	0.11	0.15	47.23	MgAl$_2$O$_4$
SP-3	67.25	15.77	0.40	3.68	1.48	0.20	0.45	10.77	Fe-Cr-Ni 合金相
SP-4	0.11	0.40	0.10	15.20	30.20	1.17	2.30	50.52	MgAl$_2$O$_4$
SP-5	0.12	0.49	0.18	4.28	14.36	20.33	19.83	40.41	硅酸盐矿物
SP-6	68.08	13.85	0.51	1.21	0.90	1.97	1.35	12.13	Fe-Cr-Ni 合金相
SP-7	0.14	3.73	0.02	14.00	28.90	1.57	1.83	49.81	MgAl$_2$O$_4$
SP-8	0.25	0.46	0.01	13.84	29.16	0.27	0.26	55.75	MgAl$_2$O$_4$

此外，在镁铝尖晶石中常伴有合金微粒零散分布，其粒径多不超过 5μm，这主要是因为镁铝尖晶石熔点高，其附近炉渣黏度大，不利于渣铁分离，加之合金晶粒微细，沉降速度慢，最终在冷凝过程中夹杂于炉渣内部析出。可以看出，合金微粒铁和铬含量高，镍含量稍低，其在炉渣中产出会造成金属元素的损失。而由于在炉渣调控过程中保持一定的 FeO 含量可促进炉渣黏度的降低，因此，炉渣中往往含有少量的铁，熔炼过程中镍氧化物易被还原，而铬氧化物则还原难度大，还原速度慢，造成炉渣中铬含量较高，镍含量较低，这最终使得不锈钢母液中镍回收率更高，铁和铬的回收率相对稍低。

3.3　红土镍矿烧结矿高炉冶炼生产工艺及装备

广西北港新材料有限公司拥有 1 号、2 号及 3 号三座高炉，高炉有效容积分别为 450m³、550m³ 及 550m³。下面以 1 号高炉为例介绍与分析相关高炉冶炼工业生产情况。

3.3.1　高炉冶炼工艺参数

北港新材料有限公司的高炉系统主要由高炉本体系统、上料系统（现场为料车上料）、炉顶装料系统（现场炉顶设备为无料钟炉顶）、冷却系统、送风系统、除尘系统（现场为干式布袋除尘）、渣铁处理系统、喷吹富氧系统、供料系统组成，其 1 号高炉主要技术参数、炉型及高炉实际生产状况分别见表 3-55 及图 3-64、图 3-65。

表 3-55　1 号高炉（450m³）的主要技术参数

序号	项　　目	数　　值
1	高炉有效容积/m³	450
2	年均利用系数/t·(m³·d)⁻¹	3.8
3	年产量/万·t⁻¹	50
4	正常的日产量/t·d⁻¹	1500~1600
5	炉顶工作压力/MPa	0.16
6	炉喉直径/mm	4400
7	炉口法兰内径/mm	2200
8	铁口个数	1
9	风口数量	14
10	渣口数量	1
11	炉身角度	84°43′49″
12	炉腹角	80°52′11″
13	固定受料斗有效容积/m³	16
14	料罐有效容积/m³	16
15	炉顶设备的组装高度/mm	10847
16	上料方式	料车
17	料车有效容积/m³	4.2

高炉只有在长期顺行的条件下，才能达到长寿、高产、优质、低耗。在高炉冶炼过程中，炉况会受到各种主客观因素的制约和影响，要达到长寿、优质、高产、低耗的目的，尚须高炉工作者通过对炉况勤而周密的观察、可靠而正确的分析，慎重而及时地为高炉选择和调整好各项基本的操作制度来确保高炉稳定顺行。选择装料制度是指改变装料系统的工作参数，以控制和调整炉料在炉内的分布，达到调整煤气流分布的目的。装料系统的工作参数包括入炉料顺序、装入方式、布料方式、料线、批重、配比以及溜槽摆角 α、转角 β 和节流阀开度 γ 角。全风与稳定的送风制度是炉况顺行的重要保证，高炉操作应保持全风量操作，在炉况能够接受、设备允许的情况下，原则上应全风温操作，当调剂风温时，

原则上撤风温要快，一次撤到需要的水平，加风温则应缓慢，每次以 30℃ 为宜，两次加风温时间间隔不宜小于 20min，在炉温急剧向凉，炉况允许时，一次可加风温 50℃，但每小时不超过 100℃。另外，当原料、燃料条件发生变化时，应及时调剂使碱度合乎规定，保证适合的造渣制度，根据北港新材的原料、燃料条件，炉渣碱度规定：$R = CaO/SiO_2 = 0.95 \sim 1.0$，在保证生铁质量的前提下，炉渣碱度选其下限。热制度是指炉缸应具有的温度水平，它直接反映炉缸的工作状态，稳定、均匀、充沛的炉温是高炉顺行的基础。炉温实际上是指炉缸中炉渣和铁水的温度，它表示炉缸具有的物理热。铁水温度一般为 1400~1500℃，炉渣温度要比铁水温度高 50~100℃。

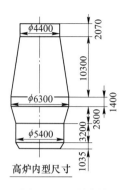

图 3-64　1 号高炉（450m³）内型尺寸

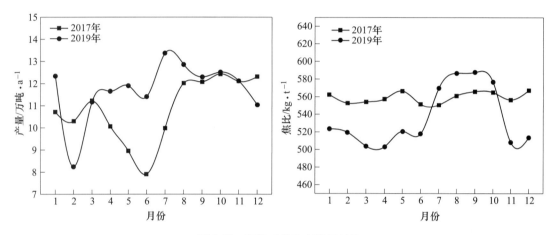

图 3-65　高炉工业生产指标对比

依据北港新材实际生产需求，高炉原料结构未明显调整，高炉冶炼工业生产实践中炉料结构仍以含镍烧结矿为主，配以少量块矿，用以调整炉渣渣型，两者比例约在 90：10，炉料入炉品位在 48% 左右。此外，还原剂以焦炭为主，辅以少量的焦丁和喷吹煤，高炉风压在 280 ~ 290kPa，热风温度在 1200℃ 左右，铁水温度 1460 ~ 1500℃，炉渣二元碱度在 0.9 ~ 1.0。高炉冶炼工业生产实践中，主要对高炉产量、焦比、不锈钢母液成分等数据进行收集及对比分析，研究烧结新工艺实施前后烧结矿产质量指标的改善对高炉冶炼指标的影响。高炉生产过程中炉料化学见表 3-56。

表 3-56　高炉工艺炉料化学成分　　　　　　　　　　　（%）

化学成分		TFe	FeO	Ni	Cr_2O_3	Al_2O_3	CaO	MgO	SiO_2	S	P	R_2
2017 年	槽下	47.45	12.92	0.71	3.52	5.06	10.33	3.05	7.48	0.029	0.013	1.38
	二线	48.25	17.63	0.82	4.18	5.18	9.50	3.35	7.48	0.082	0.013	1.27
2019 年	槽下	48.22	15.18	0.81	5.12	7.10	8.10	3.56	7.02	0.030	0.010	1.15
	二线	48.34	15.44	0.85	4.88	6.72	8.28	4.06	7.89	0.024	0.011	1.05

3.3.2 高炉冶炼生产主要技术经济指标

高炉生产基准期（2017 年，采用常规烧结工艺所生产的烧结矿）和新工艺期（2019 年，多力场协同强化所生产的烧结矿）指标变化及对比结果分别如图 3-65 和表 3-57 所示。经北港新材料有限公司高炉生产实践，2017 年基准期高炉产量为 130.08 万吨/年，高炉焦比高达 559.56kg/t。2019 年新工艺实施后，高炉产量显著增至 140.94 万吨/年，相对于基准期增长 8.35%，高炉焦比明显降至 537.61kg/t，相对于基准期减少 3.92%，高炉冶炼指标明显改善，均达到项目考核指标要求。相对于 2017 年基准期，2019 年采用新工艺后，以低镍铁水单价 2000 元/t 计，可新增产值 2.172 亿元/a；相同产量下，以焦炭单价以 2250 元/t 计，可节约成本约 0.70 亿元/a。高炉铁水和炉渣化学成分见表 3-58、表 3-59。

表 3-57　高炉生产指标对比

高炉指标	铁水产量/万吨·年$^{-1}$	焦比/kg·t^{-1}
基准指标（2017 年）	130.08	559.56
新工艺指标（2019 年）	140.94	537.61
指标变化	+8.35%	-3.92%

注：指标变化计算公式：指标变化＝100%×（2019 年指标－2017 年指标）/2017 年指标。

表 3-58　高炉铁水成分对比　　　　　　（%）

铁水化学成分	Ni	Cr	Si	S	Mn	P	C
2017 年	1.25	3.99	0.73	0.029	0.93	0.038	4.93
2019 年	1.50	4.06	0.98	0.045	1.14	0.037	5.17

表 3-59　高炉炉渣成分对比　　　　　　（%）

炉渣化学成分	CaO	SiO$_2$	Al$_2$O$_3$	MgO	Cr$_2$O$_3$	FeO
2017 年	30.25	31.60	23.07	13.29	0.58	0.61
2019 年	28.60	31.00	26.19	11.23	0.79	0.77

参 考 文 献

[1] 袁蛟龙，王斌，孟德礼，等. 烧结大比例配加红土镍矿实践 [C]//2013 冶金炉料及球团技术交流会论文集，北京：冶金工业出版社，2013：25-27.
[2] 赵思强. 配加红土镍矿生产钒钛烧结矿实践 [J]. 河北冶金，2014 (5)：1-5.
[3] 张涛，左海滨，张建良，等. 高配比红土镍矿在烧结生产中的应用分析 [J]. 烧结球团，2013，38 (2)：6-9，13.
[4] 赵世禹，温续宏，吴闯，等. 五矿营钢炼铁厂红土镍矿生产实践研究 [J]. 辽宁科技学院学报，2020，22 (2)：4-6.
[5] 周永平，马辉，王洪顺，等. 红土镍矿烧结实验研究 [J]. 河南冶金，2016，24 (2)：4-5，34.
[6] 樊波，王志花，王介超，等. 褐铁矿型红土镍矿烧结实验研究 [J]. 铁合金，2015，46 (11)：21-24.

［7］ 郭恩光．褐铁矿型红土镍矿烧结行为研究及工艺优化［D］．重庆：重庆大学，2014．

［8］ 潘料庭．红土镍矿烧结生产实践研究与探讨［J］．铁合金，2013，44（2）：7-10．

［9］ GUO E G，LIU M，PAN C，et al. Sintering process for limonitic nickel laterite［C］. 5th International Symposium on High-Temperature Metallurgical Processing, San Diego：TMS（The Minerals, Metals & Materials Society），2014：623-630.

［10］ XUE Y X，ZHU D Q，PAN J，et al. Distinct difference in high-temperature characteristics between limonitic nickel laterite and ordinary limonite［J］. ISIJ International，2022，62（1）：29-37.

［11］ 薛钰霄．基于烧结—高炉法冶炼耐热不锈钢母液工艺及机理研究［D］．长沙：中南大学，2022．

［12］ XUE Y X，ZHU D Q，PAN J，et al. Significant influence of the self-possessed moisture of limonitic nickel laterite on sintering performance and its action mechanism［J］. Journal of Iron and Steel Research International，2022. DOI：10. 1007/s42243-021-00691-2.

［13］ ZHU D Q，XUE Y X，PAN J，et al. An investigation into the distinctive sintering performance and consolidation mechanism of limonitic laterite ore［J］. Powder Technology，2020，367：616-631.

［14］ XUE Y X，PAN J，ZHU D Q，et al. Difference of sintering performance of different types of limonitic nickel laterite［J］. Journal of Iron and Steel Research International，2022. DOI：10. 1007/s42243-022-00747-x.

［15］ XUE Y X，ZHU D Q，PAN J，et al. Effective utilization of limonitic nickel laterite via pressurized densification process and its relevant mechanism［J］. Minerals，2020，10（9）：750.

［16］ XUE Y X，ZHU D Q，GUO Z Q，et al. Achieving the efficient utilization of limonitic nickel laterite and CO_2 emission reduction through multi-force fields sintering process［J］. Journal of Iron and Steel Research International，2022. DOI：10. 1007/s42243-021-00742-8.

［17］ XUE Y X，ZHU D Q，PAN J，et al. Promoting the effective utilization of limonitic nickel laterite by the optimization of（$MgO+Al_2O_3$）/SiO_2 mass ratio during sintering［J］. ISIJ International，2022，62（3）：457-464.

［18］ ZHU D Q，XUE Y X，PAN J，et al. Co-benefits of CO_2 emission reduction and sintering performance improvement of limonitic laterite via hot exhaust-gas recirculation sintering［J］. Powder Technology，2020，373：727-740.

［19］ XUE Y X，ZHU D Q，PAN J，et al. An investigation into the co-sintering process of limonitic nickel laterite and low-grade chromite via multi-force fields［J］. Journal of Materials Research and Technology，2021，12：1816-1831.

［20］ 张友平．高炉冶炼含镍铬铁水的工艺技术分析［C］//第九届中国钢铁年会论文集，北京：冶金工业出版社，2013：474-480．

［21］ 张友平，张振伟，毛晓明，等．高炉含铬铁水粘罐现象的探讨［J］．宝钢技术，2015（1）：50-54．

［22］ 朱德庆，杨聪聪，潘建，等．适用于高炉冶炼不锈钢母液的含铬炉料制备［J］．钢铁，2018，53（10）：16-23．

［23］ HIGASHI R，OWAKI K，MARUOKA D，et al. Effect of ore type and gangue content on carburization and melting behavior of carbon-iron ore composite［J］. ISIJ International，2021，61（6）：1808-1813.

［24］ SHIN M，OH J S，LEE J. Carburization, melting and dripping of iron through coke bed［J］. ISIJ International，2015，55（10）：2056-2063.

4 低品位红土镍矿直接还原—磁选理论与新技术

4.1 概述

直接还原—磁选（DRMS）法由20世纪50年代日本的Nippon Yakin Kogyyo冶炼厂开发使用的大江山法发展而来，经过几十年发展，已经成为一种低能耗、低成本镍铁生产工艺，具有原料适应性强、流程短、能耗低、环境友好和生产成本低等优点。国内广西北港新材料有限公司（原北海诚德镍业有限公司）于2014年1月投产的直接还原—磁选生产线拥有4台$\phi3.6m \times 72m$回转窑，主要以含镍1.4%~1.6%、含铁小于20%的腐殖土型红土镍矿为原料生产含镍2%~4%的低镍铁精矿和含镍4%~8%的高镍铁精粉，镍回收率80%~90%；全流程能耗的85%以上由煤提供，吨矿耗煤约160~180kg，与吨矿耗电560~600kW·h的直接还原—电炉（RKEF）法相比，能耗降低50%以上，吨镍铁生产成本减少10%~30%[1,2]。

DRMS法生产镍铁的技术难点在于镍和铁的氧化物选择性还原程度较难控制，同时团块在回转窑内还原时会产生大量粉末，导致窑内结圈，因此该工艺存在生产不稳定、难以大型化的缺点。为了优化和改进DRMS法以生产高品质镍铁产品，提高镍品位的同时保证回收率，国内外各大高校和机构虽然在促进镍的还原和镍铁晶粒长大方面都进行了大量探索和研究，但基本都处于实验室研究阶段，鲜见工业生产的报道。

本章介绍作者在低品位红土镍矿直接还原—磁选方面开展的基础与应用研究的研究成果，可为促进低品位红土镍矿资源高效利用技术提供重要理论和技术支撑。

4.2 低品位红土镍矿直接还原机理

4.2.1 红土镍矿热性质

由第2章红土镍矿工艺矿物学可知，红土镍矿主要包括针铁矿等含铁矿物和蛇纹石、斜绿泥石等硅酸盐矿物两类载镍矿物，其大部分可能会在还原焙烧过程中出现热解、物相转变和重结晶等现象，从而影响矿物的反应活性和还原特性。

图4-1（a）~（d）所示为不同类型红土镍矿的TG-DSC分析结果。一般红土镍矿在加热过程的行为可分为三个阶段[3,4]。

第一阶段，红土镍矿颗粒表面的吸附水脱除通常发生在220℃以下，且腐殖土型红土镍矿一般较其他两种类型红土镍吸附水相比更多。

第二阶段，所有类型的红土镍矿在250~530℃之间均出现一吸热峰，并伴随明显的失重，通常为针铁矿结晶水的脱除，此时主要为针铁矿向赤铁矿转变，发生的反应如式（4-1）所示，有研究表明，针铁矿转变为赤铁矿后，具有更好的还原性。

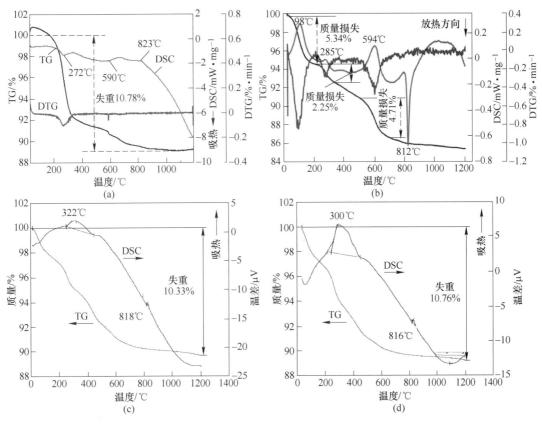

图 4-1 不同类型红土镍矿 TG-DSC 曲线（升温速率为 10℃/min）
（a）褐铁矿型红土镍矿；（b）腐殖土型红土镍矿；（c）（d）过渡型红土镍矿

$$2FeO(OH) \Longrightarrow Fe_2O_3 + H_2O \qquad (4-1)$$

　　第二阶段对于富含蛇纹石的腐殖土型红土镍矿而言，常在 550～750℃ 之间出现一明显吸热峰，同样伴随着明显的失重，这主要是因为发生了蛇纹石分解、结构水脱除的反应，转变为镁橄榄石 $(Mg,Fe)_2SiO_4$ 和顽火辉石 $(Mg,Fe)SiO_3$，见式（4-2）和式（4-3）：

$$2(Mg,Fe)_3Si_2O_5(OH)_4 \Longrightarrow 3(Mg,Fe)_2SiO_4 + SiO_2 + 4H_2O \uparrow \qquad (4-2)$$

$$(Mg,Fe)_3Si_2O_5(OH)_4 \Longrightarrow (Mg,Fe)_2SiO_4 + (Mg,Fe)SiO_3 + 2H_2O \uparrow \qquad (4-3)$$

　　第三阶段，富含蛇纹石的腐殖土型红土镍矿在 750～850℃ 之间会出现一较尖锐的放热峰，主要为分解的非晶态物质发生重结晶反应。蛇纹石有 3 种产出形式，分别为利蛇纹石、斜纤蛇纹石和叶蛇纹石，不同类型蛇纹石的重结晶温度不同，其中利蛇纹石的重结晶温度为 800～850℃，斜纤蛇纹石的重结晶温度为 750～800℃。

4.2.2 红土镍矿直接还原热力学

　　在红土镍矿直接还原过程中，铁氧化物和镍氧化物被还原成金属铁和金属镍，然后因镍具有亲铁性而形成镍铁合金；红土镍矿的选择性还原是指在还原过程中希望抑制铁矿物还原，使之尽可能停留在浮氏体阶段，但保证镍氧化物最大程度被还原，从而使最终还原团块中出现镍富集程度高的铁镍合金相。基于热力学理论计算，可揭示红土镍矿多元多相还原反应体系的方向和限度，为促进镍的还原和抑制铁的还原提供理论依据。

在煤基直接还原过程中，虽然以煤作为还原剂，但其主要通过布多尔反应（反应（4-4a））生成 CO 气体，然后通过 CO 与金属氧化物发生气固直接还原反应。因此，以煤等为固体还原剂时，红土镍矿还原过程铁和镍氧化物可能发生的还原反应及其 $\Delta G^{\ominus}$-T 公式汇总见表 4-1[2,4]。

表 4-1 镍、铁氧化物碳热还原 $\Delta G^{\ominus}$-T 反应方程式

化学反应方程式	$\Delta G^{\ominus}$-T 关系式/J·mol^{-1}	反应
$C(s) + CO_2(g) =\!\!=\!\!= 2CO(g)$	$\Delta G^{\ominus} = 166550 - 171.1T$	(4-4a)
$NiO(s) + CO(g) =\!\!=\!\!= Ni(s) + CO_2(g)$	$\Delta G^{\ominus} = -37600 - 11.8T$	(4-4b)
$3Fe_2O_3(s) + CO(s) =\!\!=\!\!= 2Fe_3O_4(s) + CO_2(g)$	$\Delta G^{\ominus} = -52130 - 41.0T$	(4-4c)
$Fe_3O_4(s) + CO(s) =\!\!=\!\!= 3FeO(s) + CO_2(g)$	$\Delta G^{\ominus} = 262350 - 179.7T$	(4-4d)
$FeO(s) + CO(g) =\!\!=\!\!= Fe(s) + CO_2(g)$	$\Delta G^{\ominus} = -22800 + 24.26T$	(4-4e)
$1/4Fe_3O_4(s) + CO(g) =\!\!=\!\!= 3/4Fe(s) + CO_2(g)$	$\Delta G^{\ominus} = -9832 + 8.58T$	(4-4f)

以上反应的平衡常数和气相平衡成分的关系可用下式表示：

$$K^{\ominus} = \varphi(CO_2)/\varphi(CO), \qquad \varphi(CO) = 100/(1 + K^{\ominus}), \% \qquad (4-5)$$

根据表 4-1 中各反应的吉布斯自由能函数和式（4-5），可获得红土镍矿镍氧化物和铁氧化物直接还原的气相平衡图（图 4-2）。由此可知，Fe_2O_3 还原成 Fe_3O_4 十分容易，在较低的温度和 CO 浓度条件下即可实现。NiO 被 CO 还原成金属镍的反应也极易发生，在 300~1200℃ 其平衡气相成分中 CO 浓度不足 5%。相比而言，镍氧化物更容易被还原到金属镍。

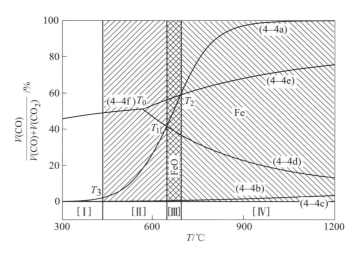

图 4-2 红土镍矿中镍氧化物和铁氧化物煤基直接还原的气相平衡图

图 4-2 中 T_1 和 T_2 点分别是 675℃ 和 715℃，分别为布多尔反应曲线与磁铁矿、氧化亚铁与 CO 的反应曲线交点，T_3 为布多尔反应曲线与镍氧化物与 CO 反应曲线交点。当还原温度高于 T_2 点时，由于此时布多尔反应剧烈，产生了较多的 CO，体系还原气氛较强，因此铁的氧化物通过逐级反应（$Fe_2O_3 \rightarrow Fe_3O_4 \rightarrow FeO \rightarrow Fe$）均被还原成金属铁；而当还原温

度处于 683~719℃ 之间时，此时体系中 CO 浓度为 40%~60%，高于 Fe_3O_4 转变成 FeO 所需的 CO 气相分压，但是低于 FeO 转变成金属铁的 CO 气相分压，因此体系稳定相为 FeO；当还原温度低于 T_1 时，此时体系中 CO 浓度分压较低，铁氧化物主要以磁铁矿形式存在。此外，Ni 在极低的 CO 浓度中且还原温度高于 435℃（T_3）时即可被还原成金属镍。

因此，可以将图 4-2 大致划分为 4 个区域：Ⅰ区（$T<T_3$），体系中的稳定相为氧化镍和磁铁矿；Ⅱ区（$T_3<T<T_1$），体系中的稳定相为金属镍和磁铁矿；Ⅲ区（$T_1<T<T_2$），体系中的稳定相为金属镍和浮氏体；Ⅳ区（$T_2<T$），体系中的稳定相为金属镍和金属铁相。

图 4-3 所示为 Fe-Ni 的二元系相图。任意比例的 Fe、Ni 会形成稳定的镍铁合金相，当温度低于 517℃ 时，形成的 γ 相中会形成不稳定的固溶体 $FeNi_3$，而温度高于 1400℃ 时，靠近铁的一侧会生成 δ-Fe 相；温度在 912~1400℃ 时，快速冷却也不会发生物相转变和强度变化，说明镍铁合金相性质十分稳定。

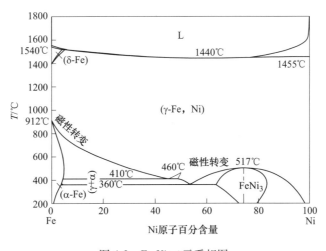

图 4-3 Fe-Ni 二元系相图

由图 4-2 可知，若还原温度控制在 675~715℃，此时体系处于Ⅲ区，还原焙烧矿中镍以金属镍形式存在，铁主要以浮氏体形式存在，经磁选富集，即可获得较好的指标。但是，实际体系中会面临以下三个主要问题：

（1）红土镍矿中铁、镍的赋存状态复杂，经常与 SiO_2、MgO 和 Al_2O_3 等形成复杂的硅酸盐矿物，在 700℃ 左右的温度下难以被完全还原，需要较高的还原温度或添加催化剂强化还原。

（2）选择性还原的理论反应温度区间较窄，仅为 40℃，但实际体系中不同载镍矿物的适宜还原温度并不同，操作温度区间应结合红土镍矿矿物组成及主要载镍矿物还原特性加以考虑。

（3）为了保证后续磨矿过程能够充分解离，直接还原过程的目的不仅仅要求镍具有较高金属化率，同时还要保证镍铁合金晶粒能够充分生长，具备一定的尺寸。与铁和镍氧化物的还原相比，合金相晶粒生长能垒更高，往往需要更高的温度。因此，在实际生产中，通常采取"缺炭"操作，调控体系的 CO 浓度，实现铁和镍的选择性还原。

因此，对于铁镍比较高、易还原的褐铁矿型红土镍矿，应通过选择性还原以降低精矿产品中的 Fe/Ni 比，达到提高精矿镍品位的要求；而对于过渡型和腐殖土型红土镍矿，由于其 Fe/Ni 比偏低，可考虑尽量使镍和铁还原进入精矿产品。

4.2.3　铁和镍氧化物等温还原动力学机制

下面以某腐殖土型红土镍矿 T（15.72% Fe，1.11% Ni，15.81% MgO，41.29% SiO$_2$，9.55% LOI）制备的 10~12.5mm 干球团为对象，揭示其中铁、镍氧化物等温还原动力学行为[7,8]。

4.2.3.1　铁氧化物还原动力学

图 4-4 所示为红土镍矿铁氧化物还原度随还原温度和时间的变化曲线。随着还原温度提高，铁氧化物还原度显著增加，且还原速率越快，反应达到平衡所需时间越短。在无复合添加剂时，即使在 1150℃下还原 100min，铁氧化物还原度仍然不到 65%。

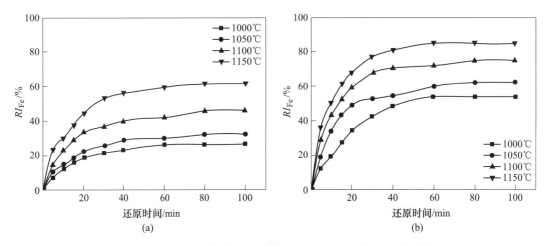

图 4-4　红土镍矿铁氧化物还原度随还原温度和时间的变化曲线
（a）无复合添加剂；（b）配加 12%复合添加剂

虽然红土镍矿中铁主要以易还原的赤铁矿或褐铁矿形式存在，但是大量硅酸盐矿物和石英的存在，极易与赤铁矿或褐铁矿还原生成的 FeO 结合成难还原的铁橄榄石等复杂硅酸盐，导致进一步还原成金属铁的难度加大。而添加 12%复合添加剂后，在 1150℃下还原 100min，铁氧化物还原度超过了 80%，还原度提高了 25%。复合添加剂中所含 Ca 和 Na 强碱性氧化物可破坏橄榄石相，促进“FeO”的释放，提高其活度，进而改善还原效果，提高焙烧矿金属化率；另外，碱金属和碱土金属能够使铁原子产生晶格畸变，提高铁晶粒活性，降低势垒，减小扩散阻力，有利于微细晶核的迁移、聚集和长大，促进还原矿中铁晶核的形成与发育，从而有利产生更多且稳定的金属相。

上述结果与不同动力学模型 $G(\alpha)$ 进行拟合时，相关性最好的动力学机理函数为 $1-2\alpha/3-(1-\alpha)^{2/3}$，对应的反应控制机理为三维扩散、球形对称（Ginstling-Brounstein），与无复合添加剂时的红土镍矿还原动力学机理一致；根据阿伦尼乌斯（Arrhenius）公式计算反应所需的表观活化能，结果如图 4-5 和表 4-2 所示。

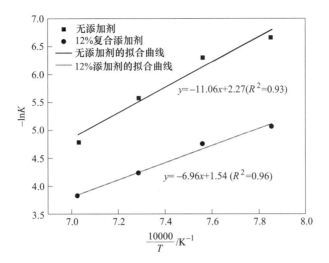

图 4-5 红土镍矿中铁氧化物还原反应速率常数与温度的 Arrhenius 关系曲线

表 4-2 红土镍矿中铁氧化物还原反应速率常数、表观活化能和反应控制机理

速率常数 $K/\min^{-1}$	还原温度/℃				表观活化能 $/kJ \cdot mol^{-1}$	控制模型
	1000	1050	1100	1150		
无添加剂	0.0013	0.0018	0.0037	0.0084	189.3	三维扩散球形对称
12%（质量分数）复合添加剂	0.0065	0.0083	0.0144	0.0224	127.7	三维扩散球形对称

对于无添加剂和添加 12%（质量分数）复合添加剂时，腐殖土型红土镍矿 T 中铁氧化物还原所需的表观活化能分别为 189.3kJ/mol 和 127.7kJ/mol，后者较前者降低了 32.5%，说明在复合添加剂存在条件下，铁氧化物还原所需克服的能垒降低，还原速率明显增加。

4.2.3.2 镍氧化物还原动力学

图 4-6 所示为还原温度和时间对红土镍矿球团镍氧化物还原度的影响。随着还原温度

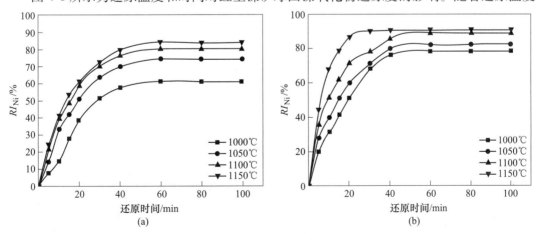

图 4-6 红土镍矿中镍氧化物还原度随还原温度和时间的变化曲线

（a）无复合添加剂；（b）配加 12%复合添加剂

的提高和还原时间的延长，镍的还原度显著增加。无复合添加剂时，在 1150℃ 还原 60min，镍的还原度约为 82%；添加 12%（质量分数）复合添加剂可使镍氧化物还原度增加到 90% 左右，提高幅度约 10%，还原时间显著缩短至 30~40min，复合添加剂能促进红土镍矿中镍氧化物的还原。相较于铁氧化物还原，镍氧化物具有更高的还原度，更易被还原成金属态，与热力学分析结果相吻合。

镍氧化物还原符合动力学机理函数 $-\ln(1-\alpha)$，即镍氧化物的还原受随机成核和随后生长（$n=1$）反应控制；不同温度条件下镍氧化物还原反应速率常数和所需表观活化能如图 4-7 和表 4-3 所示。

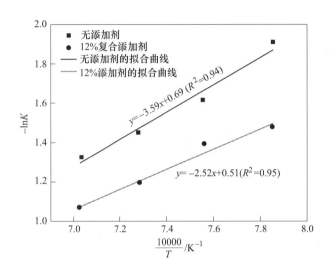

图 4-7　红土镍矿中镍氧化物还原反应速率常数与温度的 Arrhenius 关系曲线

表 4-3　红土镍矿中镍氧化物还原反应速率常数、表观活化能和反应控制机理

速率常数 K/min^{-1}	还原温度/℃				表观活化能 /kJ·mol^{-1}	控制模型
	1000	1050	1100	1150		
无添加剂	0.147	0.199	0.236	0.253	57.6	随机成核和随后生长（$n=1$）
12%（质量分数）复合添加剂	0.229	0.248	0.305	0.344	42.5	随机成核和随后生长（$n=1$）

添加 12%（质量分数）复合添加剂时具有更高的镍氧化物还原速率，反应速率常数提高 27%~58%；表观活化能由 57.6kJ/mol 下降到 42.5kJ/mol，降低了 26.2%。说明复合添加剂能够降低红土镍矿镍氧化物还原反应的能垒，促进其还原。此外，对比表 4-2 和表 4-3 可知，镍氧化物还原速率明显高于铁氧化物的还原速率，进一步说明镍氧化物比铁氧化物更易还原，与热力学规律相吻合。

4.2.4 还原过程物相和微观结构演变机理

4.2.4.1 红土镍矿类型的影响

图 4-8 所示为 3 种类型红土镍矿在内配 12% (质量分数) 无烟煤 (FC_{ad} = 79.34%) 条件下的还原焙烧产物 XRD 主要物相分析。褐铁矿型红土镍矿 L 含 45.09% Fe、0.86% Ni、5.58% MgO、8.20% SiO_2；过渡型红土镍矿 H 含 15.85% Fe、1.55% Ni、9.18% MgO 和 48.61% SiO_2；腐殖土型红土镍矿 M 含 16.31% Fe、1.29% Ni、27.38% MgO 和 32.28% SiO_2。

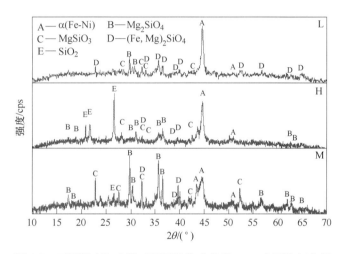

图 4-8 不同类型红土镍矿还原焙烧产物的 XRD 主要物相分析
(L、H、M 分别为褐铁矿型、过渡型和腐殖土型红土镍矿)

红土镍矿煤基直接还原产物主要包括镍铁合金 α-(Fe, Ni)、镁橄榄石 Mg_2SiO_4、铁橄榄石 $(Fe, Mg)_2SiO_4$、顽火辉石 $MgSiO_3$ 和石英 SiO_2 等，但由于不同类型红土镍矿的成分和矿物组成不同，导致还原焙烧产物矿物含量存在明显差异。L 还原矿的 α(Fe-Ni) 峰强相对最为显著，$(Fe, Mg)_2SiO_4$ 含量较 Mg_2SiO_4、$MgSiO_3$ 物相多，和其原矿中富铁密切相关；H 还原矿除了较显著的 α(Fe-Ni) 峰外，还检测到明显的 SiO_2 物相，同时较 L 矿生产更多的 Mg_2SiO_4、$MgSiO_3$ 物相，而 $(Fe, Mg)_2SiO_4$ 物相减少；M 还原矿的 α(Fe-Ni) 含量较 L、H 矿较低，Mg_2SiO_4 峰显著，表明其生成量较多。H 和 M 腐殖土型红土镍矿还原焙烧产物的主要物相组成也说明，难还原镁/铁橄榄石相的大量形成势必阻碍镍氧化物和铁氧化物的进一步还原。

图 4-9 (a) (b) 所示为 L 矿中针铁矿和硅酸盐矿物经 1300℃ 还原焙烧 60min 后的微观结构和微区成分分析。尽管还原温度较高，但可见亮白色的细粒镍铁没有聚集长大，而是呈散点状分布，平均粒度不足 10μm。针铁矿还原后形成的镍铁颗粒数量较多，而橄榄石颗粒周边的镍铁较少。由点 1 和点 2 的 EDS 成分分析可知，镍品位分别为 3.46% 和 2.84%，从侧面说明 L 矿高 Fe/Ni 比、易还原的特点不利于镍铁晶粒中镍品位的提高，且由于磨选后的精矿常伴随着一定的脉石矿物，会进一步降低精矿镍品位。

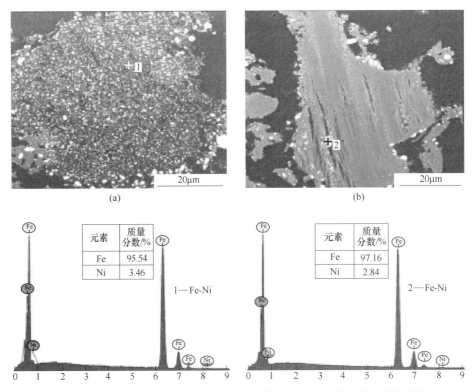

元素	质量分数/%
Fe	95.54
Ni	3.46

1—Fe-Ni

元素	质量分数/%
Fe	97.16
Ni	2.84

2—Fe-Ni

图 4-9 L 矿中针铁矿和硅酸盐矿物还原焙烧后的微观结构和微区成分分析

图 4-10 (a) 和 (b) 所示分别为 H 矿和 M 矿中硅酸盐矿物焙烧后的微观结构和微区成分分析。同样可见，微细的镍铁晶粒嵌布于硅酸盐矿物中或分布在颗粒外围；利蛇纹石等硅酸盐矿物虽然经过高温还原焙烧发生了脱结晶水和重结晶等物相变化，孔洞和裂纹变多，有利于还原气相向颗粒内部扩散，但形成的镁橄榄石或斜顽辉石由于熔点较高，1300℃的高温条件仍不足以通过传质作用使镍铁晶粒继续长大。同时，相比于 L 矿，H 和 M 矿硅酸盐矿物还原后镍铁晶粒的平均镍品位明显高，分别达到了 8.71% 和 6.63%，这是因为 H、M 矿中以利蛇纹石或斜绿泥石为主，且其载镍程度较针铁矿更高，同时原矿 Fe/Ni 比较低，有利于镍的富集。

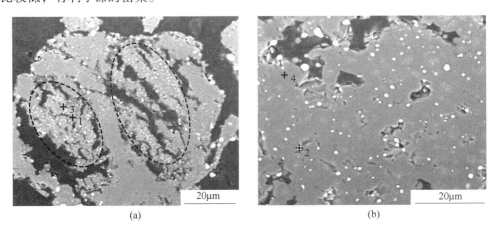

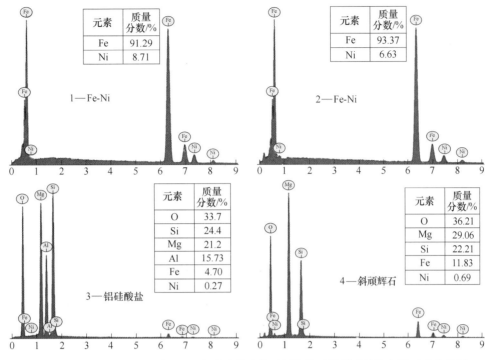

图 4-10 H 矿 （a） 和 M 矿 （b） 中硅酸盐矿物还原焙烧后的微观结构和微区成分分析

4.2.4.2 添加剂的影响

A 复合添加剂

针对 4.2.3 节中腐殖土型红土镍矿 T(15.72% Fe、1.11% Ni、15.81% MgO、41.29% SiO$_2$、9.55% LOI)，研究了不同复合添加剂用量条件下红土镍矿还原球团的主要物相，结果如图 4-11 所示[7,8]。

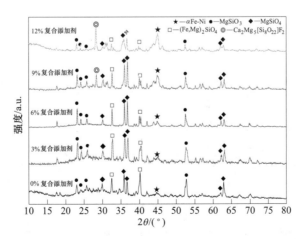

图 4-11 不同复合添加剂用量对腐殖土型红土镍矿还原焙烧后主要物相的影响

（还原温度 1250℃，还原时间 80min，C/Fe 比 1∶1）

在无复合添加剂时，红土镍矿球团即使在 1250℃ 高温下还原 80min，镍铁合金相的衍射峰仍极其微弱，而大量的铁氧化物被还原成 FeO，与硅酸盐、石英结合形成了铁橄榄石 $(Fe,Mg)_2SiO_4$、顽火辉石 $MgSiO_3$ 和镁橄榄石 $MgSiO_4$ 等高熔点物质。随着复合添加剂用量的增加，镍铁合金（αFe-Ni）相的衍射峰显著增强，与此同时铁镁橄榄石 $(Fe，Mg)_2SiO_4$ 的峰强逐渐减弱，甚至消失，说明复合添加剂有效促进了铁镁橄榄石中 FeO 的还原，并形成镍铁合金。当复合添加剂用量达到 9% 时，逐渐出现氟透闪石 $Ca_2Mg_5[Si_8O_{22}]F_2$ 衍射峰，并随着复合添加量用量增加，衍射峰强度逐渐增大。这主要是因为，复合添加剂中含有部分 CaF_2 成分，在高温下氟离子能够进入且有效破坏 Si-O 和 Mg-O 四面体复杂结构，引起晶格畸变，甚至化学键断裂，使得高熔点的镁硅酸盐晶格处于非稳定状态，提高其活性，并与复合添加剂中的 CaO 反应形成氟透闪石 $Ca_2Mg_5[Si_8O_{22}]F_2$ 等低熔点物相，同时释放出"FeO"，促进铁和镍氧化物的还原，降低体系熔点（图4-12）、增加液相量，促进气固液间的传质效率，提高还原焙烧矿中的金属化率，有利于诱导腐殖土型红土镍矿还原过程中晶粒的扩散与生长。

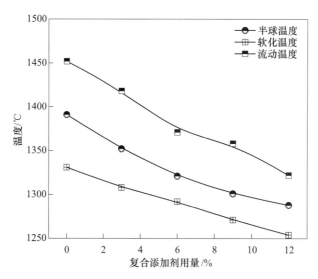

图 4-12   复合添加剂用量对红土镍矿熔融温度的影响

对上述不同复合添加剂用量下得到的还原球团进行 VSM 磁性性能测试，测得的磁滞回线如图 4-13 所示。由图可知，随着复合添加剂用量从 0 提高到 12%，还原焙烧样品的比饱和磁化系数由 9.97emu/g 显著提高到 29.35emu/g（$1emu/g = 1A \cdot m^2/kg$），进一步证明了焙烧矿中强磁性的镍铁合金含量明显增加，复合添加剂改善铁和镍的回收效果。

若要保证后续磨矿—磁选能够获得较高品位镍铁精粉和较好的镍回收率，还原焙烧矿中镍铁晶粒的尺寸至少需要超过 10μm。图 4-14 所示为复合添加剂用量对红土镍矿还原球团微观结构的影响。在无复合添加剂时（图 4-14(a)），还原球团中只出现零星、亮白色的镍铁合金，晶粒尺寸不足 5μm；随着复合添加剂用量的增加，镍铁晶粒数量和尺寸均显著增加，尤其当复合添加剂用量达到 9%~12% 时（图 4-14(e)(f)），还原球团中镍铁合金晶粒互联和长大，甚至连接成片，部分镍铁晶粒尺寸超过 50μm，进一步证明复合添加剂能有效促进红土镍矿还原和镍铁晶粒长大。

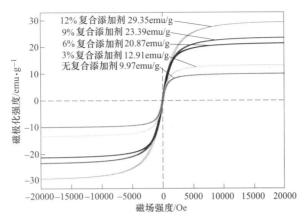

图 4-13 不同复合添加剂用量条件下腐殖土型红土镍矿还原焙烧矿的磁滞回线

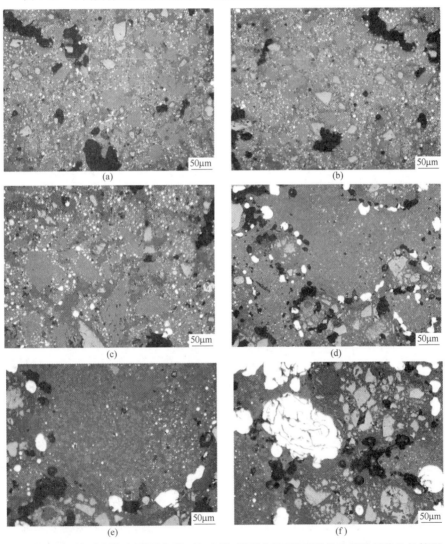

图 4-14 不同复合添加剂用量条件下红土镍矿还原球团微观结构和镍铁晶粒生长情况
（a）（b）无添加剂；（c）～（f）3%、6%、9%、12%复合添加剂
白色—镍铁合金

红土镍矿还原球团主要物相的元素组成如图 4-15 所示。点 1 主要为镁橄榄石相，主要含有 Si、Mg 和 O，分别为 25.72%、40.04% 和 33.72%，此外，还有少量的铝进入橄榄石中；点 2 为氟透闪石 $Ca_2Mg_5[Si_8O_{22}]F_2$，局部的 F 含量达到 5.96%；镍铁合金相（点 3）主要含有 Fe、Ni 和 Cr 三种元素，含量分别为 94.13%、4.89% 和 0.98%。镍铁合金相与渣相的矿物间界面十分清晰，没有出现紧密胶结和共生现象，合金相晶粒长大充分，为后续磨矿后矿物单体解离创造了良好条件，从而有利于提高镍铁精粉的镍品位和回收率。

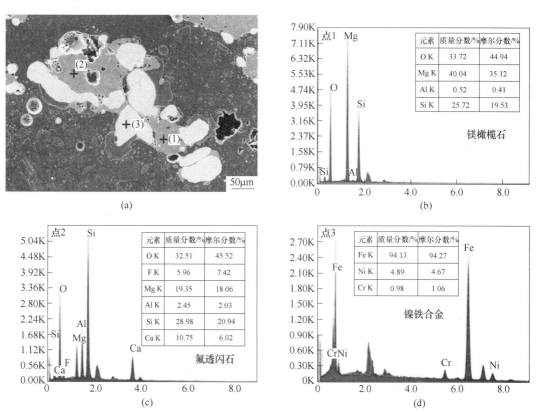

图 4-15   含 12% 的复合添加剂的红土镍矿还原球团微观结构面扫描

（还原温度 1250℃，还原时间 80min，C/Fe＝1.0）

（a）红土镍矿还原球团 SEM 微观结构照片；（b）~（d）图 4-15（a）中点 1~点 3 物相的 EDS 能谱分析结果

B   硫酸钙 $CaSO_4$

60% 褐铁矿型红土镍矿 A（40.09% Fe、0.97% Ni、4.65% MgO、12.55% SiO_2、13.23% LOI）+40% 腐殖土型红土镍矿 J（23.16% Fe、1.42% Ni、17.65% MgO、27.74% SiO_2、12.80% LOI）得到的混合矿还原焙烧矿的微观结构如图 4-16 所示，主要物相元素含量见表 4-4。还原焙烧矿的主要物相包括 αFe-Ni 相、铁橄榄石、镁橄榄石、浮氏体、铬铁尖晶石、石英、玻璃相等。镍、钴主要富集于在镍铁合金 αFe-Ni 相中，同时在橄榄石相和浮氏体中有少量镍分布；铁则主要分布在浮氏体、铁橄榄石相中，表明成功实现了选择性还原。

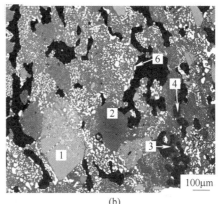

(a)   (b)

图 4-16　还原焙烧矿光学显微照片（a）和 BSE 微观结构（b）

（6%（质量分数）CaSO₄，还原温度 1100℃，还原时间 80min）

1—铬铁矿；2—铁橄榄石；3—石英；4—硅酸盐矿物；5—浮氏体；6—镍铁合金

表 4-4　A+J 混合矿还原焙烧产物中各物相 EPMA 元素分析（质量分数） （%）

物相	O	Ni	Co	Mg	Cr	Fe	Al	Si	S	总
αFe-Ni	0.06	8.94	3.74	0.00	0.06	87.74	0.00	0.01	0.01	100.66
αFe-Ni	1.82	3.72	1.24	0.08	0.11	93.07	0.23	0.38	0.01	100.91
铁橄榄石	34.89	0.20	0.03	6.75	0.11	31.67	1.17	16.84	0.04	95.30
浮氏体	22.38	0.02	0.05	1.22	0.56	74.92	0.47	0.13	0.00	100.80
镁橄榄石	45.94	0.18	0.03	10.24	0.02	4.76	0.00	29.67	0.00	90.98
铬铁尖晶石	30.32	0.04	0.07	3.91	33.85	18.97	7.98	0.05	0.01	95.60

图 4-17 所示为添加 CaSO₄ 条件下硫的赋存状态和物相成分分析。硫在还原产物中主要以（Fe,Ni）S 固溶体形式存在，镜下呈淡黄色，其通常与镍铁合金 αFe-Ni 相形成连晶，从而增加了镍铁晶粒的尺寸（图 4-18）。添加 CaSO₄ 可使镍铁晶粒平均粒度提高 1.78 倍，达到 16.1μm。αFe-Ni 相平均含镍在 5% 左右，几乎不含硫；富钴镍铁合金相主要含 Fe、Ni、Co，其中镍钴富集度高，含镍 10% 以上，含钴 4% 以上，基本不含硫；（Fe,Ni）S 固溶体相主要成分为铁、硫，含少量镍。

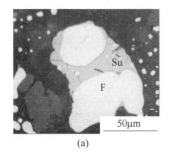
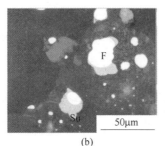
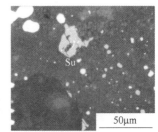

(a)   (b)   (c)

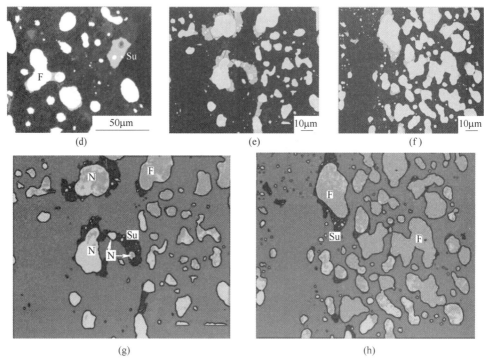

图 4-17　还原团块中 Fe-Ni-Co-S 复杂物相的微观结构以及 EPMA 成分分析

（a）~（d）还原团块中不同区域 Fe-Ni-Co 合金和 FeS 物相的光学显微照片；（e）（f）还原团块中不同区域
Fe-Ni-Co 合金和 FeS 物相的 SEM 背散射照片；（g）（h）图 4-17（e）（f）的 Fe-Ni-Co 合金和 FeS 物相嵌布特征
F—镍铁合金；N—富钴镍铁合金；Su—FeS 固溶体

物相	元素含量（质量分数）/%									
	O	Cr	Fe	Mg	Ni	Al	S	Si	Co	总
N	0.09	0.07	84.96	0.00	11.29	0.00	0.01	0.01	4.20	100.75
F	1.82	0.06	89.64	0.08	5.22	0.23	0.02	0.39	2.93	100.64
Su	0.14	0.15	63.25	0.00	0.28	0.03	35.96	0.02	0.04	100.04

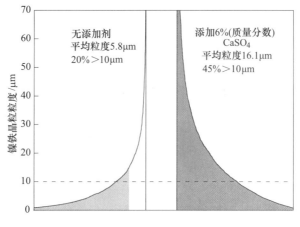

图 4-18　添加 $CaSO_4$ 对镍铁晶粒生长的影响

红土镍矿的化学成分和矿物学特征等基本性质极大地影响还原特性和物相转变机制。铁、镍氧化物难还原、镍铁晶粒难长大，平均粒度不足 $10\mu m$，无法实现提高镍铁回收率；而使用复合添加剂或优化配矿可作为强化红土镍矿还原、促进镍铁晶粒长大的重要措施。

4.3 低品位红土镍矿直接还原—磁选新技术

本小节介绍从小型实验、半工业试验，再到现场工业试验规模的低品位红土镍矿直接还原—磁选工艺特性，为红土镍矿高效利用提供技术支撑[9-11]。直接还原—磁选工艺试验流程如图 4-19 所示，试验用低品位红土镍矿的化学成分见表 4-5。

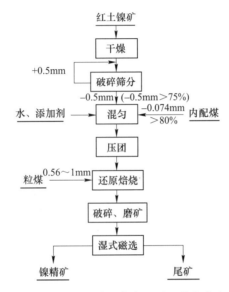

图 4-19 低品位红土镍矿直接还原—磁选试验流程

表 4-5 试验用低品位红土镍矿的化学成分（质量分数） （%）

样品	$Fe_总$	Ni	Co	Cr_2O_3	MgO	SiO_2	CaO	Al_2O_3	P	S	LOI
A	40.09	0.97	0.09	2.86	4.65	12.55	0.30	6.52	0.006	0.035	13.23
J	23.16	1.42	0.08	1.68	17.65	27.74	0.50	4.05	0.008	0.096	12.80
T	15.72	1.11	—	0.95	15.81	41.29	0.60	6.15	0.030	0.060	9.55

除 3 种红土镍矿以外，试验原料包括还原剂、中南大学专利产品——复合添加剂，以及 $CaSO_4$ 和 SiO_2 分析纯等。

4.3.1 高强度高还原性红土镍矿生球制备

传统红土镍矿压团—回转窑直接还原—磁选制备镍铁精粉工艺存在团块强度低、热稳定性差、易粉化等问题，造成回转窑严重结圈，此外也导致气固传热传质效率低、镍和铁氧化物高温还原速率慢、镍铁合金晶粒生长难，使得镍铁精粉的品位低、金属回收率不高。因此，制备高热稳定性、高强度和高还原性球团是保证镍与脉石高效分离富集的关键，而此类球团可以通过添加多功能复合黏结剂来制备。

针对常规膨润土黏结性能差、生球强度低、球团矿还原性差，而有机高分子黏结剂均匀添加困难、生球热稳定性低、易产生粉末、生产成本高等问题，根据矿物成球机理，应用官能团组装原理，进行了多功能复合黏结剂的功能和分子设计，开发含有亲水基团、亲矿基团和适宜聚合度的球团黏结剂分子；采用分子轨道算法和基团电负性计算，选择黏结剂亲矿基团和亲水基团。其主要成分见表4-6。

表4-6　多功能复合黏结剂的主要化学成分（质量分数）　　　　（%）

FC_{ad}	SiO_2	Al_2O_3	CaO	MgO	Fe_2O_3	P	S	K_2O	Na_2O	有机物
28.14	12.00	6.16	4.78	0.21	4.04	0.03	0.04	0.06	0.08	42.20

复合添加剂的黏结作用主要是经过有机分子设计，通过天然有机物的提取与合成制备出黏结组分；热稳定性和还原作用是通过添加焦粉或煤粉实现还原催化，促进晶粒长大则通过添加含钙、含钠物质实现。通过将上述成分与天然有机提取物共粉碎混合制成产品。所开发的复合黏结剂具有以下五大功能：（1）化学吸附黏结；（2）提高球团热稳定性；（3）催化还原；（4）促进镍铁合金相晶粒生长；（5）抑制球团还原粉化。

针对低品位腐殖土型红土镍矿T，考虑到其含水量大、湿式球磨后极难过滤的特点，同时为了促进复合黏结剂在原料颗粒表面的均匀铺展，采用了与红土镍矿和复合添加剂特性相匹配的高压辊磨预处理技术提高红土镍矿成球性，同时揭示红土镍矿粒度、造球水分、造球时间、复合添加剂用量等因素对生球性能的影响规律。

4.3.1.1　原料细度

经高压辊磨预处理至不同粒度的红土镍矿生球各项指标见表4-7。红土镍矿生球的机械强度均非常好，落下强度达30次/(0.5m)以上，抗压强度大于10N/个。红土镍矿的粒度变细时，生球抗压强度和爆裂温度都得到一定提高，但后者提升不明显，可能是由于红土镍矿生球水分很高，而内部毛细管细小，造成干燥过程中水蒸气从球团内部向外扩散的阻力较大，内应力过大使生球爆裂。与普通铁精矿生球性能相比，红土镍矿复合黏结剂球团的落下强度较高，但爆裂温度较低。

表4-7　红土镍矿的粒度对红土镍矿生球性能的影响

原料粒度 （-0.074mm）占比/%	生球水分 /%	落下强度 /次·(0.5m)$^{-1}$	抗压强度 /N·个$^{-1}$	爆裂温度 /℃
57.12	19.4	>30	10.6	210
63.06	18.9	>30	10.9	210
72.12	19.3	>30	13.2	215
86.78	19.0	>30	15.5	240

注：复合添加剂用量11%（质量分数），造球时间13min。

4.3.1.2　造球水分

造球水分对生球性能的影响见表4-8。当生球水分从17.8%增加到19.3%时，生球爆裂温度从200℃轻微升高到215℃，总体变化不大；当生球水分超过20%后，生球抗压强度降低，爆裂温度迅速降至128℃。因此，适宜造球水分为18.9%~19.3%。

表4-8 造球水分对红土镍矿生球性能的影响

生球水分/%	造球时间/min	落下强度/次·(0.5m)⁻¹	抗压强度/N·个⁻¹	爆裂温度/℃
17.8	13	29.5	10.5	200
18.9	13	>30	12.8	216
19.3	13	>30	13.2	215
20.0	13	>30	12.1	128
20.4	13	>30	8.7	125

注：红土镍矿-0.074mm含量为72.12%，复合添加剂用量11%。

4.3.1.3 造球时间

造球时间对生球性能的影响见表4-9。生球强度均能满足生产要求，而爆裂温度在造球时间10min时达到最高（245℃），造球时间为7min和16min时则均低于200℃。综合考虑抗压强度、爆裂温度和生产率，适宜的造球时间为10~13min。

表4-9 造球时间对红土镍矿生球性能的影响

造球时间/min	生球水分/%	落下强度/次·(0.5m)⁻¹	抗压强度/N·个⁻¹	爆裂温度/℃
7	19.4	20.8	10.6	175
10	19.6	>30	10.9	245
13	19.3	>30	13.2	215
16	19.7	>30	11.0	119

注：红土镍矿-0.074mm含量为72.12%，复合添加剂用量11%。

4.3.1.4 复合添加剂用量的影响

复合添加剂用量对生球性能的影响见表4-10。随着其用量的增加，生球落下强度、抗压强度和爆裂温度均有不同幅度改善。无复合添加剂时，生球落下强度为15.7次/(0.5m)，抗压强度仅为7.9N/个，爆裂温度为185℃。当复合添加剂用量增加到4%时，生球落下强度可提高至22.4次/(0.5m)，抗压强度为10.8N/个，爆裂温度为200℃；继续增加其用量时，生球性能进一步改善。适宜的复合黏结剂用量还需根据后续直接还原—磁选效果进行确定。

表4-10 复合添加剂用量对红土镍矿生球性能的影响

复合添加剂用量/%	生球水分/%	落下强度/次·(0.5m)⁻¹	抗压强度/N·个⁻¹	爆裂温度/℃
0	18.9	15.7	7.9	185
4	19.1	22.4	10.8	200
8	19.1	27.9	11.2	215
11	19.3	>30	13.2	215
13	19.8	>30	14.0	220

注：红土镍矿-0.074mm含量为72.12%，造球时间13min。

红土镍矿生球制备适宜的工艺参数为：红土镍矿粒度组成为-0.074mm 72.12%，造球水分为18.9%~19.3%，造球时间为10~13min，复合添加剂用量4%~11%，获得的生球落下强度>20次/(0.5m)，抗压强度10.9~13.2N/个，爆裂温度为200~245℃。

红土镍矿生球动态干燥下复合添加剂用量对干球抗压强度的影响如图4-20所示。随着其用量的增加，红土镍矿干球团抗压强度显著增加。无复合添加剂时，干球团抗压强度为70N/个，当复合添加剂用量为6%时，干球抗压强度增加到138N/个，而复合添加剂用量提高至13%时的干球团抗压强度达到了约200N/个，满足回转窑对球团强度的要求。

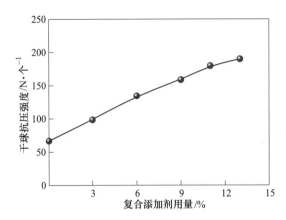

图4-20 复合添加剂用量对红土镍矿干球团强度的影响
（料层厚度为300mm，干燥温度200℃，热风速度2.4m/s，干燥时间6min）

使用多功能复合添加剂，可显著改善红土镍矿球团强度，减少回转窑还原过程粉末量，降低结圈速率。

4.3.2 直接还原—磁选工艺小型实验参数优化

针对表4-5中腐殖土型T、过渡型J和褐铁矿型A，考察还原工艺参数、球团碱度、原料结构、添加剂种类和用量、磁选工艺参数素对红土镍矿球团直接还原—磁选工艺小型试验镍富集效果的影响，优化工艺参数。

4.3.2.1 腐殖土型红土镍矿T

A 还原温度的影响

还原温度对腐殖土型红土镍矿T球团直接还原—磁选指标的影响如图4-21所示。当还原温度从1100℃升高到1250℃时，磁选得到的镍铁精矿的镍品位从2.03%提高至4.42%，铁品位从38.16%提高至74.56%，同时铁回收率从75.70%逐渐提高至91.12%，镍回收率从65.05%提高至82.18%；当温度继续提高至1300℃时，各项指标提升不明显。因此，腐殖土型红土镍矿T球团适宜的还原温度为1250℃。提高还原温度一方面加快了布多尔反应进程，提高了体系CO浓度，促进镍氧化物和铁氧化物的还原；另一方面，提高温度也有利于镍铁合金晶粒的聚集和生长，增大晶粒尺寸，为后续磨选过程镍铁与脉石矿物的分离创造有利条件。

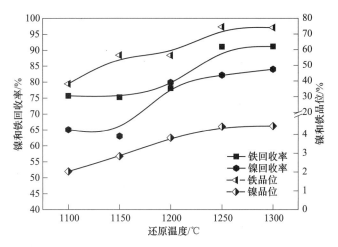

图 4-21 还原温度对红土镍矿 T 球团直接还原—磁选的影响

（还原时间 80min，复合添加剂用量 8%，C/Fe 比 0.8，磨矿细度-0.074mm 占比 92%，磁场强度 0.15T）

B 还原时间的影响

还原时间对红土镍矿 T 球团直接还原—磁选富集镍的影响如图 4-22 所示。当还原时间从 20min 延长至 80min 时，镍铁精矿的镍品位从 3.63% 提高到 4.42%，铁品位从 78.54% 提高至 82.18%；磁选过程镍回收率从 78.54% 显著提高至 82.18%，铁回收率从 74.36% 显著提高至 91.12%。当继续延长还原时间至 100min 时，镍铁精矿的铁和镍品位及回收率均呈小幅降低。由此可见，在给定的还原条件下，推荐适宜的还原时间为 80min。适当延长还原时间，既可以促进铁和镍氧化物的充分还原，提高还原焙烧矿种铁和镍的金属化率，也有利于镍铁合金晶粒的迁移聚集和充分长大，有利于改善镍、铁回收效果。但当还原时间过长时，体系中还原剂逐渐消耗殆尽，还原气氛减弱，金属态的镍和铁或重新被氧化，导致焙烧矿金属化率降低，回收率变差。

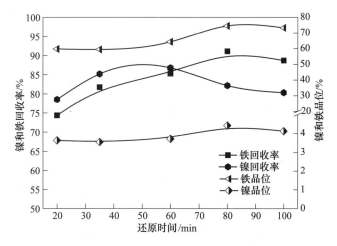

图 4-22 还原时间对红土镍矿 T 球团直接还原—磁选的影响

（还原温度 1250℃，复合添加剂用量 8%，C/Fe 比 0.8，磨矿细度-0.074mm 占比 92%，磁场强度 0.15T）

C 还原剂用量的影响

C/Fe 质量比对红土镍矿 T 球团直接还原—磁选富集镍的影响如图 4-23 所示。当 C/Fe 质量比从 0.2 提高至 0.8 时，体系还原气氛增强，促进了铁和镍氧化物的还原，铁品位从 62.61% 增加至 74.56%，镍品位则先从 3.67% 增至 4.88% 后又降到 4.42%；相应地，铁和镍回收率分别从 58.32% 和 52.83% 明显提高至 91.12% 和 82.18%。当继续提高 C/Fe 比至 1.0 时，铁和镍的回收效果改善不明显。

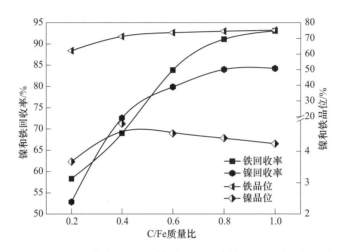

图 4-23 C/Fe 质量比对红土镍矿 T 球团直接还原—磁选的影响

（还原温度 1250℃，还原时间 80min，复合添加剂用量 8%，磨矿细度 -0.074mm 占比 92%，磁场强度 0.15T）

D 复合添加剂用量的影响

复合添加剂用量对红土镍矿 T 球团直接还原—磁选富集镍的影响如图 4-24 所示。其用量从 2% 提高至 11% 时，镍铁精矿的镍品位从 2.98% 提高到 4.62%，铁品位从 55.67%

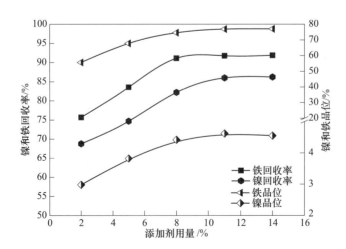

图 4-24 复合添加剂用量对红土镍矿 T 球团直接还原—磁选的影响

（还原温度 1250℃，还原时间 80min，C/Fe 质量比 0.8，磨矿细度 -0.074mm 占比 92%，磁场强度 0.15T）

提高至 76.89%，镍和铁回收率则分别从 68.78% 和 75.68% 显著增加到 85.99% 和 91.76%；但继续提高其用量至 14% 时，镍和铁回收效果改善不明显。因此，适宜的复合添加剂用量为 11%。上述结果表明，复合添加剂能显著强化红土镍矿还原、改善金属回收效果，其作用机制在 4.2 节中已进行详细阐述。

E 磁选工艺参数的影响

对于腐殖土型红土镍矿 T 球团，在复合添加剂用量 11%、还原温度 1250℃、还原时间 80min、C/Fe 质量比 0.8 的条件下制备还原焙烧矿，揭示磁选工艺参数对磁选指标的影响。

磨矿细度对还原焙烧矿磨矿—磁选效果影响见表 4-11。随着磨矿细度从 -0.074mm 67% 提高到 92%，镍铁精矿的铁和镍品位分别从 67.89% 和 4.08% 提高到 76.89% 和 4.62%，同时铁和镍回收率从 93.99% 和 86.73% 降至 91.76% 和 85.99%；若进一步继续提高磨矿细度，镍回收率大幅度降低至 81.39%，而镍品位却几乎不变。结果表明，增加磨矿细度有利于镍铁合金与脉石矿物的解离，提高磁选效率，改善金属元素的富集效果；但磨矿细度过细则易使镍铁精矿中夹杂脉石矿物，降低镍铁的品位与金属回收率。

表 4-11 磨矿细度对红土镍矿 T 还原焙烧矿铁和镍回收的影响（磁场强度 0.15T）（%）

磨矿时间 /min	磨矿细度 (0.074mm 占比)	精矿产率	精矿铁品位	精矿镍品位	尾矿铁品位	尾矿镍品位	铁回收率	镍回收率
3	67	22.15	67.89	4.08	1.24	0.18	93.99	86.73
5	75	20.71	71.21	4.23	1.59	0.21	92.13	84.03
7	86	19.82	74.56	4.46	1.54	0.20	92.27	84.75
9	92	18.90	76.89	4.62	1.81	0.22	91.76	85.99
11	95	18.23	75.51	4.66	2.76	0.24	85.89	81.39

表 4-12 为不同磁场强度条件下的磁选指标。当磁场强度从 0.05T 提高到 0.20T 时，磁选产率从 17.68% 提高至 20.02%，镍铁精矿的铁和镍品位分别从 78.12% 和 4.66% 降至 74.14% 和 4.34%，铁回收率从 86.32% 提高到 92.77%，镍回收率先增加到 85.99% 后降低至 83.38%。相应地，尾矿中铁和镍含量随之下降。综上可知，适宜的磁场强度为 0.15T。

表 4-12 磁场强度对 T 矿还原焙烧矿铁和镍磁选的影响 （%）

磁场强度/T	精矿产率	精矿铁品位	精矿镍品位	尾矿铁品位	尾矿镍品位	铁回收率	镍回收率
0.05	17.68	78.12	4.66	2.66	0.26	86.32	79.07
0.10	18.76	77.31	4.64	1.84	0.21	90.65	83.54
0.15	18.90	76.89	4.62	1.81	0.22	91.76	85.99
0.20	20.02	74.14	4.34	1.45	0.22	92.77	83.38

注：磨矿细度 -0.074mm 占比 92%。

腐殖土型红土镍矿 T 直接还原—磁选所得高镍铁精粉和磁选尾矿的化学成分见表 4-13。镍铁精矿的铁品位为 76.89%，镍品位为 4.62%，主要脉石成分为 SiO_2 和 MgO，分别为 8.09% 和 5.17%，有害元素 S、P 含量均较低，分别为 0.09% 和 0.03%；磁选尾矿的铁和镍含量均较低, 仅为 1.81% 和 0.22%, 其他成分主要为 SiO_2、Al_2O_3、CaO 和 MgO。

表 4-13   最佳条件下镍铁精矿和磁选尾矿的化学成分分析   (%)

样品	$Fe_总$	Ni	SiO_2	Al_2O_3	CaO	MgO	K_2O	Na_2O	S	P
镍铁精矿	76.89	4.62	8.09	1.21	0.72	5.17	0.06	0.13	0.09	0.03
磁选尾矿	1.81	0.22	52.44	8.30	7.06	19.66	0.56	4.44	0.13	0.06

4.3.2.2   褐铁矿型红土镍矿 A

A   还原温度的影响

还原温度对褐铁矿型红土镍矿 A 球团选择性还原—磁选的影响如图 4-25 所示。当还原温度从 1100℃ 上升到 1250℃, 镍铁精矿的铁、镍品位均显著提高, 分别从 47.25% 和 1.56% 提高到 81.66% 和 5.02%; 继续提高还原温度, 镍品位与镍回收率基本保持稳定。

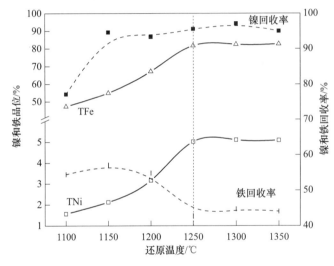

图 4-25   还原温度对褐铁矿型红土镍矿 A 选择性还原—磁选工艺镍富集的影响
(内配 3.0% 碳, 3.0% $CaSO_4$, 二元碱度 0.07, 还原时间 60min)

从金属回收率来看, 当还原温度从 1100℃ 提高到 1150℃ 时, 镍回收率由 77% 明显增加至 93% 以上, 表明此温度区间镍铁晶粒有明显长大; 继续提高温度时, 镍回收率增加不明显。铁回收率则在 1100~1150℃ 基本不变, 维持在 56% 左右; 但当还原温度提高到 1200℃ 以上时, 铁回收率急剧下降, 可能是因为铁橄榄石等硅酸盐物相开始大量形成, 使铁氧化物的还原得到明显抑制。综合考虑镍铁精矿品位和金属回收率, 适宜的还原温度为 1250℃。

B   还原时间的影响

还原时间对褐铁矿型红土镍矿 A 选择性还原—磁选的影响如图 4-26 所示。随着还原时间由 20min 延长到 120min, 铁回收率以及镍铁精矿的铁品位随之增加, 而镍回收率以及精矿镍品位先增后降, 在 60min 时达到最佳, 分别为 95.57% 和 5.02%。较短的还原时间对提高镍铁精矿的镍品位有利, 表明镍氧化物的还原优先于浮氏体。一方面, 随着还原时间的延长, 浮氏体得到大量还原, 铁品位以及铁回收率开始增长, 同时得益于镍铁晶粒有充分的时间生长，镍回收率也开始上升；但另一方面，由于大量金属铁的生成稀释了镍铁精矿中的镍，镍品位开始下降。由此可见，控制适宜的还原时间对于获取良好的镍、铁富集和回收指标至关重要。为保证精矿具有较高镍品位以及镍回收率，适宜的还原时间为60min。

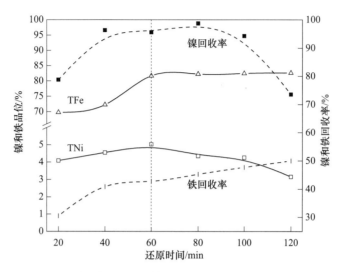

图4-26 还原时间对褐铁矿型红土镍矿A选择性还原—磁选工艺镍富集的影响
（内配3.0%碳、3.0% CaSO$_4$，二元碱度0.07，还原温度1250℃）

C 还原剂用量的影响

内配碳比例对褐铁矿型红土镍矿A选择性还原—磁选的影响如图4-27所示。随着内配碳比例的增加，镍铁精矿的铁品位呈先增加后保持不变的趋势，而镍品位在内配1%～2%碳时变化不大；随着还原剂用量进一步增加，金属铁生成量大幅上升而使镍品位明显降低。内配碳比例对铁和镍富集的影响主要在2%～3%之间，在此范围内因金属相大量生

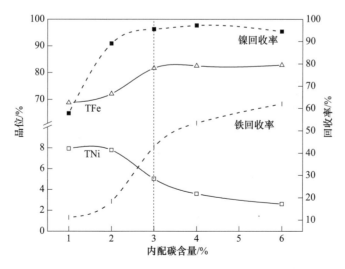

图4-27 内配碳比例对红土镍矿A选择性还原—磁选工艺镍富集的影响
（3.0% CaSO$_4$，二元碱度0.07，还原温度1250℃，还原时间60min）

成而使铁和镍回收率有明显的提高。为了保证氧化镍得到充分还原，铁氧化物适度还原，最佳内配碳比例为 3.0%。

D 二元碱度的影响

红土镍矿 A 球团二元碱度（CaO/SiO_2）对褐铁矿型红土镍矿选择性还原—磁选的影响如图 4-28 所示。当增加石英使二元碱度由 0.12（自然碱度）下降到 0.06 时，精矿铁、镍品位以及镍回收率得到显著提高，而铁回收率则明显下降，证明了铁氧化物的还原得到抑制。

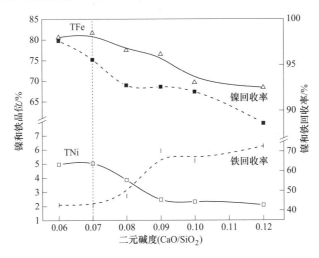

图 4-28 二元碱度对红土镍矿 A 选择性还原—磁选工艺的影响

（内配 3.0%碳、3.0% $CaSO_4$，还原温度 1250℃，还原时间 60min）

E $CaSO_4$ 用量的影响

含硫添加 $CaSO_4$ 用量对褐铁矿型红土镍矿 A 选择性还原—磁选的影响如图 4-29 所示。无 $CaSO_4$ 时，镍铁精矿的镍品位仅为 3.0%，回收率不足 80%；随着 $CaSO_4$ 用量的增加，

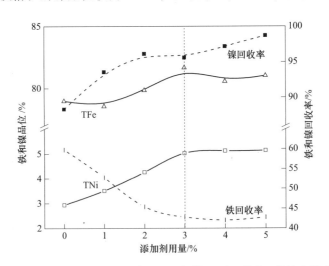

图 4-29 $CaSO_4$ 添加剂用量对红土镍矿 A 选择性还原—磁选工艺镍和铁富集的影响

（内配 3.0%碳，二元碱度 0.07，还原温度 1250℃，还原时间 60min）

铁、镍品位以及镍回收率得到显著提高，而铁回收率明显下降；$CaSO_4$ 用量为 3.0% 时，镍品位达到最高，为 5.02%，同时镍回收率也达到了 95.57%，继续增加 $CaSO_4$ 用量的改善作用不明显。

结合 4.2.4.2 小节的机理研究，$CaSO_4$ 对于红土镍矿选择性还原的促进作用机理为，$CaSO_4$ 有利于促进低熔点液相的生成，加快镍铁晶粒的长大，因此硫水平的增加显著提高了镍铁精矿的镍品位，尽管镍铁精矿产率有所下降，镍回收率还是随着硫含量的提高而升高。相比而言，虽然镍铁精矿的铁品位也有缓慢增加，但因精矿产率下降幅度更大，因而铁回收率下降。

F 原料结构的影响

对褐铁矿型红土镍矿 A 和腐殖土型红土镍矿 J 配矿得到的混合矿，还原温度、还原时间、$CaSO_4$ 用量和腐殖土型红土镍矿 J 配比对直接还原—磁选的影响如图 4-30 所示。配加

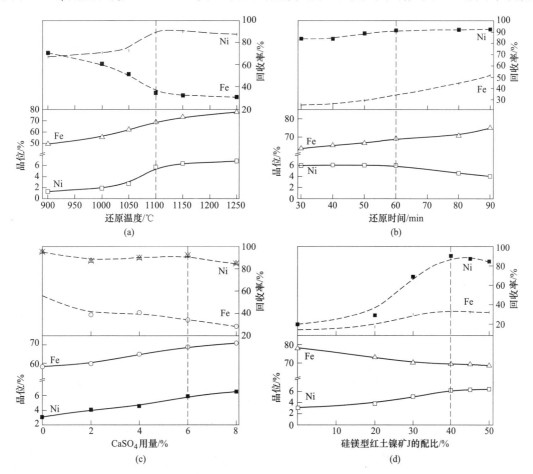

图 4-30 还原温度（a）、还原时间（b）、$CaSO_4$ 用量（c）和腐殖土型红土镍矿 J 配比（d）
对选择性还原—磁选富集镍的影响

（a）固定红土镍矿 J 配比 40%，配碳量 5.0%，还原时间 60min，6% $CaSO_4$；（b）固定红土镍矿 J 配比 40%，
配碳量 5.0%，还原温度 1100℃，6% $CaSO_4$；（c）固定红土镍矿 J 配比 40%，配碳量 5.0%，
还原温度 1100℃、时间 60min；（d）配碳量 5.0%，还原温度 1100℃、时间 60min，6% $CaSO_4$

40%腐殖土型红土镍矿 J 和 6% $CaSO_4$ 后，在还原时间 60min 不变的前提下，最佳还原温度降低至 1100℃，相比单一红土镍矿 A 降低了 150℃，同时镍铁精矿的镍品位达到了 5.71%，镍回收率 93.47%，表明通过配矿和添加 $CaSO_4$ 促进了镍的富集和回收。而当腐殖土型红土镍矿 J 的配比从 0 增加到 50% 时，镍品位以及镍回收率随之显著提高，镍品位由 2% 提高到 6.0%，回收率由 20% 提高到 90% 以上。

对于上述单一褐铁矿型红土镍矿 A 和混合矿（60% 红土镍矿 A+40% 红土镍矿 J）两种原料结构，在各自最佳的还原制度下开展全流程验证试验，所得镍铁精粉的化学成分见表 4-14。由表可知，由褐铁矿型红土镍矿 A 得到的镍铁精矿镍品位为 5.10%，铁品位为 82.66%；而配加 40% 腐殖土型红土镍矿 J 后得到的镍铁精矿镍品位提高至 6.01%，铁品位为 69.69%，表明直接还原—磁选工艺可实现低品位红土镍矿的高效利用，获得的镍铁精矿可作为电炉冶炼镍铁合金的优质原料。

表 4-14　不同原料最佳条件下获得的镍铁精矿化学成分（质量分数）　　（%）

原料	Fe$_总$	Ni	Cr	MnO	SiO$_2$	Al$_2$O$_3$	CaO	MgO	S	P
红土镍矿 A	82.66	5.10	0.38	0.28	3.53	2.86	0.96	0.57	0.29	0.016
混合矿	69.69	6.01	0.56	0.36	7.29	2.62	1.92	3.11	0.49	0.014

4.3.2.3　不同类型红土镍矿直接还原—磁选指标对比

表 4-15 为不同红土镍矿类型和混合矿的最佳直接还原—磁选条件和技术指标。对于 Fe/Ni 比较低的腐殖土型红土镍矿，通过添加复合添加剂和高温、长时间的还原制度可促进镍和铁氧化物还原与镍铁晶粒长大，使镍和铁尽可能进入镍铁精矿产品中；对于 Fe/Ni 比较高、更易还原的褐铁矿型红土镍矿，通过控制还原时间、"缺炭"操作、使用添加剂和配矿等途径可实现镍氧化物的选择性还原，抑制铁氧化物还原，促进镍铁晶粒长大，最终获得高品位的镍铁精粉。

表 4-15　不同红土镍矿类型和配矿条件下最佳直接还原—磁选条件和技术指标汇总

条件及技术指标		腐殖土型红土镍矿 T	褐铁矿型红土镍矿 A	混合矿（40% A+60% J）
化学成分（质量分数）/%	Fe$_总$	15.72	40.09	33.32
	Ni	1.11	0.97	1.15
	MgO	15.81	4.65	9.85
	SiO$_2$	41.29	12.55	18.63
球团制备	原料粒度 -0.074mm 占比/%	70~75	70~75	70~75
	添加剂	11%复合添加剂	3%CaSO$_4$	6%CaSO$_4$
	二元碱度	自然碱度	0.07	自然碱度
	球团粒度/mm	8~14	8~14	8~14
直接还原	还原温度/℃	1250	1250	1100
	还原时间/min	80	60	60
	还原剂用量	C/Fe＝0.8	内配碳3%	内配碳5%

条件及技术指标		腐殖土型红土镍矿 T	褐铁矿型红土镍矿 A	混合矿（40% A+60% J）
磨矿—磁选	磨矿细度/% （-0.074mm 占比）	92	≥95	≥95
	磁场强度/T	0.15	0.18	0.18
技术指标	镍铁精矿产率/%	18.90	24.60	21.45
	精矿镍品位/%	4.62	5.10	6.01
	精矿铁品位/%	76.89	82.66	69.69
	尾矿镍品位/%	0.22	0.02	0.12
	尾矿铁品位/%	1.81	37.94	36.94
	镍回收率/%	85.99	98.79	92.08
	铁回收率/%	91.76	41.52	33.91

4.3.3 直接还原—磁选半工业试验

4.3.3.1 试验原料及流程

半工业试验所用原料与实验室小型试验所用原料相同，包括腐殖土型红土镍矿 T、还原剂（烟煤）、复合黏结剂等。

主要流程包括红土镍矿原料预处理、球团制备、干燥、回转窑煤基直接还原、磁选。主要设备及参数见表 4-16。

表 4-16 半工业试验所用主要设备参数

工序	设备名称	规格型号	单台处理能力/kg·h^{-1}
原料准备	干燥窑	$\phi_内$800mm×8000mm	800
	颚式破碎机	—	600
	对辊破碎机	2PG 250mm×400mm	800
	高压辊磨机	GGT-1 ϕ500mm×120mm	400
配料与造球	混合机	WLD-01 型	200
	圆盘造球机	ϕ1800mm	200
	烘箱	HT704-T 型	50
回转窑还原	煤基回转窑	$\phi_内$1200mm×1700mm	100
预选分离	鼓式永磁磁选机	CTS-0503	(20~60)×10^3
球磨—磁选	球磨机	MQYO710 型	200（矿浆）
	水力旋流器	ϕ125mm	3000~5000（矿浆）
	脱磁器	ϕ159mm	—
	鼓式永磁磁选机	CTS-0503	(20~60)×10^3（矿浆）
	压滤机	XAY4-630-UK 型	500（矿浆）

首先将红土镍矿用 $\phi800mm×1000mm$ 干燥窑干燥至水分含量约 10%，然后用颚式破碎机破碎至 40mm 以下，再经对辊破碎成 -3mm 物料，混匀后用高压辊磨机预处理至 -0.074mm 比例达 70%~75%。将辊磨后红土镍矿和复合添加剂进行配矿，随后将物料装入混合机中混匀 1h，即得混合料。

采用 $\phi1800mm$ 圆盘造球机对上述混合料进行造球，制备的生球经筛分后得到 8~16mm 的合格生球，经干燥后装入回转窑（$\phi1200mm×1700mm$）中进行煤基直接还原半工业试验。

将冷却后的还原物料和水的混合物缓慢装入预选磁选机分选出磁性球团和非磁性物，预选的磁场强度为 0.3T。将磁性球团通过对辊破碎至 -3mm 后，利用湿式球磨机进行磨矿，球磨细度控制 -0.074mm 占比 90% 左右。从球磨机出来的矿浆先卸入搅拌桶，然后经砂浆泵注入水力旋流器中，水力旋流器的底流返回球磨机，溢流进入精选磁选机搅拌桶。采用鼓式永磁磁选机开展湿式精选，磁场强度为 0.15T。精选得到的精矿经自然沉降后取出上清液，然后放入烘箱干燥；磁选尾矿矿浆则装入压滤机中过滤，过滤完成后将尾矿滤饼从滤布中卸下，称重、混匀、取样后装袋。

4.3.3.2　生球及干球性能

以腐殖土型红土镍矿 T 干重为基准，添加 11%（质量分数）复合添加剂，经混匀、造球后可获得落下强度大于 30 次/0.5m、抗压强度 23.31N/个、爆裂温度 230℃的生球。生球经 100~150℃ 干燥后得到落下强度、抗压强度分别为 30 次/1m、372N/个的红土镍矿干球团。红土镍矿生球和干球宏观形貌分别如图 4-31 所示。

(a)　　　　　　　　　　　　　(b)

图 4-31　红土镍矿复合黏结剂生球和干球宏观形貌
（a）生球；（b）干球

4.3.3.3　直接还原—磁选行为

在还原温度 1250℃，还原时间 80min，复合添加剂用量 11%，磨矿细度 -0.074mm 90% 左右，磁场强度 0.10T 的基础上，半工业试验主要优化 C/Fe 质量比以获得良好的镍和铁回收效果，结果见表 4-17。

由表可知，半工业试验在 C/Fe 质量比 0.6~1.0 范围内，镍富集效果变化不大，所得镍铁精粉的铁和镍品位为72%和4.3%左右，铁和镍回收率分别约为82%和81%。还原球团如图4-32所示，可见回转窑还原后的球团，除部分球团局部因产生液相有所黏结外，绝大部分结构完整，粉化较少，说明红土镍矿干球强度完全能够满足回转窑生产要求。

表4-17　不同C/Fe质量比条件下回转窑直接还原—磁选富集镍的效果　　　　（%）

C/Fe 质量比	编号	产率	精矿铁品位	精矿镍品位	铁回收率	镍回收率
0.6	1	18.01	71.89	4.34	83.83	80.33
	2	17.98	72.44	4.44	81.40	81.12
	平均	17.95	72.16	4.39	82.62	80.73
0.8	3	18.21	72.31	4.26	84.17	81.21
	4	18.23	72.09	4.24	83.67	80.79
	平均	18.22	72.20	4.25	83.92	81.01
1.0	5	18.68	71.14	4.33	82.03	82.02
	6	19.01	70.78	4.14	83.06	82.89
	平均	18.85	70.96	4.23	82.55	82.46

图4-32　两组不同炉次取出的C/Fe质量比为0.8的还原球团宏观形貌

4.3.3.4　红土镍矿类型的影响

为进一步验证工艺的可行性，针对不同类型（褐铁矿型、过渡型和腐殖土型）红土镍矿分别进行造球—直接还原—磁选工艺适应性验证试验，结果见表4-18。

表4-18　回转窑直接还原—磁选工艺对不同类型红土镍矿的适应性分析

红土镍矿类型	原料成分	工艺条件	精矿品位	分选指标
褐铁矿型红土镍矿	TFe 42.09%；TNi 0.88%；SiO$_2$ 10.89%；MgO 3.21%	还原温度：1250℃ 还原时间：60min 复合添加剂用量：8% C/Fe 之比：0.40	镍品位 2.98% 铁品位 81.22%	镍回收率：93.61% 铁回收率：52.04%

续表 4-18

红土镍矿类型	原料成分	工艺条件	精矿品位	分选指标
过渡型红土镍矿	TFe 29.01%；TNi 1.18%；SiO$_2$ 22.67%；MgO 13.45%	还原温度：1250℃ 还原时间：80min 复合添加剂用量：11% C/Fe 之比：0.60	镍品位 4.09% 铁品位 78.86%	镍回收率：90.03% 铁回收率：70.02%
	TFe 26.68%；TNi 1.21%；SiO$_2$ 25.78%；MgO 14.86%	还原温度：1250℃ 还原时间：80min 复合添加剂用量：11% C/Fe 之比：0.60	镍品位 4.21% 铁品位 77.65%	镍回收率：89.10% 铁回收率：76.16%
腐殖土型红土镍矿	TFe 15.72%；TNi 1.11%；SiO$_2$ 41.29%；MgO 15.81%	还原温度：1250℃ 还原时间：80min 复合添加剂用量：11% C/Fe 之比：0.80	镍品位 4.25% 铁品位 72.20%	镍回收率：81.01% 铁回收率：83.92%
	TFe 16.31%；TNi 1.29%；SiO$_2$ 32.28%；MgO 27.38%	还原温度：1250℃ 还原时间：80min 复合添加剂用量：11% C/Fe 之比：0.80	镍品位 4.97% 铁品位 72.78%	镍回收率：84.54% 铁回收率：88.92%

对于褐铁矿型红土镍矿，通过降低配碳量进行选择性还原，所得镍铁精矿的铁品位 81.22%，镍品位仅为 2.98%，镍回收率为 93.61%，铁回收率为 52.04%；腐殖土型红土镍矿（过渡型、腐殖土型）由于 Fe/Ni 比较低，可适当提高还原剂用量，在还原温度 1250℃，还原时间 80min，添加剂用量 11% 的情况下，获得镍铁精矿镍品位为 4.1%～5.0%，铁品位 72%～79%，镍回收率 81%～90%，铁回收率 70%～89% 的较好指标。进一步证实红土镍矿复合黏结剂球团 DRMS 工艺具有良好的原料适应性，是实现低品位过渡型及腐殖土型红土镍矿高效利用的重要技术手段。

4.3.4 直接还原—磁选工业试验

为了进一步验证 DRMS 工艺的工业应用效果，中南大学联合广西北港新材料有限公司在 ϕ3.6m×72m 回转窑直接还原—磁选生产线开展了工业试验。广西北港新材的 DRMS 生产线于 2013 年 3 月设计，2013 年 5 月开始土建，2014 年 1 月投产运行，主要以含镍 1.4%～1.6%、含铁小于 20% 的腐殖土型红土镍矿为原料生产镍铁精粉。生产工艺流程：红土镍矿进厂→烘干→物料进行破碎→配料混合→回转窑还原→破碎→粉磨→磁选→镍铁精粉。

工业试验主要涉及的设备和参数见表 4-19，更详细的设备参数等信息在第 7 章工业试验一节中还会述及，此处不再赘言。

表 4-19 工业试验主要设备及参数

序号	设备名称	型号规格	电机功率/kW	工艺要求
1	双齿辊破碎机	2PGC ϕ1400mm×1400mm	2×110	处理能力≤350t/h，进料粒度 0～500mm，出料粒度≤80mm

序号	设备名称	型号规格	电机功率/kW	工艺要求
2	圆筒干燥机	φ4.2m×40m	450（10kV）	处理能力100t/h（±2%），烘干后水分≤18%
3	振筛	2YA2060	22	处理能力100~150t/h，成品粒度≤3mm
4	破碎机	PCKW1416	315	处理能力80~160t/h
5	圆筒混合机	φ3.2m×13m	250	处理能力200t/h
6	压球机	LYQ1009	280	处理能力25~30t/h，进料粒度≤3mm，设计成球率95%
7	回转窑	φ3.6m×72m	280	处理能力500t/d，窑内高温段耐材可耐受1400℃
8	颚式破碎机	PE500×750	55	处理能力45~130t/h
9	永磁除铁器	RCYD-10T	4	底部表明磁场强度≥5000GS，额定磁感强度≥1000GS
10	球磨机	φ3600mm×5500mm	1250	生产能力60t/h
11	磁选机	CTB-1230	—	处理能力100~140t/h，筒表磁场5000GS

4.3.4.1 原料性能及工业试验流程

工业试验所用原料的化学成分见表4-20，包括中、低品位红土镍矿，还原剂（无烟煤），复合黏结剂等；其他原料还包括各类返料、除尘灰等，由于这些原料都在流程内循环，因而此处不单列。从成分上看，"中镍"为一种过渡型或腐殖土型红土镍矿，而"低镍"为褐铁矿型红土镍矿。无烟煤与红土镍矿混匀后压团作为内配用还原剂，固定碳含量为80%左右；喷吹煤则为烟煤，固定碳含量较低，约为52%；复合黏结剂即为前述中南大学专利产品。

表4-20 工业试验现场原料的化学成分（质量分数） （%）

样品	Fe总	Ni	Cr₂O₃	MgO	SiO₂	CaO	Al₂O₃	S	LOI
中镍	17.41	1.61	1.20	20.04	36.02	0.55	4.39	0.000	11.00
低镍	50.45	0.85	1.70	2.02	3.61	0.01	3.94	0.007	12.49
无烟煤	0.75	—	—	0.28	7.46	0.31	3.70	0.800	85.64
喷吹煤	5.66	—	—	0.64	13.26	11.97	3.85	6.201	52.72

工业试验分为三个阶段：基准期（20天），100%中镍、无复合黏结剂；试验Ⅰ期（17天），100%中镍、6%（质量分数）复合黏结剂；试验Ⅱ期（16天），75%中镍+25%低镍、无复合黏结剂。

（1）原料预处理。从港口码头来的中、低品位红土镍矿先经卡车陆运和皮带运输至原料堆存场，通过圆振筛（20mm筛孔）进行湿矿筛分，筛上通过双齿辊破碎机破至20mm以下，与筛下一同通过皮带机运至圆筒干燥机（φ4.2m×40m，高炉煤气喷吹提供热源，连接电除尘器，通过引风机引至脱硫塔）进行干燥，干燥温度一般700~800℃，干燥时间

30min，干燥后物料的水分为15%~18%。然后将烘干后的红土镍矿运至破碎筛分系统，经过两段破碎和两段筛分，得到≤3mm含量占75%~85%的粉矿，然后通过皮带机运至红土镍矿配料仓。

（2）配料。将预处理后中、低品位红土镍矿与一定比例复合添加剂、无烟煤粉（内配比例11%~15%）按上述工业试验方案进行配矿，然后通过皮带输送机运至圆筒混合机进行充分混匀，同时将物料水分调整至16%~20%，再通过皮带运至压球混合料仓。

（3）红土镍矿压团。将混合料经过皮带运输至对辊压球机成型（辊子直径1000mm，宽度900mm），成型线压力5.5t，缝隙间隙小于2mm，生产能力可达25~30t/h，主电机功率为280kW，成球率一般为78%~85%。成品球经皮带机输送至圆辊筛（φ102mm×1200mm），筛下进入返料皮带输送至返料仓，筛上运送至转运站，其成球率78%~85%。

（4）回转窑直接还原。经成型的红土镍矿生团块从回转窑窑尾装入，然后在窑内逐步被加热、还原，从低温预热段到高温还原段再到物料短暂缓冷段，物料窑内停留时间4~6h。窑头部分装有燃烧器，喷入燃烧腔的煤粉为烟煤，每吨镍铁精矿需喷吹的煤耗一般为0.75~1.2t。一般来说，高温还原段温度为1300~1350℃，窑头物料出口温度为1100~1250℃，回转窑窑尾接有高温引风机，热风风温介于280~320℃之间，用于原矿圆筒干燥机的热量补充。

（5）焙烧矿的磨矿—磁选。从回转窑头卸出的高温焙烧矿经水萃急冷后，通过皮带机运至破碎机进行初破后进入缓料仓，为下面的磨选流程做准备。通过多段破碎、细磨配合多级磁选，提高了磨选产品质量和镍铁回收率，该选矿工艺主要出两种产品，一是经过细破干选得到的干选铁；二是干选铁继续进球磨机细磨，再经过湿式磁选出镍铁精粉，由上述干、湿选别得到的精矿经混匀后得到最终镍铁精粉产品，继而供给回转窑一车间的RKEF生产线。对于湿式磁选得到的尾矿，考虑其镁、硅含量较高，则用于替代蛇纹石用于烧结。

4.3.4.2　直接还原—磁选工业试验行为

A　直接还原—磁选技术指标分析

图4-33和图4-34所示分别为工业试验不同阶段镍铁精矿产品的平均镍品位和镍回收率。由图可知，基准期（100%中镍、无复合黏结剂）镍铁精粉的平均镍品位为6.31%，镍回收率仅为76.68%；而试验Ⅰ期添加复合黏结剂后，镍铁精矿的平均镍品位提到了7.11%，镍回收率相应增加到88.15%，较基准上升了14.96%；试验Ⅱ期虽未使用复合添加剂，但通过配加还原性更好的褐铁矿型红土镍矿，镍铁精矿的镍品位也提高到了6.76%，镍回收率增加到81.80%，较基准上升6.68%。

图4-35所示为工业试验不同阶段的回转窑台时镍铁产量，图4-36所示为生产每吨镍铁精粉所需的煤耗（无烟煤+喷吹煤）和电耗。从设备利用率来看，试验Ⅰ期在使用复合添加剂后回转窑台时产量由基准的6.69吨/（时·台）明显提高到7.70吨/（时·台），增加了15.10%；试验Ⅱ期的回转窑台时产量较基准也显著增加，达到了7.82吨/（时·台）。

就工序能耗而言，基准期的吨镍铁精粉煤耗约为2.49t/t，而试验Ⅰ期的吨镍铁精粉煤耗仅为2.18t/t，较前者减少了12.45%；试验Ⅱ期的吨镍铁精粉煤耗较基准却有轻微

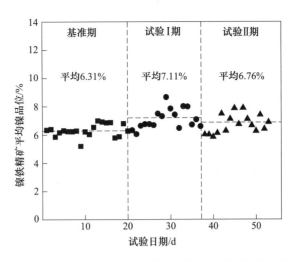

图 4-33 工业试验不同阶段的镍铁精矿产品平均镍品位

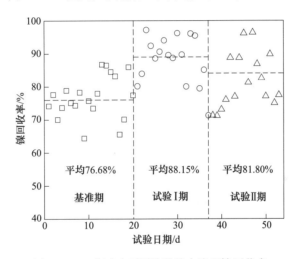

图 4-34 工业试验不同阶段的全流程镍回收率

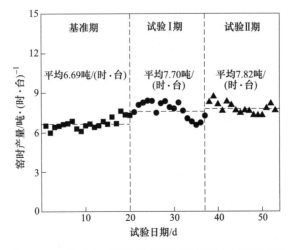

图 4-35 工业试验不同阶段的煤基回转窑台时镍铁产量

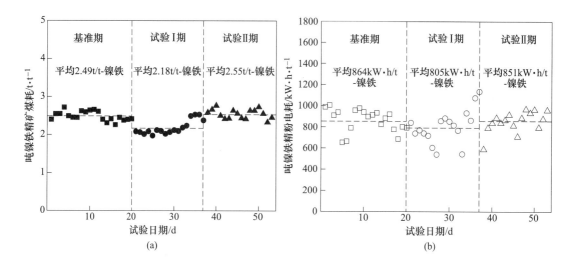

图 4-36   工业试验不同阶段的吨镍铁精粉煤耗（a）和电耗（b）

增加，达到了 2.55t/t，这可能因为褐铁矿型红土镍矿烧损较高的缘故。

上述试验结果也进一步证明，通过添加一定比例复合黏结剂和褐铁矿型红土镍矿具有提高还原速率、改善镍富集效果、提高回转窑利用系数的作用，说明新工艺在技术上完全具备可行性。

B   直接还原—磁选工艺经济可行性分析

对工业试验 3 个阶段的镍铁精粉生产全流程进行经济性分析，结果见表 4-21。从镍铁生产成本来说，基准期每吨镍铁精粉的生产成本为 8127 元/吨，试验 I 期和 II 期每吨镍铁精粉的生产成本因原燃料成本的上升分别增加到了 8717 元/吨和 8291 元/吨。但考虑到不同试验阶段的镍铁精粉产品售价不同，试验 I 期和 II 期每吨镍铁精粉的销售利润分别为 882 元/吨和 835 元/吨，相比于基准的 392 元/吨分别提高了 1.25 倍和 1.13 倍，显著提高了企业生产效益。若按北港新材料每年 4 万吨镍铁精矿的产量计算，通过应用复合黏结剂或优化配矿有望新增利润 1600 万元以上。

表 4-21   工业试验不同阶段镍铁精粉生产经济性分析

(a) 镍铁成本项目组成		单价/元·吨⁻¹	基准期		试验 I 期		试验 II 期	
			单耗/t·t⁻¹	单位成本/元·吨⁻¹	单耗/t·t⁻¹	单位成本/元·吨⁻¹	单耗/t·t⁻¹	单位成本/元·吨⁻¹
原材料	中镍	500	6.20	3100	6.20	3100	5.34	2670
	低镍	340	0	0	0	0	1.78	605
	复合黏结剂	3000	0	0	0.37	1110	0	0
燃料动力	无烟煤	1160	1.37	1589	1.32	1531	1.57	1821
	喷吹煤	1680	1.12	1882	0.86	1445	0.98	1646
	电（元/kWh）	0.6	864	518	805	483	851	511

续表4-21

(a) 镍铁成本 项目组成		单价 /元·吨⁻¹	基准期		试验Ⅰ期		试验Ⅱ期	
		单价 /元·吨$^{-1}$	单耗 /t·t^{-1}	单位成本 /元·吨$^{-1}$	单耗 /t·t^{-1}	单位成本 /元·吨$^{-1}$	单耗 /t·t^{-1}	单位成本 /元·吨$^{-1}$
工资等	工资	—	—	300	—	300	—	300
	折旧	—	—	188	—	188	—	188
	机物料	—	—	220	—	220	—	220
	其他	—	—	330	—	330	—	330
合计		—	—	8127	—	8717	—	8291
(b) 镍铁售价		镍点单价/元	镍品位/%	售价 /元·吨$^{-1}$	镍品位/%	售价 /元·吨$^{-1}$	镍品位/%	售价 /元·吨$^{-1}$
		1350	6.31	8519	7.11	9599	6.76	9126
(c) 镍铁利润		—		392		882		835

参 考 文 献

[1] 朱德庆, 田宏宇, 潘建, 等. 低品位红土镍矿综合利用现状及进展 [J]. 钢铁研究学报, 2020, 32 (5): 351-362.

[2] 朱德庆, 郑国林, 潘建, 等. 低品位红土镍矿制备镍精矿的试验研究 [J]. 中南大学学报 (自然科学版), 2013, 44 (1): 1-7.

[3] 潘料庭, 李云峰, 张秋艳. 红土镍矿直接还原镍铁粉的应用途径探讨 [J]. 铁合金, 2018, 49 (2): 5-8.

[4] 徐小锋. 红土镍矿预富集—还原熔炼制取低镍铁合金研究 [D]. 长沙: 中南大学, 2007.

[5] 朱德庆, 潘建, 李启厚, 等. 强化红土镍矿压团的复合添加剂及其制备方法和应用 [P]. 中国专利, CN201710470955.7.

[6] 潘建, 田宏宇, 朱德庆, 等. 配矿强化中低品位红土镍矿选择性还原研究 [J]. 烧结球团, 2018, 43 (1): 15-19, 24.

[7] ZHU D Q, CUI Y, VINING K, et al. Upgrading low nickel content laterite ores using selective reduction followed by magnetic separation [J]. International Journal of Mineral Processing, 2012, 106: 1-7.

[8] ZHENG G, ZHU D, PAN J, et al. Pilot scale test of producing nickel concentrate from low-grade saprolitic laterite by direct reduction-magnetic separation [J]. Journal of Central South University, 2014, 21 (5): 1771-1777.

[9] ZHU D, PAN L, GUO Z, et al. Utilization of limonitic nickel laterite to produce ferronickel concentrate by the selective reduction-magnetic separation process [J]. Advanced Powder Technology, 2019, 30 (2): 451-460.

[10] TIAN H, PAN J, ZHU D, et al. Improved beneficiation of nickel and iron from a low-grade saprolite laterite by addition of limonitic laterite ore and $CaCO_3$ [J]. Journal of Materials Research and Technology, 2020, 9 (2): 2578-2589.

[11] 潘料庭. 红土镍矿回转窑直接还原镍铁工艺设计与实践 [J]. 铁合金, 2015, 46 (2): 15-19.

5 低品位褐铁矿型红土镍矿熔融还原理论与工艺

目前采用的烧结—高炉法处理褐铁矿型红土镍矿，不锈钢母液中铁、镍回收率高，但镍含量只有1%~2%左右，主要用于生产200系不锈钢。本章介绍一种作者团队开发的低品位褐铁矿型红土镍矿"两步法"熔融还原新工艺及其理论基础，首先将低品位红土镍矿选择性预还原，然后对预还原矿进行熔分，制备不锈钢母液，将为利用低品位褐铁矿型红土镍矿生产高品位镍铁合金或不锈钢母液、减少对焦炭的依赖提供理论依据及工艺方案。

5.1 低品位褐铁矿型红土镍矿选择性还原—熔融分离基础

红土镍矿本质上是一类由铁、铝、硅等元素的含水氧化物组成的氧化型硅酸盐矿物，既含有 Fe、Ni、Co、Cr、Mn 等有价元素，也含有大量的 SiO_2、Al_2O_3、CaO、MgO 等脉石矿物，同时还含有 S、P 等有害元素。红土镍矿的冶炼过程涉及了多种元素的氧化物还原反应。氧化物的标准生成自由能决定了其稳定性大小。在 300~2000K 温度范围内 MgO、Al_2O_3 和 CaO 不会被 C 还原，其他有价元素被 C 还原成单质的起始温度呈现显著差异，其由低到高的顺序为 NiO、CoO、FeO、Cr_2O_3、MnO、SiO_2。

红土镍矿高炉火法冶炼就是利用氧化物的还原性差异，将 NiO、CoO、FeO、Cr_2O_3、MnO 尽可能地还原为金属态进入铁水，最大限度地利用红土镍矿中的有价元素。但是，对于主要有价元素而言，还原反应没有选择性。

基于 NiO、CoO 的还原性大于 FeO，镍、钴氧化物更易被还原为金属的热力学性质差异，提出红土镍矿的选择性还原。它是指在还原过程中抑制部分铁氧化物的还原，但保证镍、钴氧化物最大程度的还原，在最终还原团块中出现镍富集程度高的铁镍合金相，铁的还原尽可能停留在浮氏体阶段。这样，在熔分工艺中，通过渣金分离，就可得到高品位的不锈钢母液或镍铁合金。

常压下铁、镍氧化物的还原平衡图如图 4-2 所示。镍的还原非常容易，在较低的反应温度和 CO 分压条件下，即可实现 CO 与 NiO 的间接还原反应。然而，煤基还原体系中的 CO 为 C 气化反应的产物，试验用煤的气化开始温度约 750~850℃；因此，NiO 与 CO 的间接还原反应需要在 750℃ 以上温度条件下才能实现。NiO 与 C 的反应开始温度相对要低些。

从理论上来看，反应温度控制在 675~715℃，镍将尽数还原为金属，铁以浮氏体形式存在，经磁选富集或熔融分离即可获得高镍品位的镍铁合金或不锈钢母液。然而，就生产实际而言，该目标难以实现。红土镍矿中铁、镍氧化物常与 SiO_2、CaO 等脉石形成复杂氧化物，低温下难以还原，需要在较高反应温度或添加剂的作用下才能进行。实际生产中，缺碳操作是生产成功的关键。在适宜的反应温度下，要合理控制还原剂用量，在确保镍得到充分还原的前提下，一方面要抑制铁的还原，保证产品的镍品位；另一方面还需要生成适量的金属铁，有助于熔分过程中渣铁分离及提高镍回收率。

预还原炉料在高温下软熔滴落，金属相汇聚于炉子下部，实现渣金分离。在渣铁界面上，有价金属元素氧化物与 C 的化学反应如下：

$$(MeO) + [C] \Longrightarrow [Me] + CO(g) \tag{5-1}$$

$$K_{Me} = \frac{\gamma'_{Me} \cdot w[Me] \cdot p_{CO}}{a_{(MeO)}} \tag{5-2}$$

$$\lg K_{Me} = -\frac{A_{Me}}{T} + B_{Me} \tag{5-3}$$

$$L_{Me} = \frac{m[Me]}{m(MeO)} = L_0 \cdot \frac{K_{Me} \cdot \gamma_{(MeO)}}{p_{CO}} \tag{5-4}$$

式中　γ'_{Me}——金属熔体中 Me 的活度系数；

$\quad p_{CO}$——体系的 CO 气体分压；

$\quad a_{(MeO)}$——熔渣中 MeO 的活度；

$\quad \gamma_{(MeO)}$——熔渣中 MeO 的活度系数；

A_{Me}，B_{Me}——常数，$A_{Me} > 0$，$B_{Me} > 0$；

$\quad L_{Me}$——金属在铁渣间的分配比；

$\quad L_0$——常数。

通过对红土镍矿预还原产品的熔化分离，可实现 Ni、Fe 和 Co 在铁水中的回收。提高有价金属回收率的本质即提高金属在铁渣间的分配比 L_{Me}，由式（5-3）、式（5-4）可知，能够采取的措施有：（1）升高炉温，提高反应平衡常数 K_{Me}，加快反应速率，促进金属实际铁渣分配比趋近平衡值。（2）合理增大炉渣碱度，（FeO）、（NiO）和（CoO）属于碱性组分，渣中同类氧化物增多，化学势增大，能够增大熔渣中该类氧化物的活度系数 $\gamma_{(MeO)}$。

S、P 是生铁产品的主要有害杂质，炼铁过程主要涉及硫的脱除，炉渣脱硫的基本反应如下：

$$[FeS] + (CaO) \Longrightarrow (CaS) + (FeO) \tag{5-5}$$

$$K_S = \frac{w(S)}{w[S]} \cdot \frac{\gamma_{(FeO)}}{\gamma'_{[S]}} \cdot \frac{\gamma_{(CaS)}}{\gamma_{(CaO)}} \cdot \frac{w(FeO)}{w(CaO)} \tag{5-6}$$

$$\lg K_S = -\frac{4970}{T} + 5.383 \tag{5-7}$$

$$L_S = \frac{w(S)}{w[S]} = K_S \cdot \gamma'_{[S]} \cdot \frac{w(CaO) \cdot \gamma_{(CaO)}}{w(FeO) \cdot \gamma_{(FeO)} \cdot \gamma_{(CaS)}} \tag{5-8}$$

式中　$\gamma'_{[S]}$——金属熔体中 S 的活度系数；

$\quad \gamma_{(FeO)}$——熔渣中 FeO 的活度系数；

$\quad \gamma_{(CaO)}$——熔渣中 CaO 的活度系数；

$\quad \gamma_{(CaS)}$——熔渣中 CaS 的活度系数；

$\quad L_S$——S 在渣铁间的分配比。

提高脱硫率即提高 S 在渣铁间的分配比 L_S，L_S 是 K_S、$\gamma'_{[S]}$、渣氧势和以碱度代表的渣成分的函数；生产中的脱硫措施包括：（1）提高熔融温度，增大平衡常数 K_S；（2）增大熔渣碱度，提高 $\gamma_{(CaO)}$ 和 $w(CaO)$；（3）适当降低渣中 FeO 含量，即降低渣氧势；（4）提高金属熔体中 S 的活度系数 $\gamma'_{[S]}$，[C]、[Si] 和 [P] 含量提高可促使 $\gamma'_{[S]}$ 增大。

炉渣温度及其化学成分是决定均相液态熔渣黏度的主要因素。炉渣所在温度与熔化温度的差值称为"过热度",过热度越大,黏度越小。这是因为升高温度能增加熔体的原子间距,减弱原子间相互作用力,使黏度下降。

低熔点炉渣易于保持过热度,能显著降低炉渣黏度,对于渣铁分离十分有利。炉渣的熔点主要由化学成分决定,镍铁冶炼的炉渣偏酸性,是长渣,随着过热度增加,黏度下降幅度不大,加入 CaO、MgO 等碱性物质可显著降低黏度,炉渣"离子理论"的解释是: CaO 等二价金属氧化物分子能破坏复杂 SiO_4^{4-} 空间四面体结构,使得黏度下降[12]。虽然加入 CaO 有利于降低炉渣黏度,但是需要注意的是,碱度太高将会提高炉渣的液相温度,导致液相生成量减少以及炉渣过热度降低等问题,从而提高炉渣黏度。除 CaO、MgO 之外,FeO 能与 SiO_2 等生成低熔点物质,增加其含量有利于降低炉渣黏度。

Fe、Ni 能以任何比例互溶,Fe-Ni 二元相图如图 4-3 所示。由图可知,任何成分的 Fe-Ni 固溶体,其熔化温度均在 1440℃ 以上。此研究的产品目标镍品位在 10% 左右,此时对应的熔化温度约为 1500℃。由于实际生产中为了保证渣铁界面反应能力和流动性,必须保持一定的过热度,但冶炼温度升高又会增加 Si、Al 等杂质含量,故综合考虑,红土镍矿冶炼镍铁的温度以 1500~1550℃ 为宜。

5.2 选择性预还原—熔分工艺

5.2.1 原料性能

本章以菲律宾某低品位褐铁矿型红土镍矿为原料,介绍红土镍矿预还原焙烧和预还原团块熔融分离工艺特性。其化学成分和物相组成见表 5-1、表 5-2 和表 5-3。

表 5-1 红土镍矿化学成分 (质量分数)   (%)

成分	$Fe_总$	Ni	CaO	SiO_2	MgO	Al_2O_3	Co	Cr	Mn
含量	48.09	0.98	0.19	3.97	1.34	6.32	0.13	2.27	1.45
成分	K_2O	Na_2O	Pb	Zn	As	C	P	S	LOI*
含量	0.0046	0.040	0.011	0.026	0.0076	0.19	0.32	0.15	12.5

注:LOI* 为烧损。

表 5-2 红土镍矿中铁的物相组成 (质量分数)   (%)

铁相态	碳酸铁	硫化铁	磁铁矿	假象赤铁矿	赤针铁矿	硅酸铁	总计
含量	0.70	0.10	2.13	4.71	38.60	1.85	48.09
分布率	1.46	0.21	4.43	9.79	80.27	3.85	100.00

表 5-3 红土镍矿中镍的物相组成 (质量分数)   (%)

镍相态	氧化镍	硫化镍	硅酸盐	铁矿等难溶矿物	总计
含量	0.04	0.00	0.03	0.91	0.98
分布率	4.26	0.40	2.94	92.40	100.00

红土镍矿原矿铁品位高达 48.09%,但镍品位仅 0.98%,是一种高铁低镍的低品位红土镍矿;脉石矿物偏酸性,Al_2O_3、SiO_2 含量分别为 6.32%、3.97%,CaO、MgO 含量仅

0.19%、1.34%，$w(MgO+CaO)/w(Al_2O_3+SiO_2)=0.15$；Co 品位为 0.13%，Cr 品位为 2.27%，具有一定的回收价值；矿石结晶水含量较高，烧损值高达 12.5%。

铁元素主要赋存于针铁矿和赤铁矿中，分布率为 80.27%，其次是假象赤铁矿和磁铁矿；镍元素几乎全部以类质同象形式取代 Fe、Mg 等赋存于铁矿等难溶矿物中，分布率高达 92.40%。

将红土镍矿湿矿干燥至约 10% 水分，用对辊破碎机破碎至 -5mm 备用，破碎后的红土镍矿粒度组成见表 5-4。

表 5-4　红土镍矿干燥破碎后的粒度组成（质量分数）　　　　　（%）

粒度/mm	>5	3~5	1~3	0.5~1	0.074~0.5	<0.074	合计
含量	0.34	4.10	39.57	22.22	29.87	3.90	100

选用烟煤和无烟煤两种还原剂，烟煤来自陕西神府地区，无烟煤由国内某钢铁厂提供。还原煤的工业分析、灰分化学成分和反应性分别见表 5-5、表 5-6 和图 5-1。

表 5-5　还原煤的工业分析（质量分数）　　　　　　　（%）

工业分析	Mad	Aad	Vad	Fcad
烟煤	12.98	4.49	30.41	52.12
无烟煤	2.03	10.55	6.54	80.88

注：样品均为空气干燥基。

表 5-5 表明烟煤的挥发分含量高，达到 30.41%，固定碳含量相对较低，仅 52.12%；而无烟煤的挥发分含量仅 6.54%，固定碳含量高达 80.88%。无烟煤灰分量大于烟煤，含量为 10.55%，主要成分是 SiO_2 和 Al_2O_3；烟煤灰分量为 4.49%，主要成分是 SiO_2、CaO 和 Fe_2O_3，见表 5-6。

表 5-6　还原煤灰分化学成分（质量分数）　　　　　（%）

成分	Fe_2O_3	SiO_2	Al_2O_3	CaO	MgO	P	S
烟煤	19.58	33.09	9.61	29.88	1.59	0.001	1.14
无烟煤	4.14	47.69	37.53	4.71	0.82	0.348	0.36

反应性是表征还原煤气化和燃烧特性的重要指标，指在一定温度下还原煤将 CO_2 还原成 CO 的能力，通常以 CO_2 的还原率作为评价指标。一般来说，煤的反应性越好，气化燃烧的反应速度就越快[14]。

由图 5-1 可知，750℃时，烟煤与 CO_2 的反应即已开始，随着温度升高，CO_2 的还原率迅速增大，在 950℃时接近 100%；无烟煤与 CO_2 的反应始于 850℃左右，随着温度升高缓慢增大，在温度达到 1100℃时，CO_2 的还原率仅 40%；就反应性而言，该烟煤优于无烟煤。这是由于煤的变质程度越低，内部孔隙越发达，总比表面积越大，越有利于碳与 CO_2 反应的进行。

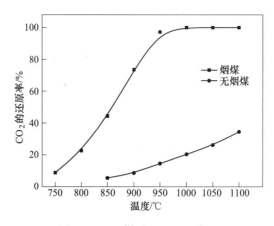

图 5-1　还原煤对 CO_2 的反应性

　　烟煤原煤的粒度较大，采用颚式破碎机破碎至 -5mm 以下。两种还原煤最终的粒度组成见表 5-7，两种还原煤的粒度组成十分接近，-3mm 粒级占比均在 85% 左右。

表 5-7　还原煤的粒度组成（质量分数）　　　　　　　　　　　　　（%）

粒度/mm	≥5	3~5	1~3	0.5~1	0.074~0.5	≤0.074	合计
烟煤	0	15.19	47.53	27.07	10.11	0.1	100
无烟煤	1.29	14.70	42.05	17.67	20.16	4.13	100

　　选用了玉米淀粉、F 黏结剂、水玻璃和膨润土 4 种不同的黏结剂，按存在形态区分：玉米淀粉、F 黏结剂和膨润土为固态粉末，水玻璃为液态；按成分类型区分：玉米淀粉为有机黏结剂，水玻璃和膨润土为无机黏结剂，F 黏结剂则是一种复合型黏结剂。玉米淀粉的主要成分是有机物；水玻璃的模数为 3.55，水分 49.5%，密度 $1.418kg/m^3$；F 黏结剂和膨润土的化学成分见表 5-8。

表 5-8　黏结剂的化学成分（质量分数）　　　　　　　　　　　　　（%）

组分	$Fe_总$	SiO_2	Al_2O_3	CaO	MgO	Na_2O	K_2O	P	S	LOI
F 黏结剂	7.91	28.65	13.40	0.85	0.42	3.35	1.06	0.11	0.0003	37.24
膨润土	1.75	61.33	15.50	1.59	—	2.33	0.44	—	0.11	11.74

　　由表 5-8 可知，F 黏结剂所含无机成分主要是 SiO_2 和 Al_2O_3，含量分别为 28.65% 和 13.4%，烧损值高达 37.24%，这主要源于复合黏结剂中有机成分的燃烧。膨润土的 SiO_2 含量高达 61.33%，Al_2O_3 含量为 15.5%，是一种高硅高铝无机黏结剂。

　　为了便于叙述，下文将分别以 CS、FB、BT 和 WG 代表玉米淀粉、F 黏结剂、膨润土和水玻璃。

　　选用了石灰石、消石灰和白云石三种熔剂，用于调节碱度和 MgO/SiO_2 质量比，熔剂的化学成分与粒度组成分别见表 5-9 和表 5-10。

表 5-9　熔剂的化学成分（质量分数）　　　　　（%）

熔剂	Fe$_{总}$	SiO$_2$	Al$_2$O$_3$	CaO	MgO	P	S	LOI
石灰石	0.11	0.65	0.05	51.61	3.03	0.034	0.0047	42.87
消石灰①	0.14	1.42	0.23	65.67	0.32	0.065	0.084	30.23
白云石	0.56	0.75	0.23	33.5	22.29	—	—	44.28

①消石灰化学成分由自然基测得。

由表 5-9 可知，石灰石与消石灰的 CaO 含量分别为 51.61% 和 65.67%，相同碱度条件下，消石灰用量低于石灰石；石灰石烧损值高达 42.87%，主要是由于碳酸盐的分解；消石灰烧损值为 30.23%，主要是因为结晶水的脱除。白云石主要用于调节 MgO/SiO$_2$ 比，CaO 含量为 33.5%，MgO 含量达到 22.29%。

表 5-10　熔剂的粒度组成（质量分数）　　　　　（%）

粒度/mm	>5	3~5	1~3	0.5~1	0.074~0.5	<0.074	合计
石灰石	0	4.26	41.56	19.90	30.06	4.22	100
白云石	0	0	0	63.23	34.14	2.63	100

消石灰是一种粉状熔剂，粒度很细。石灰石的粒度分布较均衡，其中 1~3mm 粒级含量为 41.56%，由表 5-10 可见，白云石粒度较细，0.5~1mm 粒级含量为 63.23%，−0.5mm 粒级含量为 36.77%。

以低品位褐铁矿型红土镍矿为原料，通过选择性预还原—电炉熔分的二步法熔融还原工艺冶炼高镍生铁。试验主要流程包括压团、干燥、团块预还原焙烧、预还原团块熔融分离。

5.2.2　红土镍矿自还原团块制备工艺

本节介绍低品位褐铁矿型红土镍矿自还原团块（内配碳）的制备工艺特性，包括配料、混匀、压团和生团块干燥过程，优选黏结剂配方及团块制备工艺参数，为后续预还原提供合格炉料。

5.2.2.1　红土镍矿压团

在添加 2% 的黏结剂（玉米淀粉、F 黏结剂和水玻璃）、内配 16% 无烟煤、自然碱度和 50kN/cm 成型压力条件下，混合料水分对生团块质量指标的影响规律见表 5-11。

表 5-11　混合料水分对生团块质量指标的影响

黏结剂	水分/%	成球率/%	落下强度/%	抗压强度/N·个$^{-1}$	热爆裂指数/%
CS	10.17	70.66	66.89	80.0	4.43
CS	12.18	76.46	67.10	95.6	2.40
CS	14.10	79.90	74.29	111.1	2.12
CS	15.31	79.10	75.59	102.1	1.97
FB	12.81	78.21	77.24	104.7	0.49

黏结剂	水分/%	成球率/%	落下强度/%	抗压强度/N·个⁻¹	热爆裂指数/%
FB	13.21	78.70	82.83	123.1	1.42
FB	14.55	82.34	85.78	125.6	1.49
FB	15.22	84.27	83.91	109.1	2.48
WG	12.66	76.64	71.81	105.3	1.62
WG	13.61	78.43	76.48	111.4	0.81
WG	14.30	80.71	87.04	118.3	0.89
WG	15.12	83.74	81.60	104.6	0.40

由表可知，混合料水分对压团具有重要影响，主要是影响生团块的成球率。在物料不粘辊的前提下，生团块成球率随水分增大而提高；同时，适宜的水分有利于提高生团块的落下强度与抗压强度。以添加水玻璃的生团块为例，随着水分由 12.66% 提高到 14.30%，生团块成球率由 76.64% 提高到 80.71%，落下强度由 71.81% 提高到 87.04%，抗压强度由 105.3N/个提高到 118.3N/个。在试验设计水分区间内，以添加水玻璃的生团块热稳定性最佳，热爆裂指数限制在 1% 以下。总体而言，添加不同黏结剂对压团最佳水分略有影响，但差别不大，介于 14.1% ~ 14.6% 之间。

不同黏结剂种类及用量对生团块强度指标的影响如图 5-2 所示。从综合效果来看，同等条件下，三种黏结剂的效果以水玻璃最佳，F 黏结剂次之，玉米淀粉最差。当黏结剂配比为 2% 时，添加水玻璃、F 黏结剂和玉米淀粉的生团块落下强度分别为 87.04%、89.33%、70.37%，抗压强度分别为 118.3N/个、123.7N/个和 105.6N/个，生团块热爆裂指数分别为 0.89%、1.49%、2.12%，效果差异明显。

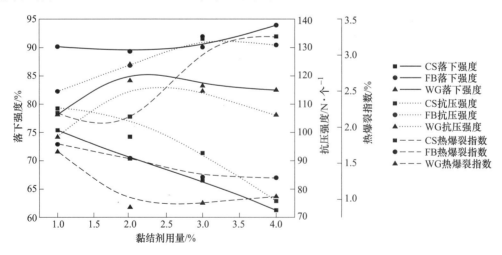

图 5-2 黏结剂对生团块指标的影响（水分 14.5%，内配 16% 无烟煤和自然碱度 0.05）

同样，单一黏结剂具有合理的用量范围。就水玻璃和 F 黏结剂而言，提高黏结剂用量，生团块强度呈先变好再变差的趋势。在水玻璃配比为 2% 时，生团块的落下强度和抗压强度达到了最大值；在 F 黏结剂配比为 3% 时，生团块抗压强度达到最大值。玉米淀粉的过量添加造成团块质量恶化，这可能是因为红土镍矿适宜的压团水分较低，玉米淀粉无法发挥黏结作用。

综上所述，推荐选用 2% 水玻璃或 3% F 黏结剂作黏结剂，玉米淀粉不再单独使用。

碱度对生团块强度的影响如图 5-3 所示。提高碱度，生团块落下强度由 79.72% 提高到 81.28%，而后基本保持不变；抗压强度则先升高后下降：首先由 110.2N/个提高到 113.9N/个，而后降至 107.7N/个。碱度对生团块强度的影响呈现出规律性，但变化区间很小。此外，生团块成球率维持在 80% 左右，热爆裂指数限制在 1% 以下。整体而言，添加石灰石调碱度对生团块的质量指标影响不大。

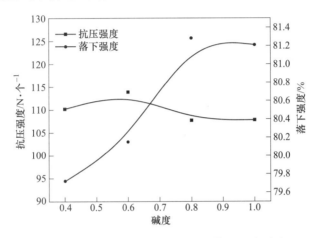

图 5-3　碱度对生团块指标的影响（内配 16% 无烟煤、2% 水玻璃和 14.5% 水分）

烟煤和无烟煤是两种性能不同的还原剂，加入红土镍矿中可改善团块的还原性，但可能对红土镍矿成球率及团块性能产生影响，必须对内配煤种类及用量予以优化。

水玻璃配比和还原煤种类对生团块质量指标的影响规律如图 5-4 所示。配加烟煤的生团块强度远远低于配加无烟煤的生团块。在水玻璃配比为 2% 时，内配烟煤和无烟煤的生团块落下强度分别为 36.62%、87.04%，抗压强度分别为 79.4N/个、118.3N/个。此外，内配烟煤时生团块的热稳定性极差，内配 16% 烟煤、2% 水玻璃时，生团块的热爆裂指数高达 11%。

将水玻璃用量由 1% 提高到 4%，内配烟煤的生团块热爆裂指数逐渐下降，但落下强度和抗压强度并无改善，无法通过提高黏结剂用量来改善内配烟煤的压团效果。这是由于烟煤的表面干燥疏水，润湿性差，难与其他物料一起压结成块，不宜用作压团内配煤。因而，推荐使用无烟煤粉作为红土镍矿压团内配煤。

在混合料水分 14.5%、2% 水玻璃、自然碱度条件下，内配无烟煤用量对生团块指标的影响见表 5-12。将内配无烟煤量由 12% 提高到 24%，生团块成球率略有提高，热爆裂指数变化不大，抗压强度则由 128N/个下降到 113.9N/个，落下强度由 81.66% 下降到 69.54%；增加内配煤量对生团块强度的影响十分明显。这是因为内配煤量增加，造成团块内部结构疏松，致使生团块强度恶化。因而，在满足红土镍矿后续还原需求的前提下，内配煤量不宜过高。

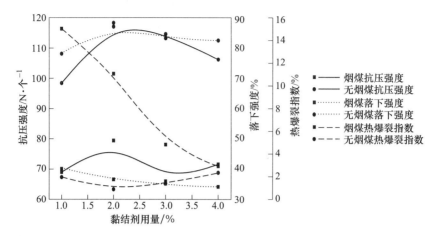

图 5-4　黏结剂配比对生球团块指标的影响（内配煤量 16%、水分 14.5% 和自然碱度）

表 5-12　内配无烟煤量对生团块质量的影响

内配煤量/%	成球率/%	生团质量指标		
		落下强度/%	抗压强度/N·个$^{-1}$	热爆裂指数/%
12	78.41	81.66	128.0	0.61
16	79.64	81.32	120.1	0.65
20	79.50	76.22	117.8	0.67
24	79.32	69.54	113.9	0.61

由上可知，褐铁矿型红土镍矿压团工艺适宜的压团水分为 14.1% ~ 14.6%；就单一黏结剂效果而言，水玻璃最佳，F 黏结剂次之，玉米淀粉最差；就还原剂种类而言，烟煤不宜用作压团内配煤，无烟煤适合用于压团内配还原剂。

5.2.2.2　红土镍矿生团块干燥

对水分为 14.5%，内配 16% 无烟煤、2% 水玻璃、碱度为 0.4 的生团块在规格为 $\phi200mm\times500mm$ 链算机上进行动态干燥。对红土镍矿生团块进行抽风干燥，考察料层高度、干燥温度、空气流速以及黏结剂用量、碱度和内配煤量等因素对团块强度影响规律，解释其干燥行为。

干燥温度对干团块质量的影响见表 5-13。当干燥温度由 200℃ 提高到 300℃，干燥总时间缩短；上、中、下三层干团块的抗压强度均有明显提高，落下强度变化不大，热爆裂指数控制在 5% 以下，无残余水。提高干燥温度有利于提高生产效率以及干燥团块质量。350℃时，团块内配煤出现轻微燃烧现象，干燥温度偏高。因此，选择后续试验的干燥温度为 300℃。

料层高度对干团块性能的影响见表 5-14。由此可知，随着料层高度增加，干燥时间延长，干团块的抗压强度持续降低，落下强度也整体呈下降趋势。在料层高度为 230mm 时，干燥不充分，料层中、下部均有一定的残余水分。综合考虑干燥效果与生产处理量，料层高度以 180mm 为宜。

表 5-13　干燥温度对干团块质量的影响（料层高度 180mm，空气流速 1.2m/s）

温度/℃	干燥时间	热爆裂指数/%	抗压强度/N·个$^{-1}$			落下强度/%			残余水分/%		
			上	中	下	上	中	下	上	中	下
200	15′15″	2.75	179.3	177.0	124.5	78.22	76.63	78.52	0	0	0
250	11′11″	2.59	188.7	170.3	176.6	78.31	77.03	77.65	0	0	0
300	9′39″	4.07	193.3	187.5	190.9	76.34	75.95	77.41	0	0	0
350	10′27″	4.71	177.3	198.7	174.1	63.35	74.59	74.59	0	0	0

表 5-14　料层高度对干团块质量的影响（干燥温度 300℃，空气流速为 1.2m/s）

料高/mm	干燥时间	热爆裂指数/%	抗压强度/N·个$^{-1}$			落下强度/%			残余水分/%		
			上	中	下	上	中	下	上	中	下
130	7′35″	3.37	201.1	186.8	185.4	74.41	76.24	75.20	0	0	0
180	9′39″	4.07	193.3	187.5	190.9	76.34	75.95	77.41	0	0	0
230	11′05″	3.98	160.2	172.8	156.1	69.38	80.13	71.04	0	0.46	1.12

干燥气流速率对干团块质量指标的影响见表 5-15。加快空气流速，干燥时间缩短，提高了生产效率；同时，干团块抗压强度、落下强度明显降低，−5mm 粉末率增大。这是因为高风速下水汽蒸发过快，生团块内部应力增大，致使干团块强度降低。综合考虑，适宜的空气流速为 0.8m/s。

表 5-15　干燥气流速率对干团块质量指标的影响（料层高度 180mm、干燥温度 300℃）

空气流速/m·s^{-1}	干燥时间	热爆裂指数/%	抗压强度/N·个$^{-1}$			落下强度/%			残余水分/%		
			上	中	下	上	中	下	上	中	下
0.8	10′52″	3.16	203.1	204.7	241.5	78.28	78.96	75.44	0	0	0
1.2	9′39″	4.07	193.3	187.5	190.9	76.34	75.95	77.41	0	0	0
1.6	9′14″	4.35	192.8	205.6	172.7	62.57	76.32	75.74	0	0	0

黏结剂种类及用量对干团块质量指标的影响如图 5-5 和图 5-6 所示。由图 5-5 可知，水玻璃在动态干燥过程中表现突出，上、中、下三层干团块的抗压强度分别达到 203.1N/个、204.7N/个、241.5N/个，落下强度亦为最佳；F 黏结剂整体表现次之，玉米淀粉最差，与静态干燥试验所得结果一致。

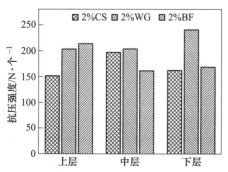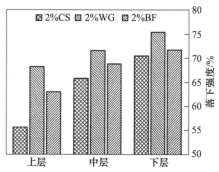

图 5-5　黏结剂种类对干团块强度的影响（料层高度 180mm、干燥温度 300℃、气流速率 0.8m/s）

由图 5-6 可知，提高水玻璃用量，团块动态干燥后的抗压强度整体上呈上升趋势，以水玻璃配比 3%~4% 时效果最佳；干团块的落下强度受黏结剂用量影响不大，中层、下层的干团块强度优于上层。

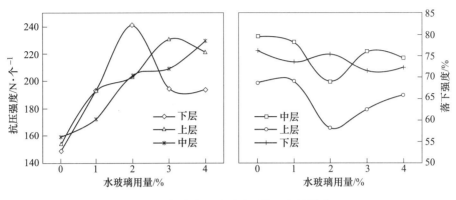

图 5-6　水玻璃用量对干团块强度的影响

在水玻璃用量 2%、混合料水分 14.5%、碱度 0.4 及干燥温度 300℃、料层高度 180mm、干燥气流速率 0.8m/s 的条件下，内配煤用量对干团块质量指标的影响见表 5-16。

表 5-16　内配煤量对干团块质量指标的影响

内配煤 /%	干燥 时间	热爆裂 指数/%	抗压强度/N·个$^{-1}$			落下强度/%			残余水分/%		
			上	中	下	上	中	下	上	中	下
12	11'15″	3.44	208.7	198.8	182.6	74.14	79.70	80.17	0	0	0
16	11'49″	3.16	203.1	204.7	241.5	58.28	68.96	75.44	0	0	0
20	10'20″	3.17	188.6	163.9	150.4	57.17	68.27	56.95	0	0	2.27
24	11'36″	6.07	135.6	110.6	87.6	64.71	62.92	57.92	0	1.06	2.90

随着内配煤量的增加，干团块质量指标明显变差。当内配煤为 12% 时，上、中、下层干团块抗压强度分别为 208.7N/个、198.8N/个、182.6N/个；内配煤 24% 时，上、中、下层干团块抗压强度仅有 135.6N/个、110.6N/个、87.6N/个；落下强度亦整体大幅下降。内配煤量过高会严重影响干团块的强度。

对内配 20% 无烟煤、2% 水玻璃、水分 14.5% 的生团块，在料层高度为 180mm、干燥温度 300℃、空气流速 0.8m/s 条件下进行干燥，不同碱度（配加不同比例的石灰石）对干团块质量指标的影响见表 5-17。由此可知，随着碱度上升，石灰石用量增加，干团块落下强度变化不大，抗压强度呈下降趋势。在 $R = 0.4$ 时，上、中、下层干团块的抗压强度分别为 188.6N/个、163.9N/个、150.4N/个；$R = 1.0$ 时，上、中、下层干团块的抗压强度分别为 157.5N/个、166.1N/个、114.9N/个。

由表 5-16 和表 5-17 可知，在料层高度为 180mm、干燥温度 300℃、空气流速 0.8m/s、保温 2min 的干燥制度下，料层下部的干团块常有一定量的残余水分。针对这一现象，主要通过两个措施予以解决：（1）适当延长保温时间；（2）提高空气流速。两种方案对干团块质量指标的影响见表 5-18。

表 5-17 碱度对干团块质量指标的影响

碱度	干燥时间	热爆裂指数/%	抗压强度/N·个⁻¹			落下强度/%			残余水分/%		
			上	中	下	上	中	下	上	中	下
自然碱度	9'17"	5.45	186.8	160.4	159.6	68.20	70.33	55.54	0	1.38	3.75
0.4	10'20"	3.17	188.6	163.9	150.4	57.17	68.27	56.95	0	0	2.27
0.6	10'35"	5.73	176.3	157.5	133.8	61.00	70.01	58.36	0	0	2.40
0.8	11'05"	3.18	150.3	149.2	110.7	55.02	66.12	58.73	0	0	1.22
1.0	10'00"	3.79	157.5	166.1	114.9	59.75	63.78	54.20	0	0	1.12

表 5-18 强化干燥方案对干团块质量指标影响的对比

空气流速/m·s⁻¹	保温时间	抗压强度/N·个⁻¹			落下强度/%			残余水分/%		
		上	中	下	上	中	下	上	中	下
0.8	2'	186.8	160.4	159.6	68.20	70.33	55.54	0	1.38	3.75
0.8	3'	181.8	196.2	199.1	69.11	69.67	72.70	0	0	0
0.8	2'	186.8	160.4	159.6	68.20	70.33	55.54	0	1.38	3.75
1.2	2'	183.9	147.8	146.8	66.69	69.90	70.69	0	0	0

由表 5-18 可知，延长保温时间、增大空气流速均能强化生团块的干燥，最终料层下部的残余水分消失。延长保温时间，干团块抗压强度和落下强度均有提高；增大空气流速，由于高空气流速下干燥速率快，团块内应力加大，致使干团块强度降低。综合考虑，选择将保温时间延长为 3min 来强化生团块的干燥。

综上所述，内配无烟煤的褐铁矿型红土镍矿生团块适宜的干燥制度为：料层高度180mm、干燥温度 300℃、空气流速 0.8m/s、保温时间 3min。水玻璃作为黏结剂效果最佳，适宜添加量为 3%~4%。

5.2.2.3 红土镍矿干团块在预还原过程中的热稳定性

红土镍矿经混匀、压团和干燥之后，在竖式电阻炉内进行预还原焙烧。试验观察发现，红土镍矿干团块在 1050℃下还原 30min，预还原团块出现严重的还原粉化现象：粉末量大，抗压强度低。分析预还原团块还原粉化的原因，主要有：（1）压团内配无烟煤量偏高，粒度较粗，在高温下反应燃烧，焙烧团块内部留下大量孔洞；（2）调节碱度时所用的石灰石是一种碳酸盐类熔剂，在高温下分解成 CaO 粉末；（3）红土镍矿还原过程中针铁矿和赤铁矿转变为磁铁矿、浮氏体，晶体结构改变，体积膨胀粉化；（4）矿石在高温下脱除结晶水[15]。

解决红土镍矿团块还原粉化现象的本质是提高团块在还原过程中的机械强度。针对上述团块结构被破坏及矿物晶形转变造成的预还原团块强度低、粉末率高等问题，采取以下三项措施予以解决：

（1）以工业消石灰代替石灰石作熔剂调节碱度。

（2）提高黏结剂用量，并将不同特性的黏结剂结合使用。

（3）减小内配无烟煤配比并降低其粒度。

A　熔剂配加方案优化

消石灰是一种粉末状熔剂，主要成分为 $Ca(OH)_2$，其结晶水在高温下的脱除对团块结构的影响较小；同时，消石灰易与其他物料充分混合，有利于固相反应发生，增强预还原团块强度。在内配 16% 无烟煤、2% 水玻璃、14.5% 的生团块水分条件下，优化熔剂配加方案，以工业消石灰代替石灰石调节碱度（$R=0.4$）；固定其他压团和干燥条件不变，将干团块在 1050℃ 下还原焙烧 30min；生团块、干团块及预还原团块的前后质量指标对比见表 5-19。

表 5-19　优化熔剂配加方案前后对比

熔剂		石灰石	消石灰
生团块	成球率/%	79.67	80.67
	落下强度/%	83.23	92.15
	抗压强度/N·个$^{-1}$	114.6	124.6
	热爆裂指数/%	2.35	1.81
动态干燥团块	落下强度/%	73.68	95.14
	抗压强度/N·个$^{-1}$	140.1	252.9
预还原团块	−5mm 粉末率/%	20.22	10.81
	抗压强度/N·个$^{-1}$	31.8	46.6

由表 5-19 可知，以消石灰替代石灰石作熔剂之后，红土镍矿团块的各项质量指标皆有明显改善：生团块抗压强度由 114.6N/个提高到 124.6N/个，落下强度由 83.23% 提高到 92.15%，提高约 10 个百分点，热爆裂指数下降。干团块抗压强度由 140.1N/个提高到 252.9N/个，落下强度由 73.68% 提高到 95.14%，提高近 20 个百分点。预还原团块粉末率也下降了近一半，抗压强度由 31.8N/个提高到 46.6N/个。

B　黏结剂配加方案优化

压团和干燥试验表明，水玻璃 WG 在热态下具有突出的黏结效果。在水玻璃配比为 3% 的基础上，再分别添加一定量的玉米淀粉 CS、FB 黏结剂和膨润土 BT 等其他黏结剂，对红土镍矿压团的黏结剂配加方案进行优化。试验条件：内配 16% 无烟煤，14.5% 生团水分，以消石灰调节碱度（$R=0.4$），其他压团和干燥条件不变，干团块在 1050℃ 还原焙烧 30min，则生团块、干团块和预还原团块的质量指标变化见表 5-20。

表 5-20　黏结剂配方对预还原前后团块质量指标的影响

黏结剂	生团块				干团块		预还原团块	
	成球率/%	落下强度/%	抗压强度/N·个$^{-1}$	热爆裂指数/%	抗压强度/N·个$^{-1}$	落下强度/%	−5mm 粉末率/%	抗压强度/N·个$^{-1}$
3%WG	80.67	92.15	124.6	1.80	252.9	95.14	10.81	46.6
7%WG	84.39	84.43	106.8	1.21	274.3	92.01	8.70	60.0
3%WG+4%CS	75.04	77.64	93.5	3.76	154.2	70.41	39.66	44.0
3%WG+4%BT	81.38	91.30	137.2	1.50	230.9	91.84	1.27	78.8
3%WG+4%FB	80.66	92.26	124.6	1.60	252.5	87.10	10.37	31.6
3%WG+2%FB+2%BT	80.67	92.15	124.6	1.80	252.9	95.14	2.15	75.5

由表 5-20 可知，优化黏结剂配加方案，单一提高水玻璃用量对改善团块质量指标的作用不大，水玻璃与其他黏结剂混合使用效果更佳。其中，以 3% WG + 4% BT 效果最好，预还原团块抗压强度为 78.8N/个，-5mm 粉末量降低到 1.27%；其次是 3%WG+2%FB+2%BT 组合使用；WG+CS 组合效果最差。

C 还原煤配加方案优化

还原煤配入量过高是造成红土镍矿团块还原粉化的重要原因之一。以消石灰为熔剂（$R=0.4$），减小内配无烟煤的粒度（-3mm）并降低其配比，添加 3%水玻璃+4%膨润土为黏结剂，生团水分 14.5%，其他压团和干燥条件不变，将干团块在 1050℃下还原焙烧 30min。还原煤配加方案优化前后，红土镍矿生团块、干团块和预还原团块的质量指标变化见表 5-21。由此可知，减少内配无烟煤量，生团块和干团块强度指标整体呈上升趋势，可满足预还原焙烧对团块强度的要求；同时，预还原团块的抗压强度大幅度提高，粉末率减小。当内配无烟煤量为 8%时，预还原团块的抗压强度达到 289.9N/个；继续降低内配煤量，预还原团块强度并未持续上升；这可能是因为内配煤减少造成浮氏体含量增大、铁金属化率过低，且颗粒间固相烧结作用减弱，不利于预还原团块机械强度的提高。

表 5-21 内配煤添加量对预还原前后团块质量指标的影响

内配无烟煤/%	成球率/%	生团块				干团块		预还原团块	
		落下强度/%	抗压强度/N·个⁻¹	热爆裂指数/%		抗压强度/N·个⁻¹	落下强度/%	-5mm 粉末率/%	抗压强度/N·个⁻¹
16	84.39	84.43	106.8	1.21		274.3	92.01	7.68	78.8
12	85.25	88.78	107.3	1.34		295.2	93.49	5.29	123.3
10	85.91	95.82	105.1	0.69		334.3	96.95	2.89	193.7
8	86.92	95.89	119.5	0.51		315.6	97.27	3.17	289.9
6	86.43	93.84	124.2	0.46		335.2	95.33	3.41	238.6
4	86.15	96.46	120.1	0.54		342.4	95.92	2.11	207.1

综上可知，造成红土镍矿团块还原粉化的主要原因是高温下无烟煤的燃烧、石灰石的分解及矿石结晶水的脱除，导致团块结构遭到破坏，机械强度降低。以消石灰作为熔剂，添加 3%水玻璃+4%膨润土黏结剂，降低内配煤无烟煤粒度及配比，可有效改善红土镍矿团块还原粉化现象，大大提高预还原球团块强度。

5.2.3 红土镍矿自还原团块还原行为

红土镍矿预还原焙烧过程的控制是整个生产工艺成败的关键，预还原过程涉及矿石结晶水的脱除，物相转变及铁、镍氧化物的选择性还原。本节介绍红土镍矿自还原团块的还原行为，包括团块的还原焙烧脱水特性、还原机理及预还原工艺参数优化。

5.2.3.1 内配还原煤的配比

红土镍矿干团块预还原时内配无烟煤比例对预还原团块指标的影响如图 5-7 所示。由图可知，随着内配无烟煤比例由 16%下降到 4%，预还原团块的铁金属化率由 69.28%锐减到 10.28%，镍金属化率虽呈微弱的下降趋势，但整体上仍保持在 95%以上；这一现象表

明镍的还原要远远优先于铁的还原，还原煤用量对铁、镍选择性还原的效果具有决定性
影响。

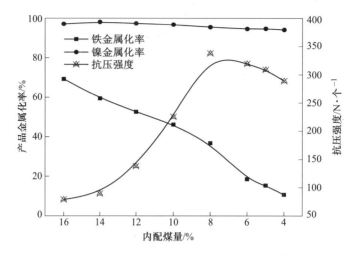

图 5-7   内配煤比例对预还原团块指标的影响

（添加 3%WG+4%BT 黏结剂，碱度为 0.6；预还原温度为 1050℃，预还原时间为 30min；外配 3% 无烟煤）

内配还原煤比例对预还原团块矿物组成的影响如图 5-8 所示。由图可知，降低内配无
烟煤比例，金属铁的衍射峰逐渐衰弱，浮氏体的衍射峰不断增强，预还原团块的主要矿物
组成发生改变：金属铁含量持续减少，浮氏体含量增加；当内配无烟煤比例为 4% 时，铁
主要以浮氏体形式存在，脉石矿物以钙铁橄榄石和铁尖晶石为主。

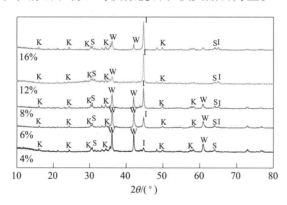

图 5-8   内配煤不同比例时预还原球团的 XRD 分析

W—浮氏体（FeO）；I—金属铁（Fe）；K—钙铁橄榄石（CaO·FeO·SiO₂）；

S—铁尖晶石（(Mg,Fe)(Al,Fe)₂O₄）

内配还原煤比例对预还原团块微观结构的影响如图 5-9 所示。由图可知，在内配 16%
无烟煤时，铁氧化物的还原程度非常高，预还原团块内部出现大量的金属铁，浮氏体含量
较少；由于内配煤量偏高，预还原团块内遍布着大量因无烟煤燃烧而留下的孔隙。随着内
配无烟煤量的减少，铁氧化物的还原受到限制，金属铁含量不断减少，浮氏体含量逐渐增
加。在内配无烟煤比例为 8% 时，预还原团块内部出现大量浮氏体，颗粒之间相互连接成

块；在内配无烟煤比例为 4% 时，预还原团块内部含铁矿物以浮氏体为主，金属铁含量进一步减少。

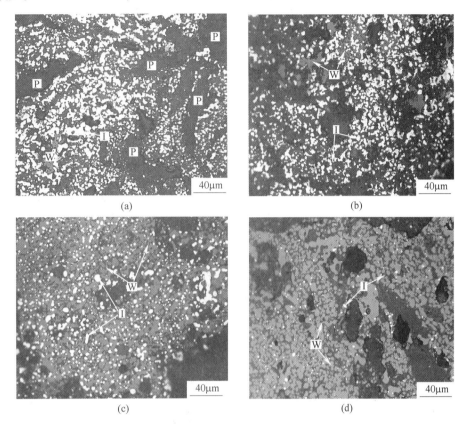

图 5-9 内配煤红土镍矿预还原团块的微观结构分析
(a) 内配 16% 无烟煤；(b) 内配 12% 无烟煤；(c) 内配 8% 无烟煤；(d) 内配 4% 无烟煤
I—金属铁；W—浮氏体；P—孔隙

由图 5-7 可知，预还原团块的抗压强度随着内配无烟煤量的减少呈先上升后下降的趋势。结合图 5-8 和图 5-9 可知，该现象与预还原团块的矿物组成及微观结构变化有关：降低预还原过程内配无烟煤的比例，煤炭燃烧反应留下的孔隙大大减少，颗粒之间的连接更为紧密，有利于提高预还原团块的机械强度。然而，随着内配无烟煤量持续降低，铁氧化物主要以浮氏体形式存在，具有黏结作用的金属铁含量不足，导致预还原团块的抗压强度升高后再度下降。

综合考虑，内配无烟煤比例以 4%~8% 为宜，在该条件下，预还原团块的镍金属化率高达 94.12%~95.48%，铁金属化率控制在 10.68%~36.78%，预还原团块抗压强度达到 288.9~337.8N/个。

5.2.3.2 预还原温度

预还原温度对红土镍矿干团预还原指标的影响如图 5-10 所示。由图可知，在预还原温度为 900℃时，铁、镍的还原已出现显著差别：镍金属化率达到 87.81%，铁金属化率仅 3.83%，镍的还原远远优先于铁的还原。随着预还原温度升高，镍金属化率迅速达到 96%

左右，还原程度高；铁金属化率则稳步缓慢上升，在温度为 1050℃时仅达到 36.78%。

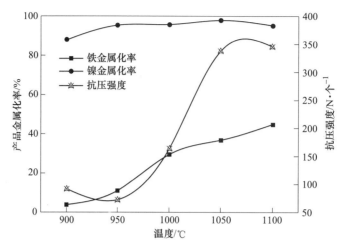

图 5-10 预还原温度对预还原团块指标的影响

（内配 3%WG+4%BT 黏结剂，碱度为 0.6，8% 无烟煤；还原时间 60min，外配 3% 无烟煤）

随着预还原温度升高，预还原团块的抗压强度先下降后上升。在预还原温度范围为 900~1100℃时，铁氧化物的还原遵循由 $Fe_2O_3 \rightarrow Fe_3O_4 \rightarrow FeO \rightarrow Fe$ 的顺序。分析预还原团块的矿物组成（图 5-11）可知，在预还原温度（900℃）较低时，铁主要以浮氏体形式存在，含铁矿物因晶格转变而还原膨胀粉化，导致预还原团块的抗压强度下降。随着预还原温度提高到 1050℃，一方面矿物颗粒间的固相烧结作用加强；另一方面预还原团块的金属铁含量逐渐增多，具有一定的黏结作用（金属桥键），促进预还原团块的抗压强度再次提高。

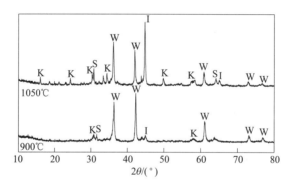

图 5-11 不同预还原温度时预还原团块的 XRD 分析

W—浮氏体（FeO）；I—金属铁（Fe）；K—钙铁橄榄石（CaO·FeO·SiO₂）；

S—铁尖晶石（(Mg,Fe)(Al,Fe)₂O₄）

5.2.3.3 预还原时间

预还原时间对红土镍矿干团块预还原团块指标的影响如图 5-12 所示。由图可知，延长预还原时间，镍、铁氧化物的还原更为充分：镍金属化率呈微弱的上升趋势，铁金属化率先升高后保持基本不变。预还原团块的抗压强度与铁金属化率呈现明显的关联性，金属铁的黏结作用对提高预还原团块强度具有重要助益。在预还原时间为60min时，预还原团块的各项指标为：镍金属化率95.48%，铁金属化率36.78%，抗压强度337.8N/个。

在预还原时间为60min时，红土镍矿团块内配的无烟煤基本耗尽，延长预还原时间对预还原效果的影响甚微；C与镍、铁氧化物的还原反应基本于预还原阶段全部完成，后续熔分过程主要进行渣铁界面反应。在实际反应体系中，镍、铁的还原贯穿整个预还原焙烧与熔融分离过程，预还原时间远远小于60min；为避免残炭过度干扰熔分制度及渣型对含镍生铁品位的影响，推荐适宜的预还原时间为60min。

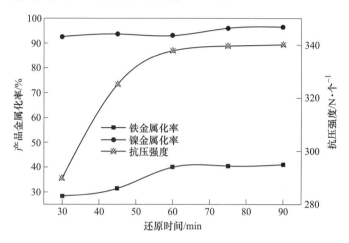

图5-12 预还原温度对预还原团块指标的影响

（内配3%WG+4%BT黏结剂，碱度为0.6，8%无烟煤；外配3%无烟煤，预还原温度1050℃）

5.2.3.4 团块的碱度

碱度为0.2～1.2，在还原温度1050℃、还原时间60min的条件下进行还原，红土镍矿干团块碱度对其预还原团块指标的影响如图5-13所示。由图可知，提高混合料碱度（$R =$

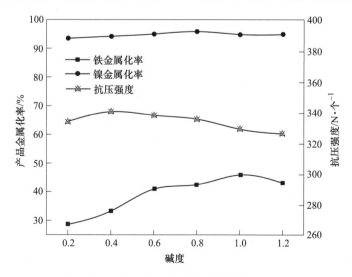

图5-13 团块碱度对其预还原团块指标的影响

（内配8%无烟煤、3%WG+4%BT黏结剂，还原温度1050℃，还原时间60min，外配3%无烟煤）

0.2~1.2）对铁、镍的还原均有显著的促进作用：镍金属化率由 93.54% 提高到 95.88%（$R=0.8$），铁金属化率由 28.69% 提高到 46.04%（$R=1.0$）；预还原团块的抗压强度呈微弱的下降趋势，最高达到 340.1N/个，最低为 325.7N/个，整体变化不大。

对不同碱度条件的预还原团块进行 XRD 分析，主要矿物组成如图 5-14 所示。由图可知，在内配 8% 无烟煤的条件下，铁的主要物相为浮氏体与金属铁，脉石矿物主要是硅铝酸盐类。提高预还原团块的碱度，金属铁的衍射峰逐渐增强，浮氏体的衍射峰则逐渐衰弱，表明预还原团块的金属铁含量增加、浮氏体含量减少；提高碱度强化了铁氧化物的还原，该过程主要与脉石矿物的物相转变有关。

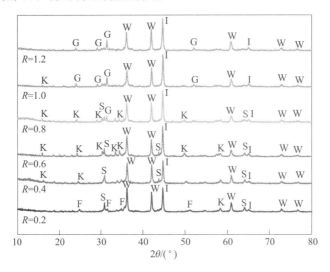

图 5-14 不同碱度条件下预还原团块的矿物组成

W—浮氏体（FeO）；I—金属铁（Fe）；F—铁橄榄石（2FeO·SiO$_2$）；K—钙铁橄榄石（CaO·FeO·SiO$_2$）；
S—铁尖晶石（(Mg,Fe)(Al,Fe)$_2$O$_4$）；G—钙铝黄长石（2CaO·2Al$_2$O$_3$·SiO$_2$）

在 $R=0.2$ 时，脉石矿物以铁橄榄石与铁尖晶石为主；在 $R=0.4~0.6$ 时，随着碱度的升高，铁橄榄石与铁尖晶石逐渐消失，钙铁橄榄石出现并渐渐增多；在 $R=0.8~1.0$ 时，钙铁橄榄石逐渐消失，钙铝黄长石出现；在 $R=1.2$ 时，脉石矿物以钙铝黄长石为主。随着预还原团块碱度由 0.2 提高到 1.2，预还原团块的主要脉石矿物由铁橄榄石、铁尖晶石变成钙铁橄榄石，再转变成钙铝黄长石。提高碱度，即 Ca(OH)$_2$ 用量增加，有利于促进复杂、难还原铁氧化物分解，释放出简单铁氧化物，强化铁氧化物的还原，促使预还原团块的铁金属化率增加、FeO 含量下降。

综上所述，内配煤红土镍矿团块预还原最佳条件为：碱度为 0.6，自然 MgO/SiO$_2$ 比 0.15，添加 3% 水玻璃和 4% 膨润土黏结剂，预还原温度为 1050℃，预还原时间 60min。在此条件下，所得到预还原团块铁和镍金属化率分别为 36.78% 和 95.48%。

5.2.4 红土镍矿预还原团块熔分行为

在红土镍矿团块预还原过程中，镍、铁的选择性还原基本全部实现，后续熔分过程主要进行渣铁分离。在预还原温度为 1050℃、预还原时间为 60min 条件下，对添加 3% 水玻璃+4% 膨润土、碱度 0.6、自然 MgO/SiO$_2$ 比为 0.17 的红土镍矿干团块进行还原焙烧，预还原团块的铁、镍金属化率随内配煤比例的变化见表5-22。

表5-22 不同内配煤比例时预还原团块金属化率（质量分数） （%）

内配无烟煤	16	14	12	10	8	6	4
铁金属化率	69.28	59.44	52.63	46.19	36.78	18.53	10.68
镍金属化率	97.15	98.13	97.38	96.77	95.48	94.56	94.12

5.2.4.1 熔分温度

熔分温度对预还原团块熔分指标的影响见表5-23。由表可知，当熔分温度为1400℃时，炉料无法完全融化，渣铁分离困难。当熔分温度为1450~1550℃时，渣铁分离良好，熔分温度的提高对铁、镍品位的影响不大，铁、镍回收率随着温度的增加而有所提高。这是因为，在镍、铁的选择性还原程度一定的情况下，熔分温度可通过改变炉渣黏度而影响金属回收率。由式（5-9）可知，提高熔分温度，炉渣黏度降低、流动性变好，有利于金属颗粒的沉降和聚集，提高金属回收率。

Arrhenius方程：

$$\eta = \eta_0 \exp[-E_0/(RT)] \tag{5-9}$$

式中 η——熔渣黏度；

η_0——系数；

E_0——黏滞活化能；

R——气体常数；

T——温度。

表5-23 熔分温度对预还原团块熔分指标的影响

（铁金属化率36.78%，镍金属化率为95.48%，碱度为0.6，$MgO/SiO_2 = 0.17$；熔融分离30min）

熔分温度/℃	铁品位/%	铁回收率/%	镍品位/%	镍回收率/%
1400	未完全熔化，渣铁未分离			
1450	92.10	53.90	3.06	97.44
1500	92.98	53.86	3.03	98.38
1550	92.31	54.13	3.08	98.29

根据熔渣的化学成分，利用热力学软件FactSage计算出黏度η，经Einstein-Roscoe公式修正，以熔渣黏度对熔分温度作图，结果如图5-15所示。

作黏度-熔分温度曲线的45°切线，切点在X轴对应的温度$T_0 \approx 1415℃$；T_0为炉渣的熔化性温度，即渣相能够自由流动的最低温度。因而，在熔分温度为1400℃时，渣铁无法分离，熔分温度以$T \geq 1450℃$为宜，由于高温冶炼过程常需要渣铁保持一定的过热度，因而选择熔分温度为1500℃。

5.2.4.2 熔分时间的影响

熔分时间对熔分指标的影响见表5-24。由表可知，在熔分温度为1500℃时，熔分时间对于铁品位和铁回收率的影响不大，熔分时间主要影响镍的指标：将熔分时间由15min延长到45min，产品的镍品位由2.98%提高到3.10%，镍回收率由94.74%提高到98.82%。延长熔分时间，一方面有利于金属珠粒汇聚，减少镍在炉渣中的机械夹杂损失；另一方面也延长了渣铁界面化学反应的时间，使反应更趋近平衡，提高金属回收率。综合考虑熔分指标与生产成本，选择熔分时间为30min。

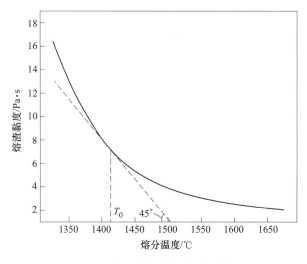

图 5-15 熔渣黏度随熔分温度的变化

表 5-24 熔分时间对熔分指标的影响

（预还原团块铁金属化率为 36.78%，镍金属化率为 95.48%，碱度为 0.6，
MgO/SiO_2 比 0.17；熔分温度为 1500℃）

熔分时间/min	铁品位/%	铁回收率/%	镍品位/%	镍回收率/%
15	94.45	55.18	2.98	94.74
30	92.98	53.86	3.03	98.38
45	93.58	54.82	3.10	98.82

5.2.4.3 预还原团块的金属化率

预还原团块的铁金属化率对镍铁产品品位与回收率的影响如图 5-16 所示。由图可知，当预还原团块铁金属化率为 59.44%~36.78% 时，生铁镍品位仅为 1.76%~3.03%，铁在

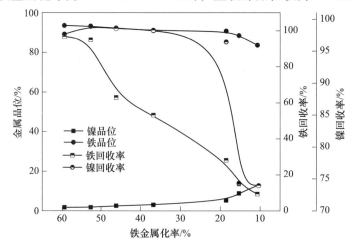

图 5-16 预还原团块铁金属化率对镍铁品位及回收率的影响

（预还原团块 MgO/SiO_2 比 0.17，碱度 0.6，铁金属化率对应的镍金属化率分别为 98.13%、97.38%、
96.77%、95.48%、94.56% 和 94.12%；熔分温度为 1500℃，时间为 30min）

预还原过程中被过度还原，熔分时大量铁进入镍铁合金。因此，需要进一步抑制铁的还原，降低预还原团块的铁金属化率，以改善镍铁合金品质。

随着红土镍矿团块内配无烟煤量减少，预还原团块的铁金属化率持续降低，生铁的铁品位与铁回收率不断下降，镍品位逐渐上升，镍回收率下降。当预还原团块铁金属化率为18.53%时，生铁镍品位为5.23%，镍回收率为96.42%；当预还原团块铁金属化率为10.68%时，生铁镍品位高达12.73%，镍回收率偏低，仅73.96%。经 FactSage 计算可知，随着 FeO 含量增加，炉料熔化温度与熔渣黏度显著降低，当 FeO 含量为22.66%时，炉料熔化温度为1525℃；FeO 含量为51.25%时，炉料熔化温度为1325℃。预还原阶段内配煤量越高，预还原团块的铁金属化率越高，渣中 FeO 含量则越低，所需熔炼温度越高。因此推荐适宜的铁金属化率为18.53%，此时镍金属化率为94.56%。

5.2.4.4 熔渣 FeO 含量的影响

FeO 是熔渣中含量变化最大的组分，利用热力学软件 FactSage 计算出其含量对炉料的熔点及熔渣黏度的影响，结果如图 5-17 所示。FeO 含量增加，能显著降低炉料的熔化温度与熔渣黏度。随着 FeO 含量由22.66%增加到51.25%，炉料的熔化温度由1525℃下降到1325℃，渣、铁过热度提高，熔渣黏度显著下降。预还原阶段内配煤量越高，预还原团块的铁金属化率越高，渣中 FeO 含量则越低，所需熔炼温度越高。预还原团块的铁金属化率越低，熔融分离过程产品的铁回收率越低，渣中 FeO 含量越高。

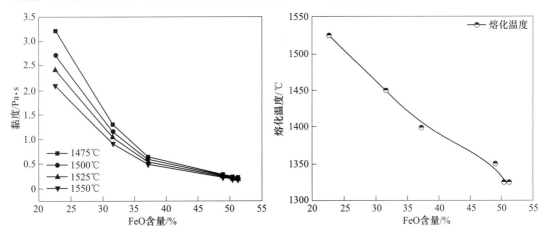

图 5-17 渣中 FeO 含量对炉料熔化温度及熔渣黏度的影响

5.2.4.5 熔渣碱度

熔渣碱度对渣铁分离效果的影响如图 5-18 所示。当碱度由0.2增大到0.6时，铁品位和铁回收率分别由90.57%和26.75%提高到90.77%和28.13%，镍品位和镍回收率分别由5.54%和97.34%降至5.23%和96.42%；继续提高碱度，生铁产品的铁品位及铁回收率均有提高，镍回收率变化较小，维持在96.5%以上，镍品位则出现下降趋势。增加熔渣的 CaO 含量，能提高 FeO、NiO 等碱性氧化物的活度系数 $\gamma_{(MeO)}$，有利于增大 Fe、Ni 在铁渣间的分配比 $m_{[Me]}/m_{(MeO)}$，提高金属回收率。镍的回收率高达96%以上，渣中 NiO 含量低，碱度对镍回收率的影响较小；同时，由于铁回收率显著增大，造成生铁镍品位相对降低。

熔渣碱度对熔分过程产品中 S、P 含量的影响如图 5-19 所示。提高碱度，渣中 CaO 含量增加，生铁 S 含量由0.129%下降到0.112%，P 含量由0.014%下降到0.0044%。一方

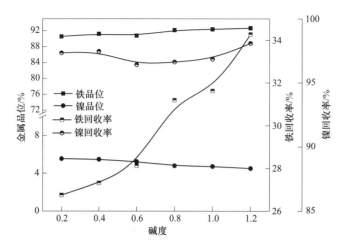

图 5-18 熔渣碱度对熔分指标的影响（预还原团块 MgO/SiO_2 比为 0.17，铁金属化率

16.32%~20.15%，镍金属化率 93.88%~94.78%；熔分温度为 1500℃，熔分 30min）

面，提高熔渣碱度，对 S、P 脱除的效果显著；另一方面，增加 CaO 用量会增大熔渣黏度，不利于渣铁分离。根据熔渣化学成分，利用热力学软件 FactSage 计算出熔渣黏度，提高碱度造成熔渣黏度增大。综合考虑，熔渣碱度以 0.5~0.9 为宜，在该范围内，既有利于脱除 P、S 等有害杂质，熔渣黏度升高又较为平缓，不会因 CaO 配入量增加而黏度剧烈增大。

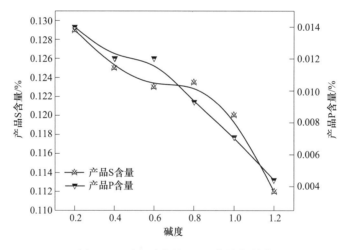

图 5-19 碱度对产品 P、S 含量的影响

5.2.4.6 熔渣 MgO/SiO_2 质量比

熔渣中 MgO/SiO_2 质量比对熔分指标的影响如图 5-20 所示。由图可知，MgO/SiO_2 质量比为 0.17 时，生铁产品的铁和镍品位分别为 90.77% 和 5.23%，对应的金属回收率分别为 28.13% 和 96.42%；当 MgO/SiO_2 质量比为 0.3 时，生铁产品的铁和镍品位分别为 91.29% 和 4.85%，铁和镍回收率分别为 31.23% 和 98.73%，继续提高 MgO/SiO_2 质量比，渣中 MgO 含量增加，生铁产品的铁品位有所提高，镍品位与铁、镍回收率则呈下降趋势。提高 MgO/SiO_2 质量比不利于镍的回收，其作用主要体现在改善渣铁分离效果。适当提高

MgO 含量，能够降低熔渣的黏度，有利于渣铁分离；冷却的渣铁之间边缘光滑，界限明显，生铁块容易从渣体中敲落。

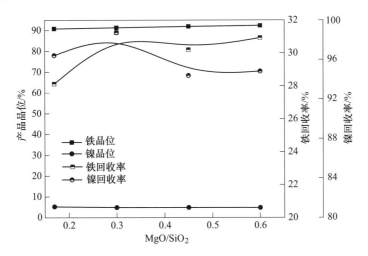

图 5-20　MgO/SiO$_2$ 质量比对熔分指标的影响（碱度为 0.6，预还原团块铁金属化率 18.53%，镍金属化率 94.56%；熔分温度为 1500℃，熔分时间 30min）

MgO/SiO$_2$ 质量比对其脱磷能力及镍铁中 P 含量具有显著影响，MgO/SiO$_2$ 质量比对熔分过程产品中磷含量的影响如图 5-21 所示。增加 MgO 含量的脱磷效果显著，脱硫效果不明显。随着 MgO/SiO$_2$ 质量比由 0.17 提高到 0.60，生铁 P 含量由 0.012% 下降到 0.0072%。综合考虑 MgO/SiO$_2$ 对熔渣黏度和脱磷效果的影响，推荐 MgO/SiO$_2$ 质量比为 0.2~0.5。

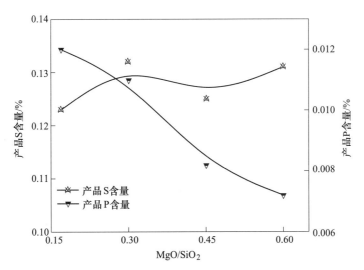

图 5-21　MgO/SiO$_2$ 质量比对镍铁产品 P、S 含量的影响

含镍生铁的镍品位为 4.85%，镍回收率为 98.73%，铁品位为 91.29%，铁回收率为 31.23%；产品有价元素含量高，S、P 等杂质含量少，产品质量较为纯净，经进一步精炼后可作为后续不锈钢冶炼的优质原料。

参 考 文 献

［1］杨聪聪，朱德庆. 铬镍氧化球团制备及不锈钢母液冶炼工艺研究［C］//2021 年 APOL 镍与不锈钢产业链年会会刊，2021：44-48.

［2］薛钰霄，潘建，朱德庆，等. 红土镍矿烧结节能降耗技术研究及应用［J］. 中国冶金，2021，31（9）：92-97.

［3］吴腾蛟. 低品位红土镍矿熔融还原工艺及机理研究［D］. 长沙：中南大学，2016.

［4］薛钰霄. 基于烧结-高炉法冶炼耐热不锈钢母液工艺及机理研究［D］. 长沙：中南大学，2022.

［5］ZHU D Q, XUE Y X, PAN J, et al. An investigation into the distinctive sintering performance and consolidation mechanism of limonitic laterite ore［J］. Powder Technology，2020，367：616-631.

［6］XUE Y X, ZHU D Q, PAN J, et al. Distinct difference in high-temperature characteristics between limonitic nickel laterite and ordinary limonite［J］. ISIJ International，2022，62（1）：29-37.

［7］XUE Y X, ZHU D Q, PAN J, et al. Promoting the effective utilization of limonitic nickel laterite by the optimization of（$MgO+Al_2O_3$）/SiO_2 mass ratio during sintering［J］. ISIJ International，2022，62（3）：457-464.

［8］潘建，田宏宇，朱德庆，等. 配矿强化中低品位红土镍矿选择性还原研究［J］. 烧结球团，2018，43（1）：15-19.

［9］朱德庆，田宏宇，潘建，等. 低品位红土镍矿综合利用现状及进展［J］. 钢铁研究学报，2020，32（5）：351-362.

［10］潘料庭. 低品位红土镍矿 DRMS-RKEF 双联法制备不锈钢母液的基础与应用研究［D］. 长沙：中南大学，2020.

［11］XUE Y X, ZHU D Q, PAN J, et al. Improving sintering performance of limonitic nickel laterite and reducing carbon emissions via the pellet-sintering process［J］. JOM，2022，74（4）：1807-1817.

［12］XUE Y X, ZHU D Q, PAN J, et al. Distinct difference in high-temperature characteristics between limonitic nickel laterite and ordinary limonite［J］. ISIJ International，2022，62（1）：29-37.

［13］XUE Y X, ZHU D Q, GUO Z Q, et al. Achieving the efficient utilization of limonitic nickel laterite and CO_2 emission reduction through multi-force fields sintering process［J］. Journal of Iron and Steel Research International，2022.

［14］郭正启. 铜渣与红土镍矿共还原制备 Fe-Ni-Cu 系合金料的基础与工艺研究［D］. 长沙：中南大学，2018.

［15］刘志宏，马小波，朱德庆，等. 红土镍矿还原熔炼制备镍铁的试验研究［J］. 中南大学学报（自然科学版），2011，10：2905-2910.

6 低品位腐殖土型红土镍矿 RKEF 法冶炼理论与工艺

6.1 概述

回转窑预还原—电炉熔炼工艺（RKEF）是处理红土镍矿主要的火法工艺之一，一般适用于 Ni>1.5%，$SiO_2/MgO=1.6\sim2.2$ 的腐殖土型红土镍矿，其生产流程简图如图 6-1 所示，一般生产流程包括干燥窑干燥、破碎、配料混匀、压团、回转窑预还原和电炉熔炼。

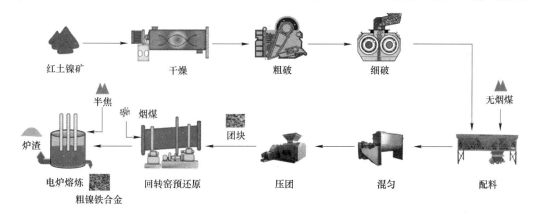

图 6-1　回转窑干燥/预还原—电炉熔分工艺流程

由于红土镍矿原矿水分大（质量分数 30%~40%）、粒度粗（>50mm 占 90% 以上），因此需要依次通过干燥窑和破碎机进行原料预处理，将其水分控制在 20% 左右，粒级范围−3mm 占 80% 以上，以满足皮带运输和压团流程对红土镍矿水分和粒度要求。其中，干燥窑中一般采用顺流干燥方式，采用煤粉或者煤气作为热源，烟气入口温度约为 400℃（热风炉烟气提供温度），烟气出口温度为 150~200℃；国内很多厂未配备压团设备，直接以粉料入预还原回转窑。

预还原回转窑采用的是逆流操作，干燥后的团块或粉料与粒度 10mm 左右的还原煤粒一起入窑，为避免预还原窑结圈，回转窑的操作温度范围一般为 750~900℃，可实现以下目标：（1）彻底脱除红土镍矿的自由水；（2）脱除红土镍矿中绝大部分的结晶水；（3）实现红土镍矿中镍和铁的部分还原，降低后续电炉炉料的还原负荷；（4）预热炉料以实现其热装入电炉，降低电炉炉料的熔化负荷。

将从预还原窑排出的焙烧砂或团块，热装入电炉进行深度还原和高温熔分，以实现镍铁合金相与脉石矿物的分离，还原剂主要以兰炭为主。电炉作为一种电弧电阻炉，在熔炼过程中，其热源一部分由电弧产生，另一部分由炉料和冶炼渣的电阻产生，所以，电能以电弧和电阻两种转化形式变成热能，即电极与炉料和熔炼渣之间直接产生微电弧放热，或电流经过炉料和熔炼渣时，由炉料和熔炼渣自身的电阻作用放热。因此，电炉一般采用高电压低电流模式，熔炼温度一般为 1500~1650℃，可根据炉型的大小采取连续式放渣或间歇式放渣的作业方式，电炉产生的含 CO 废气经净化后能够作为回转窑的还原剂使用，实现炉气的循环利用。

RKEF 工艺起源较早，可追溯到 20 世纪 50 年代，经过多年的发展，采用 RKEF 工艺生产镍铁的企业遍布全球，且技术已相对成熟。国内采用 RKEF 工艺生产的镍铁企业一般使用从菲律宾、缅甸以及印度尼西亚等国家进口的红土镍矿。

RKEF 工艺具有诸多优点，如原料适应性相对较强、设备大型化和自动化、生产效率高、产品质量好（镍铁的镍品位 8%~30%，杂质少）、镍回收率高（>95%），且电炉冶炼渣经过水淬后经过进一步加工可用于建筑材料或耐火材料等，可一定程度上实现利用红土镍矿生产镍铁工艺的无尾渣化处理。然而，RKEF 工艺也存在矿热炉电耗较高（吨镍铁 3500~4000kW·h）、渣熔化温度高、冶炼温度高、渣量大等问题。主要适合于处理高品位（Ni 大于 1.6%）硅镁镍矿。

本章以北港新材料有限公司 RKEF 法为例，介绍强化 RKEF 法的基础研究及该公司的生产实践。

6.2 RKEF 法基础理论

6.2.1 低品位红土镍矿预还原行为

红土镍矿特殊的原料特性给回转窑预还原—电炉熔分工艺带来了不利的影响和不小的挑战。首先，红土镍矿由于造块后热稳定差、强度低，多直接以粉矿入回转窑，恶化了窑内的还原气氛，存在结圈隐患，且现在的生产工艺现场多采用较低的预还原温度（$t<900℃$），导致预还原物料金属化率低（$\eta<10\%$），金属晶粒微细，往往只起到脱除红土镍矿自由水和结晶水的作用。其次，粉状预还原物料金属量低、金属化率低、镁含量高，会导致后续电炉熔分过程中，上部物料透气性差、渣熔化温度高、渣量大、渣铁分离困难、能耗高。工艺顺行稳定性差和生产成本的增加均会给企业的良性发展带来不可控的风险，降低企业的市场竞争力。

预还原是红土镍矿回转窑预还原—电炉熔分工艺冶炼镍铁合金的重要环节，即还原熔炼前在回转窑（RK）内，在一定预还原温度下，将红土镍矿中的一定的有价组分由化合物态还原成金属态，以明显改善后续高温还原熔炼的技术经济指标，有效综合回收伴生有益组分。此外，预还原阶段可用低阶煤，不用或少用焦炭，可以改善能源结构，减轻环境污染，降低生产成本。此外，为了减少粉尘产出量，强化预还原效果，可将红土镍矿制备成球团。

6.2.1.1 球团预还原过程物相转变行为

图 6-2 所示为不同还原温度下腐殖土型红土镍矿球团的 XRD 图谱。由图可知，在还原焙烧温度为 800℃时，红土镍矿球团中主要含镁橄榄石（Mg_2SiO_4）、镁铁橄榄石（$(Mg, Fe)_2SiO_4$），金属相 $\alpha(Fe, Ni)$ 和 $\gamma(Fe, Ni)$ 衍射峰强度较低，说明此温度下被还原的金属铁较少。相较于红土镍矿原矿物，利蛇纹石在脱除结晶水时，会生成镁橄榄石、镁铁橄榄石和石英；而针铁矿脱羟基后会生成赤铁矿，在其继续被还原至 FeO 时，容易与硅酸盐矿物和石英结合生成橄榄石相，阻止其进一步还原。随着还原温度升至 950℃，$\alpha(Fe, Ni)$ 衍射峰强度增强，铁的还原程度得到逐渐增加。当温度达到 1050℃时，开始出现顽火辉石

相（$Mg_2Si_2O_6$）和斜方辉石（$(Mg,Fe)_2Si_2O_6$）的衍射峰，原因为在此温度下部分镁橄榄石和镁铁橄榄石会继续与SiO_2反应所致。随着温度达到1050℃，$\alpha(Fe,Ni)$衍射峰强度进一步提高，$\gamma(Fe,Ni)$衍射峰消失，镁铁橄榄石相和斜方辉石相的衍射峰逐渐减弱，镁橄榄石和顽火辉石的衍射峰逐渐增强。当随着温度的继续升高，虽然$\alpha(Fe,Ni)$的衍射峰强度不断增加，但是在1350℃高温下还原60min时，仍有部分的镁铁橄榄石和斜方辉石相存在，进一步印证了红土镍矿球团中部分含铁物相较难还原，这将导致红土镍矿还原球团的铁氧化物还原度较低，整体球团的还原度不高。此外，XRD图谱中未出现含镍的硅酸盐物相，可能与其含量较低，达不到XRD检测的最低含量要求有关。

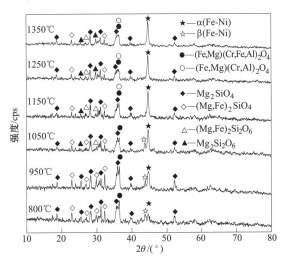

图6-2　不同还原温度下腐殖土型红土镍矿球团的 XRD 图谱

（还原时间60min，$\dfrac{w(C)}{w(Fe)}=1.0$，碱度0.01）

图6-3 所示为不同二元碱度条件下腐殖土型红土镍矿还原球团的 XRD 图谱。由图可

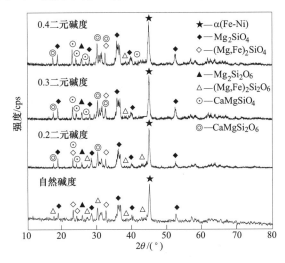

图6-3　不同碱度条件下腐殖土型红土镍矿还原球团的 XRD 图谱

（还原温度1150℃，还原时间60min，$\dfrac{w(C)}{w(Fe)}=1.0$）

知，在自然碱度下（$R=0.01$），红土镍矿预还原球团的物相包括 $\alpha(Fe,Ni)$、镁橄榄石、镁铁橄榄石、顽火辉石、斜方辉石。当二元碱度调整至 0.2 时，可以发现钙镁橄榄石（$CaMgSiO_4$）和透辉石（$CaMgSi_2O_6$）的衍射峰。随着二元碱度继续增加至 0.3 和 0.4，$\alpha(Fe,Ni)$、钙镁橄榄石和透辉石的衍射峰逐渐增强，镁铁橄榄石和斜方辉石的衍射峰逐渐减弱，说明红土镍矿还原球团中适量的配入 CaO 有利于镁铁橄榄石和斜方辉石中铁的进一步还原，CaO 会从镁铁橄榄石和斜方辉石中置换出更易还原的 FeO。

腐殖土型红土镍矿预还原球团的 XPS 全谱扫描及分峰拟合分析如图 6-4 所示。由图可知，红土镍矿还原球团中 Fe 主要以 Fe^0 和 Fe^{2+} 的形式存在，相较于自然碱度，优化碱度至 0.3 时，Fe 的结合能降低了 1.0eV，Fe 整体向更低价态转变，Fe^0 的占比分别由 61.29% 增加至 79.31%，Fe^{3+} 的峰面逐渐消失；红土镍矿还原球团中 Ni 主要以 Ni^0 的形式存在，相较于自然碱度，优化碱度至 0.3 时，Ni 的结合能降低了 0.2eV，Ni 整体向更低价态转变，Ni^0 的占比分别由 93.29% 增加至 98.31%。即随着红土镍矿预还原球团中 CaO 含量的增加，促进了铁氧化物向低价态还原，且大部分以金属态存在，表现为铁氧化物的还原度明显增加，而铁氧化物还原度的增加对红土镍矿预还原球团总还原度的增加起主要作用。

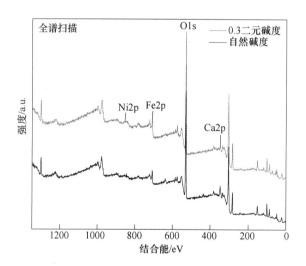

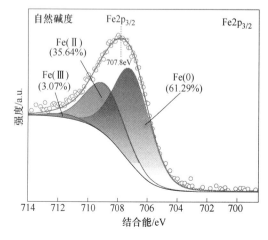
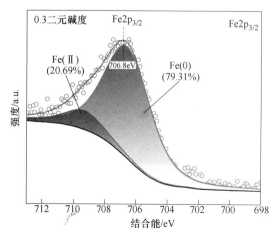

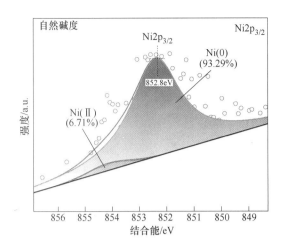
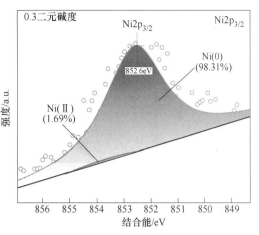

图 6-4　腐殖土型红土镍矿预还原球团的 XPS 全谱扫描及分峰拟合分析

（还原温度 1150℃，还原时间 60min，$\dfrac{w(\mathrm{C})}{w(\mathrm{Fe})}=1.0$）

6.2.1.2　球团预还原过程微观结构演变规律

不同还原温度下红土镍矿还原球团的微观结构如图 6-5 所示。由图可知，红土镍矿还原球团的主要物相为 $\alpha(\mathrm{Fe},\mathrm{Ni})$、镁橄榄石、镁铁橄榄石、顽火辉石、斜方辉石等硅酸盐矿物和铬尖晶石。随着还原温度的增加，球团内亮白色 $\alpha(\mathrm{Fe},\mathrm{Ni})$ 所占比例逐渐增加。在还原焙烧温度为 800℃ 时，还原球团内只有零星的 $\alpha(\mathrm{Fe},\mathrm{Ni})$ 相存在，且主要分布在硅酸盐矿物的边缘；当还原温度提高至 950℃ 时，硅酸盐矿物的内部开始出现细粒 $\alpha(\mathrm{Fe},\mathrm{Ni})$，且随着还原温度的继续升高，硅酸盐矿物的边缘和内部的 $\alpha(\mathrm{Fe},\mathrm{Ni})$ 数量逐渐增多，且出现一定程度的聚集现象；当温度达到 1350℃ 时，$\alpha(\mathrm{Fe},\mathrm{Ni})$ 晶粒尺寸明显增大。说明还原温度的升高，有利于红土镍矿还原球团还原度的增大。此外，经过还原焙烧后，矿物颗粒因脱除羟基和结晶水及还原失氧而产生不同程度收缩，但是由于红土镍矿还原球团中金属含量偏低、SiO_2 含量和 $\mathrm{MgO/SiO}_2$ 均较高，导致高熔点物相的比例较大，液相产生量极少，因此，矿物间固相和液相固结程度均较低，从而导致收缩后的颗粒边缘棱角分明，颗粒间连接性差，矿物颗粒间孔隙加大，孔洞较多，且随着温度的增加，孔隙率不断增加，导致红土镍矿还原球团的强度很低。

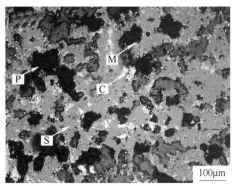

(a)　　　　　　　　　　　　　　　　(b)

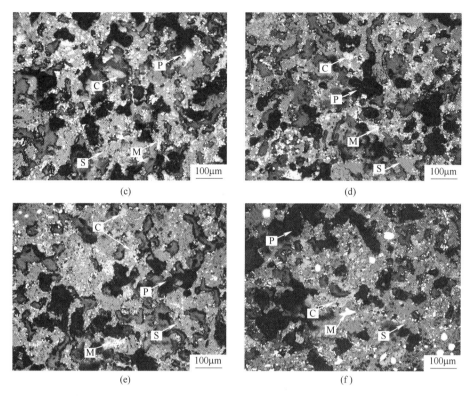

图 6-5　不同还原温度下腐殖土型红土镍矿还原球团微观结构变化

（还原时间 60min，$\dfrac{w(\text{C})}{w(\text{Fe})} = 1.0$，自然碱度 0.01）

（a）800℃；（b）950℃；（c）1050℃；（d）1150℃；（e）1250℃；（f）1350℃

M—α(Fe, Ni)；S—硅酸盐矿物；C—铬尖晶石；P—孔洞

　　不同二元碱度下红土镍矿还原球团的微观结构如图 6-6 所示。由图可知，随着二元碱度由自然碱度（$R=0.01$）分别增加至 0.2、0.3 和 0.4，红土镍矿还原球团中硅酸盐矿物的边缘和内部的 α(Fe, Ni) 数量进一步增加，含铁物相的还原程度加深，且逐渐互联和长大，甚至连接成片，其部分合金晶粒尺寸可超过 50μm 以上。此外，相较于自然碱度红土镍矿还原球团，在优化二元碱度后，还原球团的颗粒间连接更加紧密，整体的孔隙率明显降低。这主要是因为 CaO 作为碱性氧化物可以增加硅酸盐体系中低熔点物相的生成比例，从而使球团内部在还原焙烧期间产生一定的微区液相。微区液相的产生一方面有利于体系的传质作用，促进 α(Fe, Ni) 晶粒的迁移、聚集和长大；另一方面，微区液相会润湿并填充在矿物颗粒之间形成连接颈，将矿物颗粒拉紧形成相互交织的结构，使还原球团体积不断收缩，强化还原球团的固相固结和液相黏结特性，使还原球团的抗压强度明显提高。

　　二元碱度对红土镍矿软熔特性的影响如图 6-7 所示。由图可知，随着二元碱度的增加，红土镍矿变形温度 T_d、软化温度 T_s 和流动温度 T_f 均显著降低。在自然碱度下，变形温度、软化温度和流动温度分别为 1308℃、1436℃和 1525℃；当二元碱度优化至 0.4 时，变形温度、软化温度和流动温度分别下降至 1115℃、1308℃和 1415℃。结合红土镍矿微观结构特性，说明优化二元碱度能够促进还原球团内部微区液相的形成，体系传质作用显

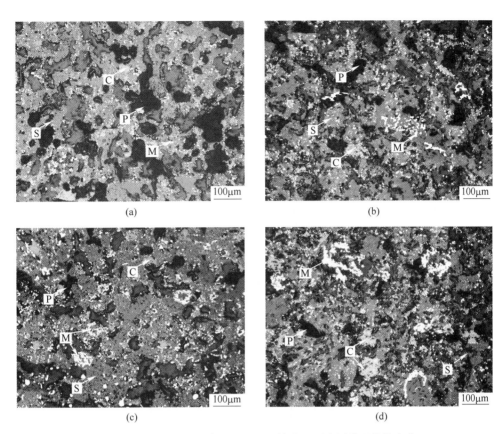

图 6-6　不同二元碱度腐殖土型红土镍矿还原球团微观结构变化

（还原温度 1150℃，还原时间 60min，$\dfrac{w(C)}{w(Fe)}=1.0$）

（a）自然碱度 0.01；（b）自然碱度 0.2；（c）自然碱度 0.3；（d）自然碱度 0.4

M—α(Fe,Ni)；S—硅酸盐矿物；C—铬尖晶石；P—孔洞

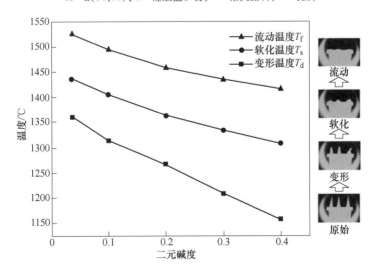

图 6-7　二元碱度对腐殖土型红土镍矿软熔特性的影响

著增强自然碱度，有利于提高还原球团的还原度和抗压强度。

红土镍矿还原球团的 SEM-EDS 点扫描分析如图 6-8 所示。由图可知，红土镍矿还原球团中仅有部分含镍、铁物相还原成银白色 α(Fe,Ni)（点 1），且 α(Fe,Ni) 晶粒粒度偏小，几乎均在 5μm 以下，铁晶粒粒度过小使镍晶粒不易进入铁晶粒相，导致 α(Fe,Ni) 中 Ni 品位只有 4.1%。未还原的铁、镍主要分布在镁铁橄榄石（点 2，点 3）和顽火辉石（点 4，点 5）等硅酸盐物相中，镁铁橄榄石相中约含有 8.2%~8.3% Fe 和 0.2%~0.3% Ni，而顽火辉石相中约含有 7.4%~7.9% Fe 和 0.2%~0.3% Ni，此外还有少量的 Ca、Al、Cr、Mn 等元素固溶其中。大量的镁铁橄榄石和顽火辉石未被还原导致红土镍矿还原球团的还原度较低。

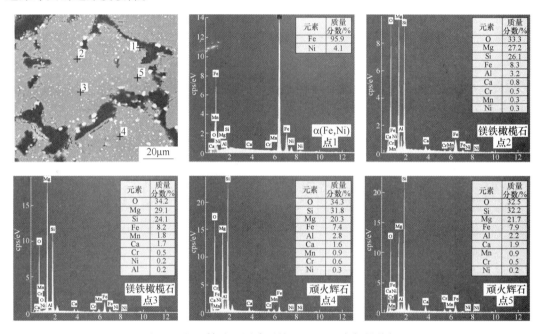

图 6-8　红土镍矿还原球团的 SEM-EDS 点扫描分析

（还原温度 1150℃，还原时间 60min，自然碱度 0.01，$\frac{w(C)}{w(Fe)} = 1.0$）

图 6-9 所示为优化碱度后的红土镍矿预还原球团点扫分析结果。由图可知，红土镍矿还原球团中的铁和镍元素得到了进一步的还原和富集，银白色 α(Fe,Ni)（点 1）中，镍品位达到了 6.8%，且 α(Fe,Ni) 晶粒出现聚集和长大的现象，甚至连接成片，铁晶粒的长大有利于镍的同步富集。通过二元碱度优化，红土镍矿还原球团中出现了钙镁橄榄石和透辉石等硅酸盐物相，镁橄榄石和顽火辉石相大幅度减少。硅酸盐矿物中的铁含量已降低到了 0.9%~1.2%，基本不含镍，绝大部分的铁和镍还原成金属相进入 α(Fe,Ni) 相。此外，自然碱度的还原球团，通过碱度优化后，红土镍矿还原球团内的裂纹大幅度减少，体系内传质作用显著增加，有利于还原球团的自致密化和抗压强度的增加。

6.2.2　红土镍矿预还原球团电炉熔分特性

在 RKEF 工艺中，预还原球团在电炉（EF）内熔分的效果是决定技术水平和工艺成

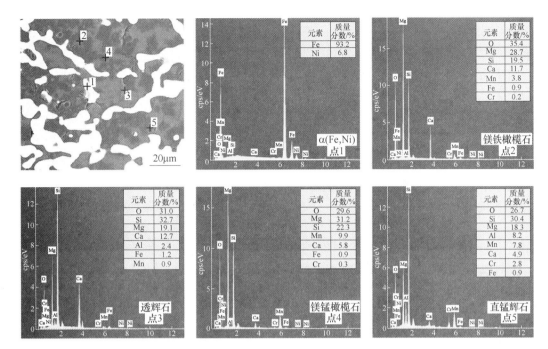

图 6-9 红土镍矿还原球团的 SEM-EDS 点扫描分析

（还原温度 1150℃，还原时间 60min，C/Fe＝1.0，二元碱度 0.3）

本的关键环节。在电炉冶炼过程，要获得较好的镍铁回收效果，首先就要保证渣金能够有效分离，而这就需要合金和熔渣黏度低、流动性好，以实现良好的渣金分离。

6.2.2.1 Fe-Ni 系合金熔点

镍铁合金中主要含有铁、镍和碳。运用 FactSage 8.0 软件的 Phase Diagram 模块计算出 Fe-Ni-C 三元合金液相温度及合金中镍、铁含量及渗碳量对合金液相线温度的影响，如图 6-10 所示。由此可知，随着镍含量的增加，合金液相线温度逐步降低，表明提高合金镍品

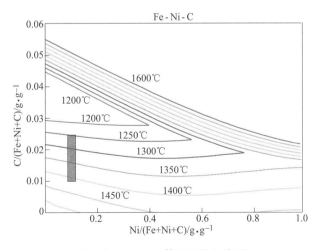

图 6-10 Fe-Ni-C 体系的液相线图

位，可降低合金熔点，改善合金液相流动性。此外，合金中渗碳量对合金的液相线温度影响较大。当合金中渗碳在小于 3% 时，随着渗碳量的增加，合金液相线温度显著降低；当渗碳量超过 4.5% 时，随着渗碳量的增加，液相线温度增加；在渗碳量为 3% ~ 4.5% 时，合金的液相线温度最低，约为 1200℃。通常，合金中渗碳量为 1% ~ 2.5%，根据常规 RKEF 生产的镍铁产品成分（8% ~ 10%），合金的液相线温度约 1250 ~ 1400℃。这就意味着在电炉熔炼过程中，为使得渣铁良好分离，出铁温度必须高于 1450℃（考虑 50℃ 的过热度）。

6.2.2.2 冶炼渣熔化温度

为了保证电炉冶炼顺行和渣铁高效分离，冶炼渣需具有适宜的液相线温度。红土镍矿含有较高的 SiO_2 和 MgO/SiO_2，此外，CaO 含量较少，原始二元碱度一般小于 0.05，因此，需要添加适量的石灰石调节炉渣二元碱度以优化渣型。在红土镍矿预还原球团制备过程中，已针对性地对其调节了适宜的二元碱度，因此，有必要根据熔炼渣型作进一步优化。红土镍矿预还原球团的冶炼终渣主要包含 SiO_2、MgO、Al_2O_3 和 CaO，部分渣型还含有 FeO。利用 FactSage 8.0 的 Phase Diagram 模拟计算熔炼渣各成分对其物相组成以及液相线的影响。固定 Al_2O_3 的含量为 2.5%，FeO 含量为 6%，SiO_2-MgO-CaO-Al_2O_3 四元相图如图 6-11 所示。

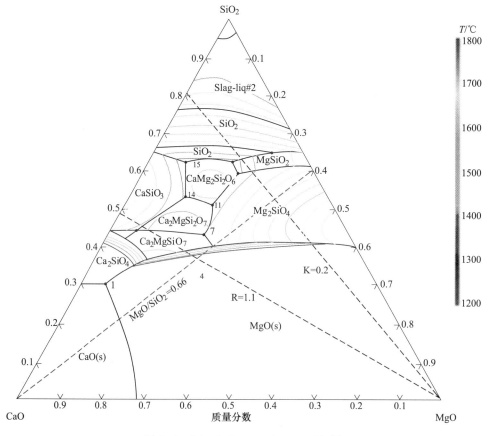

图 6-11 SiO_2-CaO-MgO-Al_2O_3 四元相图

$(w(FeO)=6\%,\ w(Al_2O_3)=2.5\%)$

由图 6-11 可知，当体系中 MgO/SiO₂ 比较高时，熔渣容易产生高熔点的镁橄榄石相，导致液相线温度高；此外，炉渣碱度较低时，熔渣熔点也较高。因此，为了获得低熔点熔渣，降低矿热炉电耗，保证其顺行，需要适当调整炉渣镁硅比和碱度。在碱度 0.2~1.1 之间，MgO/SiO₂ 小于 0.66 时，能获得液相线低于 1550℃ 的熔渣。具体如何调控炉渣成分，需进一步研究各种成分含量对熔渣熔化行为和流动性的影响。

碱度是影响炉渣熔化性能的重要因素之一。利用 FactSage 8.0 的 Equilib 模块计算自然碱度（0.02）到 1.1 碱度范围内，碱度、温度与熔渣液相生成量之间的关系。不同碱度的炉渣化学成分及相应的不同温度炉渣液相生成量结果分别见表 6-1 和图 6-12。

表 6-1　不同碱度炉渣的化学成分 （%）

R	MgO	SiO₂	Al₂O₃	CaO
0.02	44.00	52.00	3.00	1.00
0.10	42.22	49.90	2.88	5.00
0.20	40.22	47.54	2.74	9.50
0.30	38.36	45.33	2.62	13.70
0.50	35.11	41.49	2.39	21.00
0.70	32.13	37.98	2.19	27.70
0.90	29.56	34.93	2.02	33.50
1.10	27.24	32.20	1.86	38.70

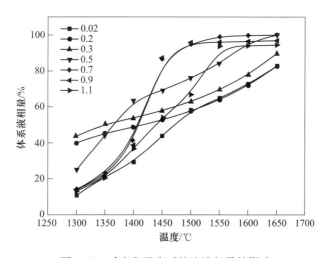

图 6-12　碱度和温度对炉渣液相量的影响

由图 6-12 可知，在所有碱度情况下，随着温度的提高，体系液相量显著增加。当碱度从 0.02 提高到 0.7 时，在相同温度下，体系液相量显著增加；而当碱度超过 0.7 时，继续提高碱度，液相量降低。在一定范围内，提高碱度能够促进液相的生成，但是也会造成电炉冶炼渣量大、电耗高和产量低。结合实际生产经验，可优化熔渣碱度为 0.2~0.5，通过后续 FeO 和 MgO/SiO₂ 的调控，获得较低熔点的炉渣。

固定炉渣碱度 0.2，继续采用 FactSage 8.0 的 Equilib 模块计算在温度 1250~1650℃ 范

围，不同 FeO 含量对炉渣液相生成量的影响。表 6-2 和图 6-13 所示分别为不同 FeO 含量的炉渣成分及其对应的不同温度的液相生成量。由图可知，随着炉渣温度提高和 FeO 含量的增加，熔渣的液相生成量显著增加。当 FeO 含量为 8% 时，炉渣温度为 1650℃，此时炉渣几乎完全熔化成液相。继续提高 FeO 含量，虽然能够降低炉渣完全熔化温度，但是此时不仅会降低铁回收率，而且炉渣中过多 FeO 会导致对耐材的侵蚀加剧，耐材损耗变大，增加生产成本，降低经济效益。

表 6-2　不同 FeO 含量炉渣的化学成分　　　　　　（%）

FeO	MgO	SiO₂	Al₂O₃	CaO
0.00	40.08	47.67	2.75	9.50
2.00	39.28	46.72	2.70	9.31
4.00	38.48	45.77	2.64	9.12
6.00	37.68	44.81	2.59	8.93
8.00	36.87	43.86	2.53	8.74
10.00	36.07	42.90	2.48	8.55
12.00	35.27	41.95	2.42	8.36
14.00	34.47	41.00	2.37	8.17

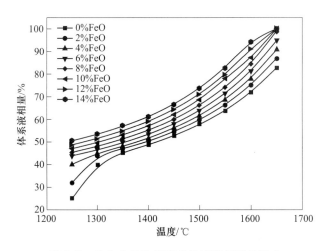

图 6-13　FeO 含量和温度对炉渣液相量的影响

固定炉渣二元碱度为 0.2，FeO 含量为 8.0%，研究不同 MgO/SiO₂ 比和温度对炉渣液相生成量的影响，不同 MgO/SiO₂ 比的炉渣成分及其相应的炉渣液相量计算结果分别见表 6-3 和图 6-14。

表 6-3　不同镁硅比对炉渣的化学成分　　　　　　（%）

$m(MgO)/m(SiO_2)$	MgO	SiO₂	Al₂O₃	CaO	FeO
1.00	40.50	40.50	2.90	8.10	8.00
0.95	39.49	41.50	2.71	8.30	8.00
0.90	38.37	42.50	2.63	8.50	8.00

续表 6-3

$m(MgO)/m(SiO_2)$	MgO	SiO$_2$	Al$_2$O$_3$	CaO	FeO
0.84	36.87	43.86	2.53	8.74	8.00
0.80	35.78	44.80	2.46	8.96	8.00
0.75	34.44	46.00	2.36	9.20	8.00
0.70	33.09	47.20	2.27	9.44	8.00
0.65	31.63	48.50	2.17	9.70	8.00
0.60	30.06	49.90	2.06	9.98	8.00
0.55	28.26	51.50	1.94	10.30	8.00
0.50	26.46	53.10	1.82	10.62	8.00
0.45	24.67	54.70	1.69	10.94	8.00
0.40	22.76	56.40	1.56	11.28	8.00
0.35	20.62	58.30	1.42	11.66	8.00

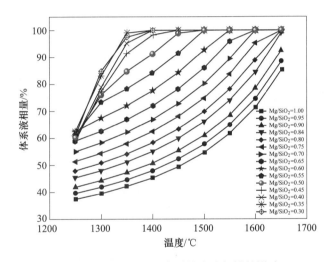

图 6-14 镁硅比和温度对炉渣液相量的影响

由图 6-14 可知，炉渣的镁硅比对其液相生成量具有显著的影响。随着镁硅比的减小，在固定温度下，炉渣的液相生产量提高。在自然镁硅比 0.84 的情况下，炉渣温度为 1550℃时，炉渣液相量仅为 74%，温度提高到 1650℃时才能完成熔化；提高镁硅比至 1.0 时，即使炉渣温度提高到 1650℃，其液相生成量仅为 85%；而当镁硅比降低到 0.55~0.65 时，炉渣完全熔化温度可降低 100℃；当继续降低镁硅比至 0.50 时，炉渣完全熔化温度可降低至 1500℃；当镁硅比为 0.30~0.35 时，炉渣的完全熔化温度仅为 1400℃。因此，需要调节 MgO/SiO$_2$ 至 0.65 以下，才能保证在 1550℃温度下获得满意的熔分效果。

6.2.2.3 冶炼渣黏度

红土镍矿电炉冶炼过程中，要求炉渣具有适宜的黏度和良好的流动性，这不仅关系到冶炼过程能否顺行，而且影响传热、传质，从而对渣金界面反应速率、镍和铁金属在渣金的分配行为，甚至对炉衬的侵蚀等都具有重要影响。要保证电炉冶炼过程渣铁良好分离，必须获得低黏度的炉渣。腐殖土型红土镍矿 SiO_2 和 MgO 含量高，CaO 及 Al_2O_3 含量较低，通常而言，该类渣黏度大、流动性差。本节系统揭示了不同成分对炉渣黏度的影响，为炉渣的优化调控提供理论依据。

运用 FactSage 8.0 软件中的 Viscosity 模块计算红土镍矿熔炼过程温度、碱度、FeO 含量及 MgO/SiO_2 对炉渣黏度的影响。由于 Viscosity 模块针对的是全液相，而在温度较低时，炉渣并非全液相，熔体中夹杂不溶解的组分或高熔点组分的溶解度小，成为难熔的细分散状固相质点而析出，比如，如表 6-3 和图 6-14 中，当 MgO/SiO_2 比为 1.0 时，即使温度 1650℃，体系液相量也不到 85%，还有 15% 的固相析出，此时，熔渣变为非均匀性的多相渣，其黏度显著增加，也不服从牛顿黏滞定律，因此，计算出来的黏度值需要根据 Einstain-Roscoe 方程进行修正，方程如下：

$$\eta = \eta_0(1 - af)^{-n} \tag{6-1}$$

式中　　η——炉渣黏度，Pa·s;

η_0——全液相时炉渣黏度，Pa·s;

f——熔体中固体颗粒的体积分数，%;

a——常数，$a = 1.35$;

n——常数，$n = 2.5$。

要计算含有固体的熔渣黏度，其核心是获得固相颗粒的体积分数，因此，需要引入摩尔密度。红土镍矿冶炼过程中，炉渣中主要氧化物的摩尔体积与温度的关系见表 6-4。根据熔渣成分、不同温度下的液相量、液相成分和固相成分，可以计算炉渣的最终黏度。

表 6-4　氧化物的摩尔体积　　　　　　　　　　　　(m^3/mol)

氧化物	摩尔体积
SiO_2	$27.516[1+(T-1500)\times10^{-4}]\times10^{-6}$
CaO	$20.7[1+(T-1500)\times10^{-4}]\times10^{-6}$
MgO	$16.1[1+(T-1500)\times10^{-4}]\times10^{-6}$
Al_2O_3	$28.3[1+(T-1500)\times10^{-4}]\times10^{-6}$
FeO	$15.8[1+(T-1500)\times10^{-4}]\times10^{-6}$

通过 FactSage 8.0 软件计算表 6-1 中不同碱度的炉渣在 1450~1550℃ 范围内的黏度，结果如图 6-15 所示。随着温度的提高，黏度显著下降，这主要是因为：一方面炉渣液相量增加，固体颗粒减少，炉渣中具有黏流活化能的质点数增多，炉渣流动性能改善；另外一方面，随着温度的提高，炉渣中质点的热振动加强，化学键断裂，复杂的硅氧络离子（$Si_xO_y^{z-}$）解体，产生尺寸较小的流动单元，故而黏度下降。

此外，当碱度从自然碱度（$R = 0.02$）增加到 0.7 时，炉渣黏度显著下降。当碱度为 0.7 时，在温度 1450℃ 时，便可获得黏度低于 0.5Pa·s 的炉渣，表明炉渣流动性能良好。这主要是由于在硅酸盐炉渣中存在大量具有网络结构的 $Si_xO_y^{z-}$，质点在该结构中受到离子键的约束，难以流动，导致其流动性能较差；但是加入碱性氧化物（CaO、CaF_2）后，离子键断裂，空间硅氧网络状结构遭到破坏，质点的制约降低，迁移能力增强，黏度下降。但是，继续提高碱度，炉渣的液相生成量降低，均匀性下降，炉渣黏度有增加趋势。当炉渣碱度为 1.1 时，温度需要提高到 1500℃，方能获得较低黏度（低于 0.5Pa·s）的炉渣。

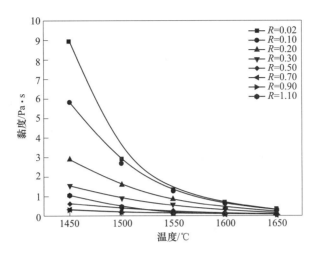

图 6-15 温度和碱度对炉渣黏度的影响

　　虽然适当提高碱度可以降低炉渣黏度，改善其流动性能，但是由于红土镍矿中 SiO_2 含量极高，为获得高碱度的熔渣，需要加入大量的石灰石，导致冶炼炉渣渣量显著增加，电炉电耗增大，利用系数降低。综合考虑，可调整碱度至 0.2~0.3，通过后续镁硅比和 FeO 的控制，实现低黏度渣的调控。

　　固定熔渣碱度 0.2，MgO/SiO_2 比为 0.84，不同 FeO 含量的炉渣成分见表 6-2，其对应不同温度的黏度计算结果如图 6-16 所示。由图可知，随着 FeO 含量的增加，炉渣黏度显著下降。在冶炼过程，通常希望炉渣黏度在 0.2~0.5Pa·s 之间，当炉渣黏度超过 1.0Pa·s 时，会出现渣铁难以分离的问题。当 FeO 含量为 8%，温度达到 1500℃ 时，炉渣黏度降低至 0.5Pa·s，这表明，此时炉渣具有良好的流动性能；继续提高 FeO 含量，虽然能进一步降低炉渣黏度，改善流动性，但会导致渣中铁损失较大，回收率降低，而且过高 FeO 含量的炉渣容易侵蚀炉衬，损坏耐材。综合考虑，控制炉渣中 FeO 含量在 8% 左右。

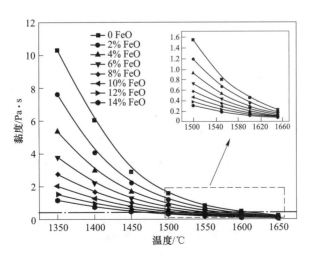

图 6-16 温度和 FeO 含量对炉渣黏度的影响

固定熔渣碱度 0.2，FeO 含量为 8%，不同 MgO/SiO$_2$ 含量的炉渣成分如表 6-3 所示，其对应不同温度的黏度计算结果如图 6-17 所示。由图可知，在温度 1400 ~ 1650℃，随着体系中 $m(MgO)/m(SiO_2)$ 比由 0.30 逐渐增加到 0.65 时，熔渣的黏度显著降低；继续增加提高 MgO/SiO$_2$ 比，炉渣黏度增加；当温度低于 1400℃ 时，炉渣黏度随着 MgO/SiO$_2$ 比的增加，黏度持续下降。这主要是由于红土镍矿中 MgO 含量过高，自然渣中 MgO 含量高达 44%，远远超过普通炉渣的 MgO 含量，在冶炼过程中容易产生高熔点的方镁石相和镁橄榄石相，体系液相量降低，导致炉渣黏度提高。适当添加硅石，降低镁硅比，可改善熔渣黏度。当温度在 1500℃ 时，欲获得黏度低于 0.5Pa·s 的炉渣，镁硅比应为 0.40~0.75。

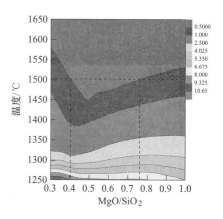

图 6-17　温度和 MgO/SiO$_2$ 含量对炉渣黏度的影响

综合冶炼渣的熔化温度和黏度，并结合生产过程电炉的电耗和利用系数，选取适宜的碱度为 0.20~0.30，FeO 含量为 8% 左右，MgO/SiO$_2$ 比为 0.40~0.65，Al$_2$O$_3$ 含量为 2% 左右，此时炉渣的理论计算黏度值均小于 0.5Pa·s，炉渣的熔化温度约为 1500℃，此时炉渣具有良好的流动性能，能够保证矿热炉冶炼过程中渣铁的良好分离效果。

6.3　低品位红土镍矿 RKEF 法工艺优化

常规 RKEF 工艺通常不对红土镍矿制粒或造块，入窑和入炉的原料粒度差异较大，物料粉尘含量很高，影响回转窑预还原焙烧效果，并降低矿热电炉的透气性，导致产量降低和能耗升高。基于此，中南大学联合北港新材开展了红土镍矿回转窑球团预还原—矿热炉冶炼工艺优化研究。

6.3.1　原料性能

6.3.1.1　红土镍矿

所用红土镍矿来自菲律宾，其化学组成见表 6-5。红土镍矿中镍和铁品位分别为 1.35% 和 16.89%，$m(Fe)/m(Ni)$ 为 12.51。此外，红土镍矿中脉石元素占比较高，SiO$_2$ 和 MgO 的含量分别为 33.68% 和 22.54%，Al$_2$O$_3$ 和 CaO 含量较低，分别为 1.67% 和 0.35%。有害元素 S 和 P 含量较低，分别为 0.003% 和 0.002%。该红土镍矿属于典型的腐殖土型低品位红土镍矿。

由表 6-6 可知，红土镍矿的粒度相对较粗，主要的粒级分布在 1~3mm 和 3~8mm，分别占比 35.27% 和 30.28%，-0.074mm 含量仅有 4.90%。因此，该红土镍矿需要进一步对原料进行预处理，才能用于造球。

表 6-5　红土镍矿的主要化学成分　　　　　　　　　　　　　　　　（%）

Fe$_{总}$	Ni$_{总}$	Cr$_2$O$_3$	Mn$_{总}$	MgO	SiO$_2$	Al$_2$O$_3$	CaO	S	P	LOI
16.89	1.35	1.32	0.14	22.54	33.68	1.67	0.35	0.003	0.002	11.01

表 6-6　红土镍矿的粒度组成　（%）

粒度/mm	+8	3~8	1~3	0.5~1	0.15~0.5	0.074~0.15	-0.074
含量	3.19	30.28	35.27	10.10	12.98	3.28	4.90

红土镍矿属于黏土质矿物，湿式球磨后较难过滤，因此，采用对辊破碎机将红土镍矿破到粒度-3mm后，使用高压辊磨对其进行进一步预处理。高压辊磨预处理技术不仅可以低能耗条件下降低原料粒度和提高原料比表面积，其静准压粉碎的特点可选择性地使物料内裂纹沿着矿石晶界面扩展，颗粒内形成的晶格缺陷使物料的表面活性增加，从而降低后续反应所需的活化能，促进其高温反应活性。

由表6-7和表6-8可知，经过原料预处理后，红土镍矿的粒级范围-0.074mm占比为76.22%，其比表面积（SSA）为1786cm²/g。红土镍矿的静态成球性达到1.29，具有优异的成球性能，由图6-18可知，红土镍矿在原料预处理后，颗粒表面较粗糙，且黏附很多细微颗粒物，具有良好的亲水性能，有利于颗粒间毛细水的形成，对提高生球的抗压强度和落下强度有利。因此，红土镍矿经过原料预处理后的综合指标可以满足造球要求。

表 6-7　原料预处理后红土镍矿的粒度组成（质量分数）　（%）

原料	粒度/mm			
	+0.15	0.074~0.15	0.045~0.074	-0.045
红土镍矿	3.41	20.37	52.17	24.05

表 6-8　预处理后红土镍矿的物理性能

原料	SSA/cm²·g⁻¹	$\rho_{真}$/g·cm⁻³	$\rho_{堆}$/g·cm⁻³	W_m/%	W_c/%	静态成球性 K
红土镍矿	1786	2.73	0.91	18.17	32.31	1.29

注：W_m—最大分子水含量；W_c—最大毛细水含量。

图 6-18　原料预处理后不同放大倍数的红土镍矿颗粒的微观形貌

6.3.1.2　还原煤

本节研究所用还原剂为烟煤和焦炭，分别用于红土镍矿球团的预还原和熔炼过程，由表6-9可知，烟煤的固定炭、挥发分、灰分和全硫的含量分别为52.12%、30.41%、4.49%和0.58%，满足还原用烟煤的各项要求（Fcad>50%、Vad>30%、Aad<10%和St. ad

<1%）。焦炭的固定炭、灰分和挥发分的含量分别为 83.20%、13.09% 和 2.70%，焦炭灰分中的 S、P 含量低，分别为 0.048% 和 0.12%，可以作为熔炼过程的还原用焦（见表 6-10）。

表 6-9   烟煤及焦炭工业分析结果   （%）

工业分析	Mad	Aad	Vad	Fcad	St. ad
烟煤	12.98	4.49	30.41	52.12	0.58
焦炭	1.01	13.09	2.70	83.20	0.01

注：Mad—空气干燥基水分；Aad—空气干燥基灰分；Vad—空气干燥基挥发分；Fcad—空气干燥基固定碳；St. ad—空气干燥基全硫。

表 6-10   烟煤及焦炭灰分化学成分   （%）

成分	TFe	CaO	MgO	Al_2O_3	SiO_2	K_2O	Na_2O	P	S
烟煤	11.80	24.94	1.34	8.02	27.62	0.07	0.95	0.01	12.92
焦炭	9.12	5.91	1.18	31.45	41.61	0.05	0.80	0.12	0.048

通过对还原用烟煤灰分的软熔特性作进一步分析可知（表 6-11），烟煤的变形温度、软化温度、半球温度和流动温度分别为 1332℃、1376℃、1450℃ 和 1469℃，即烟煤煤灰具有较高的灰熔点温度，能够保证在较高的预还原温度下有效避免回转窑结圈的问题。

表 6-11   烟煤灰分软熔特性分析   （℃）

DT	ST	HT	FT
1332	1376	1450	1469

注：DT—变形温度；ST—软化温度；HT—半球温度；FT—流动温度。

6.3.1.3   熔剂

所用的熔剂为石灰石，作为红土镍矿球团预还原和熔炼过程钙源的补充。由表 6-12 和表 6-13 可知，石灰石中 CaO 含量为 55.39%，烧损为 42.54%，杂质成分含量及 S、P 含量均较低。石灰石粒度较细，-0.074mm 为 98.94%，其比表面积也较高，为 4831cm²/g，可以满足造球工艺对原料粒度和比表面积要求。

表 6-12   石灰石的化学成分   （%）

CaO	MgO	SiO_2	Al_2O_3	Fe	P	S	LOI
55.39	0.42	0.42	0.087	—	0.003	0.011	42.54

表 6-13   石灰石的物理性能

水分/%	粒度/%		比表面积 /cm²·g⁻¹	真密度 /g·cm⁻³	堆密度 /g·cm⁻³
	75μm 占比	45μm 占比			
1.14	98.94	42.83	4831	2.710	0.785

6.3.2   低品位红土镍矿造球性能

制备合格的生球是生产红土镍矿预还原球团重要的基本工序之一，生球质量直接影响球团的后续生产工艺。

6.3.2.1　造球水分

造球水分对红土镍矿生球和干球质量的影响如图 6-19 所示。由于红土镍矿的亲水性好，持水能力强，因此造球水分的制度优化范围在 12%~24% 之间，远高于一般铁矿适宜的造球水分区间。随着造球水分由 12% 增加至 22%，生球和干球的抗压强度大体呈增加的趋势，当水分超过 20% 时，生球的抗压强度有所下降。说明适宜的造球水分有利于提高颗粒间毛细管内毛细水的含量，从而增加颗粒间的毛细力，改善成球性能，提高生球强度。推荐的造球水分为 16%~18%。

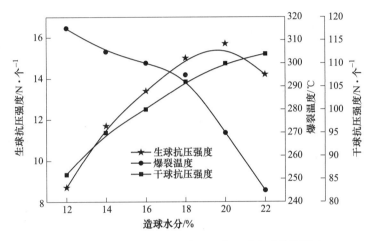

图 6-19　造球水分对红土镍矿生球和干球质量的影响

（造球时间 16min，碱度 0.01）

6.3.2.2　造球时间

造球时间对红土镍矿生球和干球质量的影响如图 6-20 所示。随着造球时间由 10min 增

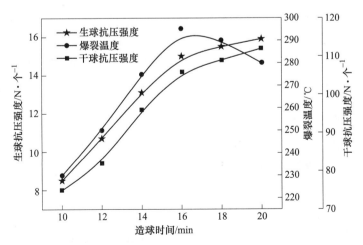

图 6-20　造球时间对红土镍矿生球和干球质量的影响

（造球水分 18%，碱度 0.01）

加至 20min，生球和干球的抗压强度显著增加，生球的爆裂温度先明显增加后略有下降。适当的延长造球时间，有利于矿物颗粒之间相互拉紧，生球的孔隙率逐渐降低，毛细管内毛细水产生的毛细黏结力逐渐增加，生球强度不断提高。而过长的造球时间会让生球过于致密，干燥时水蒸气不易排出，对生球的内部应力增加，导致生球爆裂温度的降低。因此，综合各项生球性能指标，适宜的造球时间为 16 ~ 18min，对应的生球抗压强度为15.0 ~ 15.5N/个，生球的爆裂温度为 290 ~ 295℃，干球的抗压强度为 106 ~ 115N/个。

6.3.2.3 二元碱度

调节球团二元碱度，是改善红土镍矿球团固结特性、提高预还原球团还原度及调控渣型以强化熔分工艺的有效手段之一。因此，本节考察了二元碱度对生球和干球质量的影响，二元碱度对红土镍矿生球和干球质量的影响如图 6-21 所示。

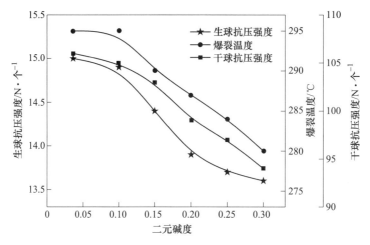

图 6-21   碱度对红土镍矿生球和干球质量的影响

（造球水分 18%，造球时间 16min）

随着二元碱度由自然碱度 0.01 增加至 0.30，生球和干球抗压及生球爆裂温度呈不同程度的下降趋势。石灰石粉亲水性较差，当其分散在生球内部时，会弱化矿物颗粒间毛细水的毛细黏结力，从而导致生球和干球质量略有下降。从造球试验结果可知，二元碱度由自然碱度增加至 0.30 时，仍能满足后续工艺对生球和干球的生产指标要求，而选择适宜的二元碱度需由后续预还原和熔分工艺的具体需求综合考虑。

6.3.3 低品位红土镍矿球团预还原行为

预还原是电炉熔炼前的关键环节，以还原度较高的红土镍矿球团入炉，不仅可以保证熔分过程顺利进行，明显提高炉料的透气性，稳定炉内还原反应气氛，而且还可以降低后续熔炼过程的能耗，减少熔炼时间，提高熔炼效率。

6.3.3.1 还原温度

还原温度对预还原球团还原度的影响如图 6-22 所示。随着还原温度由 950℃升高至1150℃，预还原球团铁氧化物还原度和镍氧化物还原度分别由 40.19% 和 85.73% 增加至88.21% 和 98.55%，随着还原温度的继续增加，球团还原度的增加幅度变化较小。还原温度的提高可以促进 Boudouard 反应的进行和 CO 向球团内扩散，提高体系 CO 浓度，加快还原反应速率，促进镍、铁氧化物的还原，从而提高球团的还原度。铁、镍氧化物还原动力学表明，镍氧化物较铁氧化物还原所需的活化能更低，即更容易被还原，因此，还原温度的升高对铁氧化物还原度的提高程度更加明显。综合考虑预还原球团的各项指标及能耗，推荐适宜的还原温度为 1150℃。

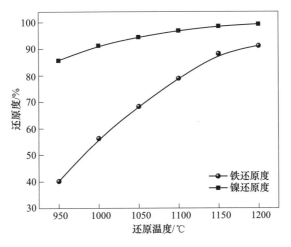

图 6-22　还原温度对预还原球团还原度的影响
（还原时间 60min，C/Fe=1.0，碱度 0.3）

6.3.3.2　还原时间

还原时间对预还原球团还原度的影响如图 6-23 所示。随着还原时间的增加，预还原球团中铁和镍氧化物的还原度呈现出先增加后基本保持不变的趋势。球团的抗压强度先急速下降，后逐渐上升至基本保持不变。因此，适当的延长还原时间，有利于预还原球团中

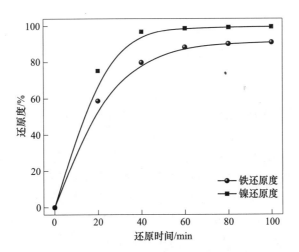

图 6-23　还原时间对预还原球团还原度的影响
（还原温度 1150℃，$m(C)/m(Fe)=1.0$，碱度 0.3）

铁、镍氧化物的还原及镍铁晶粒的聚集和长大，从而提高预还原球团的还原度。此外，要达到相似的金属氧化物还原度，相较于镍氧化物，铁氧化物需要更长的还原时间，这说明在红土镍矿球团中铁氧化物还原较难，与红土镍矿的热力学及动力学研究结果相一致。其实，当还原时间为 60min 时，预还原球团的铁、镍氧化物还原度分别已达到了 88.21% 和 98.55%。继续增加还原时间，对预还原球团各项指标提升已不明显，因此，推荐的还原时间为 60min。

6.3.3.3 碳铁比

碳铁比对预还原球团还原度的影响如图 6-24 所示。随着 C 和 Fe 质量比的提高，预还原球团的还原度呈先增加后基本趋于稳定的趋势。红土镍矿球团的热力学研究表明，相较于含镍物相，含铁物相的还原往往需要更高的 CO 浓度，而 C 和 Fe 质量比的提高有利于 Boudouard 反应向正方向进行，使还原体系中 CO 浓度的不断增加。因此，随着 C 和 Fe 质量比的提高，对铁氧化物还原度的积极影响更加明显。综合考虑预还原球团的各项指标及煤耗，其适宜的 C/Fe 为 1.0。

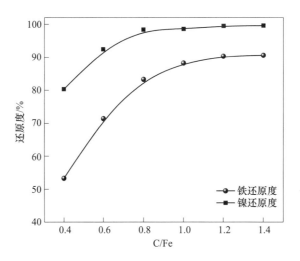

图 6-24 碳铁比对预还原球团还原度的影响

（还原温度 1150℃，还原时间 60min，碱度 0.3）

6.3.3.4 二元碱度

二元碱度对预还原球团还原度的影响如图 6-25 所示。随着碱度由自然碱度 0.01 增加至 0.3，预还原球团的还原度明显增加。红土镍矿球团热力学和动力学研究表明，CaO 不仅能降低铁橄榄石、铁铝尖晶石和镍橄榄石还原所需的 CO 分压，还能降低含铁物相和含镍物相还原反应的表观活化能。能够使含铁和含镍物相在较低的 CO 分压下即可释放出 FeO 和 NiO，从而促进其还原成金属态。且 CaO 作为碱性氧化物，还可以提高体系内的 Boudouard 反应的速率，从而使 CO 浓度可以维持在较高水平。当红土镍矿球团的二元碱度继续增加至 0.4 时，过多的液相也会使球团内玻璃质物相增多，阻碍 CO 向球团内部扩散，不利于预还原球团还原度的提高。综合预还原球团的各项指标及物料成本，适宜的二元碱度为 0.3。

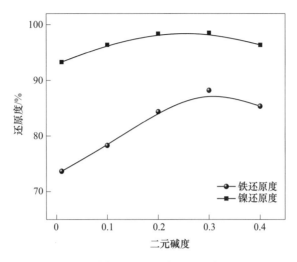

图 6-25　碱度对预还原球团还原度的影响

（还原温度 1150℃，还原时间 60min，C/Fe 1.0）

6.3.4　低品位红土镍矿预还原球团熔分特性

6.3.4.1　预还原球团还原度

球团预还原对熔分指标的影响如图 6-26 所示。球团预还原度由约 30%增加至约 80%，熔分后合金镍和铁品位分别由 8.81%和 88.23%增加至 9.63%和 90.14%，镍和铁的回收率分别由 92.59%和 81.39%增加至 99.58%和 91.39%。部分镍、铁氧化物在预还原阶段还原成金属态有利于促进剩余镍和铁氧化物在后续熔炼阶段的深度还原。预还原球团中已具有一定粒径的镍铁晶粒在熔炼过程中可作为晶种，靠自身表面张力不断结合熔渣中被还原的

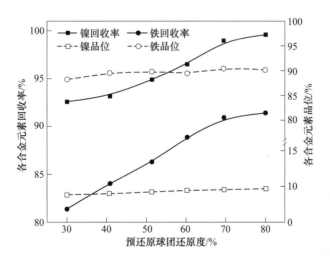

图 6-26　球团预还原度对熔分指标的影响

（球团碱度为 0.30，MgO/SiO₂ 为 0.65；熔分温度 1600℃，熔分时间 60min，焦炭用量 5%）

镍和铁金属微粒，镍铁合金晶粒的增大有利于提高镍铁合金沉降势能，从而减少由于微细粒夹杂在渣相中而造成的金属损失，提高金属回收率。因此，适宜的预还原球团还原度为 70% ~ 80%。

6.3.4.2 熔炼温度

熔分温度对预还原球团熔分指标的影响如图 6-27 所示。随着熔炼温度由 1500℃ 提高至 1600℃，合金中的镍和铁品位分别由 8.31% 和 86.21% 增加至 9.54% 和 90.05%，镍和铁的回收率分别由 81.79% 和 74.39% 增加至 98.97% 和 90.91%。随着熔炼温度的继续升高，各项熔分指标的趋于平稳。熔炼温度的增加有利于提高熔炼渣的液相量，降低熔炼渣黏度，促进体系传热、传质和传动作用，改善渣铁界面的反应动力学条件，使被还原的金属晶粒不断聚集长大，利用与熔炼渣的密度差异，低阻力的沉降至熔炼渣下方，从而实现渣铁的高效分离。综合考虑熔分指标和生产能耗，适宜的熔分温度为 1600℃。

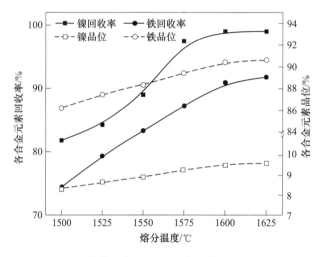

图 6-27 熔分温度对预还原球团熔分指标的影响

（球团预还原度约 70%，碱度为 0.30，MgO 和 SiO_2 的质量比为 0.65；熔分时间 60min，焦炭用量 5%）

6.3.4.3 熔炼时间

熔分时间对预还原球团熔分指标的影响如图 6-28 所示。随着熔分时间由 15min 增加至 60min，合金中的镍和铁品位分别由 7.34% 和 87.31% 增加至 9.54% 和 90.05%，镍和铁的回收率分别由 72.13% 和 59.31% 增加至 98.97% 和 90.91%。继续延长冶炼时间，熔分各项指标变化程度明显降低。当冶炼时间较短时，很多合金颗粒粒径较小，受沉降动力学限制仍夹杂在冶炼渣中，渣铁分离程度差，导致金属回收率均偏低。适当的延长冶炼时间，有利于多元合金颗粒的不断聚集长大，克服沉降动力学限制，并提高渣铁的界面反应程度，促进渣金的高效分离，从而提高各金属回收率。综合考虑熔分指标和能耗，适宜的熔分时间为 60min。

6.3.4.4 焦炭用量

焦炭用量对预还原球团熔分指标的影响如图 6-29 所示。随着焦粉用量从 3% 增加到 7%，镍和铁回收率分别从 94.31% 和 83.29% 显著提高至 99.30% 和 94.97%，但是镍铁合金中镍品位从 9.81% 降低至 8.87%。在红土镍矿熔分过程中，欲获得较高的镍和铁品位的

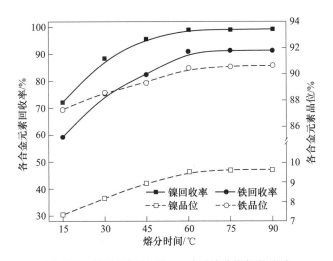

图 6-28　熔分时间对预还原球团熔分指标的影响

（球团还原度约 70%，碱度为 0.30，$m(MgO)/m(SiO_2)=0.65$；熔分温度 1600℃，焦炭用量 5%）

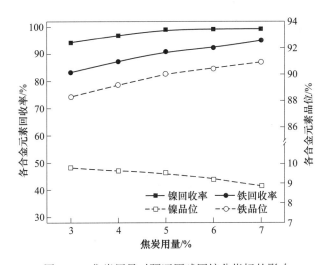

图 6-29　焦炭用量对预还原球团熔分指标的影响

（预还原球团还原度约 70%，碱度为 0.30，$m(MgO)/m(SiO_2)=0.65$；熔分温度 1600℃，熔分时间 60min）

合金，则选择较低焦粉用量，实现选择性还原，抑制铁的还原，铁水中镍铁比升高，同时渣中有部分 FeO，可保证其具有良好的流动性，改善渣铁分离效果；若要使得镍和铁回收率较高，需要保证熔分过程体系具有充足的还原气氛，则选择高焦粉用量。因此，综合考虑品位和回收率，建议适宜的焦粉用量为 4%~5%。

6.3.4.5　二元碱度

二元碱度对预还原球团熔分指标的影响如图 6-30 所示。随着熔炼渣二元碱度由自然碱度增加至 0.3，Ni 和 Fe 的回收率分别由 95.58% 和 85.48% 增加至 98.97% 和 90.91%，镍铁合金的 Ni 和 Fe 品位分别由 8.95% 和 88.21% 增加至 9.54% 和 90.05%。继续增加至 0.4 碱度，Ni 和 Fe 的回收率略有上升，镍铁合金的 Ni 和 Fe 品位开始下降。二元碱度的增加，可以明显降低炉渣熔化温度，改善炉渣黏度，改善熔分效果。此外，钙源大部分由原料端配入球团，二元碱度的增加有利于提高入炉预还原球团的还原度，从而明显改善预还原球团的熔分效率。然而，红土镍矿球团中 SiO_2 含量较高，过高的二元碱度会明显增加熔炼过程的渣量，从而降低电炉的利用系数，增加电耗，提高生产成本。因此，综合考虑熔分指标及物料成本，推荐低碱度渣型，适宜的二元碱度为 0.3。

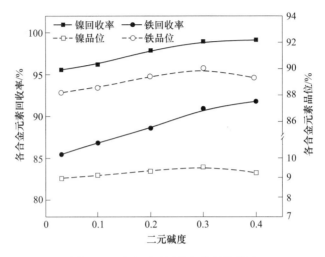

图 6-30　碱度对球团熔分指标的影响

（球团预还原度约 70%，$m(MgO)/m(SiO_2)$ = 0.65；熔分温度 1600℃，熔分时间 60min，焦炭用量 5%）

6.3.4.6　MgO/SiO_2 质量比

MgO/SiO_2 质量比对预还原球团熔分指标的影响如图 6-31 所示。当 MgO/SiO_2 质量比由 0.75 降至 0.65 时，Ni 和 Fe 的回收率分别由 93.36% 和 85.31% 增加至 98.87% 和 90.91%，镍铁合金的 Ni 和 Fe 的品位分别由 8.95% 和 87.64% 增加至 9.54% 和 90.05%；当 MgO/SiO_2 质量比介于 0.55~0.65 之间时，各项熔分指标变化程度较小；当 MgO/SiO_2

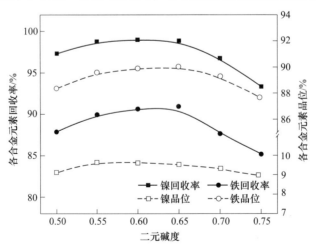

图 6-31　MgO/SiO_2 质量比对球团熔分指标的影响

（球团预还原度 70%，二元碱度 0.3；熔分温度 1600℃，熔分时间 60min，焦炭用量 5%）

质量比由 0.55 降至 0.50 时，各项熔分指标开始逐渐变差。随着 MgO/SiO_2 质量比提高至 0.65 以上时，熔炼渣中镁橄榄石和斜顽辉石等高熔点物相的含量明显增加，导致熔炼渣熔化温度升高，黏度增大，不利于熔分过程顺行，熔渣中夹杂大量的金属颗粒，各合金元素的回收率明显降低。当 MgO/SiO_2 质量比降低至 0.55 以下时，SiO_2 相对含量的增加会在熔渣中形成结构稳定的 SiO_4^{4-} 和 $Si_2O_7^{6-}$ 阴离子团网格结构，从而增加冶炼渣体系的聚合程度，熔炼渣黏度逐渐增加，体系内的传质阻力逐渐变大，显著影响熔炼渣的流动性，导致各项熔分指标逐渐变差。综合考虑各项熔分指标和物料成本，可将熔炼渣的 MgO/SiO_2 质量比调整至 0.60~0.65 为宜。

6.3.5 镍铁产品分析

通过 RKEF 工艺所制备高纯度的镍铁合金和熔分渣的化学成分见表 6-14。镍铁合金中铁品位为 89.57%，镍品位为 9.39%，P、S 等有害杂质元素含量较低，成分较纯净，有利于后续不锈钢冶炼。熔分渣中铁含量为 6.54%，镍含量极低，仅为 0.03%，说明绝大部分镍进入镍铁水中，熔分效果较好；熔渣中碱度为 0.29，镁硅比为 0.65，基本在设定的熔渣成分范围内。熔分渣高温水淬后，可作为建材使用。

表 6-14 镍铁合金和熔分渣的化学成分分析 （%）

样品	TFe	TNi	SiO_2	Al_2O_3	CaO	MgO	C	S	P
镍铁合金	89.57	9.39	0.12	0.08	0.09	0.01	0.46	0.09	0.04
熔分渣	6.54	0.03	45.49	1.66	13.65	29.57	0.01	0.11	0.07

6.4 低品位腐殖土型红土镍矿 RKEF 法工业实践

6.4.1 北港新材 RKEF 工艺流程与设备配置

北港新材料有限公司于 2010 年 6 月建设 2 条 36000kV·A 的 RKEF 生产线，2012 年 3 月投运至今，主要以含镍 1.4%~1.6%、含铁小于 20% 的低品位腐殖土型红土镍矿为原料生产含镍 6%~10% 的镍铁。其生产工艺流程和数质量流程如图 6-32 所示，即红土镍矿进厂→烘干→破碎→配料→回转窑预还原→矿热炉冶炼→镍铁。

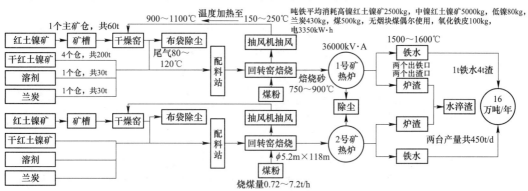

图 6-32 北港新材 RKEF 工艺数质量流程

对于腐殖土型红土镍矿的干燥和破碎，两条 RKEF 生产线各用一个干燥窑和破碎设备。整个工艺流程主要由回转窑预热及矿热炉冶炼构成，原料红土镍矿经烘干窑烘干后，烘干水分控制在 20%~24% 的干矿与辅料、还原剂在回转窑前按比例配料混合好进入回转窑，回转窑焙烧砂温度控制在 750~900℃，经预热的混合料经回转窑预热后，通过料罐及行车吊装到矿热炉高位料仓，然后通过下料管道进入炉内进行冶炼，通常其产品为液态镍铁不锈钢母液，热装供炼钢厂使用，特殊条件下也可生产镍铁合金块。

工艺所用主要装备参数如下：

（1）圆筒烘干机。

设备主要构件：电机减速机、烘干机筒体、大小齿轮、托轮、轮带、扬料板、燃烧器、引风机。

设备技术参数：2 台，尺寸 ϕ4.2m×32m，斜度 4%，转速 3.2r/min，功率 280kW。

（2）颚式破碎机。

设备主要构件：机架部件、固定颚板、上边护板、下边护板、动颚部件、调整部件、拉杆部件、铁轨部件、润滑部件。

设备主要参数：1）型号规格：PE500×750，2 台，处理能力 45~130t/h，进料口尺寸 500mm×750mm，最大进料粒度 ≤425mm，排料口范围 ≤50~130mm，转速 275r/min；2）型号规格：PEX300×1300，2 台，处理能力 10~65m^3/h，进料口尺寸 300mm×1300mm，最大进料粒度 ≤250mm，排料口范围 ≤20~90mm，转速 300r/min。

（3）反击锤式破碎机。

设备主要构件：机架部分、转子部分、隔板部分、传动电机。

设备技术参数：2 台，辊子尺寸 ϕ1400mm×1600mm，锤头排数 16 排，锤头总数 96 个，给料粒度 0~80mm，出料粒度 0~3mm 大于 85%，转速 1000r/min，产量 80~160t/h，功率 315kW。

（4）预还原回转窑。

设备主要构件：回转窑筒体、大小齿轮、轮带、托轮、窑头罩、燃烧器。

设备主要技术参数：2 条，筒体内直径：5.2m，筒体长度：118m，斜度：3.5%，支承数：5 档，主传动转速：0.2~1.233r/min，辅助传动转速：7.82r/h，主动功率 2×355kW。生产能力：500t/d。

（5）矿热炉。

设备主要构件：炉体、炉盖、电极把持器、电极压放系统、电极升降系统、短网系统、下料系统、净化烟道、粗气烟道、水冷系统、液压站机管路、热料罐。

设备主要技术参数：矿热炉供电变压器容量为 36000kV·A，由三台 12000kV·A 单相变压器组成；变压器二次侧电压级设置 31 级，其中 1~16 级为恒功率，17~31 级为恒电流；变压器一次侧输入电压为 35000V；分为 △型连接和 Y 型连接。炉壳直径为：1 号炉 17000mm；2 号炉 18000mm；炉膛直径为：1 号炉 14000mm；2 号炉 15000mm；炉膛高度：1 号炉 3850mm；2 号炉 4000mm；电极极心圆直径为 4800mm。设出渣口、出铁口各两个，1 号炉出渣口高度与出铁口高度相差 680mm，2 号炉出渣口和出铁口高度相差 820mm；3 根 ϕ1300mm 自焙电极，电极把持器采用组合式把持器。

（6）布袋除尘器。

设备主要构件：除尘器本体、风机、电机减速机、布袋、脉冲阀、储气罐。

主要参数：除尘系统（干矿破碎筛分处）除尘器（2 台），处理风量：160000m³/h，过滤面积：2750m³，过滤方式：负压外滤式，滤袋材质：覆膜涤纶针刺毡，滤袋耐温：120℃（瞬间 130℃，30min），滤袋规格：ϕ160mm×6000mm，脉冲压力：0.25~0.4MPa，脉冲带宽：0.1~0.2S，清灰方式：离线清灰，入口温度：常温，设备阻力：≤1700Pa，设备耐压：≥6000Pa，除尘效率：99.9%。

6.4.2 北港新材 RKEF 法生产实践

以北港新材 2017 年 11 月和 12 月的现场月平均生产数据和指标对其 RKEF 生产实践进行介绍，其数据见表 6-15~表 6-19。

表 6-15 回转窑一车间辅助材料单价、日均用量和日均成本

时间	项目	矿热炉绿泥	铁水覆盖剂	电极糊	矿热炉用炮泥	铝碳化硅浇注料	合计
2017 年 11 月	单价/元·t⁻¹	8050	1200	3400	5500	5500	—
	使用量/t	0.35	0.63	0.01	0.48	0.48	—
	成本/元	2817	756	34	2640	2640	8887
时间	项目	矿热炉无水炮泥	电极糊	矿热炉用炮泥	铁沟料	钢纤维耐磨浇注料	合计
2017 年 12 月	单价/元·t⁻¹	7000	3400	5500	6100	4300	—
	使用量/t	0.36	0.65	0.01	0.5	0.5	—
	成本/元	2520	2210	55	3050	2150	9985

表 6-16 回转窑一车间其他费用日均成本 （元）

时间	机物料	工资	折旧	其他	合计
2017 年 11 月	38102	54268	46185	33484	172040
2017 年 12 月	45821	65260	55540	40267	206888

表 6-17 回转窑一车间生产物料单价、日均用量和日均成本（2017 年 11 月）

项目	低镍矿	中镍矿	高镍铁粉	煤粉	烟煤	兰炭	铬矿	冶炼电耗*	动力电耗*	辅助材料*	其他费用*	合计
单价/元·t⁻¹	213	337	7400	1076	1099	1691	1549	0.6	0.6	—	—	—
使用量/t	100	1303	108	94	9	62	20	661572	97793	—	—	—
成本/万元	2.13	43.94	80.28	10.07	0.95	10.56	3.02	39.69	5.88	0.89	17.20	214.61

注：辅助材料*：矿热炉绿泥、铁水覆盖剂、电极糊、矿热炉用炮泥、铝碳化硅浇注料；

其他费用*：机物料、工资、折旧、其他；

冶炼电耗*、动力电耗*：单价（元/(kW·h)）；使用量（kW·h）。

表 6-18　回转窑一车间生产物料单价、日均用量和日均成本（12 月）

项目	低镍矿	中镍矿	高镍铁粉	煤粉	烟煤	兰炭	冶炼电耗*	动力电耗*	辅助材料*	其他费用*	合计
单价 /元·t⁻¹	213	337	7400	1076	1099	1691	0.6	0.6	—	—	—
使用量 /t	333	1493	90	37	91	74	721768	100903	—	—	—
成本 /万元	7.10	50.31	66.60	3.98	10.00	12.51	43.31	6.05	1	20.68	221.54

注：辅助材料*：矿热炉无水炮泥、电极糊、矿热炉用炮泥、铁沟料、钢纤维耐磨浇注料；

其他费用*：机物料、工资、折旧、其他；

冶炼电耗*、动力电耗*：单价（元/(kW·h)）；使用量（kW·h）。

表 6-19　回转窑一车间吨镍铁成本

时间	镍回收率/%	镍点/%	铬点/%	成本合计/万元	产量/t	吨镍铁成本/元
2017 年 11 月	92	7.661	1.489	6902.38	8331.04	8285.13
2017 年 12 月	92	7.396	2.902	6215.96	6696.86	9281.90

综合上述表中数据可见，RKEF 一车间 11 月的生产物料的成本主要为低镍矿、中镍矿、高镍铁粉、煤粉、烟煤、兰炭和铬矿，合计日使用吨数为 1696t，物料日均总成本为 150.95 万元。原料以中镍矿为主，根据生产需要配加低镍矿和高镍铁粉。电耗主要为冶炼电耗和动力电耗，日均使用量分别为 661572kW·h 和 97793kW·h，电耗以冶炼电耗的成本为主，电耗日均总成本为 45.57 万元。辅助材料包括矿热炉绿泥、铁水覆盖剂、电极糊、矿热炉用炮泥和铝碳化硅浇注料，辅助材料日均使用成本为 8887 元。其他费用包括机物料、工资、折旧、其他，其他费用日均成本为 17.20 万元。在 11 月的生产中，产品镍铁中均镍点和铬点分别为 7.661% 和 1.489%，生产月成本总合计为 6902.38 万元，产量为 8331.04t，吨镍铁成本为 8285.13 元。

RKEF 一车间 12 月的生产物料的成本主要为低镍矿、中镍矿、高镍铁粉、煤粉、烟煤和兰炭，合计日使用吨数为 2118t，物料日均总成本为 150.50 万元。原料以中镍矿为主，根据生产需要配加低镍矿和高镍铁粉。电耗主要为冶炼电耗和动力电耗，日均使用量分别为 721768kW·h 和 100903kW·h，电耗以冶炼电耗的成本为主，电耗日均总成本为 49.36 万元。辅助材料包括矿热炉无水炮泥、电极糊、矿热炉用炮泥、铁沟料、钢纤维耐磨浇注料，辅助材料日均使用成本为 9985 元。其他费用包括机物料、工资、折旧、其他，其他费用日均成本为 20.68 万元。在 12 月的生产中，产品镍铁中均镍点和铬点分别为 7.391% 和 2.902%，生产月成本总合计为 6215.86 万元，产量为 6696.86t，吨镍铁成本为 9281.90 元。

用 RKEF 法处理低品位腐殖土型红土镍矿生产镍铁合金时，经回转窑焙烧热装入炉后冶炼产生的渣量大，在电炉熔炼阶段，加热矿渣会造成大量电能损耗，同时产量低。综合北港新材生产实践数据来看，RKEF 没做优化前，电耗高、产量低，吨镍铁成本达到 9000

元左右。为解决上述 RKEF 存在的系列问题，中南大学与北港新材料有限公司合作，开发出直接还原—磁选（DRMS）—RKEF 双联法处理低品位红土镍矿，将在第 7 章进行详细介绍。

参 考 文 献

［1］潘料庭，罗会键，肖琦，等．综述红土镍矿 RKEF 生产技术的进步［C］∥ 2016 年（首届）全国铁合金技术交流大会论文集．北京：中国金属学会，2016：107.

［2］秦丽娟，赵景富，孙镇，等．镍红土矿 RKEF 法工艺进展［J］．有色矿冶，2012（2）：34-36，39.

［3］武兵强，齐渊洪，周和敏，等．红土镍矿火法冶炼工艺现状及进展［J］．矿产综合利用，2020（3）：78-83，93.

［4］田宏宇．不同类型中低品位红土镍矿直接还原特性及强化还原机理研究［D］．长沙：中南大学，2018.

［5］朱德庆，田宏宇，潘建，等．低品位红土镍矿综合利用现状及进展［J］．钢铁研究学报，2020，32（5）：351-362.

［6］TIAN H Y, GUO Z Q, ZHAN R N, et al. Effective and economical treatment of low-grade nickel laterite by a duplex process of direct reduction-magnetic separation & rotary kiln-electric furnace and its industrial application［J］. Powder Technology, 2021, 394：120-132.

7 低品位红土镍矿 DRMS-RKEF 双联法新工艺

7.1 概述

褐铁矿型红土镍矿具有低镍高铁特点，通常以其为原料采用烧结—高炉法生产低镍铁水。对于高品位腐殖土型红土镍矿，因其镍铁比高、硅和镁含量高，导致其熔炼温度高，通常适宜采用回转窑—电炉法（RKEF 法）生产高镍铁水。对于低品位腐殖土型红土镍矿，如何减少渣量、降低冶炼电耗是 RKEF 法推广应用的瓶颈之一。而低品位过渡型红土镍矿铁和镍含量均较低，硅、镁和铝含量高，不太适于烧结高炉法和 RKEF 法，一般采用直接还原—磁选（DRMS）工艺生产镍铁精粉。但是，无论哪种工艺均不适于处理低品位红土镍矿。

针对低品位红土镍矿矿石种类多、性能差异大、冶炼能耗高、常见冶炼工艺原料适应性差等问题，本章将介绍作者团队开发的 DRMS-RKEF 双联法新工艺的基础理论与工艺（技术路线如图 7-1 所示），该方法可同时高效处理低品位过渡型和腐殖土型红土镍矿，生产不锈钢母液[1-4]。

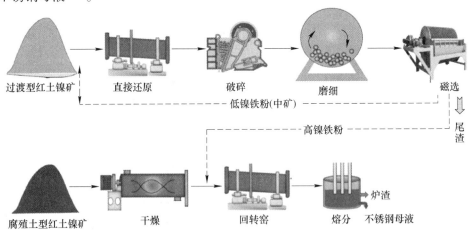

图 7-1 DRMS-RKEF 双联法技术路线

DRMS-RKEF 双联法新工艺将 DRMS 法和 RKEF 法两种工艺进行有机结合，利用 DRMS 处理低品位过渡型红土镍矿，将产出的低品位镍铁精粉（镍品位一般 3% ~ 5%，铁品位 70% ~ 80%）作为晶种，返回过渡型红土镍直接还原过程，以诱导晶粒生长，粗化镍铁合金的晶粒尺寸，从而改善后续磨矿解离度，提高磁选镍铁精粉的镍品位和回收率；同时，将 DRMS 工艺生产的高品位镍铁精粉直接加入低品位腐殖土型红土镍矿，在回转窑内预还原，提高预还原焙烧矿的镍品位，调整焙烧矿的渣相成分，强化后续电炉冶炼，最终提高镍铁合金（或不锈钢母液）的镍品位，改善冶炼效果，降低电耗。

7.2 DRMS-RKEF 双联法基础理论

7.2.1 低镍铁粉诱导镍铁晶粒生长机理

在 DRMS 工艺中为获得较高品位的镍铁精矿和较好的回收率，通常需要在高温还原过程使镍铁晶粒能够充分长大，达到一定的尺寸，使其在后续磨矿过程中能够与脉石矿物充分解离。为此，可通过添加复合添加剂或低镍精粉作为诱导剂，促进镍铁晶粒的生长。

7.2.1.1 镍铁晶粒生长动力学

还原温度对低品位红土镍矿还原产品中镍铁合金晶粒平均直径的影响如图 7-2 所示。随着还原温度的提高，镍铁晶粒尺寸均有所提高。这主要是由于随着体系温度的提高，细小的镍铁晶粒变得更加活泼，扩散能力增强，在晶面能的驱动下，微细且具有缺陷的镍铁晶粒迁移和聚集，逐渐形成尺寸较大、结构完善的大晶粒，从而降低晶面能。通常而言，温度越高，晶面能越大，晶粒迁移的驱动力也越大，因而能够促进晶粒的生长。但是，提高还原温度对不同方案的焙烧矿中晶粒长大的促进作用有所不同。对于单一的红土镍矿还原而言，当还原温度为 1000℃时，其镍铁晶粒尺寸仅为 3.5μm，即使大幅度提高还原温度至 1250℃，镍铁晶粒也只长大到 9.8μm，这说明单一红土镍矿还原，晶粒生长的难度极大。可能是由于一方面单一红土镍矿还原过程中镍铁氧化物难以被还原，生成金属相速度慢，形成稳定的金属相难度极大，形核位垒较高，导致其无法快速形核；另一方面，由于红土镍矿软熔温度较高，在 1250℃的还原温度条件下，难以产生液相，还原过程中合金晶粒主要以固相扩散为主，导致晶粒生长阻力大，生长速率慢。当添加 20%镍铁精粉时，晶粒尺寸可以从 7.6μm 显著增加至 21.3μm，较单一的红土镍矿还原而言，其生长效果得到明显改善。这是由于镍铁精矿中大部分的镍和铁主要以金属合金的形式存在，在高温还原过程，其可作为晶种和成核剂，降低还原过程镍铁晶粒的界面能，突破形核位垒，诱导镍铁晶粒的快速形核和生长。当添加 20%镍铁精粉和 6%的复合添加剂时，在相同的条件，晶粒尺寸可以从 10.8μm 显著增加至 35.7μm，较单一的红土镍矿还原和仅仅添加 20%的

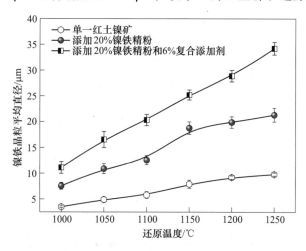

图 7-2　还原温度对低品位红土矿还原焙烧矿中合金相粒度平均直径的影响

（还原时间 80min，煤矿比 2∶1）

复合添加剂，其生长效果进一步增强。这主要是由于：（1）添加复合添加剂后，体系的软熔特性改善，软化温度降低，在高温下形成部分液相，为镍铁晶粒的迁移与聚集提供通道，降低扩散阻力，促进晶粒的生长；（2）复合添加剂中，含有 Ca、Na 等离子，可使得合金晶格扭曲和畸变，导致其活性增加，扩散能力增强，晶粒生长速度加快。

还原时间对直接还原焙烧矿中金属铁晶粒平均直径的影响如图 7-3 所示。随着还原时间的延长，三种方案所制备的还原焙烧球团镍铁合金晶粒尺寸均有所增加，其中添加 20% 镍铁精粉和 20% 镍铁精粉及 6% 复合添加剂时，合金晶粒尺寸提高较快；而单一红土镍矿还原焙烧球团的合金晶粒尺寸提高幅度不明显。随着时间的延长，细小晶粒不断合并、长大，晶型不断完善，晶粒结构趋于稳定，缺陷减少，其活性也随之下降，晶粒比表面积和表面活性降低，迁移的驱动力也减弱。因此当还原时间超过 100min 后，晶粒的平均尺寸增加幅度不大。此时，单一红土镍矿焙烧球团的镍铁晶粒尺寸不到 10μm，而添加了镍铁精粉和复合添加剂后，焙烧球团的晶粒尺寸可分别达到 23μm 和 34μm。

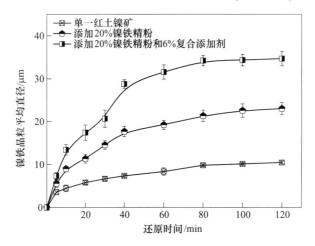

图 7-3　还原时间对直接还原焙烧矿中合金相晶粒平均直径的影响
（还原温度 1250℃，煤矿比 2∶1）

根据 M. Hiller 理论，对 $\ln D$ 与 $\ln t$ 进行线性拟合，计算出金属晶粒生长指数、生长速率常数和晶粒生长关系式，结果见表 7-1 和图 7-4。

表 7-1　$\ln D$-$\ln t$ 线性拟合结果

方案	斜率 （1/n）	截距 （lnk/n）	生长指数 （n）	生长速率常数 K （μm）^{n}/min	晶粒生长关系式
N	0.351	0.699	3	1.224	exp(0.351ln$t$ + 0.699)
NG	0.444	1.111	3	1.283	exp(0.444ln$t$ + 1.111)
NGA	0.486	1.379	3	1.353	exp(0.486ln$t$ + 1.379)

注：N—单一红土镍矿；NG—添加 20% 镍铁精粉；NGA—添加 20% 镍铁精粉和 6% 复合添加剂。

单一红土镍矿、红土镍矿配加 20% 的低品位镍铁精粉及红土镍矿配加 20% 镍铁精粉和 6% 的复合添加剂分别还原时，合金晶粒生长常数分别为 1.224μm³/min、1.283μm³/min 和 1.353μm³/min。因此，添加了镍铁精粉或复合添加剂后，镍铁晶粒的生长速率常数增

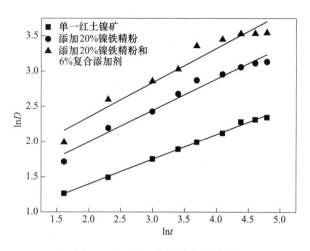

图 7-4 lnD-lnt 线性拟合直线图

大，晶粒生长速率加快。

　　根据图 7-4 的结果，将 lnD 对 1/T 作图，并进行线性拟合处理（图 7-5），根据拟合曲线的斜率，可计算晶粒生长的表观活化能，结果见表 7-2。单一红土镍矿晶粒生长的表观活化能高达 197.10kJ/mol；添加 20% 的镍铁合金晶粒后，其表观活化能为 154.81kJ/mol，降低幅度达到 21.41%；当 20% 镍铁精粉和 6% 的复合添加剂联合作用时，红土镍矿还原过程镍铁晶粒生长的表观活化能进一步降至 143.31kJ/mol，降低幅度高达 27.29%。

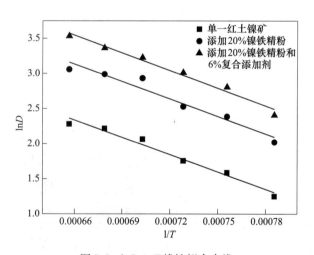

图 7-5 lnD-1/T 线性拟合直线

表 7-2 lnD-1/T 线性拟合结果

方案	斜率（$-Q/nR$）	截距（$\ln k_0 t$）/n	线性相关（R^2）	活化能/kJ·mol^{-1}
N	−8204	7.75	0.97	197.10
NG	−8278	8.59	0.94	154.81
NGA	−8381	9.08	0.97	143.31

注：N—单一红土镍矿；NG—添加 20% 镍铁精粉；NGA—添加 20% 镍铁精粉和 6% 复合添加剂。

因此，无论是添加镍铁精粉，还是添加复合添加剂，均可降低晶粒生长的活化能。这表明在还原过程，合金晶粒生长所需克服的壁垒下降，合金晶粒更容易长大。

7.2.1.2 还原过程镍铁合金晶粒微观结构演变

添加不同配比镍铁精粉作为诱导剂的红土镍矿还原焙烧矿微观结构如图 7-6 所示。随着镍铁精粉比例的增加，还原焙烧矿中镍铁合金晶粒明显长大。单一红土镍矿还原球团中合金晶粒平均尺寸不足 10μm，当镍铁精粉配入比为 20% 时（图 7-6（e）），合金晶粒平均尺寸可达到 25μm 左右。

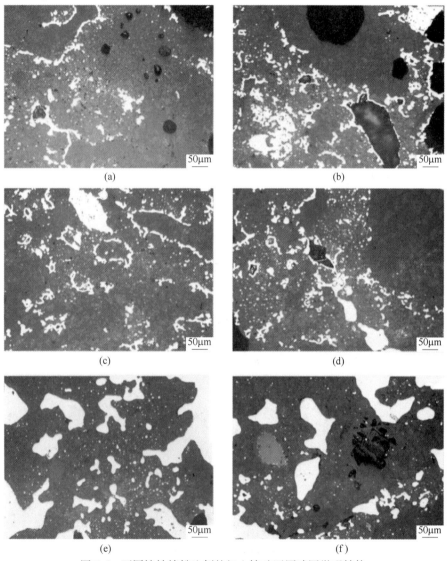

图 7-6 不同镍铁精粉比例的红土镍矿还原球团微观结构
（煤矿质量比为 2，还原温度 1250℃，还原时间 80min，白色为合金晶粒）
（a）~（f）镍铁合金精粉配比分别为 0、5%、10%、15%、20% 和 25%

不同时间两种还原球团的微观结构如图 7-7 所示。单一红土镍矿还原时，镍铁合金晶粒分布弥散且尺寸较小，与脉石矿物界限不明晰，即使延长还原时间至 100min，其晶粒仍

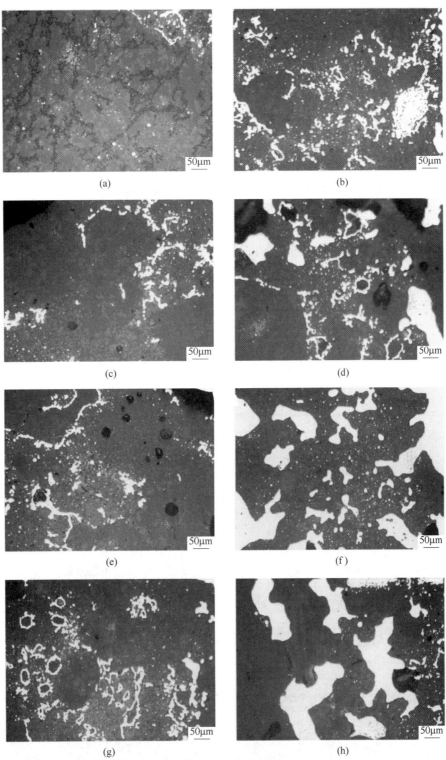

图 7-7　不同还原时间的球团微观结构
（白色为合金晶粒，煤矿质量比为 2，还原温度 1250℃）
（a）（c）（e）（g）单一红土镍矿还原时间分别为 20min、40min、80min、100min；
（b）（d）（f）（h）添加 20%的镍铁精粉，还原时间分别为 20min、40min、80min、100min

然未得到有效生长，绝大部分镍铁合金晶粒尺寸不足 10μm，说明其生长阻力较大，生长速率十分缓慢；而配入 20%镍铁精粉作为诱导剂后，随着还原时间的延长，还原矿中镍铁晶粒得到良好发育和长大，甚至部分镍铁合金聚集并连接成片，其边缘与脉石矿物界面清晰，这有利于后续磨矿过程单体的充分解离，从而提高镍精矿品位和回收率。

7.2.1.3　还原过程物相转变规律

不同配比镍铁精粉的红土镍矿还原球团的 XRD 图如图 7-8 所示。随着镍铁粗合金精粉配比的增加，还原球团中的主要物相种类变化不大，但是各物相峰的强弱有所不同。未添加粗镍铁合金精粉作为诱导剂时，还原焙烧球团中主要包括镍铁合金、$MgSiO_3$、$MgSiO_4$、$(Fe,Mg)_2SiO_4$ 和 $Ca_2Mg_5[Si_8O_{22}]F_2$ 等物相，随着镍铁合金精粉用量的增加，还原矿中镍铁合金峰强度逐渐增强，而其他脉石矿物峰改变不明显。这主要是由于，一方面镍铁精粉的加入，有利于还原过程镍铁合金的形核和晶粒的发育与生长，使得合金晶体发育更加完善，晶格缺陷少，峰的强度高；另一方面，随着镍铁精粉比例的增加，还原矿中铁和镍金属含量增加，XRD 图表现出镍铁峰强度变强。

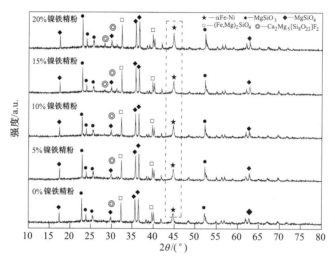

图 7-8　添加不同配比镍铁精粉的还原球团 XRD

（还原温度 1250℃，还原时间 80min，煤矿比 2∶1，复合添加剂用量 6%）

单一红土镍矿还原球团 SEM-EDS 面扫描如图 7-9 所示。虽然大部分铁元素有效富集在

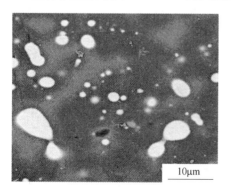
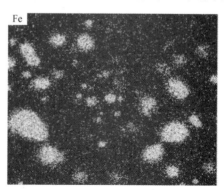

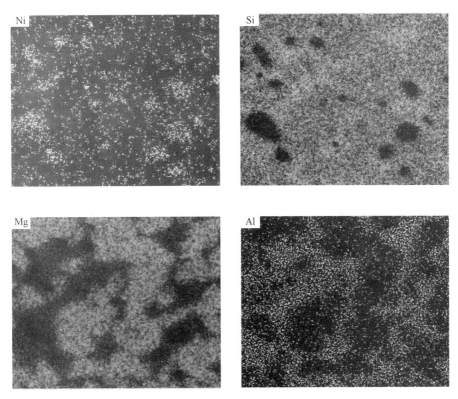

图 7-9　单一红土镍矿还原焙烧球团面扫描
（煤矿质量比 2∶1，还原温度 1250℃，还原时间 80min，无添加剂）

白色合金相中，且与其他脉石矿物分离较好，但是镍元素分布比较弥散，与铁的一致性较差，没有明显富集现象，说明体系中镍原子并未完全迁移至铁相中形成合金，这将导致后续磁选中镍回收率不高，磁选精矿镍品位低。

添加 20% 低镍精粉后的红土镍矿还原球团 SEM-EDS 面扫描如图 7-10 所示。还原焙烧球团中 Ni 几乎完全分布与 Fe 相中，形成镍铁合金固溶体，且与其他杂质元素（如 Si、Ca、Mg、Al）呈现相反的分布规律，说明合金相与脉石矿物分离较为完全，这将有利于后续的磨矿过程中合金单体的充分解离，从而提高磁选的回收率和金属品位。

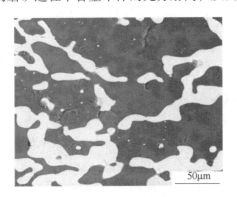
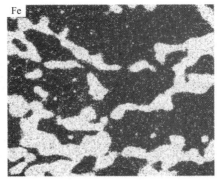

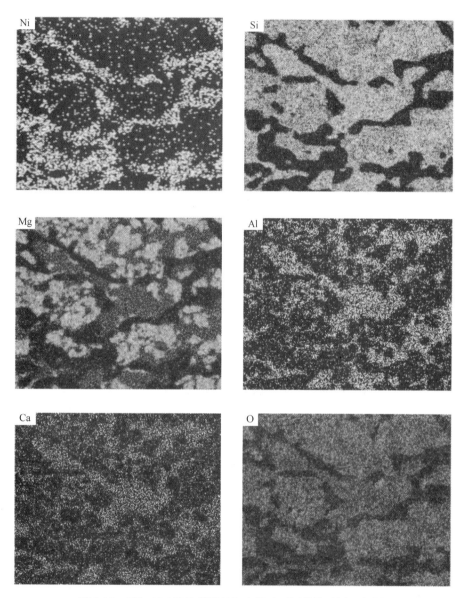

图 7-10　添加 20%镍铁精粉的红土镍矿还原焙烧球团面扫描

（煤矿质量比 2∶1，还原温度 1250℃，还原时间 80min）

7.2.2　基于双联法的 RKEF 法工艺特性

　　红土镍矿直接还原—磁选（DRMS）工艺虽然能够获得一定品位的镍铁精粉，但是其金属品位相对较低，通常镍品位为 4%左右，铁品位 75%左右，脉石成分含量高，在制备高镍不锈钢时，应用受到限制。目前，通常采用回转窑—电炉熔炼法（RKEF）制备杂质含量少、有害元素含量低、金属品位高的镍铁合金，为冶炼 300 系不锈钢提供优质炉料。在 RKEF 法工艺中，电炉熔分效果是决定技术经济指标的关键环节，要获得较好的镍铁回收效果，首先就要保证渣金能够有效分离，而这就需要合金和熔渣黏度低、流动性好。将

DRMS 法所得镍铁精粉加入炉料中，有利于改善合金和熔渣熔化行为及熔渣流动性能，强化电炉熔分，为基于双联法的 RKEF 工艺提供理论依据。RKEF 渣型的选择理论依据可参考第 6 章。

镍铁合金中主要含有铁、镍和碳，随着品位及含碳量的变化，合金熔点发生变化。随着镍含量的增加，合金的液相线温度逐步降低，这意味提高合金镍品位可降低合金熔点，改善合金流动性。根据研究所用的红土镍矿镍、铁品位及所添加镍铁精粉金属品位，可以计算出合金中镍理论品位 10% 左右。因此，通过向腐殖土型红土镍矿中添加镍铁精粉，提高电炉镍铁合金镍品位有利于改善渣金分离效果。

红土镍矿电炉冶炼过程中，要求炉渣具有适宜的黏度和良好的流动性，这不仅关系到冶炼过程能否顺行，而且影响传热、传质，从而对渣金界面反应速率、镍和铁金属在渣金的分配行为，甚至对炉衬的侵蚀等都具有重要影响。要保证电炉冶炼过程渣铁良好分离，必须获得低黏度的炉渣。选用的红土镍矿为腐殖土型红土镍矿，SiO_2 和 MgO 含量高，CaO 及 Al_2O_3 含量较低，通常而言，该类渣黏度大、流动性差。为了获得低熔点熔渣，降低矿热炉电耗，保证其顺行，需要适当调整炉渣镁硅比和碱度。根据团队前期研究成果，在碱度 0.2~1.1 之间，MgO/SiO_2 小于 0.66 时，能获得液相线低于 1550℃ 的熔渣。

随着低品位镍铁精矿与腐殖土型红土镍矿一同加入电炉，入炉料中金属量增加，总渣量减少，电炉渣中硅含量上升，碱度下降，因此，有利于提高产量，降低电耗。

随着低品位镍铁精矿的加入，由于其中大部分铁和镍为金属态，炉渣中 FeO 含量下降，减少对耐材的侵蚀加剧，耐材损耗变小，减少了生产成本，可提高经济效益。

随着低品位镍铁精矿的加入，由于其硅含量高，将使炉渣中 MgO 含量下降，MgO/SiO_2 降低，有利于降低炉渣黏度，强化渣金分离。

虽然适当提高碱度可以降低炉渣黏度，改善其流动性能，但是由于红土镍矿中 SiO_2 含量极高，为获得高碱度的熔渣，需要加入大量的石灰石，导致冶炼炉渣渣量显著增加，电炉电耗增大，利用系数降低。综合考虑，采用微调碱度至 0.2，通过镁硅比和 FeO 的控制，实现低黏度渣的调控。

7.3 DRMS-RKEF 双联法新工艺及应用

双联法强化低品位红土镍矿制备镍铁的基础理论表明，采用 DRMS 法获得的镍铁合金精矿作为晶种，可降低晶粒生长的阻力，诱导红土镍矿还原过程合金的形核和催化晶粒生长，能保证后续磨矿过程镍铁合金的充分解离，提高其富集效果。同时，将获得的高品位镍铁精粉配入到红土镍矿中，然后采用回转窑—电炉熔炼工艺（RKEF），不仅可提高原料的镍品位，而且可调控渣型，强化电炉熔炼，获得高镍不锈钢母液。

本节系统介绍低镍铁精粉比例、直接还原热工制度和复合添加剂用量对红土镍矿 DRMS 工艺镍和铁回收率及精矿品位的影响规律，推荐制备高镍铁精粉适宜的工艺参数，阐述高镍铁粉强化 RKEF 熔分效果的机理，选择适宜的 RKEF 工艺制度。

7.3.1 DRMS-RKEF 双联法工艺

7.3.1.1 低镍铁精粉强化 DRMS 法制备高镍铁精粉工艺

首先在还原温度 1250℃，还原时间 80min，碳铁质量比为 1，磨矿细度 -0.074mm 占比

90%，磁场强度 0.15T 的情况下，对低品位红土镍矿进行直接还原—磁选，获得低镍铁粉，即诱导剂，其化学成分见表 7-3；然后将这种低镍铁粉再加入低品位红土镍矿中，强化红土镍矿直接还原—磁选。

表 7-3　低镍铁粉的化学成分　（%）

Fe	MFe	Ni	SiO$_2$	Al$_2$O$_3$	CaO	MgO
67.78	52.23	4.65	13.01	1.39	0.68	7.01

低镍铁精粉用量对红土镍矿双联法 DRMS 镍和铁磁选的影响如图 7-11 所示。随着低镍铁粉的比例从 0 提高到 20%，磁选所得镍铁精粉的镍品位从 4.11% 逐渐提高到 4.44%，铁品位基本维持在 56.50% 左右；但是，镍铁精粉比例对磁选过程镍和铁回收率有显著影响，镍回收率从 57.81% 迅速增加到 81.43%，而铁回收率则从 62.28% 提高到 86.43%；继续增加低镍铁精粉的比例，镍和铁回收率和品位变化不大。

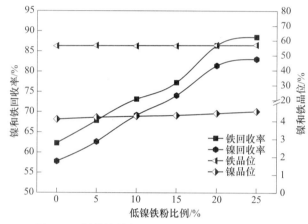

图 7-11　低镍铁精粉用量对铁镍磁选效果的影响
（还原温度 1200℃，还原时间 80min，复合添加剂用量 3%，碳铁比 2，
磨矿细度 -0.074mm 占比 90%，磁场强度 0.15T）

由第 4 章的基础理论研究可知，低镍铁精粉作为晶种和诱导剂，能够显著促进红土镍矿还原过程镍铁晶粒的生长，改变其与脉石矿物的嵌布关系，从而有利于后续的单体解离，改善富集效果，显著提高金属回收率。但是，本试验中由于碳铁比过量，镍和铁均充分还原，二者在磁选过程同比富集且回收率均较高，此时焙烧矿的铁镍比是决定磁选精矿中镍回收率的重要因素。通常而言，铁镍比越低，精矿中镍品位越高。由于低镍铁粉中铁镍比为 14.67，比红土镍矿原矿中铁镍比（12.6）还要高，因此，添加镍铁精粉对改善精矿中镍品位效果不明显。综上可知，适宜的低镍铁精粉比例为 20%。

还原温度对红土镍矿双联法 DRMS 镍和铁磁选的影响如图 7-12 所示。还原温度对红土镍矿双联法直接还原—磁选富集效果影响十分显著。当还原温度从 1000℃ 逐步提高到 1250℃，磁选所得镍铁精粉的铁和镍品位分别从 48.89% 和 3.42% 增加到 64.55% 和 4.47%，而两者的回收率从 70.76% 和 63.74% 显著增加到 92.17% 和 90.48%，继续提高温度至 1300℃，富集效果改善不明显。温度对还原过程合金晶粒的生长至关重要，提高温度虽然不能降低晶粒生长的活化能，但是能增加活化分子的数量，提高整体质点的迁移能力，加快合金的聚集和生长，增大晶粒尺寸，改善后续的单体解离度。此外，提高温度，能够促进碳的气化反应，提高还原体系 CO 浓度和还原气氛，促进镍和铁氧化物的充分还原，提高焙烧矿的金属化率，从而改善富集效果。因此，综合考虑，推荐适宜的还原温度为 1250℃。

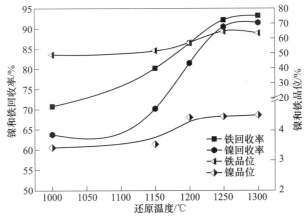

图 7-12　还原温度对铁、镍磁选效果的影响

（还原时间 80min，复合添加剂用量 3%，碳铁比 0.8，低镍铁粉比例 20%，

磨矿细度 -0.074mm 占比 90%，磁场强度 0.15T）

还原时间对红土镍矿双联法 DRMS 镍和铁磁选的影响如图 7-13 所示。随着还原时间从 40min 逐渐延长至 80min，磁选过程镍和铁回收率逐渐提高，分别从 83.60% 和 87.43% 提高至 90.48% 和 92.17%，而磁选精矿中镍和铁的品位则提高幅度不高，分别从 4.43% 和 61.07% 小幅提高至 4.47% 和 64.55%；继续延长还原时间至 100min，镍和铁回收率及品位改善不明显。延长还原时间，可以使得镍铁晶粒能够充分迁移、聚集和生长，提高晶粒尺寸；此外，适当延长时间也能够保证镍和铁氧化物的充分还原，提高焙烧矿金属化率，从而提高回收率。但是，还原时间过长，会导致生产效率降低，能耗增加。因此，综合各项分选指标，最优的还原时间为 80min。

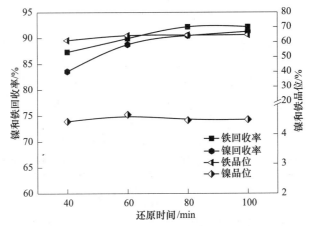

图 7-13　还原时间对铁、镍磁选效果的影响

（还原温度 1250℃，复合添加剂用量 3%，碳铁比 2，低镍铁粉比例 20%，

磨矿细度 -0.074mm 占比 90%，磁场强度 0.15T）

复合添加剂用量对红土镍矿双联法 DRMS 镍和铁磁选的影响如图 7-14 所示。未添加复合添加剂时，红土镍矿球团直接还原—磁选所得镍铁精粉中镍和铁品位分别为 3.25% 和 50.16%，其回收率分别为 60.23% 和 74.62%。当复合添加剂用量增加到 5% 时，镍和铁回收率大幅度提高到 96.90% 和 95.92%，同时，磁选所得铁精矿中镍和铁的品位则增加到 5.69% 和 77.60%；继续提高复合添加剂用量至 6% 时，各种指标提高幅度不大。

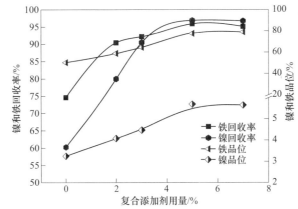

图 7-14　复合添加剂用量对铁、镍磁选效果的影响
（还原温度 1250℃，还原时间 80min，碳铁质量比 2，低镍铁粉比例 20%，
磨矿细度 -0.074mm 占比 90%，磁场强度 0.15T）

复合添加剂的作用效果是多方面的：首先，复合添加剂能够显著降低镍和铁氧化物还原反应的活化能，加快直接还原反应速率，促进镍和铁的还原，提高还原球团的金属化率；其次，复合添加剂能够使高熔点的镁橄榄石相转变为低熔点的铁镁橄榄石和透闪石相，降低体系的熔融温度，改善还原体系的液相生成能力，使得焙烧矿中产生部分液相，为质点的扩散和迁移提供通道，降低合金晶粒生长的活化能（由第 4 章可知），催化诱导镍铁合金晶粒的生长，提高晶粒尺寸。因此，镍和铁的富集效果明显改善。但是，复合添加剂用量过多一方面会导致生产成本的提高，另一方面也会导致体系液相过多，对设备材料造成一定的侵蚀。因此，综合考虑，适宜的添加剂用量为 5%。

碳铁比对红土镍矿双联法 DRMS 镍和铁回收率及其精矿品位的影响如图 7-15 所示。当碳铁比为 0.25 时，此时配碳量太少，体系还原气氛较弱，镍和铁氧化物未被充分还原，导致还原焙烧矿金属化率过低，镍和铁回收率分别为 81.84% 和 78.32%；随着碳铁比增加到 0.5，此时磁选精矿中镍品位为 6.44%，铁品位为 82.48%，镍和铁回收率分别为 90.33% 和 81.61%，此时精矿中镍品位最高；继续提高碳铁比，镍和铁回收率逐步增加，但是其精矿中品位有下降趋势。由 4.2.2 节红土镍矿还原热力学可知，通过"缺炭"操作，可调控体系的 CO 浓度，实现镍的充分还原和铁的部分还原，制备高品位镍铁精粉。因此，要获得高品位的镍铁精粉，应选择碳铁比为 0.5，此时精粉中镍品位可达到 6.44%，镍回收率为 90.33%；若需要较高的金属回收率，则可选择碳铁比为 2.0，此时精矿中镍和铁品位分别为 5.69% 和 77.60%，回收率高达 96.90% 和 95.92%。

综上，红土镍矿在还原温度 1250℃、还原时间 80min、复合添加剂用量 5%，低镍铁精粉比例为 20%，碳铁比为 0.5 的条件下还原焙烧，然后将所得焙烧矿破碎、磨矿至 -0.074mm 占比 90% 左右，在 0.15T 的磁场强度下进行湿式磁选，制备出的高镍铁精粉及磁选尾渣的化学成分见表 7-4。

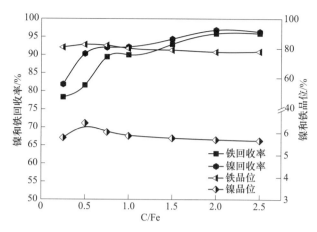

图 7-15　碳铁质量比对铁、镍磁选效果的影响

（还原温度 1250℃，还原时间 80min，复合添加剂用量 5%，低镍铁粉比例 20%，
磨矿细度-0.074mm 占比 90%，磁场强度 0.15T）

表 7-4　高镍铁精粉的化学成分分析　　　　　　　　　　　　　（%）

样品	TFe	TNi	SiO$_2$	Al$_2$O$_3$	CaO	MgO	C	S	P
高镍铁精粉	82.48	6.44	3.11	0.71	0.72	3.42	0.03	0.21	0.03
磁选尾渣	8.30	0.32	45.10	2.48	5.26	36.58	0.04	0.09	0.02

由表 7-4 可知，高镍铁精粉中，Fe 和 Ni 含量分别为 82.48% 和 6.44%，金属总量为 88.92%，杂质含量约为 12%。磁选尾渣铁和镍含量分别为 8.30% 和 0.32%，SiO$_2$ 和 MgO 含量较高，分别为 45.10% 和 36.58%。直接还原—磁选尾矿硅、镁含量高，与铁矿烧结熔剂蛇纹石成分接近，可用于铁矿粉烧结中替代部分蛇纹石。该尾矿的资源化利用将在第 10 章进行介绍。

7.3.1.2　高镍铁精粉强化 RKEF 法熔炼制备不锈钢母液工艺

将上述制备的高镍铁粉加入低品位红土镍矿（1.29%Ni、16.31%Fe、27.38%MgO、1.74%Al$_2$O$_3$）制备成球团，然后在回转窑内进行预还原（预还原温度 1050℃，还原时间 45min，配煤量为 40%），对获得的红土镍矿预还原球团在电炉内进行熔分。本节重点介绍电炉熔分工艺参数优化效果及其熔分行为。

高镍铁精粉配比对电炉熔分效果的影响如图 7-16 所示。随着高镍铁精粉的比例从 0 增加到 10%，镍铁合金的铁品位从 82.56% 提高到 85.02%，镍品位从 9.27% 提高到 9.49%，铁回收率从 70.43% 小幅度提高至 73.22%，镍回收率从 84.57% 显著提高到 93.34%，继续增加高镍合金粉的比例，熔分指标改善不明显。同时，还可以发现，随着高镍铁粉比例的增加，合金的产率显著提高，这主要是由于高镍铁粉能够提高炉料的金属品位，降低熔渣比例，显著提高电炉熔分效率和利用系数，降低电耗和成本。

熔分温度对电炉熔分效果的影响如图 7-17 所示。随着熔分温度从 1525℃ 提高到 1600℃，铁和镍回收率分别从 67.49% 和 87.22% 逐步提高至 72.40% 和 96.15%，合金中镍和铁品位变化不大，保持在 9.50% 和 85.00% 左右。一方面，提高温度能够促进红

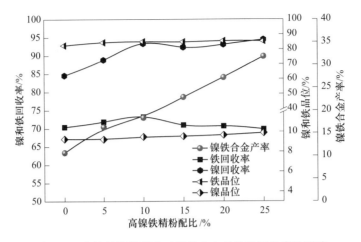

图 7-16　高镍铁精粉配比对镍铁合金品位及回收率的影响
(熔分温度 1550℃，熔分时间 30min，焦粉用量 8%，碱度 0.20，镁硅比 0.6)

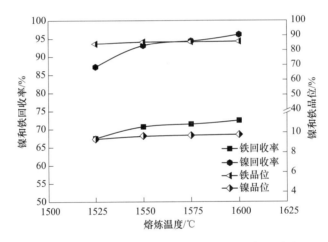

图 7-17　熔炼温度对镍铁合金品位及回收率的影响
(高镍铁精粉配比 20%，熔分时间 30min，焦粉用量 8%，碱度 0.20，镁硅比 0.6)

土镍矿金属化球团中残余的镍氧化物和铁氧化物继续还原成金属镍和金属铁；另一方面，提高温度，能够降低熔渣黏度，改善渣金界面反应的动力学条件，减小金属熔滴聚集和下降阻力，提高渣金分离效果。综合考虑生产过程的能耗，建议适宜的熔分温度为 1550℃ 左右。

　　熔分时间对电炉熔分效果的影响如图 7-18 所示。随着熔分时间的延长，合金中镍和铁品位逐渐提高，当熔分时间从 10min 延长至 30min 时，镍和铁品位逐步从 84.78% 和 9.12% 提高至 85.58% 和 9.66%；同时，镍和铁回收率从 48.91% 和 61.39% 显著提高至 70.69% 和 93.10%；继续延长时间至 40min，合金中镍和铁品位及回收率改善不明显。熔分时间较短，部分铁珠仍然残留在熔渣中，渣铁分离不彻底，导致金属回收率较低；适宜延长时间，有利于渣金界面反应充分，也能够保证合金完全沉降，与熔渣有效分离，从而提高金属回收率。

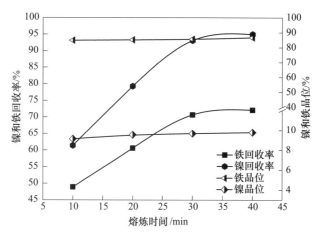

图 7-18 熔炼时间对镍铁合金品位及回收率的影响

（高镍铁精粉配比 20%，熔分温度 1550℃，焦粉用量 8%，碱度 0.20，镁硅比 0.6）

渣中镁硅比对电炉熔分效果的影响如图 7-19 所示。当熔渣中镁硅比为自然镁硅比时（0.86）时，此时体系中由于 MgO 含量过高，容易形成高熔点的镁橄榄石，熔渣熔点高、黏度大，导致渣金分离效果差，熔渣中夹渣大量的合金颗粒，镍和铁回收率效果较低，此时镍和铁回收率分别为 71.31% 和 59.61%；在熔分过程加入硅石，降低体系的镁硅比，熔分效果显著改善，当镁硅比调整到 0.50 时，合金中镍和铁品位分别为 10.23% 和 84.70%，回收率分别为 68.48% 和 96.50%；继续降低镁硅比至 0.40，回收率效果有所降低。因此，推荐适宜的镁硅比为 0.50。这与上述通过理论计算确定的渣镁硅为 0.40 ~ 0.65 吻合较好，充分证明理论计算和试验结果可靠性较好。

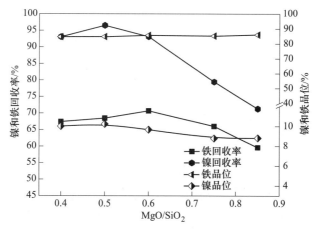

图 7-19 MgO/SiO$_2$ 比对镍铁合金品位及回收率的影响

（高镍铁精粉配比 20%，熔分温度 1550℃，熔分时间 30min，焦粉用量 8%，碱度 0.20）

二元碱度（CaO/SiO$_2$）对电炉熔分效果的影响见表 7-5。提高碱度，降低炉渣熔点，改善其黏度，有利于渣金的分离，可显著改善熔分效果，提高镍和铁回收率；但是，由于红土镍矿中硅含量高，稍微提高碱度，需加入较大石灰石量，熔分过程渣量显著增加，导致电炉利用系数降低，电耗增加，成本提高。通常，红土镍矿冶炼采用低碱度操作，因此，综合考虑，推荐熔分过程碱度为0.20。

表7-5 碱度对镍铁合金品位及回收率的影响 （%）

二元碱度	TFe	TNi	铁回收率	镍回收率
自然	83.67	9.21	61.31	78.73
0.20	84.70	10.23	68.48	96.50
0.40	86.09	9.79	72.62	96.35

注：高镍铁精粉配比20%，熔分温度1550℃，熔分时间30min，焦粉用量8%，MgO/SiO_2 比0.50。

配碳量对电炉熔分效果的影响如图7-20所示。随着焦粉用量从6%增加到12%，镍和铁回收率分别从54.04%和87.02%显著提高至79.45%和98.80%，但是合金中镍和铁品位从11.86%和85.93%降低至9.09%和85.28%。在红土镍矿熔分过程中，欲获得较高的镍和铁品位的合金，应选择较低焦粉用量，实现选择性还原，抑制铁的还原进入铁水，同时渣中有部分FeO，可保证其具有良好的流动性，改善渣铁分离效果；若要使得镍和铁回收率较高，需要保证熔分过程体系具有充足的还原气氛，应选择高焦粉用量。因此，综合考虑品位和回收率，建议适宜的焦粉用量为8%~10%。

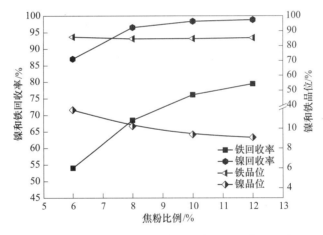

图7-20 焦粉用量对镍铁合金品位及回收率的影响
（高镍铁精粉配比20%，熔分温度1550℃，熔炼时间30min，碱度0.20，镁硅比0.6）

综上可知，红土镍矿RKEF法电炉熔炼过程适宜的条件为：熔分温度1550℃、熔分时间30min、高镍铁精粉比例20%、镁硅比0.50、碱度0.20、焦粉用量10%。在此条件下，可获得镍和铁品位为9.39%和84.82%的镍铁合金，镍和铁回收率分别为76.15%和98.36%，制备的高纯度不锈钢母液及熔分渣的化学成分见表7-6。

表7-6 不锈钢母液及熔分渣的化学成分 （%）

样品	TFe	TNi	SiO_2	Al_2O_3	CaO	MgO	Cr	C	S	P
不锈钢母液	84.82	9.39	0.03	0.21	0.11	0.01	2.88	2.16	0.15	0.04
熔分渣	6.62	0.05	46.21	1.60	8.94	23.84	0.56	0.01	0.11	0.07

由表 7-6 可知，不锈钢钢母液中铁品位为 84.82%，镍品位为 9.39%，Cr 为 2.88%，金属总量达 96.36%，P、S 等有害杂质元素含量较低，成分较纯净，有利于后续不锈钢冶炼。熔分渣中铁含量为 6.62%，镍含量极低，仅为 0.05%，说明绝大部分镍进入镍铁水中，熔分效果较好；熔渣中碱度为 0.19，镁硅比为 0.51，基本在设定的熔渣成分范围内。熔分渣高温水淬后，可作为建材使用。

　　熔分后所得镍铁合金块的 SEM-EDS 和面扫描结果如图 7-21 所示。镍铁水高温熔融态冷凝过程中，出现了成分偏析，合金中主要元素分布不均匀。根据颜色、形态和合金成分的不同，合金中物相大致可分为两大类：白色的 Fe-Ni-Cr-C 相（如点 1 所示），该结晶相是镍铁合金中的主要晶相，通常呈现椭圆形颗粒状析出，颗粒与颗粒之间通常有缝隙。该合金相中铁含量为 86.01%，镍含量较高，为 9.89%。由于红土镍矿中含有少量氧化铬，高温熔分过程中，部分铬被还原成金属态，进入合金相中，含量为 1.01%；此外，该合金相中含有 3.09% 的 C。通过计算，该高镍合金相的熔点约为 1200℃。灰色长条状的合金相 Fe-Cr-Ni-C（如点 2 所示），通常填充在高镍合金相中间，数量较少，为镍铁合金的次晶相。次晶相中镍含量较低，为 1.34%；铬含量较高，为 6.67%；铁和碳含量分别为 88.55% 和 3.44%。

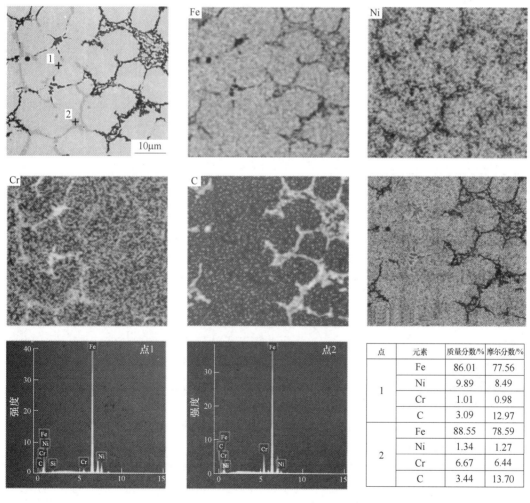

点	元素	质量分数/%	摩尔分数/%
1	Fe	86.01	77.56
	Ni	9.89	8.49
	Cr	1.01	0.98
	C	3.09	12.97
2	Fe	88.55	78.59
	Ni	1.34	1.27
	Cr	6.67	6.44
	C	3.44	13.70

图 7-21　合金相的 SEM-EDS 和面扫描图

熔分过程所得熔渣 SEM-EDS 和面扫描图如图 7-22 所示。熔渣少量微细合金相，由于颗粒小，沉降速度较慢，被夹杂在熔渣内部。该合金相主要以铁、镍和碳为主，分别为 89.11%、7.99% 和 2.88%。熔分试验结果表明，镍的回收率为 98% 左右，约 2% 的镍以微细合金颗粒的形式损失于渣中。熔渣的基底中未见明显结晶相，整体比较均一，说明没有高熔点的物质出现。这进一步表明，所选熔渣的熔点较低，适宜于矿热炉冶炼。此外，熔渣中除了硅、钙、镁和铝主要成分外，还有 5% 左右的 Fe 和 0.73% 的 Cr。这主要是由于在熔分时调控配碳量和还原气氛，使得部分铁以 FeO 形式进入渣中，一方面改善了熔渣流动性，另一方面提高了镍铁合金的镍品位。铬氧化物还原难度极大，还原速率慢，部分未被还原的铬氧化物也进入渣相。镍氧化物容易被还原成金属镍，进入合金相，因而，渣相中未见镍元素。

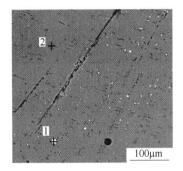
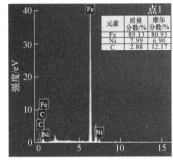
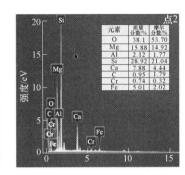

图 7-22　渣相的 SEM-EDS 和面扫描图

7.3.2　DRMS-RKEF 双联法扩大试验

DRMS-RKEF 双联法工艺流程如图 7-23 所示，主要包括 DRMS 和 RKEF 两部分。

DRMS：扩大试验所用的直接还原装备为中南大学研发的间歇式回转窑（ϕ1000mm×550mm），其主要由四大系统组成，分别为加煤系统、排烟系统、供热系统及窑体。磁选机为筒式永磁弱磁选机。

首先将低品位红镍矿 B 和 10%~20% 低镍铁精粉和 5% 复合添加剂混匀，然后在直径为 800mm 的圆盘造球机中制备成 12~16mm 的球团，然后经过恒温干燥箱烘干。在回转窑窑体温度达到要求的还原温度后，从加料口迅速装入 30kg 左右的干燥球团，并从窑尾的加煤系统加入 30% 的还原煤，升温 40~50min，且升温过程中分步加入 30% 的还原煤，当回转窑温度重新升至目标还原焙烧温度，通过调节天然气流量，控制窑内温度，并开始计时，计算还原时间，在恒温还原过程，分 3 次平均加入剩下 40% 的还原煤。一旦还原结束后，立即关闭天然气和助燃风，停止窑体转动，迅速打开排料口，接入冷却罐，然后启动回转窑，将还原焙烧球卸入冷却罐中。冷却罐需要加煤，然后放进水中，并通入高纯氮气冷却，以防其氧化。当焙烧球团冷却后，将其破碎、球磨，然后在筒式磁选机中进行磁选。磨矿—磁选试验中，固定磨矿细度为 -0.074mm 90%，磁选强度为 0.1T。

RKEF：首先将红土镍矿和高镍铁精粉混合后造球，干燥后，干球在间歇式回转窑中进行预热和还原，固定温度 1000℃ 左右，时间 40min，烟煤配比 40%。然后将预热球团在中频感应炉中进行熔分。中频炉额定电压为 380V，额定功率为 12kW。整个设备由三大部

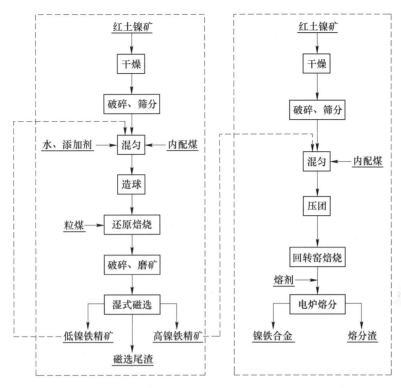

图 7-23 DRMS-RKEF 双联法工艺流程

分组成，分别是冷却水循环系统、中频感应电源和炉体。该熔炼设备最高温度可达 1750℃，反应过程可通高纯氮气保护。熔分温度 1550℃，熔分时间 30min，MgO/SiO_2 比为 0.50，碱度为 0.2。

7.3.2.1 直接还原—磁选工艺

在还原温度 1250℃，还原时间 80min，碳铁质量比为 0.5，复合添加剂用量 5%，磨矿细度 -0.074mm 90% 左右，磁场强度 0.15T 的条件下，扩大试验中低镍铁精粉配比对 DRMS 法镍铁精矿镍和铁回收率及品位的影响规律见表 7-7。由表可知，当配入 15% 的低镍铁精粉时，所制备的镍铁粉镍和铁品位分别为 5.68% 和 77.87%，磁选回收率分别为 84.11% 和 77.87%；当低镍铁精粉配比增加到 20% 时，所获得镍铁粉的镍和铁品位分别为 6.26% 和 81.76%，磁选回收率分别为 90.11% 和 82.32%。由此表明，低镍铁精粉能够改善低品位红土镍矿直接还原效果，强化磁选，提高镍铁精粉中镍和铁的回收率及品位。

表 7-7 镍铁精粉配比对磁选效果的影响 （%）

镍铁精粉配比	产品名称	产率	TFe	TNi	铁回收率	镍回收率
15	精矿	30.81	77.87	5.68	77.87	84.11
	尾矿	69.19	8.87	0.48	22.13	15.89
20	精矿	32.11	81.76	6.26	82.32	90.11
	尾矿	67.89	8.30	0.32	17.68	9.89

7.3.2.2　回转窑—电炉熔分工艺

在熔分温度 1550℃、熔分时间 30min、焦粉用量 10%、高镍铁精粉比例 20%、镁硅比 0.50、碱度 0.20 条件下，熔分扩大试验中高镍铁精粉配比对不锈钢母液熔分的效果影响规律见表 7-8。由表可知，当配入 15% 的高镍铁精粉时，所制备的镍铁合金镍和铁品位分别为 9.34% 和 84.81%，回收率分别为 75.34% 和 96.04%；当熔分过程高镍铁精粉配比提高到 20% 时，所获得的不锈钢母液的镍和铁品位分别为 9.42% 和 84.76%，回收率分别为 97.77% 和 75.55%。

表 7-8　镍铁精粉配比对熔分效果的影响　　　　　　　　　（%）

高镍铁精粉配比	产品名称	TFe	TNi	铁回收率	镍回收率
15	镍铁	84.81	9.34	75.34	96.04
	渣	6.57	0.08	14.66	3.96
20	镍铁	84.76	9.42	75.55	97.77
	渣	6.62	0.05	14.45	2.23

7.3.3　DRMS-RKEF 双联法工业应用

通过试验室小型试验及扩大试验证实了 DRMS-RKEF 能够改善红土镍矿直接还原效果，提高镍铁磁选富集效果，稳定电炉熔炼渣型，提高镍铁合金（不锈钢母液）产品的质量，该工艺技术效果良好。为使该技术应用于工业生产，中南大学联合北港新材料有限公司开展了双联法工业试验研究。

7.3.3.1　流程设计

根据双联法（DRMS-RKEF）小试和扩大试验结果与思路，流程设计如图 7-24 所示。主体流程分为两部分：直接还原—磁选和回转窑—电炉熔炼。由于红土镍矿水分大（超过 30%）、粒度粗且分布不均匀，导致混匀不充分，因此，首先需要对其进行烘干和破碎预处理。一般通过烘干窑烘干到水分 15% 左右，通过多次破碎到 -3mm 左右进行压团，或者破碎到 -8mm 左右进入预还原炉，然后电炉熔分。因此，两种工艺均需要对红土镍矿采取上述方式进行预处理。

直接还原—磁选工艺（DRMS）主要包括配料、压团、回转窑还原、多次破碎和多次干选、磨矿、湿式磁选以及压滤等工序。其中配料过程需要配入添加剂和无烟煤，回转窑还原过程以烟煤作为喷吹煤，且利用多段破碎细磨配合多磁场强度梯度分选流程，提高分选效率和富集效果。

回转窑—电炉熔炼工艺（RKEF）主要包括配料混匀、预还原窑还原、电炉熔分，最后获得高镍铁水和水淬渣。该工艺流程较短，主要的环节是如何有效控制电炉熔分，获得较高品位的不锈钢母液。

双联法（DRMS-RKEF）由直接还原—磁选制备的镍铁精粉联系直接还原—磁选和回转窑—电炉熔炼两种工艺，即直接还原—磁选制备的高镍铁精粉进入回转窑—电炉熔炼流程，可提高入窑的金属品位，降低电炉电耗，提高回收率和产量；制备的低镍铁粉返回还原—磁选流程，作为晶种，可降低还原过程镍铁晶粒的形核壁垒，诱导其形核，最终改善

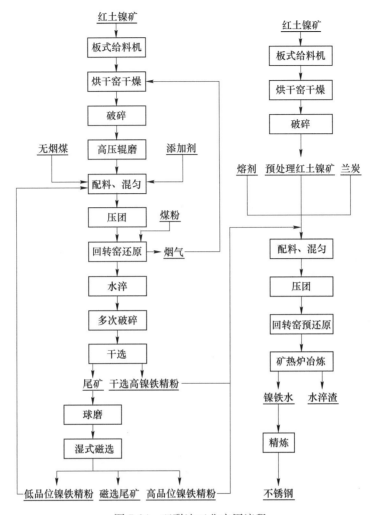

图 7-24 双联法工业应用流程

镍铁精矿性能，提高回收率。

7.3.3.2 工业试验

A 原料

所用的红土镍矿化学成分见表 7-9，成分与试验室小型试验和回转窑扩大试验略有不同。红土镍矿铁品位为 14.62%，主要以三价铁存在；镍品位为 1.40%，铁镍比约为 10，硅和镁含量较高，分别为 41.56% 和 18.21%，据此可判断该红土镍矿为腐殖土型红土镍矿。此外，红土镍矿中还含有 0.84% Cr_2O_3，烧损较小试所用红土镍矿要低，为 5.76%。

表 7-9 工业试验所用红土镍矿的化学成分 （%）

TFe	Fe_2O_3	FeO	TNi	SiO_2	MgO	Al_2O_3
14.62	22.85	2.06	1.40	41.56	18.21	3.65
CaO	Cr_2O_3	P	S	K_2O	Na_2O	LOI
1.21	0.84	0.0078	0.15	0.03	0.07	5.76

工业应用过程中，还原窑头喷吹采用的燃料为烟煤，回转窑直接还原生产镍铁粉工艺中内配还原剂为无烟煤，电炉熔分还原剂为兰炭。烟煤的工业分析、灰分组成和灰分的软熔特性分别见表 7-10~表 7-12。

表 7-10　试验用煤的工业分析　　　　　　　　（%）

工业分析	Mad	Aad	Vad	FCad	St. ad
无烟煤	2. 37	12. 42	5. 87	79. 34	0. 13
喷吹煤	7. 56	4. 49	30. 41	52. 12	0. 58
兰炭	6. 23	5. 35	6. 54	81. 23	0. 66

注：Mad—空气干燥煤水分；Aad—空气干燥煤灰分；Vad—空气干燥煤挥发分；FCad—空气干燥煤固定碳；
St. ad—空气干燥煤硫含量。

表 7-11　还原剂灰分成分　　　　　　　　　（%）

化学成分	TFe	SiO_2	Al_2O_3	CaO	MgO	K_2O	Na_2O	P	S
无烟煤	5. 23	51. 90	25. 72	2. 19	1. 97	0. 07	0. 95	0. 01	2. 37
喷吹煤	11. 80	27. 62	8. 02	24. 94	1. 34	0. 16	1. 34	0. 01	12. 92
兰炭	6. 67	44. 88	9. 56	29. 12	1. 11	0. 44	0. 78	0. 02	4. 12

表 7-12　还原煤灰分的软熔特性　　　　　　　（℃）

软熔特性	$T_{变形}$	$T_{软化}$	$T_{半球}$	$T_{流动}$
无烟煤	1375	1410	1478	1493
烟煤	1332	1376	1450	1469

由表 7-10 可知，还原烟煤灰分、挥发分和固定碳含量分别为 12.42%、5.87% 和 79.34%，总体来看，该还原煤灰分较低，挥发分适中，固定碳含量较高，是一种优质的固体还原剂。喷吹煤的挥发分较高，固定碳含量较低，为 52.12%，兰炭固定碳含量高、挥发分低。由表 7-11 可知，喷吹煤灰分硫含量较高，为 12.92%。由表 7-12 可知，喷吹煤的变形温度、软化温度、半球温度和流动温度分别为 1332℃、1376℃、1450℃ 和 1469℃，而无烟煤的变形温度、软化温度、半球温度和流动温度分别为 1375℃、1410℃、1478℃ 和 1493℃。两种煤的软熔温度均较高，能够有效减少还原过程中回转窑结圈的问题。

为了改善红土镍矿直接还原过程还原效果，促进晶粒的生长，基于小型试验的结果，采用中南大学自主研制的复合添加剂。

在 DRMS-RKEF 双联法工业试验过程中，利用石灰石调整碱度和渣型。石灰石的化学成分见表 7-13。由表可知，该石灰石的 CaO 含量为 54.32%，烧损为 42.22%，其他有害元素，如 S、P、K_2O 和 Na_2O 含量较低。

表 7-13　石灰石的化学成分　　　　　　　　（%）

化学成分	CaO	Al_2O_3	SiO_2	MgO	P	S	K_2O	Na_2O	LOI
含量	54. 32	0. 89	3. 98	1. 82	0. 001	0. 001	0. 02	0. 01	42. 22

B 主要流程及设备

a 直接还原—磁选工艺（DRMS）

（1）原料预处理。

红土镍矿由于粒度较粗（大于 40mm），水分高，通常高达 30% 左右，因此需要对其进行破碎和烘干处理。首先，将红土镍矿经过颚式破碎机破碎至 -25mm，然后在烘干机中 700~800℃烘干 30min 左右，使烘干后红土镍矿的水分小于 15%。将烘干后的红土镍矿再次用对辊破碎机破碎，使其粒度达到 -3mm 超过 80%。颚式破碎机、烘干机和对辊破碎机的参数分别见表 7-14~表 7-16。

表 7-14 颚式破碎机的主要参数

型号规格	PE500×750	备注
处理能力	45~130t/h	
进料口尺寸	500mm×750mm	
最大进料粒度	≤425mm	
排料口范围	≤50mm	
主轴转速	275r/min	
动、静颚板材质	高锰钢铸件 ZGMn13Cr2	正常使用寿命不低于 5 个月，正火 HB180-220
转速	980r/min	
电压	380V	
频率	50Hz	
机架结构	优质碳素结构钢焊接件 Q345A	整体退火
设备外形尺寸	1890mm×1916mm×1870mm	

表 7-15 滚筒式干燥机工艺参数

参　数			规　格
规格/m×m			ϕ3.4×34
筒体转速/r·min^{-1}			4.07
设计产量/t·h			135
传动	电动机	型号	Y355M2-6（佳木斯）
		功率/kW	185
		转速/r·min^{-1}	980
	减速机型号		ZSY500-31.5-Ⅰ（泰隆）
	总速比		i=31.5

表 7-16 对辊破碎机的规格参数

项　目		参　数
物料水分		≤20%
物料堆比重		2.5t/h
处理要求及处理量	给料粒度<25mm，排料粒度<0~8mm 的量≥90%（沿辊子长度方向物料均布时）	0~50t/h

项　　目		参　　数
规格	辊子直径	1200mm
	辊子长度	1000mm
破碎时辊子转速		98r/min
切削时辊子转速		变频调速（变频器用户自备）
减速机		ZLY315-10
辊面形式		堆焊辊（堆焊层厚度 15~20mm）

（2）压团。

将预处理后的红土镍矿与一定比例的添加剂（3%~4%添加剂）、低品位镍铁精粉（15%~20%镍铁精粉，含镍4%左右，含铁70%左右）、煤粉充分混匀后，在压球机中成型，所得团块尺寸为：43mm×42mm×22mm，所制备的红土镍矿团块如图7-25所示。其主要参数为：辊子直径1000mm，辊子宽度900mm，生产能力25000kg/h，成型线压力5.5t，缝隙间隙小于2mm，主电机功率为280kW，成球率为95%。

（3）直接还原。

根据试验室扩大试验结果及推荐的流程和热工制度，工业试验还原过程主要设备以煤基还原回转窑为主，以预热压制的红土镍矿团块为原料，通过窑内喷煤进行还原。回转窑窑体规格为 $\phi3.6m×72m$，回转窑外观如图7-26所示，运行主要操作参数见表7-17。

图 7-25　红土镍矿团块

图 7-26　DRMS 法工业试验所用煤基回转窑

表 7-17　工业试验所用煤基回转窑的设备及技术参数

项　　目	设备及技术参数
规格	$\phi3.6m×72m$ 回转窑
窑体斜度	2.5%
窑体转速	0.2~1.8r/min
生产能力	500t/d

项　　目	设备及技术参数
温度	入料端的窑体温度：900℃；还原段窑体温度：950~1250℃；出料端窑体温度：900℃
窑压	10~20Pa
填充率	20%~25%
窑内停留时间	4~6h
窑速	0.4~0.6r/min
冷却方式	水淬冷却

还原过程，入料端的窑体温度为900℃；还原段窑体温度：950~1250℃；出料端窑体温度为900℃，窑内停留时间4~6h，填充率20%~25%。

（4）磨矿—磁选。

选矿工艺流程如图7-27所示。回转窑高温还原的焙烧矿经过水淬冷却之后，进入

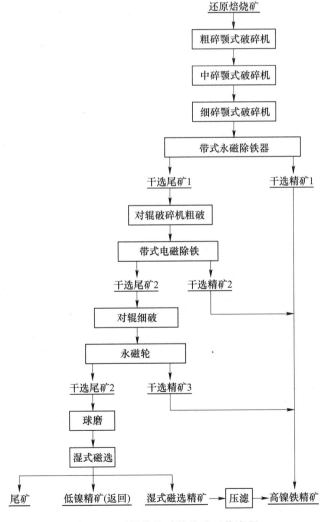

图7-27　还原焙烧矿的选矿工艺流程

选矿车间，进行阶段破碎和阶段磁选。工业试验的选矿工艺主要选出两种产品，一是经过细破干选出的干选铁，二是干选铁后继续进球磨机细磨，再经过湿式磁选出镍铁精粉。

本工艺的主要特点是利用多段破碎细磨配合多磁场强度梯度，提高磨选产品质量和镍铁回收率。还原焙烧矿经过粗颚破碎和细颚破碎后，粒度为 -15mm；然后在经过对辊破碎后，粒度为 -10mm；再经过一次对辊破碎，其粒度为 -5mm；球磨机中磨矿粒度为 -0.074mm 为 90% 左右。三次带式永磁除铁器的磁场强度为 8000GS，湿式磁选机为三级磁选筒，磁场强度分别为 5000GS、3000GS 和 1600GS。最终得到的三种干式磁选产品混合为干选产品。收集上述四种磁选产品，进行充分混匀，即为镍铁精粉。

球磨机设备主要技术参数如下：球磨机规格：ϕ3600×5500 溢流型球磨机；形式：湿式溢流型，有效容积：51m^3，磨机实际转速：16.9r/min；最大装载量：92t；生产能力：60t/h。

压滤机设备主要技术参数：设备型号：DU-60m^2/3200；设备有效过滤面积：60m^2；功率：22kW；带速：1~12m/min；真空耗量：150m^3/min；压缩空气耗量：1.5m^3/min；洗布水耗量：150L/min；重量：36t/台；数量：1台。

b　回转窑—电炉熔炼工艺（RKEF）

（1）原料预处理。

RKEF 工艺中，原料预处理流程与所用设备与 DRMS 工艺基本相同。

（2）回转窑预还原。

红土镍矿原料经烘干窑烘干后，烘干水分控制在 15% 左右的烘干矿与高镍铁精粉（15%~20%）、辅料、还原剂在回转窑（图 7-28）前按比例配料混合好进入回转窑，回转窑焙烧砂温度控制在 750~1000℃，焙烧时间 2~3h，混合料经回转窑预热后，通过料罐及行车吊装到矿热炉高位料仓，然后通过下料管道进入矿热炉内进行冶炼。

预热及预还原所用回转窑设备主要构件：回转窑筒体、大小齿轮、轮带、托轮、窑头罩、燃烧器。设备主要技术参数：筒体内直径：5.2m，筒体长度：118m，斜度：ϕ3.5%，支承数：5 档，主传动转速：0.2~1.233r/min，辅助传动转速：7.82r/h，主动功率 2×355kW。回转窑的生产能力按炉料计为 65~75t/h，按焙烧渣计为 51~57t/h。

图 7-28　RKEF 法生产用回转窑

回转窑工作为连续运转，窑内物料流向为逆流，炉料在回转窑的停留时间为 2~3h，按其发生过程的特性，回转窑可划分为三个区：烘干区、加热区和还原焙烧区。在烘干区，炉料回热至 120℃，可除去游离水；在加热区，炉料回热至温度 700℃，除去结晶水；在焙烧区，炉料加热至 900~1000℃，炉料中的铁、镍氧化物被部分还原。还原焙烧后的焙烧渣温度为 900~950℃，卸入至窑头的受料仓，并定时卸入位于地磅秤上的自行卸料小车上的料罐中。

（3）电炉熔分。

在 DRMS-RKEF 双联法工业试验过程中，原料红土镍矿经烘干窑烘干后，与辅料、还原剂和高品位镍铁精粉（直接还原—磁选制备）在回转窑前按比例配料混合均匀后进入预还原窑，混合料经回转窑预热还原后，通过料罐及行车吊装到矿热炉高位料仓，然后通过下料管道进入电炉内进行冶炼，其产品为镍铁，作为后续的不锈钢冶炼的炉料。工业试验所用的 36MV·A 电炉设备（生产能力为 7 万吨/a）和技术参数如表 7-18 所示，外观如图 7-29 所示。

表 7-18　工业试验所用 36MV·A 镍铁冶炼电炉参数

序号	项目	单位	参数
1	电炉变压器频定容量	kV·A	12000×3
2	一次侧电压	kV	35
3	一次侧电流	A	343
4	二次侧电压范围	V	300~600
5	二次侧常用电压	V	500
6	常用电流	kV	41.57
7	电极直径	mm	1250
8	电极电流密度	A/cm^2	3.4
9	电极极心圆直径	mm	5200±50
10	电极升降行程	mm	1800
11	炉壳直径（外径）	mm	16000
12	炉壳亮度	mm	6600
13	炉口个数	个	出铁口 2 个、出渣口 2 个

在电炉中，熔炼温度控制为 1550~1600℃ 左右，熔炼时间为 3h，出渣温度为 1540℃，对应的出铁温度为 1490℃。炉渣碱度 0.20 左右，MgO/SiO_2 控制在 0.50~0.60 范围内，炉渣 FeO 控制在 8% 左右。

7.3.3.3　DRMS-RKEF 双联法工业试验主要技术经济指标

DRMS-RKEF 双联法中，一方面利用 DRMS 工艺产出的低品位的磁选精矿返回直接还原工艺强化直接还原—磁选，诱导还原过程晶粒生

图 7-29　工业试验所用电炉

长，提高金属回收率，制备高品位的镍铁精矿；另一方面，利用高品位镍铁精粉的金属含量高的特点，与红土镍矿一起经过预还原和电炉熔分，获得高镍合金（不锈钢母液），以利于降低电耗。下面分析两种工艺的主要技术经济指标。

A　直接还原—磁选流程（DRMS）

工业试验期间和基准期间所得镍铁精矿中镍和铁品位及回收率的对比，分别如图 7-30~图 7-32 所示。

由图可知，跟踪一个月的基准期过程，磁选精矿综合样的镍品位在 5.32%~7.31% 之间，平均镍品位为 6.55%；使用双联法工艺后，一个月的工业试验期内，磁选精矿中镍品位为 6.04%~8.63%，平均镍品位为 7.53%；基准期间磁选精矿铁品位在 58.90%~

64.56%范围内波动，平均值为 61.63%，而试验期内镍铁精矿铁品位为 71.52%。此外，基准期间直接还原—磁选工艺的镍和铁平均回收率分别为 77.96% 和 75.67%，工业试验期间，镍和铁回收率分别为 87.53% 和 84.63%。

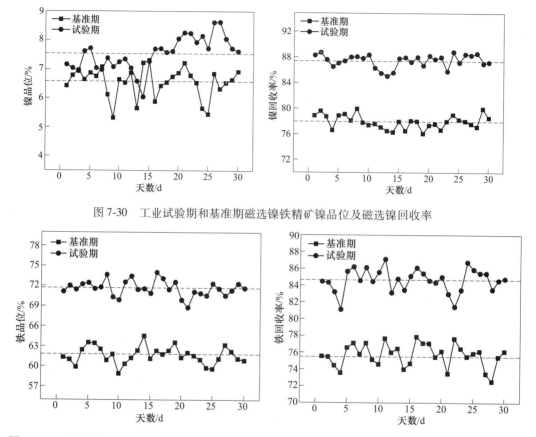

图 7-30 工业试验期和基准期磁选镍铁精矿镍品位及磁选镍回收率

图 7-31 工业试验期和基准期磁选镍铁精矿铁品位　　图 7-32 工业试验期和基准期磁选铁回收率

基于上述试验结果可知，通过磁选精矿返回还原过程作为晶种后，磁选精矿镍品位提高近 1 个百分点，铁品位提高将近 10 个百分点，镍铁精矿中金属量从不到 68% 显著提高到 77%，有效减少了精矿中渣量；镍和铁的回收率分别提高 9.57 个百分点和 8.96 个百分点。通过工业试验，进一步验证了该强化手段具有显著的效果，能够有效提高镍和铁的富集与回收效果。图 7-33 为工业试验期现场及产品照片。

(a)　　(b)

(c)　　　　　　　　　　　　(d)

图 7-33　工业试验期现场及产品照片

（a）还原窑；（b）焙烧矿下料；（c）还原焙烧矿；（d）磁选精粉

B　回转窑—电炉熔炼流程（RKEF）

工业试验期间和基准期间 RKEF 工艺所得镍铁中镍品位、回收率及电炉电耗的对比，分别如图 7-34~图 7-36 所示。

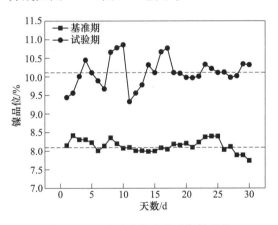

图 7-34　工业试验期和基准期镍品位

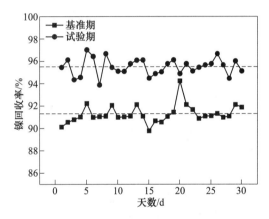

图 7-35　工业试验期和基准期镍回收率

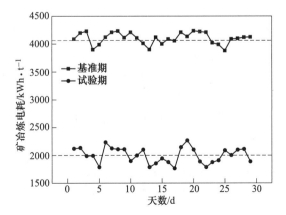

图 7-36　工业试验期和基准期电炉电耗

由图可知，在基准期 RKEF 所生产的镍铁水（不锈钢母液）中镍品位在 7.74% ~ 8.42% 间波动，平均品位为 8.14%，镍回收率在 89.78% ~ 94.24%，平均镍回收率为 91.27%；使用双联法工艺，将磁选镍铁精矿与红土镍矿一起经过预还原后（磁选精矿的配入比例 15% 左右），进入矿热炉熔分，所得镍铁水中镍平均品位提高约 2 个百分点至 10.11%，镍平均回收率提高 4.3 个百分点至 95.51%。同时，由于入炉金属品位大幅度提高，电炉冶炼电耗大幅度降低。通过工业试验证明，双联法能够提高 RKEF 所制备镍铁合金的镍品位，改善回收效果，降低电耗，提高产量。

双联法工艺中 RKEF 所制备不锈钢母液和炉渣的化学成分分别见表 7-19 和表 7-20。

表 7-19　双联法工艺中 RKEF 不锈钢母液成分　　　　　　　　（%）

项目	Ni	Fe	Cr	C	Si	P	S
高镍铁水	10.02	84.02	1.48	2.38	0.82	0.021	0.14

表 7-20　双联法工艺中 RKEF 炉渣成分　　　　　　　　　　（%）

项目	CaO	MgO	SiO$_2$	Al$_2$O$_3$	TFe	Ni
炉渣成分	8.62	27.93	49.07	4.34	5.98	0.07

不锈钢母液中镍品位为 10.02%，铁品位为 84.02%，镍和铁金属总含量达 94.04%，此外还有 1.48% 的 Cr，铁、镍和铬三种主要金属总含量为 95.52%，C 含量为 2.38%，P 和 S 含量均较低，得到的镍铁水纯净，产品质量可以满足不锈钢冶炼生产用镍需求。炉渣含有 SiO$_2$、MgO、CaO 和 Al$_2$O$_3$ 分别为 49.07%、27.93%、8.62% 和 4.34%，炉渣碱度 0.18，MgO/SiO$_2$ 比为 0.56，铁含量约为 5.98%，镍含量极低，仅为 0.07%。炉渣碱度和镁硅比基本在设定的范围内，保证了其具有良好的流动性能，改善渣铁分离效果。水淬后的炉渣可作为一种建筑材料的原料，实现综合利用。

双联法工业应用结果表明，以低品位的镍铁精矿作为诱导剂，强化直接还原过程，可促进合金晶粒生长，提高磁选精矿品位和回收率。新工艺磁选所得镍铁精矿镍品位由 6.55% 提高到 7.53%，铁品位由 61.63% 显著提高至 71.52%；镍和铁回收率分别由 77.96% 和 75.67% 提高到 87.53% 和 84.63%。将镍铁精粉配入到红土镍矿中，进入 RKEF 流程，制备高镍铁水，所得不锈钢母液中镍平均品位提高约 2 个百分点至 10.11%，镍平均回收率提高 4.3 个百分点至 95.51%。工业试验进一步验证了该强化手段具有显著的效果，能够有效的提高镍和铁的富集与回收效果。

7.3.3.4　双联法技术经济分析

表 7-21 为直接还原—磁选成本，表 7-22 为常规 RKEF 和双联法工艺中 RKEF 成本对比。

表 7-21　直接还原—磁选成本核算

项目组成	单位	单价	镍铁精粉	
			单耗	单位成本
红土镍矿	元/吨	420	6.57	2759.40
无烟煤	元/吨	712.17	1.01	719.29
喷吹烟煤	元/吨	779.21	0.52	405.19

项目组成	单位	单价	镍铁精粉	
			单耗	单位成本
白云石	元/吨	188.94	0.269	50.82
电	元/(kW·h)	0.6	541	324.60
其他费用	元/吨	—	—	752.00
合计	—	—	—	5011.31

表 7-22　直接还原—磁选和预还原—熔分工艺成本对比

项目组成	单位	单价	常规 RKEF 工艺		双联法		成本对比
			单耗	单位成本	单耗	单位成本	
红土镍矿	元/吨	420.00	8.85	3717.00	4.55	1911.00	-1806.00
喷吹烟煤	元/吨	779.21	0.70	545.45	0.22	171.43	-374.02
兰炭	元/吨	1161.50	0.68	789.82	0.13	151.00	-638.83
石灰	元/吨	300.00	0.23	69.00	0.12	36.00	-33.00
电	元/(kW·h)	0.60	4100.00	2460.00	2002.00	1201.20	-1258.80
其他费用	元/吨			1150.00		390.00	-760.00
镍铁粉	元/吨	5011.31	—	0.00	0.91	4560.29	4560.29
合计	元/吨	—	—	8731.27		8420.91	-310.36

由表 7-21 可知，通过直接还原—磁选工艺制备含镍 7%、铁 70% 左右的镍铁精矿成本为 5011.31 元/吨。在双联法中，将该精矿配入 15%，与红土镍矿混匀后经过预还原，然后在矿热炉内冶炼制备镍铁合金，镍铁合金成本从 8731.27 元/吨降低至 8420.91 元/吨，降低幅度为 310.36 元/吨。主要原因：（1）焙烧还原富集镍铁粉，金属品位为 80% 左右的成本价为 5011 元/吨，直接降低镍铁水成本；（2）使用焙烧还原镍铁粉后，增加了矿热炉入炉的金属品位，产量增加，电耗（电耗从 4100kW·h/t 降低至 2002kW·h/t）及固定费用降低；（3）高品位镍铁水（不锈钢母液）能连续性生产保证后续不锈钢冶炼工序的热装和连续性作业，同时合理利用了 RKEF 工艺的"焙烧料热料入炉"节能优势。

7.4　DRMS-RKEF 双联法新工艺与现有工艺比较

表 7-23 为不同红土镍矿处理工艺在原料适应性、产品质量、操作条件等方面的比较。

表 7-23　不同红土镍矿火法冶炼工艺比较[9-14]

工艺	工艺特征	
烧结—高炉法	适宜原料	褐铁矿型红土矿，铁品位在 50% 左右、镍品位 1% 左右
	工艺优点	设备投资与技术风险低，生产效益高
	工艺缺点	原料适应性差、能耗高、生产不稳定、污染严重
	产品质量	产品镍含量 3%~5%，S、P 含量高

工艺	工艺特征	
预还原—熔炼法	适宜原料	腐殖土型红土镍矿
	工艺优点	原料适应性强、规模大、产品质量优良、尾渣可利用
	工艺缺点	电耗较高（650kW·h/t），需保证充足的燃料和电能供应
	产品质量	镍含量 10%~20%，S、P 含量低
直接还原—磁选	适宜原料	过渡型红土镍矿
	工艺优点	流程短、能耗低、环境友好、原料适应性强
	工艺缺点	还原温度高（>1200℃）、回转窑易结圈、添加剂用量高、能耗大
	产品质量	Ni 3%~10%、S 含量高
DRMS-RKEF 双联法新工艺	适宜原料	过渡型、腐殖土型
	工艺优点	原料适应性强；直接还原（DRMS）过程添加剂用量低、工艺顺行性好；电炉冶炼电耗相比于普通 RKEF 下降 20%、镍回收率提高 4~8 个百分点；生产成本显著降低
	工艺缺点	需要两种工艺联动，以保证生产顺行
	产品质量	镍含量 6%~8% 的镍铁精粉，镍回收率超过 87%；镍含量 10% 左右的镍铁水，镍回收率超过 95%

直接还原工艺由于红土镍矿矿物嵌布关系复杂，硅和镁等脉石成分含量高，直接还原过程中镍铁晶粒因难以迁移、聚集和生长而导致晶粒微细，后续磨矿—磁选金属回收率和镍品位低。通常需要提高温度至 1300℃ 以上或添加大量的添加剂改善红土镍矿还原效果，促进晶粒生长，但是这会导致生产成本提高、耐材腐蚀严重等问题。

红土镍矿 RKEF 工艺存在冶炼渣量大、电炉利用系数低、电耗高（吨矿电耗 600kW·h 左右）的缺点，通常出于经济因素考虑，RKEF 法适宜处理镍品位大于 2% 和 Fe/Ni 质量比小于 12（确保产品中镍品位大于 20%）以及 SiO_2/MgO 质量比小于 1.9（目的是控制渣相和金属相的融化温度差在适宜范围内，以避免造成悬料）的高品位腐殖土型红土镍矿。

针对传统 DRMS 和 RKEF 的不足，开发的 DRMS-RKEF 双联法新工艺具有以下优势：

（1）新工艺的原料适应性强。红土镍矿种类多、性能差异大，无法单一采用直接还原或者 RKEF 法处理，而 DRMS-RKEF 双联法新工艺将两者巧妙合二为一，不但可以处理腐殖土型红土镍矿，还可以处理过渡型红土镍矿，原料适应性提高。

（2）新工艺利用直接还原—磁选工艺产出的中低品位镍铁精粉作为晶种，返回红土镍矿直接还原过程，不但可以诱导晶粒生长，促进镍铁合金的尺寸，而且可以改善后续磨矿解离度，提高磁选镍铁精粉的镍品位。新工艺创造性地以中低品位镍铁精粉为晶种进行诱导结晶，强化选择性还原过程，克服了常规直接还原工艺还原温度高、晶粒生长难、添加剂用量大、成本高等缺点，保障了直接还原工艺低成本稳定运行。

（3）新工艺利用直接还原—磁选工艺产出的高品位镍铁精粉，可以作为一种调整剂，与红土镍矿原矿一起进一步预还原，提高预还原焙烧矿的金属品位，调整焙烧矿的渣相成分，使其适宜于后续电炉冶炼，最终可提高镍铁合金产品（不锈钢母液）的镍品位，改善冶炼效果，降低电耗，提高电炉利用系数，从而达到节能降耗的目的。

参 考 文 献

［1］ TIAN H Y, GUO Z Q, ZHAN R N, et al. Effective and economical treatment of low-grade nickel laterite by a duplex process of direct reduction-magnetic separation & rotary kiln-electric furnace and its industrial application ［J］. Powder Technology. , 2021, 394: 120-132.

［2］ 潘料庭. 低品位红土镍矿 DRMS-RKEF 双联法制备不锈钢母液的基础与应用研究 ［D］. 长沙: 中南大学, 2021.

［3］ TIAN H Y, GUO Z Q, ZHAN R N, et al. Upgrade of nickel and iron from low-grade nickel laterite by improving direct reduction-magnetic separation process ［J］. J Iron Steel Res Int, 2022, 29（8）: 1164-1175.

［4］ ZHU D Q, GUO Z Q, PAN J, et al. Utilization of limonitic nickel laterite to produce ferronickel concentrate by the selective reduction-magnetic separation process ［J］. Adv Powder Technol, 2019, 30（2）: 451-460.

［5］ WRIGHT S, ZHANG L S, SUN S, et al. Viscosity of a CaO-MgO-Al$_2$O$_3$-SiO$_2$ melt containing spinel particles at 1646K ［J］. Metallurgical and Materials Transactions B, 2000, 31（1）: 97-104.

［6］ ROSCOE R. The viscosity of suspensions of rigid spheres ［J］. British Journal of Applied Physics, 1952, 3（8）: 267-269.

［7］ WRIGHT S, ZHANG L S, SUN S, et al. Viscosity of calcium ferrite slags and calcium alumino-silicate slags containing spinel particles ［J］. Journal of Non-Crystalline Solids, 2001, 282（1）: 15-23.

［8］ NAKAMOTO M, KIYOSE A, TANAKA T, et al. Evaluation of the surface tension of ternary silicate melts containing Al$_2$O$_3$, CaO, FeO, MgO or MnO ［J］. ISIJ International, 2007, 47（1）: 38-43.

［9］ 崔瑜. 低品位红土镍矿选择性还原—磁选富集镍的工艺及机理研究 ［D］. 长沙: 中南大学, 2011.

［10］ 薛钰霄. 基于烧结—高炉法冶炼耐热不锈钢母液工艺及机理研究 ［D］. 长沙: 中南大学, 2022.

［11］ 朱德庆, 郑国林, 潘建, 等. 低品位红土镍矿制备镍精矿的试验研究 ［J］. 中南大学学报（自然科学版）, 2013（1）: 1-7.

［12］ 孙镇, 赵景富, 郑鹏. 红土型镍矿 RKEF 工艺冶炼镍铁实践研究 ［J］. 有色矿冶, 2013（3）: 35-39.

［13］ 潘建, 薛钰霄, 朱德庆, 等. 加压致密化技术强化褐铁矿型红土镍矿烧结工艺及机理研究 ［C］// 2020 年 APOL 镍与不锈钢产业链年会会刊. 2020: 62-72. DOI: 10.26914/c. cnkihy. 2020.050367.

［14］ 潘建, 田宏宇, 朱德庆, 等. 镍矿资源供需分析及红土镍矿开发利用现状 ［C］// 2019 年镍产业发展高峰论坛暨 APOL 年会会刊. 2019: 22-31. DOI: 10.26914/c. cnkihy. 2019.010066.

8 不锈钢母液精炼及铸钢理论与工艺

8.1 概述

镍铁合金不仅是奥氏体不锈钢重要的合金添加剂，也是其他含镍合金钢及含镍合金的合金添加剂。由于镍铁中镍元素的氧势高于铁元素，因此镍铁的精炼原理可比照铁水预处理和钢水初炼—精炼的原理。只是钢水精炼是在铁水初炼成钢水的基础上再精炼，而不锈钢精炼是在铁水（不锈钢母液）的基础上直接精炼[1-3]。

钢水精炼一般指炉外精炼，也叫二次精炼。炉外精炼把传统的炼钢方法分为两步，即初炼加精炼。初炼是在氧化性气氛下进行炉料熔化、脱磷、脱碳和主合金化。精炼是在真空、惰性气体或可控气氛的条件下进行深脱碳、除气、脱氧、脱硫、去夹杂物和夹杂物变性处理、调整成分和控制钢水温度等[4]。目前，世界不锈钢冶炼技术主要为二步法和三步法，据统计，二步法约占70%，三步法约占20%，一步法仅占10%。二步法精炼可分为在常压和真空状态下的精炼，即形成了EAF-转炉（AOD、CLU、K-OBM、KCB、MRP、GOR）二步法工艺和EAF-真空吹氧（RH-OB、RH-KTB、VOD）二步法工艺。其中，EAF-AOD工艺是目前二步法冶炼不锈钢的最主要方式，其中电炉主要用于熔化废钢和合金原料，生产粗炼钢水，粗炼钢水再兑入AOD进行脱碳等处理，冶炼成合格的不锈钢钢水[5-7]。利用红土镍矿冶炼得到的不锈钢母液进行精炼，替代常规的EAF-AOD炉及镍铁合金，可以明显缩短工艺流程和降低生产成本，是推动我国不锈钢产业快速发展的重要技术进步。

经炼钢过程生产出的合格不锈钢钢水，必须通过一定的凝固成型工艺制成具有特定要求的固态材料，才能使用和进行后续加工[8]。浇铸过程主要分为模铸法和连铸法。由于模铸法生产效率低、成材效率低、能耗高等原因已逐渐被连铸法取代[9]。连续铸钢是通过连铸机将钢液连续地铸成钢坯，不经过初轧工序，直接送轧钢车间轧制成钢材，具有加工工序少、能耗低、效率高、设备结构简单等优点。连铸技术可分为近终型连铸技术和电磁连铸技术，前者包括薄板坯、异型坯、薄带坯、喷雾成型和中空圆坯型，随着连铸工艺不断发展，薄板坯应用前景良好。电磁连铸技术应用于连铸过程的时候具有较强的针对性[10]。

本章在介绍不锈钢炼钢及铸钢理论的基础上，系统介绍北港新材料有限公司采用低品位红土镍矿经烧结—高炉法及DRMS-RKEF双联法得到不锈钢母液后，进行不锈钢母液精炼及铸钢的技术特点及生产实践。

8.2 不锈钢母液精炼理论

8.2.1 不锈钢冶炼的脱碳保铬行为

8.2.1.1 常规工艺脱碳保铬行为

铬镍系不锈钢主要合金元素是铬和镍，在炼钢过程中应避免其氧化进渣。由不同金属元素氧势图可知，镍在整个过程中不会被氧化，但铬易被氧化。因此，必须在高于氧化转化温度时选择性地氧化碳，进而达到保护铬的目的。若有部分铬被氧化入渣，也需要在脱碳后期向炉渣中加入硅铁或纯硅等将其还原回到钢水中[11-13]。

在不锈钢冶炼过程中［C］和［Cr］的氧化转化温度如式（8-1）和式（8-2）所示：

$$[C] + [O] \Longrightarrow CO(g), \quad \Delta_r G_m^{\ominus} = -22200 - 38.34T, \text{ J/mol} \tag{8-1}$$

$$2[Cr] + 3[O] \Longrightarrow (Cr_2O_3), \quad \Delta_r G_m^{\ominus} = -843100 + 371.8T, \text{ J/mol} \tag{8-2}$$

结合反应式（8-1）和式（8-2）可得去碳保铬反应，如式（8-3）所示：

$$3[C] + (Cr_2O_3) \Longrightarrow 2[Cr] + 3CO(g), \quad \Delta_r G_{m\,C-Cr}^{\ominus} = 776500 - 486.82T, \text{ J/mol} \tag{8-3}$$

反应式（8-3）平衡常数如式（8-4）所示：

$$\lg k_{C-Cr}^{\ominus} = \lg \frac{a_{Cr}^2 (P_{CO}/P^{\ominus})^3}{a_{Cr_2O_3} a_C^3} = -\frac{40560}{T} + 25.429 \tag{8-4}$$

只有上述反应正向进行，即 $\Delta_r G_{m,C-Cr} \leqslant 0$，才能达到去碳保铬的目的。根据热力学计算可知：

$$\Delta_r G_{m,C-Cr} = \Delta_r G_{C-Cr}^{\ominus} + RT\ln\left(\frac{f_{Cr}^2 w_{Cr}^2 (P_{CO}/P^{\ominus})^3}{a_{Cr_2O_3} f_C^3 w_C^3}\right) \tag{8-5}$$

渣中 Cr_2O_3 达到饱和，所以反应式（8-5）中 $a_{Cr_2O_3} = 1$，f_{Cr}、f_C 可由铁液中组分活度相互作用系数计算获得。根据反应式（8-5）不仅可以计算一定 CO 分压时去碳保铬的转化温度，而且可以计算一定温度时去碳保铬所需的真空度。例如冶炼铬含量为18%，镍含量为9%的不锈钢，要求最终碳含量为0.02%，根据式（8-5）计算可知氧化温度至少需要2133.71℃。如若将转化温度降至1650℃，则需要采用真空精炼且需要的真空度高于3.91kPa。

表8-1为不同钢水成分在不同条件下的［Cr］和［C］氧化时的转化温度。由表可知，在相同真空度条件下，钢水中最终碳含量越低，所需氧化时转化温度越高；但真空度越高，所需氧化时转化温度越低。因此，高的真空度条件下，常规冶炼温度就可以获得碳含量较低的合格钢水。

表8-1　不同钢水成分的不锈钢冶炼时［Cr］和［C］氧化时的转化温度

钢水成分/%			P_{CO}/大气压	转化温度/℃	$O_2:Ar:CO$
Cr	Ni	C			
12	9	0.35	1	1555	—
12	9	0.10	1	1727	—
12	9	0.05	1	1835	—
10	9	0.05	1	1800	—
18	9	0.35	1	1627	—
18	9	0.10	1	1820	—
18	9	0.05	1	1945	—
18	9	0.35	2/3	1575	1:1:2
18	9	0.05	1/2	1830	1:2:2

钢水成分/%			P_{CO}/大气压	转化温度/℃	O_2∶Ar∶CO
Cr	Ni	C			
18	9	0.05	1/5	1690	1∶8∶2
18	9	0.05	1/10	1600	1∶18∶2
18	9	0.02	1/20	1630	1∶38∶2
18	9	1.00	1	1460	—
18	9	4.50	1	1165	—

对于奥氏体不锈钢冶炼体系而言，除需要确定体系的温度、压力外，还需要确定 w_C 或 w_{Cr} 其中的一个，根据 $k^{\ominus}_{C\text{-}Cr}$ 与温度 T 的关系，在 CO 分压为 0.1MPa 和不同温度条件下，可作出 a_C 和 a_{Cr} 的关系曲线，如图 8-1 所示。由此可知，固定钢水中 Cr 含量时，去碳保铬的转化温度随着碳含量增加而降低。

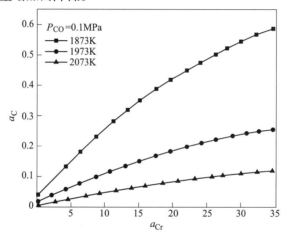

图 8-1　P_{CO} = 0.1MPa 时的 C、Cr 平衡图

在氧化转化温度为 1873K 和不同压力条件下，a_C 和 a_{Cr} 的关系曲线如图 8-2 所示。由图

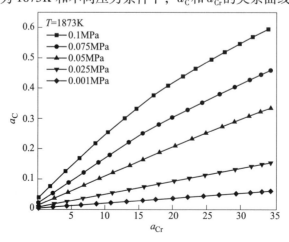

图 8-2　T = 1873K 时的 C、Cr 平衡图

可知，固定钢水中 Cr 含量时，去碳保铬所需的最低真空度随着碳含量增大而降低。因此，只有在高温下吹氧脱碳或在真空下吹氧脱碳，才能满足不锈钢冶炼的关键工艺——去碳保铬的热力学条件。VOD、AOD 或 RH-OB、CLU 等精炼方法就是基于降低生成物 CO 分压有利于脱碳反应正向进行这个原理，采用真空下吹氧脱碳或稀释气体+O_2 的混合气体吹入熔池脱碳。

红土镍矿通常含 Cr_2O_3，无论是烧结—高炉法还是 RKEF 法，均可得到含镍铬铁水（不锈钢母液）。但是由于铬易氧化，同时红土镍矿的成分波动，导致钢水中的铬含量难以控制到所需范围；此外，饱和的 Cr_2O_3 炉渣流动性很差，不利于脱磷和脱硫。基于上述问题，提出先脱铬再炼钢措施，即先炼成含有一定量碳的"半钢"（脱铬后的铁水），所保留的这部分碳能使得炼钢时有充足的热源，以保证出钢温度。脱铬采用选择性氧化原理，在低于转化温度去铬保碳。在 $\gamma_{Cr_2O_3}$ 为 1.4×10^{-6}，$a_{Cr_2O_3}$ 为 0.15 时，[Cr]、[C] 的转化温度见表 8-2。由表可知，转化温度随着铁水和炉渣成分变化而变化；固定铁水中碳含量，余铬含量越低，转化温度越低。

表 8-2 [Cr]、[C] 的转化温度（$\gamma_{Cr_2O_3}$ 为 1.4×10^{-6}，$a_{Cr_2O_3}$ 为 0.15）

w_C/%	4	3.5	3	4	3.5	3	4	3.5	3
w_{Cr}/%	0.5	0.5	0.5	0.2	0.2	0.2	0.1	0.1	0.1
转化温度/℃	1420	1462	1500	1365	1405	1440	1323	1357	1393

但是，脱铬保碳将造成铬的损失，导致资源浪费。目前，可通过工艺控制来保证 Cr 的回收率，具体的工艺控制包括以下五项技术措施：

（1）钢液熔清时硅含量的控制。为达到保铬的目的，需要在钢液中配入一定量的硅。由图 8-3 可见，在不同温度下，SiO_2 和铬氧化物共存时钢液中 [Si] 和 [Cr] 含量存在良好的正相关性，钢液中的硅含量越高，钢液中存在的铬含量也越高。当钢液中硅含量为 0.8%~1.0% 时，保铬的效果最好。

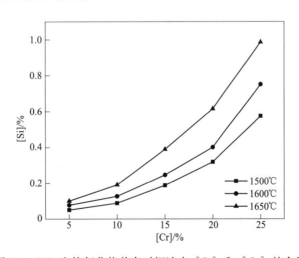

图 8-3 SiO_2 和铬氧化物共存时钢液中 [Si] 和 [Cr] 的含量

（2）吹氧温度的控制。冶炼含铬材质钢种时，需要达到"去碳保铬"的要求，所以冶炼不锈钢时的开始氧化温度需要高一些。结合温度与［Cr］平衡图和考虑到耐火材料承受侵蚀的情况，推荐适宜钢水的开始氧化温度为 1580℃，此温度下铬的氧化会较少，同时对耐火材料的侵蚀也较轻。工业上精炼不锈钢时为避免铬的氧化，通常开始氧化温度为 1640~1660℃。

（3）还原顺序。还原是炼钢的重要操作步骤，是钢水冶金质量的重要保证。还原剂的加入顺序应是先弱后强（还原性），做到顺序还原，以起到良好的还原效果。

（4）炉渣控制。"炼钢就是炼渣"，冶炼不锈钢时炉渣控制尤为重要，良好的炉渣会减轻冶炼时的任务，降低劳动强度。碱度、黏度、熔点适合的炉渣会提高钢水的冶金质量，提高铬的收得率。

（5）加强钢液的搅拌强度。扩大钢渣的接触面积，需加强钢液的搅拌强度，以加大钢渣间的物质交换，提高还原效果，进而提高铬的收得率。

8.2.1.2 二氧化碳混合吹炼脱碳保铬行为

从热力学角度进行分析，可知 CO_2 虽属弱氧化性气体，但在不锈钢冶炼温度下，可与不锈钢母液中的 C、Si、Mn、Cr、Fe 等元素发生反应，生成相应的氧化产物，反应式见表 8-3[14-16]。

表 8-3 CO_2 与不锈钢母液中各元素反应方程式

反应式序号	反应方程式	Gibbs 自由能/J·mol^{-1}
(8-6)	$[C] + CO_2(g) = 2CO(g)$	$\Delta G^{\ominus} = 137890 - 126.52T$
(8-7)	$Fe(l) + CO_2(g) = (FeO) + CO(g)$	$\Delta G^{\ominus} = 48980 - 40.62T$
(8-8)	$[Mn] + CO_2(g) = (MnO) + CO(g)$	$\Delta G^{\ominus} = -133760 + 42.51T$
(8-9)	$1/2[Si] + CO_2(g) = 1/2(SiO_2) + CO(g)$	$\Delta G^{\ominus} = -123970 + 20.59T$
(8-10)	$2/3[Cr] + CO_2(g) = 1/3Cr_2O_3(s) + CO(g)$	$\Delta G^{\ominus} = -111690 + 32.37T$

在反应温度为 1400~2000K，绘出 $\Delta G^{\ominus}$-T 线性关系图，如图 8-4 所示。根据选择性氧化原理，$\Delta G^{\ominus}$ 越低，元素越先反应，所以各元素与 CO_2 反应顺序为［Si］、［Mn］、［Cr］、Fe。由图可知，反应式（8-6）与反应式（8-8）~式（8-10）都有交点，即可以根据温度

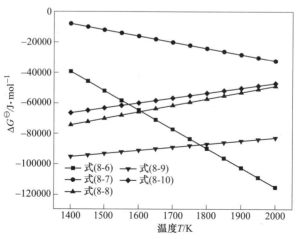

图 8-4 钢液中各元素与 CO_2 反应的 $\Delta G^{\ominus}$-T 线性关系图

调节，在完成脱碳的同时也可以最大限度的保留钢液中元素，从而提高合金元素收得率，节约合金料，降低生产成本。

而不锈钢冶炼中，最主要的就是脱碳保铬问题，对于 Fe-O-Cr 系的平衡研究可知，当 $w(Cr) > 9\%$ 时，铬的氧化产物为 Cr_3O_4，则存在如下反应式：

$$3[Cr] + 4CO_2(g) = Cr_3O_4(s) + 4CO(g) \tag{8-11}$$

$$[C] + CO_2(g) = 2CO(g) \tag{8-12}$$

耦合成脱碳保铬反应式：

$$3/2[Cr] + 2CO(g) = 1/2Cr_3O_4(s) + 2[C], \quad \Delta G^{\ominus} = -440488 + 291.973T, \text{ J/mol} \tag{8-13}$$

$$\Delta G = \Delta G^{\ominus} + RT\ln\frac{f_1^2 w(C)^2}{f_2^{3/2} w(Cr)^{3/2} P_3^2} \tag{8-14}$$

式中 f_1，f_2——分别为 C、Cr 活度系数；

$\quad\quad P_3$——CO 无量纲分压，$P_3 = p_3/p^{\ominus}$。

采用 Wanger 模型，对于 [C] 有：

$$\lg f_1 = e_C^C \cdot w(C) + e_C^{Cr} \cdot w(Cr) + e_C^{Ni} \cdot w(Ni) + e_C^{Si} \cdot w(Si) + e_C^{Mn} \cdot w(Mn) \tag{8-15}$$

结合 $2.303\lg f_1 = \ln f_1$，式（8-15）可以表示为：

$$\ln f_1 = 2.303\{e_C^C \cdot w(C) + e_C^{Cr} \cdot w(Cr) + e_C^{Ni} \cdot w(Ni) + e_C^{Si} \cdot w(Si) + e_C^{Mn} \cdot w(Mn)\} \tag{8-16}$$

同理对于元素 [Cr] 有：

$$\ln f_2 = 2.303\{e_{Cr}^{Cr} \cdot w(Cr) + e_{Cr}^C \cdot w(C) + e_{Cr}^{Ni} \cdot w(Ni) + e_{Cr}^{Si} \cdot w(Si)\} \tag{8-17}$$

查阅文献可得元素间的一次相互作用系数，见表 8-4。根据 $\Delta G = 0$，可将反应式（8-14）化简如下：

$$\frac{23005.4}{T} = 15.2489 + 0.46w(C) - 0.0485w(Cr) + 0.0237w(Ni) + 0.1665w(Si) -$$

$$0.024w(Mn) + 2\lg w(C) - 1.5\lg w(Cr) - 2\lg P_3 \tag{8-18}$$

表 8-4 元素之间一次相互作用系数

组元 i	组元 j	e_i^j
C	C	0.16
	Mn	-0.0086
	Cr	-0.023
	Ni	0.012
Cr	C	-0.12
	Si	-0.0043
	Cr	-0.0003
	Ni	0.0002

以 304 不锈钢（1Cr18Ni9）为例，代入反应式（8-18）可以计算不同含碳量条件下冶炼温度 T 和 CO 分压 P_3 的关系，结果如表 8-5 所示。不同含碳量条件下氧化转化温度见

表8-6。由表8-5和表8-6可以看出，当平衡温度相同时，平衡状态下一氧化碳分压随钢中碳含量的降低而降低。当 $w(C) = 0.5\%$，CO 分压为 1 时，其氧化转化温度为 1858K（1585℃），即在该温度上可以保证脱碳保铬的顺利进行，在此阶段可较大比例喷吹氧气或二氧化碳；当 $w(C) = 0.05\%$，CO 分压为 1 时，其氧化转化温度为 2261K（1988℃），生产中难以实现如此高温，需要降低 CO 分压。因此，向体系中喷入 CO_2，可降低 CO 分压。

表8-5　$w(Cr) = 18$ 时，不同 $w(C)$ 条件下 T-P_3 的关系

序号	钢水成分/%					T-P_3 关系式
	$w(Cr)$	$w(Ni)$	$w(Si)$	$w(Mn)$	$w(C)$	
1					2.0	$23005.4/T = 14.2745 - 2\lg P_3$
2					1.0	$23005.4/T = 13.2124 - 2\lg P_3$
3	18	9	0.45	1.2	0.5	$23005.4/T = 12.3804 - 2\lg P_3$
4					0.1	$23005.4/T = 10.7984 - 2\lg P_3$
5					0.05	$23005.4/T = 10.1734 - 2\lg P_3$
6					0.02	$23005.4/T = 9.3637 - 2\lg P_3$

表8-6　$w(Cr) = 18$ 时，不同 $w(C)$ 和 P_3 条件下脱碳保铬的氧化转化温度

序号	钢水成分/%					P_3/标准大气压	氧化转化温度/℃
	$w(Cr)$	$w(Ni)$	$w(Si)$	$w(Mn)$	$w(C)$		
1					2.0	1	1338
2					1.0	1	1468
3					0.5	1	1585
4					0.1	1	1857
5	18	9	0.45	1.2	0.05	1	1988
6					0.5	0.5	1499
7					0.05	0.2	1715
8					0.05	0.1	1617
9					0.05	0.05	1528
10					0.02	0.01	1448

8.2.2　不锈钢二氧化碳混合吹炼脱碳保锰行为

前人研究早已证明二氧化碳在 AOD 炉中可以提高保铬率，但是锰相比于铬更易氧化。在通常情况下，锰比碳更易在钢液中氧化，但随着钢液温度的升高、钢液一氧化碳分压降低，碳比锰更易氧化，因此钢液中碳和锰存在一个选择性氧化现象。锰作为 Cr-Ni-Mn 系奥氏体不锈钢的重要基础合金元素之一，可促进奥氏体形成，扩大 γ 相区，使 γ-α 转变线向低温方向移动[17]。此外，Mn 可以使钢的调质组织均匀和细化，避免渗碳层中碳化物的聚集成块，在严格控制热处理工艺、避免过热时的晶粒长大以及回火脆性的前提下，Mn 不会降低钢的韧性，且随着 Mn 的加入，可以提高 N 的溶解度至最高 0.4%[18]。

CO_2 是一种氧化剂，可以与钢液中的部分元素发生氧化反应，其反应式见表8-7。在

1800~2000K 温度范围，结合 FactSage 软件计算反应式（8-19）~式（8-23）吉布斯自由能与温度的关系，结果如图 8-5 所示。根据选择性氧化的原理，当不同反应同时发生时，$\Delta G^{\ominus}$ 越低的反应越容易进行。从图 8-5 中可以看出，CO_2 与［C］反应的 $\Delta G^{\ominus}$ 最低，而［Mn］、［Cr］的 $\Delta G^{\ominus}$ 接近且远大于 CO_2 与［C］反应的 $\Delta G^{\ominus}$，这代表当在相同状态下吹入的二氧化碳优先与钢液中［C］反应。所以 CO_2 混合喷吹在 AOD 炉中脱碳保锰在理论上是可行的，且由于 $\Delta G^{\ominus}$［Mn］< $\Delta G^{\ominus}$［Cr］，在钢液中只要将［Mn］保住，便可以将［Cr］保住[15,19]。

表 8-7 CO_2 与钢液中部分元素反应式

反应式序号	化学式	Gibbs 自由能/J·mol⁻¹
（8-19）	［C］+ CO_2(g) ══ 2CO(g)	$\Delta G^{\ominus} = 137890 - 126.52T$
（8-20）	Fe(l) + CO_2(g) ══ (FeO) + CO(g)	$\Delta G^{\ominus} = 48980 - 40.62T$
（8-21）	［Mn］+ CO_2(g) ══ (MnO) + CO(g)	$\Delta G^{\ominus} = -133760 + 42.51T$
（8-22）	1/2［Si］+ CO_2(g) ══ 1/2(SiO_2) + CO(g)	$\Delta G^{\ominus} = -123970 + 20.59T$
（8-23）	2/3［Cr］+ CO_2(g) ══ 1/3(Cr_2O_3)(s) + CO(g)	$\Delta G^{\ominus} = -111690 + 32.37T$

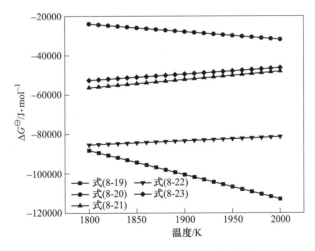

图 8-5 反应式（8-19）~式（8-23）吉布斯自由能与温度的关系

在脱碳过程中，如果采用纯氧气进行脱碳，当钢中碳含量达到临界碳含量时，吹入的氧气不可避免与钢液中铬、锰元素进行反应。而采用二氧化碳替代部分氧气时，此时钢液中由于氧气流量的降低，铬、锰元素的氧化减少，虽然依靠氧气的脱碳速率有一定降低，但是吹入的二氧化碳可进行脱碳反应，弥补被降低的脱碳速率，且二氧化碳与钢液中的铬、锰反应难度远大于二氧化碳与碳反应。

因此采用二氧化碳与氧气混合喷吹脱碳保锰，在适当条件下是能够在不显著降低脱碳速率（即不影响现有生产秩序）的情况下，保住钢液中更多的锰与铬不被氧化，从而减少后期电解锰与高硅锰的加入，降低合金成本。

影响脱碳保锰的因素主要有钢液的温度以及气体中一氧化碳分压，一氧化碳分压可以通过理论计算得到，具体计算过程如下。

计算气泡中一氧化碳的分压 V_{CO}，需要知道氧气与二氧化碳的利用率。本次计算采用的氧气与二氧化碳利用率是北港新材冶炼厂里预实验的气体吹入量的模拟，具体数值还需对接下来的试验进行拟合后修正。

按侧枪吹入氧气流量（氧气利用率为 η_{O_2}，可以取 40%）与熔池中的碳氧化生成 CO，以及侧枪吹入二氧化碳流量（即二氧化碳利用率为 η_{CO_2}，可以取 35%）与熔池中的碳氧化生成 CO 来估算每吨钢液产生的 V_{CO}。

由反应 $[C]+[O]=CO$，知 $2CO \rightarrow 2[O] \rightarrow O_2$，故 $x(O_2):x(CO)=1:2$。以及反应 $[C]+CO_2=2CO$，知 $2CO \rightarrow CO_2$，故 $x(CO_2):x(CO)=1:2$。一氧化碳分压计算如下：

$$V_{CO} = 2 \times V_{O_2} \times \eta_{O_2} + 2 \times V_{CO_2} \times \eta_{CO_2}$$

剩余氧气体积 $\qquad V'_{O_2} = V_{O_2} \times (100\% - \eta_{O_2})$

剩余二氧化碳体积 $\qquad V'_{CO_2} = V_{CO_2} \times (100\% - \eta_{CO_2})$

所以气泡中一氧化碳的体积分数：

$$(V_{CO}) = \frac{V_{CO}}{V_T} = \frac{V_{CO}}{V_{CO} + V'_{O_2} + V'_{CO_2} + V_{N_2}}$$

$$= \frac{2V_{O_2}\eta_{O_2} + 2V_{CO_2}\eta_{CO_2}}{2V_{O_2}\eta_{O_2} + 2V_{CO_2}\eta_{CO_2} + V_{O_2}(100\% - \eta_{O_2}) + V_{CO_2}(100\% - \eta_{CO_2}) + V_{N_2}}$$

$$= \frac{2V_{O_2}\eta_{O_2} + 2V_{CO_2}\eta_{CO_2}}{V_{O_2}(100\% + \eta_{O_2}) + V_{CO_2}(100\% + \eta_{CO_2}) + V_{N_2}}$$

由以上公式便可计算气体中一氧化碳分压，根据现场预实验中氧气流量计算一氧化碳体积分数，具体结果如表 8-8 所示，其中气体流量单位为 m^3/h。由表可知，在工厂预实验中，一氧化碳体积分数能够降至 0.25 左右可为碳锰氧化转化温度提供一定参考。

表8-8 一氧化碳体积分数 （%）

$O_2/m^3 \cdot h^{-1}$	$CO_2/m^3 \cdot h^{-1}$	$N_2/m^3 \cdot h^{-1}$	氧气利用率/%	二氧化碳利用率/%	$V_{CO}/\%$
2000	800	1700	0.4	0.35	0.387097
1500	800	2200	0.4	0.35	0.327138
1200	600	3000	0.4	0.35	0.251366

表 8-9 为吹氧脱碳过程中 $[C]$、$[Mn]$ 与氧气、二氧化碳可能发生的化学反应。由表可知，目前钢液中脱碳主要是依靠氧气，则控制钢液中 C-Mn 氧化的化学反应式可写为式（8-29）。

表8-9 $[C]$、$[Mn]$ 与 CO_2、O_2 反应化学式

反应式序号	CO_2 参与反应化学式	Gibbs 自由能计算/$J \cdot mol^{-1}$
(8-24)	$[C]+1/2O_2(g)=CO(g)$	$\Delta G^{\ominus} = -117990 - 84.35T$
(8-25)	$[Mn]+1/2O_2(g)=(MnO)$	$\Delta G^{\ominus} = -408150 + 88.78T$
(8-26)	$[C]+CO_2(g)=2CO(g)$	$\Delta G^{\ominus} = 137890 - 126.52T$
(8-27)	$[Mn]+CO_2(g)=(MnO)+CO(g)$	$\Delta G^{\ominus} = -133760 + 42.51T$
(8-28)	$(MnO)+[C]=[Mn]+CO(g)$	$\Delta G^{\ominus} = 290160 - 173.13T$

$$(MnO) + [C] \rightleftharpoons [CO](g) + [Mn] \qquad (8-29)$$

反应的平衡常数 K 为:

$$K = \frac{a_{[Mn]}p_{CO}}{a_{MnO}a_{[C]}} \qquad (8-30)$$

由标准吉布斯自由能 $\Delta G^{\ominus} = -RT\ln K$,结合反应式(8-15)可得到如下式:

$$290160 - 173.14T = -RT\ln \frac{a_{[Mn]} \cdot p_{CO}}{a_{MnO} \cdot a_{[C]}} \qquad (8-31)$$

钢液中组元 i 的活度以 $w[i] = 1\%$ 为标准态时,活度的表达式为:$a_i = f_i \cdot w[i]\%$。则反应式(8-28)中碳和锰的活度系数 f_{Mn}、f_C 分别按照下面 Wagner 多项式计算:

$$\lg f_{Mn} = e_{Mn}^{Mn}[\%Mn] + e_{Mn}^{C}[\%C] + e_{Mn}^{Cr}[\%Cr] + e_{Mn}^{Ni}[\%Ni] \qquad (8-32)$$

$$\lg f_{C} = e_{C}^{C}[\%Mn] + e_{C}^{Mn}[\%C] + e_{C}^{Cr}[\%Cr] + e_{C}^{Ni}[\%Ni] \qquad (8-33)$$

查阅资料可得元素之间一次相互作用系数,见表 8-10。

表 8-10 元素之间一次相互作用系数

组元 i	组元 j	e_i^j
C	C	0.16
	Mn	-0.0086
	Cr	-0.023
	Ni	0.012
Mn	C	-0.0538
	Mn	0
	Cr	0.0039
	Ni	-0.0072

将表 8-10 中相互作用系数代入式(8-32)和式(8-33),有

$$\lg f_{[C]} = 0.16 \times [\%Mn] - 0.0086 \times [\%C] - 0.023 \times [\%Cr] + 0.012 \times [\%Ni] \qquad (8-34)$$

$$\lg f_{[Mn]} = -0.0538 \times [\%C] + 0.0039 \times [\%Cr] - 0.0072 \times [\%Ni] \qquad (8-35)$$

结合式(8-31)、式(8-34)和式(8-35)可得:

$$\{3.71[\%C] - 0.165[\%Mn] - 0.515[\%Cr] - 0.368[\%Ni] + 19.15\lg[\%C] - $$
$$19.15\lg[\%Mn] - 19.15\lg p_{CO} + 19.15\lg a_{MnO} + 173.14\}T = 290160 \qquad (8-36)$$

式(8-36)即是冶炼达到平衡时,各组元浓度、渣中氧化锰活度、CO 分压、温度 T 之间的关系式,据此可以计算出 C、Mn 氧化的转化温度。

渣中氧化锰活度与标准态有关,当渣为固态时,渣中氧化锰活度取固态为标准态,此时活度为 1;当渣温度进一步升高,或渣黏度降低时,此时渣中氧化锰活度标准态为液态,则渣中氧化锰活度小于 1。

根据 AOD 炉脱碳终点成分要求,具体成分见表 8-11,经过理论计算可知,转化温度随着渣中氧化锰活度降低而升高,随碳含量降低而降低,随一氧化碳分压降低而降低,因此只要通过适当降低一氧化碳分压,确保冶炼渣成分,便可获得较低的转化温度,从而冶

炼锰含量较高的不锈钢钢水。根据表 8-11 可知，若要冶炼碳含量为 0.1%，锰含量为 3% 的钢水在冶炼渣为固态，一氧化碳分压为 0.25 左右时，钢液温度需要达到 1680℃。

表 8-11   不同条件下的转化温度

分类	$w(C)$/%	$w(Mn)$/%	$w(Cr)$/%	$w(Ni)$/%	a_{MnO}	P_{CO}	$T_{转化}$/℃
1					1	1	1792
2					1	0.5	1710
3	0.15	3	14	1.3	1	0.25	1635
4					0.8	1	1819
5					0.8	0.5	1736
6					0.8	0.25	1659
7					1	1	1845
8					1	0.5	1759
9	0.1	3	14	1.3	1	0.25	1681
10					0.8	1	1874
11					0.8	0.5	1786
12					0.8	0.25	1705

8.2.3   不锈钢冶炼脱磷行为

一般情况下，磷在不锈钢中都被视为有害元素，它对钢的表面质量、裂纹、延展性、拉伸强度、抗点腐蚀、抗应力腐蚀以及焊接性能都有不利影响。不锈钢中磷含量的降低可以改善其耐时效裂纹性和焊接部位耐高温裂纹性，而且能改善钢的耐应力腐蚀裂纹性。因此，精炼过程中应该将磷含量降到最低水平。由于高炉冶炼或 RKEF 法是不能脱磷的，炼铁原料中磷的氧化物几乎 100% 在高炉或电炉内还原到铁水中。铁水中磷含量一般为 0.1%~1.0%，特殊的可高达 2.0%，所以脱磷是炼钢过程中非常重要的任务[20,21]。

通常认为，磷在钢中以 [Fe₃P] 或 [Fe₂P] 形式存在。一般来说，磷是钢中的有害元素之一。由生铁带入钢中，能使钢产生冷脆和降低钢的冲击韧性。因此一般控制其含量不大于 0.06%，而优质钢中磷要求 0.03%~0.04% 以下。

在一般情况下，钢中的磷能全部溶于铁素体中。磷有强烈的固溶强化作用，使钢的强度、硬度增加，但塑性、韧性则显著降低。这种脆化现象在低温时更为严重，故称为冷脆。一般希望冷脆转变温度低于工件的工作温度，以免发生冷脆。而磷在结晶过程中，由于容易产生晶内偏析，使局部区域含磷量偏高，导致冷脆转变温度升高，从而发生冷脆。冷脆对在高寒地带和其他低温条件下工作的结构件具有严重的危害性，此外，磷的偏析还使钢材在热轧后形成带状组织。

脱磷反应在金属液与熔渣界面进行，是强放热反应。当加入氧化剂脱磷时，氧与钢中的硅、磷分别发生以下反应：

$$[Si] + 2[O] = (SiO_2) \tag{8-37}$$

$$2[P] + 5[O] = (P_2O_5) \tag{8-38}$$

将反应式（8-37）与式（8-38）合并可得：

$$5[Si] + 2(P_2O_5) \Longrightarrow 4[P] + 5(SiO_2) , \quad \Delta G^{\ominus} = -318471 - 2.04T \qquad (8-39)$$

由上述吉布斯自由能表达式可得，不论何温度下，反应都会自发向右进行，因此硅比磷先氧化，形成的 SiO_2 会大大降低碱度，同时过高的 [Si] 会抑制 [P] 的氧化，使得脱磷效率变慢。为此脱磷前必须脱 [Si]，并将硅含量降至 0.15% 以下。

精炼熔渣里，P_2O_5 并不稳定，必须和碱性氧化物结合才能被彻底去除，而 FeO 和 CaO 是生成稳定磷酸盐的最主要氧化物。吹炼前期，$3FeO \cdot P_2O_5$ 比较稳定，熔渣中主要发生以下反应：

$$8(FeO) + 2[P] \Longrightarrow 5[Fe] + (3FeO \cdot P_2O_5) \qquad (8-40)$$

从式 (8-40) 可以看出，在氧化铁含量高的条件下，磷可以被有效地去除。但随着 AOD 炉冶炼脱碳反应的进行，温度逐渐升高，在 1450℃ 以上时，$3FeO \cdot P_2O_5$ 逐渐分解，磷又回到钢水中。为了有效抑制回磷现象，须将温度控制在低于 1450℃。同时，碱度提高到 2.8~3.5，使磷在高碱度下生成更稳定的磷酸盐渣 $3FeO \cdot P_2O_5$ 或 $4CaO \cdot P_2O_5$，其中 $4CaO \cdot P_2O_5$ 的标准生成焓更大，因此更稳定，其反应式如下：

$$4(CaO) + (3FeO \cdot P_2O_5) \Longrightarrow 3(FeO) + (4CaO \cdot P_2O_5) \qquad (8-41)$$

将反应式 (8-40) 与式 (8-41) 合并可得：

$$2[P] + 4(CaO) + 5(FeO) \Longrightarrow 5[Fe] + (4CaO \cdot P_2O_5)(放热) \qquad (8-42)$$

基于不锈钢精炼脱磷热力学分析，从工艺角度提出钢液成分的影响、渣系的选择和不锈钢返回吹氧法脱磷的强化措施如下。

(1) 钢液成分的影响：

1) 初始硅含量的影响。[Si] 会优先于 [P] 而氧化，对不锈钢脱磷有明显的抑制作用。通常铁水预处理脱磷时一般要求预先将铁水中 [Si] 降低到 0.1% 以下。因此，不锈钢母液氧化脱磷之前，也必须先进行预脱硅，将 [Si] 降至 0.1% 以下。

2) 初始碳含量的影响。从热力学上讲，[C] 可以提高 [P] 的活度，从而有利于脱磷。在不锈钢脱磷中，[C] 增高，还可使 [Cr] 的活度降低，有利于脱磷保铬。另外，[C] 增高，钢的熔点降低，有利于创造低温脱磷的热力学条件。所以 [C] 对不锈钢脱磷有至关重要的影响。无论对何种渣系，一定范围内增加 [C] 对脱磷都是有利的。

3) 铬、镍含量的影响。在炼钢温度下，[Cr] 和 [P] 参与氧化反应的活性比较接近，[Cr] 高会导致 [Cr] 优先于 [P] 而氧化。同时，由于 [Cr] 氧化生成 (Cr_2O_3) 会使炉渣黏稠甚至凝固，恶化反应的动力学条件和操作条件，故适当降低铬含量有利于不锈钢脱磷。[Ni] 对脱磷几乎没有影响。

4) 温度的影响。温度对不锈钢氧化脱磷有明显的影响。热力学研究表明，低温有利于不锈钢脱磷。但应注意，温度过低有可能导致炉渣黏度的明显升高，造成铬损增加。对 60%BaO-40%$BaCl_2$ 和 10%Cr_2O_3 组成的炉渣，脱磷温度应大于 1500℃，否则会导致铬损的增加。

(2) 渣系的选择。碱土金属氧化物及其碳酸盐渣系主要是钙、钡氧化物及其碳酸盐渣系。CaO 渣适合于高碳含铬合金的脱磷，而 BaO 渣系则可以在较低碳含量条件下实现对含铬合金的脱磷，符合不锈钢脱磷的实际。此项目中使用多种脱磷剂组成的复合渣系 CaO-BaO。为保证使渣的磷酸盐容量达最大值，应在保证熔渣反应性能的前提下，使脱磷剂及氧化剂含量处于或接近饱和状态。(Cr_2O_3) 对炉渣的黏度有很大的影响。对 (Cr_2O_3) 含量接近饱和的氧化脱磷渣，控制好炉渣的性能，以保证反应的动力学条件和工艺操作条件是至关重要的。

（3）渣返回吹氧法脱磷工艺分析。当采用返回法冶炼进行不锈钢脱磷时，工艺上应增加如下几个环节：预脱硅：可采用吹氧法结合熔化过程进行，将硅降低至 0.1% 以下，然后扒渣。脱磷：加入脱磷剂，造渣脱磷，可在 AOD 中进行。扒除脱磷渣，进行脱碳操作。

1）配料问题，高［C］、低［Cr］、低［Si］有利于脱磷。但从生产实际出发，［Cr］、［Si］配入量应以最大限度地回收废钢中的铬和硅为前提，因而应针对不锈钢废料进行工艺调整。碳含量对脱磷影响很大，可以做出适当调整。AOD 对装入钢水的碳含量要求较为宽松，可达 1% ~ 3%，所以脱磷可以在 AOD 中进行。根据企业的工艺状况，将钢水脱磷之前的［C］定在 1.5% ~ 2.5% 之间是可行的。实际操作的配碳量已达 1.3% ~ 1.5%。

2）脱硅问题，不锈钢返回料中含有较多的硅，氧化去除时易产生大量的渣。为保证将［Si］降至很低的水平，应加入适量的石灰造渣。不锈钢返回料中硅取 0.8%，配入量按 60% 考虑，炉料中硅含量约 0.5%，要求脱磷前［Si］降至 0.1% 以下，渣中应吸收的 SiO_2 量为 8.57kg/t，取石灰中 $w(CaO) = 85\%$，$w(SiO_2) = 3\%$，石灰的有效溶剂性 $f = 85\% - R \cdot w(SiO_2) = 75\%$；如碱度 $R = 3.3$，应加入的石灰量为 37.7kg/t，渣量为 76.1kg/t。如取 $R = 2.0$，低熔点渣成分范围应在 $w(CaO) = 40\%$，$w(CaF_2) = 40\%$，$w(SiO_2) = 20\%$ 左右，熔点为 1360 ~ 1380℃，相应的石灰加入量为 22.1kg/t，渣量为 58.3kg/t，符合实际情况。CaO 渣系仅适合于高碳含铬合金的脱磷，且大量 SiO_2 进入炉渣会大大降低炉渣的脱磷能力，使其在弱氧化性气氛下无法实现脱磷。因而，不能期望利用高碱度的脱硅渣脱磷。

8.3　不锈钢母液精炼生产实践

本节以北港新材料有限公司和山西太钢不锈钢股份有限公司不锈钢母液精炼为实例，介绍不锈钢炼钢及铸钢生产实践，主要包括工艺设备及生产技术经济指标。

8.3.1　不锈钢精炼与铸钢工艺及主要设备

不锈钢精炼及铸钢工艺包括两种工艺路线，即（1）初炼炉—混匀炉/中频炉—AOD 精炼炉—LF 精炼炉—板坯连铸机，以高炉冶炼铁水为原料，制备 200 系不锈钢；（2）镍合金矿热炉—AOD 精炼炉—LF 精炼炉—板坯连铸机，以 RKEF 冶炼铁水为原料，制备 300 系不锈钢[22,23]。

表 8-12 和表 8-13 分别为北港新材料有限公司精炼车间主要设备数量和主要工艺设备技术参数。由表 8-12 可知，精炼主要工艺是 AOD 工艺，主要设备为 AOD 精炼炉和 LF 精炼炉，下面详细介绍 AOD 精炼工艺实践。

表 8-12 精炼车间主要设备数量

序号	项目	单位	指标
1	AOD 精炼炉座数	座	6
2	合金水年产量	10^4t	180
3	中频炉座数	座	6
4	LF 炉座数	座	2
5	板坯连铸机台数	台	3
6	铸坯年产量	10^4t	170
7	主厂房面积	m^2	约60550
8	劳动定员（工人）	人	650

表 8-13 精炼及铸钢工艺主要设备技术参数

	序号	项目	单位	指标
AOD 精炼炉	1	AOD 精炼炉公称容量	t	60
	2	平均炉产量	t	62
	3	最大炉产量	t	70
	4	冶炼周期	min	90
	5	平均昼夜出钢炉数	炉	15×6
	6	平均昼夜产量	t	930×6
	7	年作业时间	d	320
	8	年产合金水量	10^4t	180
	9	日历作业率	%	90
	10	炉龄	炉	110
LF 炉	1	LF 炉公称容量	t	70
	2	钢包容量	t	70
	3	变压器容量	MV·A	12.5
	4	钢包净空	mm	600
	5	LF 炉精炼时间	min	30~50
	6	LF 加热速度	℃/min	7.5
	7	年处理合金水量	10^4t	180
连铸机	1	连铸机台数	台	3
	2	连铸机机流数	机流	2-2/1-1
	3	年需合金水	10^4t	180
	4	合格坯收得率	%	96
	5	年产合格坯	10^4t	170
	6	平均连浇炉数	炉	20
	7	年作业时间	h	7680

AOD 精炼炉示意图如图 8-6 所示，其操作原理为采用稀释气体脱碳法，即惰性气

体（N_2、Ar）和氧气一起入炉，随着炉内 CO 压力减少，碳也减少，但必须增加惰性气体的量。向炉内吹氧时，Cr 起氧化反应，Cr 氧化物和钢种中的碳反应，达到脱碳的效果，随着 Cr 氧化物的减少，为了达到脱碳的效果，必须减少 CO 的压力。

正因为 AOD 具有脱碳功能，使得不锈钢生产采用高碳和高硅含量原材料成为可能，从而改善整个不锈钢生产线的物料消耗，降低冶炼成本。

理论计算的临界 P_{CO} 和氧氩比见表 8-14。在 AOD 吹炼中，利用氩气的稀释作用未使碳氧反应的生成物 CO 的分压低于临界的 P_{CO}，故吹入的混合气体的氧氩比值就是决定 P_{CO} 值的关键。

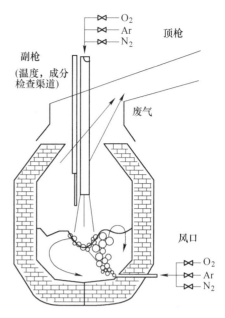

图 8-6 AOD 精炼炉示意图

表 8-14 理论计算的临界 P_{CO} 和氧氩比

[%C]	1650℃		1700℃		1750℃	
	P_{CO}	O_2/Ar 体积比	P_{CO}	O_2/Ar 体积比	P_{CO}	O_2/Ar 体积比
0.25	0.933	8.7:1	1.384	—	2.009	—
0.20	0.728	1.7:1	1.079	—	1.567	—
0.15	0.532	1:1.4	0.789	2.3:1	1.146	—
0.10	0.346	1:3	0.513	1:1.5	0.745	1.8:1
0.05	0.169	1:7.9	0.25	1:4.8	0.363	1:2.8
0.01	0.033	1:47	0.049	1:31.1	0.071	1:21

假设吹入氧仅与碳反应，则消耗氧气的摩尔数 n_{O_2} 为 $d_{n_{O_2}} = d[C]/24$，生成的 CO 的摩尔数为 $d_{n_{co}} = d[C]/12$，根据道尔顿分压定律，它们的压力之比为 $P_{CO}/P_{Ar} = d_{n_{co}}/d_{n_{Ar}}$。如果反应气泡总压力为 10^5Pa，由 $P_{Ar} = 1 - P_{CO}$，则 O_2/Ar 理论值为 $O_2/Ar = (d_{nO_2}/1.429)/(d_{nAr}/1.784) = 1.25d_{nO_2}/d_{nAr} = 0.624 \cdot P_{CO}/(1 - P_{CO})$。通过计算可知，在 1700℃[Cr] 为 18%、[C]>0.2%可吹入纯氧，反之逐渐增加氧氩比。

8.3.2 AOD 炉保铬工艺实践

8.3.2.1 常规工艺 AOD 炉保铬工艺实践

工业上将镍铁铬三元合金母液通过罐车运输进精炼车间，通过 AOD 炉进行氩气真空脱碳，按照目标 300 系不锈钢成分，添加高品位镍铁合金、高铬合金、废钢和辅料进行和成分调整。精炼的产品为镍铬铁三元合金，可通过后续连铸工艺对其进行成型处理和机械性能优化。

在精炼试验中，以矿热炉冶炼的不锈钢合金母液为原料，通过添加高碳铬铁和高镍生铁进 AOD 炉中去调节钢液成分，钢液主要化学成分和产量见表 8-15。在试验期精炼试验中，由表 8-16 知，矿热炉生产的不锈钢合金母液由于已预先配入铬铁矿进行了铬含量调整，其配入率也从 0.11t/t 明显增大到了 0.47t/t，所以 AOD 炉精炼过程中高碳铬铁的添加量由 0.28t/t 大幅度降至 0.05t/t。此外，不锈钢合金母液中铁含量由于铬含量的增加而减少，所以高镍生铁的添加量也由 0.37t/t 降至 0.28t/t。AOD 炉料的热装比例也有大幅度的提高，导致辅热的电耗也由 154.28kW·h 降至 112.93kW·h。对比基准期和试验期（提前装入铬铁矿）各成本的差异性，前者较后者的不锈钢成本由 10761.72 元/t 下降至 10317.79 元/t，吨钢成本节省 443.93 元（表 8-16）。含镍铬铁水热装入 AOD 炉，较基准期镍铁水入炉后冷装高碳铬铁，铬收得率由 95.4% 提高至 96.8%，提高了 1.4%。

表 8-15 钢液主要化学成分和产量

取样点	化学成分/%									不锈钢产量/t·d⁻¹
	Fe	Cr	Ni	C	Mn	Cu	Si	P	S	
3（基准期）	71.72	18.31	8.20	0.08	0.87	0.03	0.60	0.023	0.008	3027.71
3（试验期）	72.21	18.03	8.04	0.07	0.78	0.02	0.49	0.022	0.007	3076.41
3（试验期）	72.30	18.19	8.03	0.10	0.74	0.02	0.51	0.021	0.006	3032.55
3（试验期）	72.18	18.10	8.11	0.08	0.75	0.03	0.47	0.022	0.006	3056.82
试验期平均	**72.23**	**18.11**	**8.06**	**0.08**	**0.76**	**0.02**	**0.49**	**0.022**	**0.006**	**3055.26**

表 8-16 AOD 精炼成本核算

成本构成	单位	基准期			试验期			成本对比
		单价	单耗	单位成本	单价	单耗	单位成本	
合金母液	元/t	7017.13	0.11	771.88	7626.81	0.47	3584.60	2812.72
废钢	元/t	9644.26	0.16	1543.08	9922.13	0.15	1488.32	-54.76
高碳铬铁	元/t	6658.22	0.28	1864.30	6658.22	0.05	332.91	-1531.39
高镍生铁	元/t	14455.72	0.37	5348.62	14455.72	0.28	4047.60	-1301.02
辅材	元/t	1173.69	0.19	227.25	1021.49	0.15	153.22	-74.03
电	元/(kW·h)	0.60	257.14	154.28	0.60	188.21	112.93	-41.35
其他费用	元/t	—	—	852.31	—	—	598.21	-424.10
合计	元/t	—	—	**10761.72**	—	—	**10317.79**	**-443.93**

在不同年度的不同月份对镍铬基、铬基耐热不锈钢样品的冶炼终点进行取样，得到其 Cr 的回收率，统计结果见表 8-17。检测结果显示，随着工业试验的调整与改进，不锈钢冶炼终点 Cr 的回收率逐年提高，Cr 回收率从 2019 年的 94.73% 提高到 2020 年的 95.58%，再提高到 2021 年的 95.78%，项目实施期间 Cr 回收率提高了 1.05%。

表 8-17　2019—2021 年 Cr 收得率　　　　　　　　（%）

年份	1 月	2 月	3 月	4 月	5 月	6 月	7 月
2019	94. 84	94. 82	94. 83	94. 82	94. 84	90. 76	94. 76
2020						95. 46	94. 78
2021	95. 80	95. 61	95. 80	95. 49	95. 88	95. 87	95. 86
年份	8 月	9 月	10 月	11 月	12 月	合计	平均
2019	94. 71	94. 86	95. 86	95. 83	95. 85	1136. 78	94. 73
2020	95. 86	95. 91	95. 58	95. 68	95. 77	669. 04	95. 58
2021						766. 24	95. 78

8.3.2.2　AOD 炉 CO_2 与 O_2 混吹脱碳保铬工艺实践

山西太钢不锈钢股份有限公司 AOD 炉吹炼过程可分为 3 期，第 1 期吹炼，$Ar:O_2$ 为 1:3（体积比），吹炼结束后 C 的质量分数在 0.2% ~ 0.3% 之间；第 2 期吹炼，$Ar:O_2$ 为 1:1，吹炼结束后钢液中 C 的质量分数为 0.04% ~ 0.06%；第 3 期吹炼，$Ar:O_2$ 为 3:1，终点 C 的质量分数为 0.03% 以下[14]。

为验证上述理论分析，以 309S 耐热不锈钢为例，利用 FactSage 8.0 计算 1600℃ 时钢液与 CO_2-O_2 气体的反应进度，吹炼过程中钢液的 C 含量如图 8-7（a）所示，随着气体中 CO_2 含量的增加，脱碳速率明显降低，当 CO_2 体积分数为 50% 时，吹炼至 55min 时 C 的质量分数仍大于 0.3%，吹炼至 60min 才可以达到第 1 期冶炼过程（吹炼结束 C 的质量分数为 0.2% ~ 0.3%）的要求；当 CO_2 的体积分数超过 50% 时，吹炼 60min 后 C 的质量分数仍大于 0.3%，不能在相应时间内达到 AOD 炉第 1 期冶炼过程的要求。

吹炼过程中钢液的 Cr 含量变化如图 8-7（b）所示。由于吹炼过程中除了 C 氧化外还有 Fe、Cr、Ni 等元素的氧化，钢液总质量有所降低，所以 Cr 含量先升高后降低。喷吹 CO_2 体积分数分别为 0 和 20% 时，在吹炼时间分别为 45min 和 50min 时，钢液中 Cr 迅速被氧化，从图 8-7（a）可以看出，此时钢液中 C 的质量分数低于 0.35%。因此当钢液中 C 的质量分数低于 0.35% 时，应严格控制喷吹气体流量与成分，控制氧化反应速率，减少 Cr 损失。

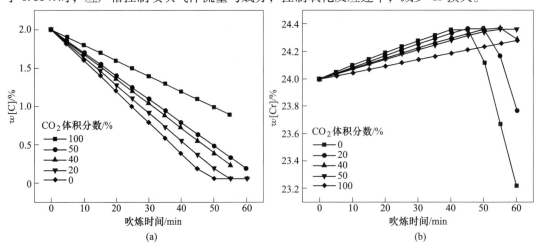

图 8-7　钢液中 C 及 Cr 含量随吹炼时间的变化
（a）钢液中 C 含量；（b）钢液中 Cr 含量

图 8-8 所示为吹炼过程 Cr 的质量损失规律,采用高比例 CO_2 喷吹时,钢中的 Cr 的质量损失较小,主要是由于 CO_2 属于弱氧化性气体,与 O_2 相比,C 和 Cr 对 CO_2 的亲和力比 O_2 低很多,反应进度慢,并且反应生成的 CO 气体会增大钢液内 CO 的分压,抑制氧化反应进行。采用纯 O_2 吹炼时,吹炼至 50min 后,钢液中 Cr 质量急剧下降,至终点时 Cr 损失率为 6.3%。混入一定 CO_2 后,反应速率降低,Cr 的氧化速率降低,有利于控制冶炼终点钢液成分。

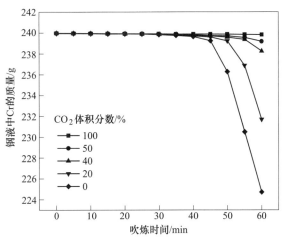

图 8-8 钢液中 Cr 的质量随冶炼时间的变化

分别计算 CO_2 体积分数为 10%、20%、30% 和 40% 时,喷吹 CO_2 对脱碳反应速率及保铬效果的影响规律,结果如图 8-9 所示。在吹炼 60min 后,脱碳水平都达到了 0.05%,但是随着气体中 CO_2 比例的增加,钢液中 Cr 损失率逐渐降低,可以看出脱碳保铬效果随着 CO_2 比例的增加而提高。结合前文理论分析,当 CO_2 体积分数为 20% 和 40% 时,都可以满足一期吹炼要求,Cr 的损失率分别为 0.72% 和 3.4%。控制 CO_2 喷吹体积分数在 20%~40% 之间,既可以有效地控制 Cr 损失率,也可以保证在正常的冶炼周期内达到脱碳要求。

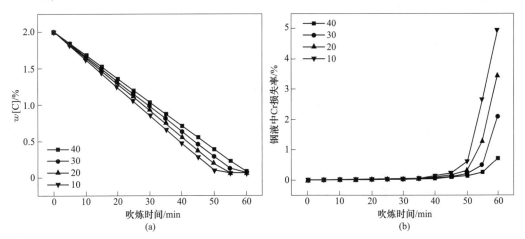

图 8-9 不同 CO_2 喷吹比例下钢液脱碳水平和 Cr 损失率

(a) 脱碳水平;(b) Cr 损失率

8.3.3 AOD 炉 CO_2 与 O_2 混吹脱碳保锰工艺实践

北港新材料有限公司在日常生产中，以 AOD 炉生产 200 系不锈钢在脱碳前期只能够加入 1t 或 2t 高碳锰铁来保证脱碳过程中锰尽可能少氧化，脱碳结束后需要加入大量高硅锰来还原脱碳过程中被氧化的铬锰元素。若采用二氧化碳与氧气混合吹炼脱碳保锰，则能够在脱碳期前加入 3~4t 高碳锰铁，同时在脱碳期结束保住更多的铬锰不被氧化，最终达到减少电解锰与高硅锰的加入，降低合金成本。

现场二氧化碳与氧气混合吹炼脱碳保锰实验具体工艺流程见表 8-18。目前加 3t 高碳锰铁在 AOD 炉上共进行了 16 炉实验生产，以其中 1 号炉和 2 号炉预实验以及理论计算，建议脱碳期预设定气体流量为：（1）在碳高于 0.5% 时，O_2：CO_2 = 2800：800；（2）当碳含量在 0.3%~0.5% 之间时，O_2：CO_2 = 1600：600；（3）当碳含量低于 0.3% 时，O_2：CO_2 = 1300：400。除此以外，加锰铁前对钢水温度成分的要求为钢水温度要求在 1650~1680℃ 之间，钢水碳含量在 0.8% 以上，其余工序不变。

表 8-19 为 16 炉具体配料表，实验具体操作以 1 号炉和 2 号炉为例。

8.3.3.1 1 号炉

1 号炉为现场实验，该炉次在加入高碳锰铁前进行了一次测温取样，此时钢液温度为 1690℃，钢水热量达到预定目标，在加入 3.012t 高碳锰铁后，初始气体流量 O_2：CO_2 = 2000：872，此时钢水中高碳锰铁逐步融入钢水中，碳含量还处于较高水平，因此需将氧气流量调至较高水平，在吹炼 4min 后，高碳锰铁完全融入钢水中，此时加入 1.5t 石灰保证炉渣碱度，同时降低氧气流量，二氧化碳流量不变（O_2：CO_2 = 1500：872），吹炼 6min 后，碳含量降低，进一步降低氧气与二氧化碳流量，此时 O_2：CO_2 = 1250：670，吹炼 2min 后取样测温。第二次取样时钢液温度为 1610℃，钢液中铬含量为 13.37%，锰含量为 3.24%，二氧化碳对铬锰的保护效果显著，但是由于此时温度仅为 1610℃，钢液中碳含量仅为 0.23%，氧化这部分碳不足以维持保锰铬的温度，同时后续吹炼中氧气流量提高而二氧化碳流量降低，氧气作用提升，铬锰的氧化增加。在第三次取样时温度升至 1669℃，主要温度提升靠钢液中铬氧化，此时钢液中碳含量为 0.112%，铬含量降低至 12.87%，由于碳铬的烧损，锰含量相对提升至 3.34%。最终该炉次高硅硅锰加入量为 4.013t，普硅加入量为 1.01t，电解锰加入量为 1.62t。表 8-20 为 1 号炉生产数据。

8.3.3.2 2 号炉

2 号炉为现场预实验，该炉次在加入高碳锰铁前进行了一次测温取样，此时钢液温度为 1615℃，碳含量为 0.35%，钢水热量达不到预定水平，因此在脱碳过程中必然出现铬锰的氧化。在加入 3.17t 高碳锰铁后，为使钢水升温，初始气体流量 O_2：CO_2 = 4000：414，这种氧气流量必然导致钢水中铬锰氧化进入渣中，进而导致渣稀。因此在高碳锰铁加入 5min 后加入石灰 2t，逐步降低氧气流量，提升二氧化碳流量（O_2：CO_2 = 1170：681）。观察发现渣仍然变稀，此时钢液温度为 1650℃，但钢液中铬含量仅为 11.97%，锰含量为 3.19%。加锰铁前的温度与碳不足，导致后续脱碳过程钢液热量不够，从而导致铬的大量氧化，而铬的氧化导致渣稀，进一步影响脱碳速率。最终该炉次高硅硅锰加入量为 5.51t，普硅未加入，电解锰加入量为 1.3t，合金加入量相较于日常生产显著降低。其具体生产数据见表 8-21。

表 8-18 二氧化碳与氧气混合吹炼脱碳保碳锰操作要点

时间	阶段	侧吹气体种类	侧吹氧气流量/m³·h⁻¹	侧吹惰气流量/m³·h⁻¹	侧吹二氧化碳流量/m³·h⁻¹	顶枪氧气流量/m³·h⁻¹	阶段末碳含量	阶段末温度/℃	阶段是否取样	氩/氮切换点	加料	操作
0:00-0.03	Si氧化期	O_2-N_2	4500	700		0			是		石灰2t	兑铁后测温/取样
0:13	高铬熔化阶段	O_2-N_2	4500	700		4800					高铬	计算所需高铬
0:33	取样扒渣	O_2-N_2	4700	900		5000		1480~1520	是			摇炉扒渣，彻底扒渣，扒渣率达到90%
0:40	吹炼1期	O_2-N_2	4700	1200		4800		1600~1630	是		石灰3t	阶段结束测温取样
0:50	吹炼2期	O_2-N_2-CO_2	2800	2200	800	3300	1.2~1.5；0.8~1.2	1650~1680	是		加高碳锰铁3t	阶段开始前，测温取样，观察渣情况，渣不好不能加锰铁，继续调
0:54	吹炼2期	O_2-N_2-CO_2	2800	2200	800						石灰1t	好能加锰铁，查，温度过高时注意压温度，防止渣稀
1:10	吹炼3期	O_2-N_2-CO_2	1600	3840	600	0	0.10~0.15	1650~1670	是			验证脱碳速率及铬锰的氧化情况取样
1:16	吹炼4期	O_2-N_2-CO_2	1300	4550	400	0	≤0.07	1670~1710	是			验证脱碳速率及铬锰的氧化情况
1:25	升温/还原期	N_2/Ar	0	4600		0		1520~1560	是		加Si-Mn合金，CaF_2加入1200kg，视情况决定是否升温	硅锰/高硅硅合金代电解锰，按下线补加
1:35	成分微调出钢	N_2/Ar	0	4600					根据情况	切换		补加合金调整成分

注：1. 还原前把握好温度，避免后面反吹升温或温度太高。出钢前保氩1min促进[N_2]合金化。

2. 本工艺主要探索加完高碳锰铁，吹炼CO_2代替氧气的工艺参数。

3. 为了数据的准确性，执行试验中不加200系切头及其他杂料。

4. 每个阶段需要记录下详细的消耗数据，供研究分析。

5. 加锰铁后，执行二氧化碳与氧气混合吹炼，近端有可能恒温或降温。因此脱碳1期可适当拉高20℃温度。

6. 脱碳终点前如温度不足，需要升温可采用硅铁或硅锰合金升温。

表 8-19 16 炉实验配料表

炉号	高碳锰铁加入量/kg	碳样 C 含量/%	碳样 Cr 含量/%	碳样 Mn 含量/%	高硅锰加入量/kg	普硅锰加入量/kg	电解锰加入量/kg	冶炼时间/min	钢水质量/t
1	3012	0.112	12.87	3.34	4013	1010	1620	110	73.8
2	3170	0.149	11.97	3.19	5510	0	1300	111	76
3	3000	0.16	13.37	2.93	2630	2005	1650	113	77.2
4	3010	0.164	12.78	2.97	4630	0	810	138	78.6
5	3030	0.2	13.39	2.91	4010	0	2113	119	80.7
6	3030	0.15	12.4	2.52	3310	1980	1199	115	77.2
7	3040	0.125	13.25	2.91	2618	1890	1520	107	75.8
8	2990	0.175	13.32	2.52	3120	1520	1220	114	74.4
9	2992	0.2	13.11	2.65	4010	1015	1412	128	77.0
10	2995	0.186	13.78	2.96	3118	1519	1610	104	80.0
11	3015	0.16	13.06	2.71	3510	1520	1740	106	63.6
12	3012	0.177	12.99	2.786	4013	1013	1510	106	69.2
13	3050	0.27	13.55	2.54	4233	0	1420	114	75.3
14	2990	0.115	12.62	2.21	4009	1520	1215	119	78.0
15	3020	0.2	12.89	2.17	4510	1013	1050	115	79.0
16	3022	0.184	13.01	2.33	4010	1513	980	106	76.4

表8-20 1号炉生产数据

时间	阶段	侧吹氧气/m³·h⁻¹	顶枪氧气/m³·h⁻¹	侧吹氮气/m³·h⁻¹	侧吹二氧化碳/m³·h⁻¹	加料/t	阶段末温度/℃	实际冶炼取样分析化学成分/%								
								C	Ni	Cr	Mn	Cu	Si	P	S	N
13:20		0	0	2000				4.79	1.50	3.67	0.806	0.03	0.78	0.039	0.07	0.044
13:23	Si 氧化期	4850	4900			石灰 2										
13:34	化高铬期	4850	4900	0	467	加高铬 17										
13:42	放渣					铜 0.56	1469	3.24	1.29	14.52	0.38	0.027	0.061	0.036	0.056	0.042
13:50		4850	4900	700		石灰 2.7										
14:02	取样/测温						1690	0.365	1.36	14.42	0.42	0.033	0.033	0.027	0.038	0.049
14:08	代 CO₂	2000	0	1740	872	加高锰 3.012										
14:12		1500		2200	872	石英 1.5										
14:19		1250		3000	642											
14:21	取样/测温						1610	0.23	1.28	13.37	3.23	0.022	0.027	0.038	0.023	0.14
14:26		1400	0	2900	464											
14:33	取样/测温	0		0			1669	0.112	1.29	12.87	3.34	0.82	0.027	0.035	0.02	0.16
14:36	还原	1000		3100	464	高硅 4.013										
14:43				4000		普硅 1.01										
14:52	取样/测温					锰 1.62	1585	0.068	1.16	13.57	9.2	0.753	0.44	0.037	0.012	0.225
15:10	出钢															
合计	110	4145	1870	2365	287											

注:AOD 炉 1 号炉,炉龄 31 年,兑钢 59t,净钢 73.8t,钢种 J1。

表8-21 2号炉生产数据

时间	阶段	侧吹氧气/m³·h⁻¹	顶枪氧气/m³·h⁻¹	侧吹氮气/m³·h⁻¹	侧吹二氧化碳/m³·h⁻¹	加料/t	阶段末温度/℃	C	Ni	Cr	Mn	Cu	Si
15:25		0	0	2000				4.84	4.52	3.57	0.72	0.029	0.42
15:27	Si氧化期	4850	4900			石灰 2							
15:43	化高铬期	4850	4900	0		加高铬 17.9							
15:58		2600		1700	828	硅锰 1.005							
16:00	放渣					石灰 2.7	1525	2.51	1.27	14.67	0.83	0.025	0.082
16:06		4850	4900			生灰 1.8 压球							
16:16	取样/测温					铜 0.59	1615	0.35	1.32	13.39	0.789	0.035	0.033
16:19	代CO₂	4000	0	1000	414	加高锰 3.17							
16:25	渣稀	1500	0	2200	681	石灰 1.5							
16:38		1170		3000	681	石灰 0.5							
16:45	取样/测温						1650	0.149	1.31	11.97	3.19	0.83	0.026
16:47		1170	0	3000	580	石灰 0.5							
16:48		1000		3000	464								
16:56	升温	4800		4000									
16:57	还原					高硅 5.51							
17:04	取样/测温					锰 1.3	1550	0.079	1.2	13.54	8.71	0.766	0.41
17:16	出钢												
合计	111	4290	1850	2460	382								

注：AOD炉2号炉，炉龄32年，兑钢62t，装钢91.48t，钢种J1。

分别从冶炼时间和吨钢耗材对上述 16 炉实验进行总结。由于 4 号炉石灰中混入锰系合金，导致冶炼时间增加，所以仅统计了 15 炉冶炼时间与平均冶炼时间，结果如图 8-10 所示。

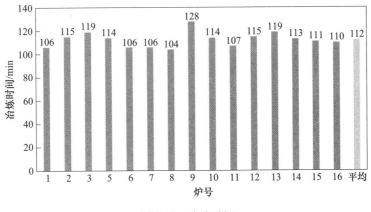

图 8-10　冶炼时间

通过 15 炉实验生产冶炼时间可以看出，在目前操作水平下，采用二氧化碳脱碳保锰工艺的冶炼的平均冶炼时间为 112min。其中有 5 炉冶炼时间控制在 110min 内（不包括 110min），通过对冶炼流程的熟悉，各项操作指标的掌握，未来完全可以将加 3t 高碳锰铁的冶炼时间控制在 110min 以内。

通过对 13 炉的高碳锰铁、高硅硅锰、普硅硅锰、电解锰加入量除以钢水量，得到每生产 1t 钢的合金单耗（kg/t），具体数据如图 8-11~图 8-14 所示，其中 4 号炉由于石灰中混入锰系合金，11 号、12 号两炉钢水部分兑入其他钢包中，这 3 炉单耗不做统计。

脱碳保锰工艺与常规工艺吨钢耗材对比见表 8-22。可以看出，在目前生产条件下，采用二氧化碳脱碳保锰后，电解锰与高硅锰的吨钢消耗显著降低，同时吨钢可以利用更多的普硅锰。通过对生产制度的优化，制定严格操作流程，吨钢耗材，尤其是高硅锰的单耗能够进一步降低。

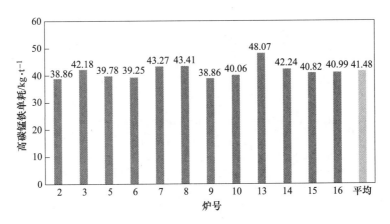

图 8-11　高碳锰铁单耗

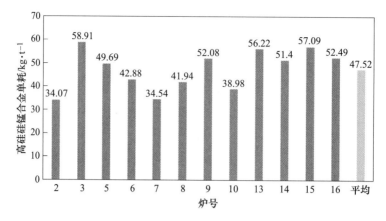

图 8-12 高硅硅锰单耗

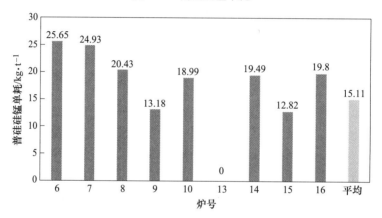

图 8-13 普硅硅锰单耗

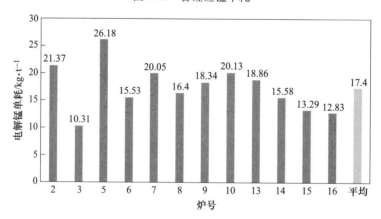

图 8-14 电解锰单耗

表 8-22 吨钢耗材对比

同等条件下对比	高碳锰铁投入量/t	高碳锰铁单耗/kg·t⁻¹	普硅锰单耗/kg·t⁻¹	高硅锰单耗/kg·t⁻¹	电解锰单耗/kg·t⁻¹
常规生产	1	13.79	16.36	58.65	35.53
常规生产	2	25.29	11.8	60.02	28.47
脱碳保锰工艺	3	41.48	15.11	47.52	17.4

表 8-23 为脱碳保锰工艺与常规工艺经济效益分析。在合金成本降低的基础上，实验生产加 3t 高碳锰铁相较于日常生产加 1t 高碳锰铁可节约成本约 59.2 元/t。

表 8-23 经济效益分析

项目		财务平均单价/元·吨$^{-1}$	单耗/kg·t^{-1}	单吨成本/元·t^{-1}	合金成分/%	配锰成分/%	扣减产品成分差异/元
常规生产加1t高碳锰铁	高碳锰铁	5980.11	13.79	82.47	75.35	1.039	J1 材质
	普硅锰	6484.31	16.36	106.08	65.80	1.076	
	高硅锰	7924.92	58.65	464.80	61.11	3.584	
	电解锰	10328.01	35.53	366.95	99.70	3.542	
	合计			**1020.30**		9.242	-49.94
常规生产加2t高碳锰铁	高碳锰铁	5980.11	25.29	151.24	75.35	1.905	J1 材质
	普硅锰	6484.31	11.8	76.51	65.80	0.776	
	高硅锰	7924.92	60.02	475.65	61.11	3.667	
	电解锰	10328.01	28.47	294.04	99.70	2.838	
	合计			**997.44**		9.188	-44.39
脱碳保锰工艺加3t高碳锰铁	高碳锰铁	5980.11	41.48	248.05	75.35	3.125	J5 材质
	普硅锰	6484.31	15.11	97.98	65.80	0.994	
	高硅锰	7924.92	47.52	376.59	61.11	2.903	
	电解锰	10328.01	17.4	179.71	99.70	1.734	
	CO_2	663.716	13.3	8.83			
	合计			**911.16**		8.758	
采用脱碳保锰工艺降本				-59.20			

8.3.4 AOD 炉脱磷工艺实践

北港新材料有限公司以高炉得到的铁水为脱磷原料，其化学成分见表 8-24。提水脱磷剂主要由氧化剂、造渣剂（石灰）和助熔剂（萤石）组成，其成分要求见表 8-25。脱磷剂由铁矿石将铁水中的磷氧化成 P_2O_5，再与石灰结合成磷酸钙留在渣中，脱磷剂需添加助熔剂萤石，用以改善脱磷渣的性能。

表 8-24 铁水成分要求 （%）

成分	C	Mn	P	S	Cr	Ni	Cu	Si
铁水	3.8~4.36	≤0.4	≤0.12	≤0.04	≤0.5	≤0.05	≤0.01	≤0.5

表 8-25 脱磷剂成分要求

成分及特性	CaO/%	活性度/mL	SiO$_2$/%	S/%	CaF$_2$/%	TFe/%	尺寸/μm
冶金石灰	≥90	≥300	≤2	≤0.05			10~60
萤石球			≤5.0		≥80		10~40
铁矿石			≤2.5			≥60.6	15~50

　　脱磷初期：铁水中［P］含量高、温度低、热力学条件较好，但渣的流动性差、炉渣碱度较低，需要采取加快化渣速度、迅速提高炉渣的氧化性和碱度等措施来改善铁液动力学条件。吹入的氧气首先与硅发生反应，铁水中过高的［Si］大量氧化成 SiO_2 进入渣中降低熔渣碱度，对脱［P］不利。因此，对初渣的一般要求为高氧化性、低碱度、低流动性，若脱磷能力较低，如果渣中（SiO_2）含量过高，将会导致严重喷溅，必须将 SiO_2 渣扒出 50%，为脱磷中期创造良好的高碱度条件。

　　脱磷中期：AOD 吹氧冶炼时间如图 8-15 所示，脱磷剂吨铁计算加入量见表 8-26。随着铁液中碳的大量氧化，熔池内温度逐步升高，加入 70% 的 CaO 及 CaF_2（CaO 含量为 2%），AOD 炉侧枪氧可关闭（或降低氧气流量至 1000 m^3/h），侧枪压力调至 0.4MPa，直接用顶吹氧冶炼（氧气流量 5100 m^3/h），CaO 不断熔解，炉渣中碱度不断上升，形成高碱度炉渣，碱度控制在

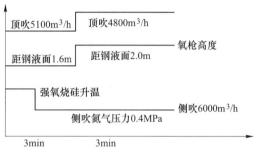

图 8-15　吹氧冶炼时间

2.8~3.0 范围。顶枪吹炼 180s 时加入铁矿石 300kg，发现有小喷渣现象发生时，灵活调节枪位氧压或加 300kg CaO 压渣。此时发生的碳-氧反应促使动力搅拌加剧，促进脱磷反应快速进行，但碳-氧反应消耗较多 FeO。由于 FeO 和助熔剂 CaF_2 具有化渣作用，可以增强脱磷渣的流动性，因此反应在有一定的 FeO 含量（$w(FeO) > 18\%$）、炉渣碱度高、流动性较好、温度控制在 1350~1450℃ 范围的条件下进行，脱磷效率最高，可达 85% 以上，故这也是脱磷的重要时期。但在过程中应避免熔渣中的氧化剂 FeO 因脱碳而被消耗，$w(FeO)$ 溶度降低，炉渣反干，钢水易回磷；FeO 含量太高，将使炉渣碱度降低，同时铁的损失率也增高。

表 8-26　脱磷剂吨铁计算量（按铁水比 95% 测算）

铁水［Si］/%	石灰/kg·t^{-1}	萤石/kg·t^{-1}	铁矿/kg·t^{-1}	O_2/m^3·t^{-1}
0.40	30	5.5	20	15.1
0.50	36	5.5	22	15.7
0.60	42	7.7	24	16.0

　　值得注意，当铁水 Si 含量大于 0.30% 时，在脱硅期采取纯侧吹模式先将硅脱掉，以减少喷溅概率，侧吹流量按照 5100 m^3/h（按照 90t 入炉钢水计算，每吹掉 0.1% 的 Si 需要 72 m^3 的氧气）。

　　脱磷后期：随着钢液中脱碳反应的持续进行，钢中的碳含量大大降低，脱碳反应下降，熔渣中 FeO 含量再次回升，同时钢水温度也比较高，有利于化渣，炉渣碱度继续增加，达到 3.0 左右，同时渣量较大，流动性也较好，钢水中［P］得到进一步去除。当然，脱磷在高温、高（FeO）含量、高碱度的条件下进行，脱磷效率较低。铁水中的磷在 AOD 炉冶炼过程（冶炼过程见图 8-16）中去除，冶炼终点磷质量分数可以达到 0.015% 甚至 0.01% 以内。但是，AOD 炉没有转炉出钢口挡渣出钢的优势，必须通过 AOD 炉口人工扒除 90% 的脱磷渣，防止 AOD 精炼还原后回［P］现象。

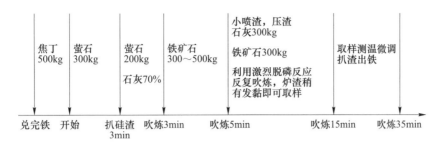

图 8-16 AOD 的冶炼过程

改善工艺之前的脱磷效果见表 8-27，由于脱磷中期流动性控制较差，导致温度较高，脱磷缓慢，时间较长。生产实践表明，在 1350~1450℃ 的温度范围内，脱磷效果最佳，见表 8-28。因此根据钢水温度的不同来采取合理的操作制度。当钢水的温度低于 1250℃ 时，可以采取低枪位吹氧，来快速提高熔池温度，促使石灰快速熔解，及早化渣，充分利用炉渣 FeO 含量高、炉温低的有利条件，快速脱磷；当钢水温度高于 1450℃ 时，可以适当采用高枪位操作，控制炉温的升速。延长冶炼脱磷反应的运行时间。

表 8-27 改善工艺前脱磷效果（各元素质量分数） （%）

阶段	C	Mn	P	S	Cr	Ni	Cu	Si	温度/℃
普通铁水	5.16	0.36	0.128	0.039	0.5	0.139	0.011	0.518	1328
脱磷前期	3.83	0.386	0.22	0.016	0.514	0.149	0.008	0.047	1460
脱磷中期	3.15	0.129	0.066	0.038	0.375	0.15	0.007	0.0012	1430
	2.65	0.189	0.039	0.036	0.397	0.152	0.008	0.0018	1406
脱磷后期	2.83	0.206	0.030	0.026	0.41	0.15	0.002	0.002	1390
	2.93	0.203	0.015	0.026	0.407	0.148	0.007	0.0014	1389

表 8-28 改善工艺后脱磷效果（各元素含量质量分数） （%）

阶段	C	Mn	P	S	Cr	Ni	Cu	Si	温度/℃
普通铁水	3.82	0.296	0.138	0.041	0.142	0.036	0.006	0.596	1294
脱磷前期	3.31	0.155	0.13	0.042	0.15	0.036	0.006	0.07	1452
脱磷中期	3.2	0.165	0.023	0.048	0.171	0.036	0.0034	0.0036	1350
脱磷后期	2.96	0.175	0.015	0.041	0.151	0.035	0.002	0.0006	1367

8.3.5 镍铬基及铬基不锈钢精炼生产实践

AOD 炉在精炼不锈钢时，是在大气压力下选择不同比例的惰性气体（Ar, N₂）和氧气的混合气体从侧吹风口和顶枪同时进行吹炼，通过降低 CO 分压，达到假真空的效果，从而使碳脱到很低的水平并且抑制钢中铬的氧化，同时具有很好的搅拌功能。本节将呈现不同型号不锈钢冶炼要点，冶炼基本条件是：以矿热炉铁水/高炉铁水或电炉/中频炉预熔钢水及各种合金和辅料；还原材料为硅铁；还原渣碱度为 1.8~2.2。冶炼钢种为 200 系、300 系和 400 系不锈钢，对应的冶炼要点见表 8-29~表 8-31。

表 8-29 200 系钢种冶炼要点

成分		C	Ni	Cr	Mn	Cu	P	S	N
控制范围/%	最小	0.04	1.0	13.40	9.7	0.77	—	—	0.10
	最大	0.12	2.0	14.00	10.5	0.85	0.045	0.01	0.20

工艺流程	时间	冶炼摘要及操作要求	注意事项
准备		开炉冶炼之前,检查炉子及相关配套设备运行情况,气源压力,冷却水压等,检查台车是否对中,插上插销	炉子的五大部分:炉子本体及摇炉减速机、操作台、阀门站、加料系统、除尘系统的运行情况,各种压力是否正常,应急设备是否正常。是否有人员在作业,如果有人进行维修作业,通知相关部门要求撤离。发现设备存在问题及时通知维修
兑铁	0:00	兑铁,根据出钢量要求适量兑铁,二炼钢 90t 炉子出钢量不超过 115t	兑铁前,注意检查风枪主枪冷却气体压力大于 0.4MPa。兑铁时,操作工注意炉前工指挥,与行车紧密配合,兑好铁水,避免铁水洒出。兑铁时炉前工注意钢水溅出烫伤。兑铁完成之后,摇平炉子取样时,检查炉子风枪气管是否完好。烧坏及时更换
取样	0:03	兑铁完成之后,摇平炉子取样测温	摇炉到取样角度前 3°,停一下,再点动着往下摇炉到取样位置。摇平炉子时禁止摇炉过度,铁水倒到渣坑里。摇平炉子之后关气,开平板车到炉口,炉前工取样、测温。取样完之后,炉前工离开平板车平台,退出平板车,开气摇起炉子开始冶炼
加石灰	0:05	加石灰不少于 3t,用顶枪升温	炉子摇正,换氧气开始吹氧气冶炼,加入第一次石灰,根据铁水硅和高铬硅的变化,适量加入石灰,石灰最少 2t。开始插顶枪,快速提升温度。插顶枪时,注意炉内温度,预防喷渣,发现喷渣苗头拔顶枪,调低氧气压力,适当搭配点氮气
扒渣	0:33	观察火焰,有小喷渣苗头,用小氧带氮气还原 1min,扒渣,测温度 1300~1550℃。扒渣时,要求渣子流动性良好,渣子黏稠禁止扒渣。从加高铬到扒渣 40min 左右,扒渣量 70% 以上	扒渣前换氮气还原保证铬熔清,火焰变小摇炉扒渣。摇炉前要按警示铃,确认渣盆是否准备就绪,摇炉时注意氮搅拌气体压力,防止大量渣子喷渣到炉台上和渣坑里。扒渣时,注意小幅度中小流量扒渣,如果炉膛内的渣子沸腾厉害时,等平静了之后再扒,防止铁水倒到渣盆里。扒渣量达到半盆时约为 4t,扒渣时尽量扒干净渣

工艺流程	时间	冶炼摘要及操作要求	注意事项
加石灰	0:40	扒完渣，加石灰不少于3t，吹氧升温1600℃以上，加石灰0.5~3t之间，根据温度和渣子需要，适量加入石灰，做好脱碳保铬	扒渣之后，摇正炉子，加第二次石灰。加第二次石灰根据冶炼需要加，比如说炉子内衬渣以上部分侵蚀多了，可加石灰，让炉渣在冶炼过程中自动黏附内衬上，阻止侵蚀
加石灰	0:60	总氧量达到70%以上，温度升至1600℃以上，停用顶枪，加石灰1t左右，侧枪氧氮比为4:1吹炼，吹至熔池碳0.5%以下开始调节氧氮比	根据温度要求合理使用顶枪，当温度达到要求之后，停止使用顶枪。冶炼过程中，时刻注意炉口火焰情况，随时掌握当前冶炼熔池内的温度，防止过吹高温，或吹不足低温现象。另外发现有喷渣苗头及时处理，防止事故发生
调节氧氮比例	0:65	测温，熔池温度达到1600℃以上，目测碳含量0.5%左右，根据碳量调节侧枪氧氮比	氧氮比为4:1吹炼至熔池碳0.5%，再根据熔池的碳含量调节氧氮比。当碳到0.3%时，氧氮比为1:1，最后含碳量到0.1时氧氮比可降到1:4，如果温度偏高，可适当降低氧氮比。调节时注意火焰变化，如果火焰收缩过快，说明有可能渣稀，及时倒炉查看，调低氧氮比，加石灰，渣子恢复正常再适当上调氧氮比。尽量控制氧化终点温度处于1610~1710℃之间
取样	1:25	取样、测温，目标值：C 0.03%~0.18%，温度1610~1710℃，检查炉内渣子情况	摇炉下来取样前，切换成氮气，黄烟变稀，先按警示铃，再倒炉操作。摇炉到取样角度前2°~3°时停一下，关气，然后再点动着向下摇炉至取样位置。禁止摇炉过快把钢水倒出。平板车开至距炉口1m处，给炉前工取样、测温，完成之后，炉前离开平板车，退出平板车，开气摇炉冶炼
还原	1:32	供氧结束，还原7min	升温结束后，开始还原，还原时间7min。在还原时间内，务必把所有的料熔清，注意观察炉口火焰，确认温度，不达到要求再次升温
出渣	1:41	取样分析，出渣。出钢渣量控制8t以内。测温，检查渣色，流动性	还原好后，按警示铃，倒炉操作，至出渣位置前2°，停一下，检查渣盆是否在下面，再点动摇炉下至扒渣角度。平板车开到顶炉口，炉前工取到样后，配气工检查渣子是否有硅、渣子流动性和炉内化料情况。确认有硅，料化清，温度达到要求，退出平板车，然后摇炉出渣。出渣时，不能得过大过快，防止钢水倒出。出渣后尽量控制炉内渣量8t以内。出完渣之后，测钢水温度，检查炉子内外情况，发现异常通知当班炉长

工艺流程	时间	冶炼摘要及操作要求	注意事项
补料	1:45	微调成分、渣子，保证所有料全部熔清，流动性良好的白渣出钢。禁止料未熔清出钢	还原样单拿到之后，快速细致阅读样单，快速确定补加方式。计算补加料并快速补加，补加之后摇炉，保证加料化清，调节好钢水成分、渣子碱度、流动性
取样	1:48	取样分析，判断成分在控制范围内	成分在控制范围内，白渣符合要求
出钢	1:50	正常情况下，出钢温度 1680℃ 以下	出钢前确认成分、温度、渣子达到出钢要求，可以倒炉出钢。出钢时要先与炉前紧密配合，遵循先慢后快再慢的原则，防止钢水洒出或过满溢出。出钢过程中，如果火星较大，烟子多，要慢摇炉慢出

表 8-30　300（304）系钢种冶炼要点

成分		C	Ni	Cr	Mn	Cu	P	S	N
控制范围/%	最小	0.01	8.0	18.0	0.7	—	—	—	—
	最大	0.07	8.5	18.5	1.5	0.25	0.045	0.01	0.1

工艺流程	时间	冶炼摘要及操作要求	注意事项
准备		开炉冶炼之前，检查炉子及相关配套设备运行情况，气源压力，冷却水压等，检查台车是否对中，插上插销	炉子的五大部分：炉子本体及摇炉减速机、操作台、阀门站、加料系统、除尘系统的运行情况，各种压力是否正常，应急设备是否正常。是否有人员在作业，如果有人正进行维修作业，则通知相关部门要求撤离。发现设备存在问题及时通知维修
兑铁	0:00	兑铁，根据出钢量要求适量兑铁，二炼钢 90t 炉子出钢量不超过 115t	兑铁前，注意检查风枪主枪冷却气体压力大于 0.4MPa。兑铁时，操作工注意炉前工指挥，与行车紧密配合，兑好铁水，避免铁水洒出。兑铁时炉前工注意钢水溅出烫伤。兑铁完成之后，摇平炉子取样时，检查炉子风枪气管是否完好，烧坏及时更换
取样	0:03	兑铁完成之后，摇平炉子取样测温	摇炉到取样角度前 3°，停一下，再点动着往下摇炉到取样位置。摇平炉子时禁止摇炉过度，铁水倒到渣坑。摇平炉子之后关气，平板车开到炉口，炉前工取样、测温。取样完之后，炉前工离开平板车平台，退出平板车，起摇炉子开始冶炼

工艺流程	时间	冶炼摘要及操作要求	注意事项
加石灰	0:05	加石灰不少于 3t，用顶枪升温	炉子摇正，换氧气开始吹氧气冶炼，加入第一次石灰，根据铁水硅和高铬硅的变化，适量加入石灰，石灰量最少 2t。开始插顶枪，快速提升温度。插顶枪时，注意炉内温度，预防喷渣，发现喷渣苗头拔顶枪，调低氧气压力，适当搭配点氮气
扒渣	0:33	观察火焰，有小喷渣苗头，用小氧带氮气还原 1min，扒渣，测温度 1300~1550℃。扒渣时，要求渣子流动性良好，渣子黏稠禁止扒渣。从加高铬到扒渣 40min 左右，扒渣量 70% 以上	扒渣前换氮气还原保证铬熔清，火焰变小摇炉扒渣。摇炉前要按警示铃，确认渣盆是否准备就绪，摇炉时注意氮搅拌气体压力，防止大量渣子喷渣到炉台上和渣坑里。扒渣时，注意小幅度中小流量扒渣，如果炉膛内的渣子沸腾厉害，等平静了之后再扒，防止铁水倒到渣盆里。扒渣量半盆约为 4t，扒渣时尽量扒干净渣
加石灰	0:40	扒完渣，加石灰不少于 3t，吹氧升温 1600℃以上，加石灰 0.5~3t 之间，根据温度和渣子需要，适量加入石灰，做好脱碳保铬	扒渣之后，摇正炉子，加第二次石灰。加第二次石灰根据冶炼需要添加，比如说炉子内衬渣以上部分侵蚀多了，可加石灰，让渣子在冶炼过程中黏附内衬上，阻止侵蚀
加石灰	0:60	总氧量达到 70% 以上，温度升至 1600℃以上，停用顶枪，加石灰适量 1t 左右，侧枪氧氮比为 4:1 吹炼，吹至熔池碳 0.5% 以下开始调节氧氮比	根据温度要求合理使用顶枪，当温度达到要求之后，停止使用顶枪。冶炼过程中，时刻注意炉口火焰情况，随时掌握当前冶炼熔池内的温度，防止过吹高温，或吹不足低温现象。另外发现有喷渣苗头及时处理，防止事故发生
调节氧氮比例	0:65	测温，熔池温度达到 1600℃以上，目测碳含量 0.5% 左右，根据碳量调节侧枪氧氮比	氧氮比为 4:1 吹炼至熔池碳 0.5%，再根据熔池的碳含量调节氧氮比。当碳到 0.3% 时，氧氮比为 1:1，最后含碳量到 0.1 时氧氮比可降到 1:4，如果温度偏高，可适当降低氧氮比。调节时注意火焰变化，如果火焰收缩过快，说明有可能渣稀，及时倒炉查看，调低氧氮比，加石灰，渣子恢复正常再适当上调氧氮比。尽量控件氧化终点温度 1610~1710℃ 之间

工艺流程	时间	冶炼摘要及操作要求	注意事项
取样	1:25	取样、测温,目标值:C 0.03~0.18,温度 1610~1710℃,检查炉内渣子情况	摇炉下来取样前,切换成氮气,黄烟变稀,先按警示铃,再倒炉操作。摇炉到取样角度前2°~3°时停一下,关气,然后再点动着向下摇炉至取样位置。禁止摇炉过快把钢水倒出。平板车开至距炉口1m处,给炉前工取样、测温,完成之后,炉前工离开平板车,退出平板车,开气摇炉冶炼
还原	1:32	供氧结束,还原7min	升温结束后,开始还原,还原时间7min。在还原时间内,务必把所有的料熔清,注意观察炉口火焰,确认温度,不达到要求再次升温
出渣	1:41	取样分析,出渣。出钢渣量控制8t以内。测温,检查渣色、流动性	还原好后,按警示铃,倒炉操作,至出渣位置前2°,停一下,检查渣盆是否在下面,再点动摇炉下至扒渣角度。平板车开到顶炉口,炉前工取到样后,配气工检查渣子是否有硅、渣子流动性和炉内化料情况。确认有硅、料化清、温度达到要求,退出平板车,然后摇炉出渣。出渣时,不能出得过大过快,防止钢水倒出。出渣后尽量控制炉内渣量8t以内。出完渣之后,测钢水温度,检查炉子内外情况,发现异常通知当班炉长
补料	1:45	微调成分、渣子,保证所有料全部熔清,流动性良好的白渣出钢。禁止料未熔清出钢	还原样单拿到之后,快速细致阅读样单,快速确定补加方式。计算补加料并快速补加,补加之后摇炉,保证加料化清,调节好钢水成分、渣子碱度、流动性
取样	1:48	取样分析,判断成分在控制范围内	成分在控制范围内,白渣符合要求
出钢	1:50	正常情况下,出钢温度1680℃以下	出钢前确认成分、温度、渣子达到出钢要求,可以倒炉出钢。出钢时要先与炉前紧密配合,遵循先慢后快再慢的原则,防止钢水洒出或过满溢出。出钢过程中,如果火星较大,烟子多,要慢摇炉慢出

表8-31 400（410S）系钢种冶炼要点

成分		C	Ni	Cr	Mn	P	S	N
控制范围/%	最小	—	—	11.5	—	—	—	—
	最大	0.08	0.6	13.5	1.0	0.045	0.006	0.1

工艺流程	时间	冶炼摘要及操作要求	注意事项
准备		开炉冶炼之前，检查炉子及相关配套设备运行情况、气源压力、冷却水压等，检查台车是否对中、插上插销	炉子的五大部分：炉子本体及摇炉减速机、操作台、阀门站、加料系统、除尘系统的运行情况，各种压力是否正常，应急设备是否正常。是否有人员在作业，如果有人正在进行维修作业，通知相关部门要求撤离。发现设备存在问题及时通知维修
兑铁	0:00	兑铁，根据出钢量要求适量兑铁，二炼钢90t炉子出钢量不超过115t	兑铁前，注意检查风枪主枪冷却气体压力大于0.4MPa。兑铁时，操作工注意炉前工指挥，与行车紧密配合，兑好铁水，避免铁水洒出。兑铁时炉前工注意钢水溅出烫伤。兑铁完成之后，摇平炉子取样时，检查炉子风枪气管是否完好，烧坏及时更换
取样	0:03	兑铁完成之后，摇平炉子取样测温	摇炉到取样角度前3°，停一下，再点动着往下摇到取样位置。摇炉子时禁止摇炉过度，铁水倒到渣坑。摇炉子之后关气，平板车开到炉口，炉前工取样、测温。取样完之后，炉前工离开平板车平台，退出平板车，开气摇起炉子开始冶炼
加石灰	0:05	加石灰不少于3t，用顶枪升温	炉子摇正，换氧气开始吹氧气冶炼，加入第一次石灰，根据铁水硅和高铬硅的变化，适量加入石灰，石灰量最少2t。开始插顶枪，快速提升温度。插顶枪时，注意炉内温度，预防喷渣，发现喷渣苗头拔顶枪，调低氧气压力，适当搭配点氮气
加高铬	0:10	气源稳定可适用高铬	摇正炉子，换氧气继续插顶枪冶炼。冶炼中注意炉子温度和渣子情况，防止喷渣烧坏设备，陆续用高位料仓加完高铬
扒渣	0:33	观察火焰，有小喷渣苗头，用小氧带氮气还原1min，扒渣，测温度1300~1550℃。扒渣时，要求渣子流动性良好，渣子黏稠禁止扒渣。从加高铬到扒渣40min左右，扒渣量70%以上	扒渣前换氮气还原保证铬熔清，火焰变小摇炉扒渣。摇炉前要按警示铃，确认渣盆是否准备就绪，摇炉时注意氮搅拌气体压力，防止大量渣子喷渣到炉台上和渣坑里。扒渣时，注意小幅度中小流量扒渣，如果炉膛内的渣子沸腾厉害，等平静了之后再扒，防止铁水倒到渣盆里。扒渣量半盆约为4t，扒渣时尽量扒干净渣

工艺流程	时间	冶炼摘要及操作要求	注意事项
加石灰	0:40	扒完渣,加石灰不少于 3t,吹氧升温 1600℃以上,加石灰 0.5~3t 之间,根据温度和渣子需要,适量加入,做好脱碳保铬	扒渣之后,摇正炉子,加第二次石灰。加第二次石灰根据冶炼需要加,比如说炉子内衬渣以上部分侵蚀多了,可加石灰,让渣子在冶炼过程中黏附内衬上,阻止侵蚀
加石灰	0:60	总氧量达到 70% 以上,温度升至 1600℃以上,停用顶枪,加石灰适量 1t 左右,侧枪氧氮比为 4:1 吹炼,吹至熔池碳 0.5% 以下开始调节氧氮比	根据温度要求合理使用顶枪,当温度达到要求之后,停止使用顶枪。冶炼过程中,时刻注意炉口火焰情况,随时掌握当前冶炼熔池内的温度,防止过吹高温,或吹不足低温现象。另外发现有喷渣苗头及时处理,防止事故发生
调节氧氮比例	0:65	测温,熔池温度达到 1600℃以上,目测碳含量 0.5% 左右,根据碳量调节侧枪氧氮比	氧氮比为 4:1 吹炼至熔池碳 0.5%,再根据熔池的碳含量调节氧氮比。当碳到 0.3% 时,氧氮比为 1:1,最后含碳量到 0.1% 时氧氮比可降到 1:4,如果温度偏高,可适当降低氧氮比。调节时注意火焰变化,如果火焰收缩过快,说明有可能渣稀,及时倒炉查看,调低氧氮比,加石灰,渣子恢复正常再适当上调氧氮比。尽量控件氧化终点温度 1610~1710℃ 之间
取样	1:25	取样、测温,目标值:C 0.03%~0.18%,温度 1610~1710℃,检查炉内渣子情况	摇炉下来取样前,切换成氮气,黄烟变稀,先按警示铃,再倒炉操作。摇炉到取样角度前 2°~3° 时停一下,关气,然后再点动着向下摇炉至取样位置。禁止摇炉过快把钢水倒出。平板车开至距炉口 1m 处,给炉前工取样、测温,完成之后,炉前离开平板车,退出平板车,开气摇炉冶炼
还原	1:32	供氧结束,还原 7min	升温结束后,开始还原,还原时间 7min。在还原时间内,务必把所有的料熔清,注意观察炉口火焰,确认温度,不达到要求再次升温
出渣	1:41	取样分析,出渣。出钢渣量控制 8t 以内。测温,检查渣色、流动性	还原好后,按警示铃,倒炉操作,至出渣位置前 2°,停一下,检查渣盆是否在下面,再点动摇炉至下渣角度。平板车开到顶炉口,炉前工取到样后,配气工检查渣子是否有硅、渣子流动性和炉内化料情况。确认有硅、料化清、温度达到要求,退出平板车,然后摇炉出渣。出渣时,不能出得过大过快,防止钢水倒出。出渣后尽量控制炉内渣量 8t 以内。出完渣之后,测钢水温度,检查炉子内外情况,发现异常通知当班炉长

工艺流程	时间	冶炼摘要及操作要求	注意事项
补料	1:45	微调成分、渣子，保证所有料全部熔清，流动性良好的白渣出钢。禁止料未熔清出钢	还原样单拿到之后，快速细致阅读样单，快速确定补加方式。计算补加料并快速补加，补加之后摇还原，保证加料化清，调节好钢水成分、渣子碱度、流动性
取样	1:48	取样分析，成分在控制范围内	成分在控制范围内，白渣符合要求
出钢	1:50	正常情况下，出钢温度1680℃以下	出钢前确认成分、温度、渣子达到出钢要求，可以倒炉出钢。出钢时要先与炉前紧密配合，遵循先慢后快再慢的原则，防止钢水洒出或过满溢出。出钢过程中，如果火星较大，烟子多，要慢摇炉慢出

8.3.6 LF 炉精炼生产实践

LF 炉（Ladle Furnace）即钢包精炼炉，是钢铁生产中主要的炉外精炼设备。LF 炉是生产线中的钢水精炼装置，用于对 AOD 钢水进行二次精炼处理。即钢水加热、升温、成分调整、脱硫、去气、去除夹杂、均匀钢水成分和温度。经过钢包精炼处理，可获得品质更高的钢水，品种转换机动灵活，成分、温度控制更为准确，并且作为电炉、AOD 与连铸环节之间的缓冲，均衡协调各个工序间的生产节拍，解除生产调度的后顾之忧，是实现多包连浇的关键设备。

北港新材料有限公司 LF-100t 钢包精炼炉的主要规格和技术参数见表 8-32。

表 8-32 LF-100t 钢包精炼炉的主要规格和技术参数

名称	数值	备注
1. 容量		
额定容量	100t	
最少钢水量	90t	
最大钢水量	105t	
2. 钢包		
包壳上口外径	ϕ3500mm	
自由空间高度	≥450mm	100t 钢水时
钢包总高	4180mm	含脚架尺寸480mm
钢包耳轴吊距	4320mm	
钢包吊重	约160t	
3. 电极升降装置		
电极直径	ϕ400mm	超高功率电极
电极分布圆直径	ϕ740mm	
电极最大行程	2500mm	
电极升/降速度/m·min^{-1}	4.8/3.6	自动
	6/4.8	手动

续表 8-32

名称	数值	备注
4. 电炉变压器		
额定容量	14000kV · A	
一次电压	35kV	
二次电压	300-250-178V	13 级有载调压
二次电流	32332A	
5. 短网系统		
阻抗绝对值	2.4mΩ	
三相阻抗不平衡度	≤4.5%	
钢水最大升温速度	4.0℃/min	
6. 炉盖与炉盖提升机构		
炉盖形式	管式水冷炉盖	
炉盖提升高度	450mm	
提升方式	液压缸	
7. 钢包车		
最大承载	200t	
行走速度	2~20m/min	
驱动方式	机械式，电机-减速器	
调速方式	变频调速	
8. 氩气系统		
氩气压力	0.6MPa	
氩气耗量	300L/min	最大 500L/min
事故状态氩气压力	1.6MPa	
氩气供气压力	1.6MPa	
氩气纯度	99.9%	
9. 压缩空气装置		
压力	0.4MPa	
耗量（标态）	$6m^3/h$	
10. 冷却水系统		
供水压力	0.4~0.6MPa	
回水压力	0.2~0.4MPa	
耗量	$280m^3/h$	含变压器用冷却水 $30m^3/h$
水质要求	工业净化水	
11. 液压系统		
工作压力	10~12MPa	
液压介质	水-乙二醇	
12. 温度		
钢包烘烤温度	>1000℃	

LF 炉生产 304 钢种操作工艺流程制度见表 8-33。

表 8-33　LF 炉生产 304 钢种操作工艺流程制度　　　　　　　　　　　（%）

成分	C	Mn	Ni	Cr	Si	S	P	N
下限	0.035	0.85	8.02	18.05	0.30	—	—	—
上限	0.06	1.20	8.25	18.50	0.60	≤0.004	<0.040	≤0.045

8.4　铸钢工艺

把高温钢水连续不断地浇铸成具有一定断面形状和一定尺寸规格铸坯的生产工艺过程叫做连续铸钢，完成这一过程所需的设备叫连铸成套设备。浇钢设备、连铸机本体设备、切割区域设备、引锭杆收集及输送设备的机电液一体化构成了连续铸钢核心部位设备，被称为连铸机。北港新材料有限公司铸钢工艺及生产实践如下所述。

8.4.1　铸钢工艺主要设备及技术参数

将装有精炼钢水的钢包运至回转台，回转台转动到浇铸位置后，将钢水注入中间包，中间包再由水口将钢水分配到各个结晶器中去。结晶器是连铸机的核心设备之一，它使铸件成型并迅速凝固结晶。拉矫机与结晶振动装置共同作用，将结晶器内的铸件拉出，经冷却、电磁搅拌后，切割成一定长度的板坯。北港新材料有限公司铸钢工艺主要设备及其技术参数如下：

（1）连铸机。

1）连铸机机型：　　　　　直弧型连铸机

2）基本圆弧半径：　　　　$R9000mm$

3）结晶器高度：　　　　　900mm

4）垂直段高度：　　　　　2040mm

5）弯曲和矫直方式：　　　多点连续弯曲，多连续矫直

6）铸坯断面：　　　　　　（180、200）mm×（1030~1530）mm

7）铸坯定尺：　　　　　　6~12m

8）拉坯速度：　　　　　　180 厚　1.07~1.35m/min

　　　　　　　　　　　　　200 厚　1.0~1.30m/min

9）机器速度：　　　　　　2.4m/min

10）铸机外弧长度：　　　　24.734m

11）送引锭形式：　　　　　下装入引锭方式

12）送引锭速度：　　　　　4.8/2.4m/min

13）铸机流数：　　　　　　单流

14）辊列布置方式：　　　　小辊径密排分段辊

15）结晶器液面检测：　　　电磁涡流式

16）结晶器振动方式：　　　液压振动

　　　　振动波形：　　　　非对称正弦波

　　　　不对称系数：　　　0.5~0.6

振幅： $\pm 1.5 \sim \pm 6$

频率： $0 \sim 300$ 次/min

17）扇形段辊缝控制： 静态轻压下

18）电磁搅拌装置： 在扇形段 1 的上部预留电磁搅拌安装位置

19）铸坯冷却方式： 结晶器足辊位置水冷

弯曲段和弧形段区气雾冷却

矫直段和水平段区特殊冷却工艺

20）铸坯切割方式： 在线火焰切割

21）铸坯定尺方式： 远红外摄像定尺装置

22）出坯方式： 夹钳吊下线

23）产品规格如下：

铸坯厚度： 180mm、200mm

铸坯宽度： 1030~1530mm

定尺长度： 6~12m

最大坯重： 28t

（2）结晶器。

数字缸伺服控制式液压振动。控制模型为：

振幅模型： $A_i = C_2 V_i + C_1$

频率模型： $F_i = C_4 V_i + C_3$

最大振幅： $A = \pm 6mm$

最大频率： $F = 300$ 次/min

最大振动速度： $v \geqslant 100mm/s$

波形偏斜系数： $C_5 = 0.5 \text{、} 0.6$

可取得 3 个不同的负滑脱时间，不同的拉速下滑脱时间变化范围小，使保护渣润滑膜均匀，润滑效果好，并可有效地控制其消耗量。

8.4.2　连铸工艺及特点

本连铸机可用于生产 200 系列、300 系列和 400 系列不锈钢，本小节以北港新材料有限公司 304 钢种和 06Cr13（410S）钢种为代表，介绍连铸工艺及其特点。

A　304 不锈钢连铸工艺特点

304 不锈钢铸坯宽度为 1536mm，钢种成分见表 8-34。

表 8-34　304 不锈钢钢种成分（质量分数）　　　　　　（%）

成分	C	Si	S	P	Mn	Cr	Ni	N
最小	—	0.35	—	—	1.0	18.05	8.1	—
最大	0.06	0.60	0.004	0.035	1.5	18.5	8.25	700×10^{-4}
目标值	0.04	0.45	0.002	0.030	1.2	18.2	8.15	400×10^{-4}

工艺要点：

结晶器水量设定：宽面水量：185~220m³/h，温差 5.0~8.5℃；窄面 20~30m³/h，温差 5.0~8.5℃，结晶器进水温度 29~33℃，目标 31.5~33℃。

结晶器振动参数：振频 140~155Hz，振幅±2.5~3.0mm，非正弦 0.6mm。

钢种收缩系数：宽度方向 1.020~1.030mm，长度方向 1.014mm，锥度 1.2%~1.8%。

宽度设定见表 8-35。

表 8-35 宽度设定 （mm）

冷坯宽度	下口宽度	上口宽度	引锭宽度	目标宽度
1536~1544	1570~1576	1586~1591	1550~1555	1536 负 3 正 6

注：要求窄边足辊贴紧钢坯，能够留下清晰的辊印，全新铜板执行以上设定；翻修铜板修复每增加一次，上口下口同时−0.5mm。

长度设定：

切割定尺 11000mm，热坯设定 11350mm；切割定尺 10300mm，热坯设定 10650mm，切割定尺 9500mm，热坯设定 9850mm；切割定尺 8500mm；热坯设定 88500mm；切割定尺 7200mm，热坯设定 7550mm。

中包要求：Mg 质喷涂料，烘烤最短 3h，最长 7h，烘烤温度不得低于 1000℃。

浸入式水口：向上 15°，侧孔 45mm×75mm，方圆孔或椭圆孔，插入深度 125~142mm，铝碳质水口。

保护渣：BH-2A，BH-200D。

中间包温度控制：第一包 1490~1510℃，连浇 1485~1510℃，目标 1485~1495℃。

拉速控制：正常拉速 0.8~1.28m/min，目标拉速 1.23m/min；如节奏不好、钢水成分异常、全新冷包、渣稀渣稠、降拉速 0.80~1.10m/min。

中间包覆盖剂：无碳覆盖剂。

保护浇注：全程保护浇注，大包开浇后向中间包中加 5~20 袋中间包覆盖剂。

软吹、镇静、中间包余钢：LF 炉软吹氩时间不小于 15min，要求钢液面裸露面积不大于 200mm；镇静时间不小于 7min；转包中间包余钢不小于 20t。

异常浇注是指正常浇注过程中存在的一些异常现象：大包引流、敞开浇铸、结晶器液位波动大于±3mm、手动浇钢、中包温度波动、拉速波动、浸入式水口破损等异常现象要做好相关记录，并在板坯跟踪单上记录清楚，由连铸当班调度反馈给精炼和质检相关质量负责人。

如出现黏结报警，降拉速至 0.2~0.3m/min，控制好结晶器液面，跟踪好液渣厚度，窄面是否有翻滚，渣条是否黏结铜板难挑渣，渣条又粗又硬，及时通知值班主任。保护渣厚度在 35~40mm，做到少挑渣条。特别是操作工交接推渣时经常有推渣和挑渣现象，钢坯上表面带渣条印现象，机长要在线跟踪好。

规格 1536mm×180mm×304mm×（11000~7200）mm 钢种，宽面尺寸 1533~1544mm。

其他要求：LF 炉保证出站到上钢前软吹大于 5min，要求钢液面裸露面积不大于 200mm，连铸要根据钢包及节奏要求，考虑温降至合适温度上台浇铸。

B 410S 钢种生产工艺要点

表 8-36 为 410S 不锈钢化学成分。

表 8-36 06Cr13（410S）不锈钢钢种成分（质量分数） （%）

元素	C	Si	Mn	P	S	Cr	Ni	N	Al
国家标准	≤0.08	≤1.00	≤1.00	≤0.045	≤0.030	11.5~13.5	≤0.60	—	—
企业标准	≤0.045	0.30~0.55	≤0.60	≤0.035	≤0.006	12.10~12.50	≤0.30	≤0.035	≤0.01
内控标准	≤0.035	0.35~0.50	0.25~0.45	≤0.025	≤0.005	12.20~12.40	≤0.20	≤0.030	≤0.01
目标	≤0.035	0.40	0.30	≤0.025	≤0.005	12.30	≤0.20	≤0.030	≤0.01

注：液相线 T_m 为 1505℃。

关键工艺参数：

工作拉速 1.00~1.10m/min，中间包温度 1530~1540℃，第一包钢水 1540~1550℃。

结晶器水量设定：宽面水量：220~230m³/h，温差 $\Delta T = 5~7$℃；窄面 27~30m³/h，温差 $\Delta T = 5~7$℃。

结晶器振动参数：正弦振动，振频 $F = 120 + 30V_c$（max150cpm，1cpm=（1/60）Hz），振幅 $A = 2.0 + 0.5V_c$（max2.5mm），偏斜率 0.5。

结晶器上下口尺寸，收缩因子 $\alpha = 0.985$，倒锥度 $\eta = 1\%$。

要求窄边足辊贴紧钢坯，能够留下清晰的辊印。

结晶器结构参数如表 8-37 所示。

表 8-37 结晶器结构参数

冷坯规格	下口宽度/mm	上口宽度/mm	倒锥度/%	目标宽度/mm
1526~1532	1506	1520	1	1529

410S 五尺板冷坯定尺长度：1528mm×180mm×11000mm。

浸入式水口：采用整体式水口，侧孔倾角 0°，侧孔 50mm×70mm，长寿命平底水口，插入深度 135~145mm，浇注时间 ≤6h。

液压参数及电磁搅拌参数如表 8-38 所示。

表 8-38 液压参数及电磁搅拌参数

编号	区域	现参数
PH1	2~6 段压下	3.5MPa
PH2	7~8 段压下	8MPa
PE	送引锭	18.0MPa
PS	扇形段夹紧	17.16MPa

电磁搅拌 $A = 350A$，$F = 5.0~5.2Hz$。

保护渣：斯多博格 813D（二元碱度在 0.96~1）。

二冷模式：中冷，比水量 0.80kg/kg。其实际需要冷却水量计算如表 8-39 所示。

表 8-39 二冷区需要冷却水量计算

二冷	冷却区域	$Q = AV^2 + BV + C/m^3 \cdot h^{-1}$			最小水量 /m³·h⁻¹		计算	
		A	B	C			m³/h	L/min
							1.05	1.05
1N	窄边	21.89	18.246	30.773	34	2.04	4.44	74.07
1I+O	宽边	62.542	52.132	87.924	35	2.10	12.70	211.62

续表 8-39

二冷	冷却区域	$Q = AV^2 + BV + C/m^3 \cdot h^{-1}$			最小水量 /$m^3 \cdot h^{-1}$	计算	
		A	B	C		m^3/h 1.05	L/min 1.05
2I+O	0 段上	23.6	253.9	−16	152 9.12	16.60	276.61
3I+O	0 段中	11.4	170.9	−19.4	96 5.76	10.36	172.61
4I+O	0 段下	12.4	190.9	−34.9	104 6.24	10.75	179.22
5I	1 段上	8.5	110.5	−31.8	55 3.30	5.62	93.60
5O	1 段下	9.2	119.3	−34.3	58 3.48	6.07	101.11
6I	2-3 段上	16.5	120.3	−56	63 3.78	5.31	88.51
6O	2-3 段下	19.7	143.8	−66.9	75 4.50	6.35	105.81
7I	4-6 段上	31.2	68.1	−59.4	49 2.94	2.79	46.50
7O	4-6 段下	41.7	90.9	−79.2	65 3.90	3.73	62.22
8I	7-8 段上	25	3.7	−23.4	19 1.14	0.48	8.05
8O	7-8 段下	34.6	5.1	−32.2	19 1.14	0.68	11.30
9I	9-10 段上			20	21 1.26	1.20	20.00
9O	9-10 段下			20	28 1.68	1.20	20.00
总水量						89.32	1472.26
比水量							0.72

保护浇注：全程保护浇注。大包先套长水口再开浇；大包长水口吹氧清渣，熔渣不得流到中间包内。中间包浇钢前，用 2 根 Ar 气管吹扫≥5min。并且全程吹 Ar 保护。

异常浇注：大包引流、敞开浇铸、结晶器液位波动 > ±3mm、手动浇钢、中包温度波动、拉速波动、浸入式水口破损等异常现象要做好相关记录，并在板坯跟踪单上记录清楚，由连铸当班调度反馈给精炼和质检相关质量负责人。

冷却、修磨，铸坯堆垛冷却，堆垛上下面及两侧放上浇次 CJ1L 钢红坯，端头用简易挡板封住，且靠近铸机侧堆垛实现缓冷，直到温度≤450℃；铸坯判定修磨按当前 304 外观判定、修磨进行。

参 考 文 献

[1] 李曰荣. 粗镍铁精炼工艺设计与实践 [J]. 铁合金, 2021, 52 (3)：13-15.

[2] 李冲. 镍铁水为主原料的 300 系列不锈钢初炼工艺技术分析 [J]. 中国金属通报, 2021, 1054 (10)：199-200.

[3] 樊君, 石红勇, 冀中年, 等. 红土矿镍铁水直接冶炼不锈钢工艺 [J]. 炼钢, 2015, 31 (5)：56-60.

[4] 周建男, 周天时. 利用红土镍矿冶炼镍铁合金及不锈钢 [M]. 北京：化学工业出版社, 2016.

[5] SALEIL J, MANTEL M, LE COZE J. Stainless steels making：History of developments. Part Ⅱ：Processing in electric arc furnace; refining of chromium containing hot metal; stainless steels production in integrated steel-plants [J]. Materiaux & Techniques, 2020, 108 (1)：104.

[6] 刘浏. 不锈钢冶炼工艺与生产技术 [J]. 河南冶金, 2010, 18 (6)：1-5, 9.

[7] LO K H, SHEK C H, LAI J K L. Recent developments in stainless steels [J]. Materials Science & Engineering R-Reports, 2009, 65 (4-6)：39-104.

［8］王勇．板坯连铸中间包等离子加热关键技术研究［D］．北京：北京科技大学，2022.

［9］庄青云．板坯连铸凝固传热和轻压下工艺的研究［D］．沈阳：东北大学，2013.

［10］郭亮亮．板坯连铸动态二冷与轻压下建模及控制的研究［D］．大连：大连理工大学，2009.

［11］卢嘉枫，李晶，史成斌，等．304 不锈钢 AOD 冶炼过程脱碳保铬和铬烧损的研究［J］．江西冶金，2021，41（1）：12-18.

［12］翟俊，李建民．AOD 用转炉脱磷铁水冶炼 430 不锈钢脱碳保铬工艺优化［J］．炼钢，2017，33（4）：58-62.

［13］陆世英．不锈钢概论［M］．北京：化学工业出版社，2013.

［14］王容岳，袁章福，谢珊珊，等．AOD 炉喷吹 CO_2 代替部分 Ar 或 O_2 脱碳保铬的热力学分析［J］．钢铁研究学报，2018，30（11）：874-880.

［15］李强，刘润藻，朱荣，等．二氧化碳用于不锈钢脱碳保铬的热力学研究［J］．工业加热，2015，44（4）：24-26.

［16］毕秀荣，朱荣，刘润藻，等．CO_2-O_2 混合喷吹工艺冶炼不锈钢的基础研究［J］．炼钢，2012，28（2）：67-70.

［17］田宏宇．节镍奥氏体不锈钢母液短流程制备工艺与协同机制研究［D］．长沙：中南大学，2022.

［18］伍千思．不锈钢标准中的铬锰系（美国 200 系）奥氏体不锈钢［J］．冶金标准化与质量，2004（6）：34-37.

［19］谢明耀，徐浩，董贤帮，等．高锰不锈钢二氧化碳混吹脱碳保锰热力学分析［J］．铁合金，2021，52（3）：16-18.

［20］潘秀兰，王艳红，梁慧智，等．铁水预处理技术发展现状与展望［J］．世界钢铁，2010，10（6）：29-36.

［21］徐匡迪，肖丽俊．转炉铁水预处理脱磷的基础理论分析［J］．上海大学学报（自然科学版），2011，17（4）：331-336.

［22］黄学忠，节镍型不锈钢品质提升集成技术研究．广西壮族自治区，广西北港新材料有限公司，2020-11-04.

［23］廖辉．耐热不锈钢生产关键技术及其产业化．广西壮族自治区，广西北港新材料有限公司，2021-04.

9 不锈钢轧制与酸洗一体化新技术

9.1 概述

不锈钢生产工艺流程如图 9-1 所示，从含镍、铬原料及合金冶炼出不锈钢母液，再经 AOD 炉和（或 VOD 炉）精炼，然后钢水进入铸钢得到钢坯，不锈钢钢坯坯料通过轧制设备的轧辊压缩而生产出不同类型不锈钢钢材，如型材、板材、管材。轧制通常分热轧和冷轧两种工艺，冷轧以退火酸洗的热轧黑卷为原料来生产冷轧卷。

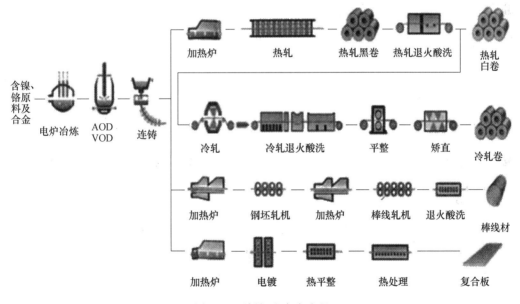

图 9-1　不锈钢生产全流程

由于不同种类的不锈钢具有不同性能，要求的轧制工艺及设备也有所区别。

热轧不锈钢较为粗糙，如热轧板材，轧制厚度多数在 3.0mm 及 3.0mm 以上，和冷轧产品相比，热轧产品往往尺寸精度不高，表面质量相对冷轧较差，在加工性能如热处理等方面也不及冷轧好用。表 9-1 统计了国内主要不锈钢热轧生产线。目前国内热轧不锈钢带大多是采用常规热连轧生产，少量采用炉卷轧机生产，更新的 CSP、ESP 以及 Castrip 等新的热轧工艺还未实现工业化生产。

不锈钢冷轧多是以热轧黑卷进行冷轧加工形成，一般冷轧薄板的尺寸精度较高，表面质量更好，后期加工性能比较优良，厚度范围基本在 5.0mm 以下，一般常见厚度范围是 0.05~3.0mm。此外，相比上游不锈钢冶炼和热轧行业，冷轧不锈钢行业更接近下游的流

表 9-1　国内主要不锈钢热轧厂生产线

序号	机组	生产规模	机组配置
1	宝钢德盛 1780 热连轧	一期：不锈钢 70 万吨/年、碳钢 216 万吨/年；二期：不锈钢 144 万吨/年、碳钢 216 万吨/年	R1+F1~F7
2	太钢 2250 热连轧	不锈钢 196 万吨/年、碳钢 196 万吨/年	R1+F1~F7
3	联众 1780 热连轧	不锈钢 80 万吨/年	R1+F1~F7
4	西南不锈 1450 热连轧	不锈钢 80 万吨/年	R1+F1~F7
5	唐钢 1580 热连轧	不锈钢 196 万吨/年，碳钢 196 万吨/年	R1+F1~F7
6	酒钢 1700 炉卷轧机	不锈钢 60 万吨/年，碳钢 80 万吨/年	1+1 炉卷轧机
7	泰钢 1800 炉卷轧机	不锈钢 80 万吨/年	1+1 炉卷轧机
8	北港新材 1700 热连轧	不锈钢 300 万吨/年	R1+F1~F8
9	福欣 1780 热连轧	不锈钢 200 万吨/年、碳钢 50 万吨/年	R1+F1~F7
10	福建鼎信 1780 热连轧	不锈钢 150 万吨/年	R1+F1~F8
11	元宝山 1580 炉卷轧机	一期：不锈钢 160 万吨/年二期：不锈钢 144 万吨/年	1+1 炉卷轧机
12	宝丰翔隆 1580 热连轧	不锈钢 160 万吨/年	R1+F1~F8
13	福建吴航 2250 炉卷轧机	不锈钢 150 万吨/年	1+1（2）炉卷轧机

通和应用领域，行业内冷轧企业数量较多。按市场主体类型划分，主要有以太钢不锈、宝钢不锈（含宝钢德盛）、北港新材为代表的国有（控股）冷轧企业，以张家港浦项、宁波宝新、上海实达为代表的中外合资冷轧企业，以甬金科技、宏旺集团为代表的民营冷轧企业，以宁波奇亿为代表的外资冷轧企业；另外，在全国各地的不锈钢流通市场或交易集散地还存在数量众多的小型不锈钢冷轧企业。

　　与不锈钢冷轧制密切相关的一个重要生产工艺就是冷轧前的热轧带钢退火酸洗，退火目的是降低热轧带钢强度、提高塑性，以提高热轧带钢大压下率冷轧的可轧性和易轧性。酸洗和钝化不仅可以最大限度地提高不锈钢的耐腐蚀性，还可以防止产品污染，获得美观的外观。200 系、300 系热轧不锈钢在冷轧前需要固溶退火和酸洗工序，400 系热轧不锈钢在冷轧前需要球化退火和酸洗工序。用常规热轧退火酸洗料冷轧，由于其来料较薄，轧制总压下率可较小，轧制道次可较少，需要再次轧程的可能性较小，轧制成本相对较低；用炉卷热轧退火酸洗料冷轧，由于其来料较厚，轧制总压下率较大，轧制道次较多，需要再次轧程的可能性较大，轧制成本就相对较高。如何利用好退火、利用好热轧带钢退火酸洗前的部分可轧塑性，即黑卷轧制，是现代冷轧制不锈钢生产的工艺技术创新，一般黑卷可轧塑性可达 50%总压下率。而国内除宝钢德胜、北港新材料、酒钢、宏旺等有黑卷轧制退火酸洗机组外，其他绝大部分企业都没有采用这种黑卷轧制生产新工艺，即使已经采用的企业，黑卷轧制也就 1~2 个机架，总压下率最多到 40%，并且只有少量退火酸洗机组、部分产品生产采用。传统的热卷退火酸洗后冷轧制，冷轧带钢的厚度减薄全在热卷退火酸洗后的冷轧制上，一个轧程轧不到成品厚度就中间退火再轧制，退火前热轧带钢的可轧塑性利用较低，增加生产成本。此外，二十辊可逆冷轧制仍有相当规模，连轧化率亟待提高，国有企业除太钢、宝钢德胜、北港新材有部分产品连轧外，其他企业均是采用传统的二十辊可逆轧制，连轧化率较低。部分民营企业由于起步较晚，连轧化率要高一些，一般大型民营企业新建不锈钢冷轧项目均会考虑连轧工艺，但是也有一些企业，特别是大量的民营中小企业由于自身规模限制仍大量采用可逆轧制，并且装备水平不高。

不锈钢可分为卷板、板材、型材、钢管和零部件五大类，最重要的是卷和板。不锈钢板根据轧机轧制工艺的不同，分成热轧和冷轧，热轧是钢材的主要轧制工艺，而冷轧仅用于生产小型型钢和薄板。不锈钢的热轧工艺是在再结晶温度以上轧制，而冷轧是在再结晶温度以下轧制，对钢的组织和性能有很大的影响。热轧通常标为 No.1，冷轧标为 2B 或者 BA（BA 比 2B 的表面好、要亮，接近镜面）。表 9-2 为热轧和冷轧的产品特性比较，热轧板更厚、表面粗糙；冷轧板薄、表面光滑。不锈钢在市场流通过程中，通常以不锈钢热轧和冷轧产品的形式销售。

表 9-2　热轧和冷轧的产品特性比较

特性	热　轧	冷　轧
产品价格	韧性和表面平整性差，价格较低	冷轧钢板由于有一定程度的加工硬化，韧性低，价格较贵
产品性能	热轧的温度与锻造的温度相近；表面有氧化皮，板厚有下差；热轧钢板的机械性能远不及冷加工，也次于锻造加工，但有较好的韧性和延展性	冷轧加工表面无氧化皮，质量好；冷变形制成的产品尺寸精度高、表面质量好
产品用途	由于其生产制作工艺使其在民用方面较多，如餐厨具、一般家用电器等；也用于化工、石油、机械、船舶等行业制造耐蚀零件、容器和设备	冷轧由于其生产工艺在各行各业中应用广泛，例如各类冷冲压件、冷轧冷挤型材、冷卷弹簧、冷拉线材、冷镦螺栓等或制作耐腐蚀部件

本章以北港新材热轧、固溶（退火酸洗）和冷轧生产线为例，详细介绍不锈钢轧制理论与生产、不锈钢酸洗工艺与实践。表 9-3 为北港新材轧制与酸洗工艺、产能等基本情况，包括热连轧、固溶酸洗处理和冷轧工序。

表 9-3　北港新材轧制与固溶工序工艺与产能基本情况

	工序环节	主要产品	产能/万吨·年$^{-1}$
（一）	热连轧厂	200 系、300 系、400 系	300
	步进式加热炉 3 座		300
	1700mm（改）八机架热连轧机 1 套		300
	台式退火炉 20 座（配套生产）		−70
	煤气发生炉 9 座（闲置，热轧加热炉已改天然气加热）		煤气 60×10^{4}m^3/h
（二）	固溶处理厂		320
	固溶 1 号生产线（1320mm）	200 系、300 系 No.1 等卷材	50
	固溶 2 号生产线（1550mm）	200 系、300 系 No.1 等卷材	60
	固溶 3 号生产线（1550mm，带 2 架轧机）	200 系、300 系 No.1、2E 板卷材	70
	固溶 4 号生产线（1550mm）	200 系、300 系 No.1 等卷材	80
	固溶 5 号生产线（1550mm，带 3 架轧机）	200 系、300 系 No.1、2E、2B、2D 等卷材	60

工序环节		主要产品	产能/万吨·年⁻¹
（三）	冷轧厂		120
	五机架连轧机	200 系、300 系	70
	1~4 号二十辊可逆式单轧机 4 套		50
	1 号冷轧退火酸洗线		50
	2 号冷轧退火酸洗线		50
	离线平整线 1 条（配套生产）		15
	分条机 1 条（配套生产）		10

9.2　不锈钢轧制理论与生产

9.2.1　不锈钢轧制基础理论

轧制过程是由轧件与轧辊之间的摩擦力将轧件拉进不同旋转方向的轧辊之间使之产生塑性变形、横断面积减小而长度增大的过程。通常两个轧辊均为主传动，且直径相等，辊面圆周速度相同；轧件在入辊处和出辊处速度均衡；轧件除受轧辊作用外，不受其他任何外力作用；上下辊面接触摩擦作用相同，沿轧件断面高向（即厚度）和宽向的变形与金属质点流动完全对称，轧件的性能均匀。

金属材料尤其是钢铁材料的塑性加工，90% 以上是通过轧制完成的。不锈钢轧制的轧机与普碳钢轧机没有区别，主要差别在于轧辊材质选择、孔型和导卫设计、轧制温度的控制等方面。不锈钢分奥氏体、铁素体、马氏体、沉淀硬化型等不锈钢，各自的特点又各有差异。整体而言，与普碳钢相比，不锈钢具有加工温度范围窄、高温变形抗力大、表面质量控制困难等生产难点，使得其生产工艺及设备选型与普碳钢生产相比有许多不同之处。

（1）通常普碳钢的变形抗力低，变形温度范围宽。以奥氏体不锈钢为例，其变形温度较窄，大概在 1100~1150℃，在此区间内变形抗力几乎与普碳钢相当，但是一旦温度过低，变形抗力急剧上升。

（2）不锈钢终轧温度一般都在 960℃ 以上，根据钢种不同，终轧温度也有很大区别。轧钢期间基本不需要待温，尽量快轧，轧后加速冷却，实现轧后固溶（区别于固溶处理，主要目的还是要减少合金析出对产品的影响）。

（3）另外不锈钢的宽展系数比普碳钢大，一般要考虑 1.5 倍甚至更大。

（4）奥氏体不锈钢在轧制中容易出现划伤等缺陷，所以导卫的设计也很重要。

（5）坯料需要修磨与加热控制，不锈钢的表面质量要求十分严格，而其表面又很容易产生各种缺陷，所以热轧前的坯料一般要经过认真的研磨、清理。随着连铸工艺的技术进步，不锈钢不修磨率大大提高。有的厂家的铬系钢连铸坯的不修磨率已提高到 90% 以上，304 镍钢已提高到 60% 以上，但含钛不锈钢（例如 321）还必须全面修磨。不锈钢板坯的加热宜采用步进式加热炉。由于不锈钢的导热性差，一般相同尺寸的不锈钢板坯加热时间大于碳钢板坯；由于板坯内外温度差大，不锈钢板坯的热应力也较碳钢大，使得铁素体和奥氏体不锈钢承受因加热速度产生热应力的能力也不尽相同。因此较长的加热炉对不锈钢板坯的加热控制有利。

（6）不锈钢热轧板卷主要由热连轧机、炉卷轧机两种类型的轧机生产，其中以常规连轧为主。国外也有用连铸连轧工艺生产的。例如意大利特尔尼厂 CSP 技术、美国阿姆科公司曼斯菲尔德特钢厂 CONROLL 技术等。炉卷轧机则适合产量较小的中小企业，由于其前后均设置有卷取炉，能够解决不锈钢加工温度范围窄、高温变形抗力大及边部轧裂等问题，但是产品的表面质量与常规连轧相比要略差一些。常规连轧机组有 1/2、3/4 及全连续等几种布置形式。在满足产量要求的前提下，目前较为流行的是单机架粗轧方案，即采用 1 架强力粗轧机进行 3~7 道次可逆轧制来满足精轧的坯料要求。这种布置方案可以大大缩短粗轧区长度，有利于减少板坯温降。不锈钢生产线粗轧机组典型技术参数见表 9-4。一般热连轧粗轧机前都配置有立辊轧机，与粗轧机近接布置，用于控制带钢宽度和形状，同时将板坯的边部由铸态组织变为轧态组织，避免在水平轧制中出现边裂，这些功能对于防止不锈钢的热轧边裂尤为重要。

表 9-4 不锈钢生产线粗轧机组典型技术参数

生产厂家	E_1						R_1				
	轧辊尺寸 /mm×mm	立辊最大开口度/mm	轧制速度 /m·s^{-1}	轧制压力/kN	主电机功率 /kW	主电机转速 /r·min^{-1}	工作辊规格 /mm×mm	支撑辊规格 /mm×mm	轧制压力/kN	主电机功率 /kW	转速 /r·min^{-1}
宝钢 1780mm	φ1200/ 1100×440	1780	2.9/5.8	4000	1200×2	0/320 /640	φ1200/ 1100×1780	φ1550/ 1400×1760	42000	7800×2	0/40/85
联众 1780mm	φ1200/ 1100×750	1800	2.7/5.3	5000	1450×2	0/295 /590	φ1250/ 1130×1800	φ1540/ 1370×1800	45000	6000×2	0/35/85
太钢 2250mm	φ1100/ 1000×650	2250	1.6/6.2	6700	1500×2		φ1250/ 1125×2250	φ1600/ 1400×2250	55000	9500×2	0/45/100
唐钢 1580mm	φ1200/ 1100×135	750~ 1580	2.5/5.7	6700	1500×2	0/160 /370	φ1200/ 1100×1580	φ1550/ 1400×1560	42000	7500×2	0/45/90
西南不锈 1450mm	φ1200/ 1100×440	1450	2.85/5.7	5500	1500×2	0/160 /390	φ1200/ 1100×1450	φ1550/ 1400×1450	42000	6500×2	0/45/90

注：辊型为四辊可逆式。

由于不锈钢加工温度范围窄、高温变形抗力大的特性，为了减少轧件在轧制过程中的温降，粗轧阶段采用高温快轧、抢轧的方法。以尽可能少的轧制道次将板坯轧制成中间坯厚度。要求粗轧机有足够大的能力以满足轧制要求，一般宽幅不锈钢粗轧机选择四辊可逆式轧机，允许轧制力在 42000kN 以上；主电机功率 12000kW 以上。在轧机的力能参数选择上比同规格的碳钢轧机要大一些，需根据具体的轧制规程确定。增加热卷箱可以使精轧机组不采用升速轧制，可减少主电机功率和轧机速度，且可以缩短轧线长度，减少投资；相同情况下可以降低板坯出炉温度，节约加热炉燃料，减少板坯氧化铁皮；热卷箱卷取时大量二次氧化铁皮剥落，有利于氧化铁皮的清除；减少中间坯头尾及上下表面温差。因此，热卷箱作为一种节能技术，可改善带坯宽度方向的保温效果，在不锈钢热轧生产中建议使用热卷箱技术，必要的话还可以配置热卷箱炉。

（7）精轧机组的主要功能是将粗轧机组送来的中间带坯轧制成成品带钢。在不锈钢生产中，精轧机组前一般配置 1 架立辊轧机，对轧件起导向和边部轧制的作用，通过对边部轧制防止精轧过程中轧件出现边裂。精轧机组一般为 6~7 架，在力能参数的选择原则上与粗轧机组类似。不锈钢精轧过程中应充分考虑轧制润滑技术，往往可以兼顾生产碳钢，需配置 2 套轧制油供给系统。轧制不锈钢时使用专用润滑油，由专用润滑油系统供油，在碳钢与不锈钢交替轧制时专用轧制润滑油自动切换，以保证不锈钢的质量。

（8）在不锈钢轧制中严格控制轧线冷却水。中间辊道的冷却方式采用辊身冷却和辊颈冷却两种方式，可分别控制。在轧制过程中严禁轧辊冷却水浇漏到带钢表面上。层流冷却系统用于精确控制带钢的卷取温度。有的学者认为不锈钢热轧后不进行水冷，但也有认为除马氏体轧后不需水冷以外，奥氏体不锈钢轧后需进行水冷以达到适宜的卷取温度，以便更好地控制产品表面质量。铁素体不锈钢由于终轧温度比较低（800℃以下），轧后水冷的投入与否各生产厂家都不尽相同。

热轧是钢坯在加热后经过几轮轧制，然后修整成钢板的过程，它可以显著降低能耗和成本。也就是说，由于金属在热轧过程中具有高塑性和低变形抗力，因此可以大大降低金属变形的能耗。不锈钢热轧可以改善金属和合金的加工性能，即铸态粗晶破碎、裂纹愈合、铸造缺陷减少或消除，铸态组织转变为变形组织以改善合金的加工性能。不锈钢热轧钢板是用热轧工艺生产的不锈钢钢板，用于化工、石油、机械、船舶等行业制造耐蚀零件、容器和设备，厚度不大于 3mm 的为薄板，厚度大于 3mm 的为厚板。

冷轧是金属在结晶温度以下进行轧制变形，一般是在室温条件下将热轧钢卷进一步轧薄至目标厚度的钢板。和热轧钢板比较，冷轧钢板厚度更加精确，而且表面光滑、漂亮，同时还具有各种优越的机械性能，特别是加工性能方面。因为冷轧原卷比较脆硬，不太适合加工，所以通常情况下冷轧钢板要求经过退火、酸洗及表面平整之后才交给客户。冷轧最大厚度是 0.1~8.0mm 以下，如大部分工厂冷轧钢板厚度是 4.5mm 以下；最小厚度、宽度是根据各工厂的设备能力和市场需求确定。不锈钢冷轧钢板是用冷轧工艺生产的不锈钢钢板，用于制作耐腐蚀部件，石油、化工的管道、容器，医疗器械，船舶设备等，厚度不大于 3mm 的为薄板，厚度大于 3mm 的为厚板。

9.2.2 不锈钢轧制生产工艺及装备

9.2.2.1 热轧生产工艺及装备

不锈钢热轧通常是以板坯（主要为连铸坯）为原料，经加热后由粗轧机组及精轧机组制成带钢，通过层流冷却至设定温度，由卷取机卷成钢带卷，冷却后的钢带卷，根据用户的不同需求，经过不同的精整作业线（平整、矫直、横切或纵切、检验、称重、包装及标志等）加工成为钢板、平整卷及纵切钢带产品。热轧工艺主要由板坯加热、高压水除鳞、粗轧、飞剪、精轧前除鳞、精轧、层流冷却、卷取等步骤组成。热轧的设备主要包括加热炉、高压水除鳞箱、粗轧机组、热卷箱、飞剪、精轧机组、层流冷却装置、卷取机、平整机等，北港新材热轧工艺流程与主要设备如图 9-2 所示。

当不锈钢钢坯送来热轧时，一般先根据钢种在加热炉里进行预加热，不同的不锈钢坯在进入粗轧前其预加热温度也会有所不同。经过加热后钢坯表面会形成氧化层，要进行高压水除鳞，除鳞之后的钢坯进入粗轧机组粗轧，然后在热卷箱中热卷。这个过程会有新的

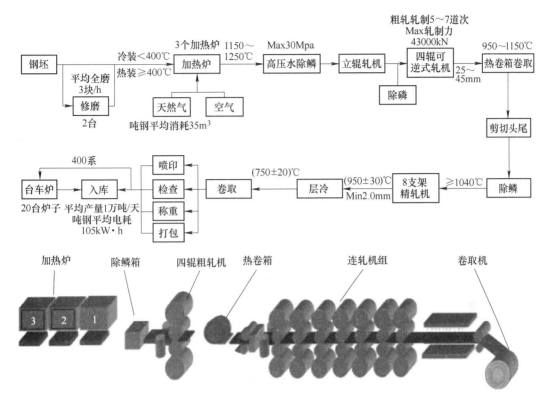

图 9-2 北港新材不锈钢热轧工艺流程与主要设备示意图

氧化层形成，需再次进行高压水除鳞，之后进入精轧机组精轧，精轧之后要进行退火、酸洗等。最后冷却卷取，等待下道工序或者直接成为成品。

不锈钢在热轧过程经过了两次高压水除鳞和一次酸洗除鳞、一次预加热、一次退火加热。预加热的目的是方便之后的轧制处理，退火加热则是为了再结晶软化，消除热应力。钢坯在预加热时表面生成的氧化层称为"一次氧化皮"，在粗轧过程中和粗轧之后形成的氧化层称为"二次氧化皮"，退火过程中不锈钢表面形成的氧化层属于"二次氧化皮"。有研究表明不锈钢在热轧退火过程中表面生成的氧化层结构比较复杂，并产生了分层，主要由 Fe_2O_3、Fe_3O_4、Cr_2O_3、尖晶石氧化物等组成，所以后续冷轧时需要先酸洗处理。

在满足产量要求的前提下，目前较为流行的是单机架粗轧方案，即采用 1 架强力粗轧机进行 3～7 道次可逆轧制来满足精轧的坯料要求。这种布置方案可以大大缩短粗轧区长度，有利于减少板坯温降。北港新材采用 R1+ F1～F8 布置，即 1 架立辊轧机配合四辊可逆式粗轧，后面接 1700（改）8 机架热连轧，可年处理各系列不锈钢合计 300 万吨。其详细配置如下。

A 粗轧除鳞机

粗轧除鳞机用于除去板坯表面的一次氧化铁皮。不锈钢对表面质量要求比较高，通常来说在热轧过程中加大除鳞力度和除鳞道次对于清除带钢表面加热过程和轧制过程中产生的氧化铁皮有好处，可最大限度地减小氧化铁皮覆盖层厚度。因此要求有比较高的除鳞压力才能满足除鳞要求。而且近几年投产的不锈钢生产线除鳞压力比以前都有所提高。根据设备制造厂和生产厂反馈的信息，普遍认为除鳞喷嘴处的出口压力设计为 20~25MPa 较为合适，北港新材的除鳞喷嘴处的出口压力最大可达 30MPa，粗轧除磷箱设备参数见表 9-5。

表 9-5 北港新材热轧生产线粗轧除磷箱设备参数

板坯宽度/mm	800~1530		
板坯厚度/mm	180~200		
部件与参数	上	下	单位
集管数量	1+1	1+1	个
喷嘴数量	25+25	25+25	个
喷射角	30	30	(°)
喷嘴倾角	15	15	(°)
喷嘴偏斜角	15	15	(°)
喷嘴喷射宽度	77.8	77.8	mm
喷嘴名义横向重叠量	约5.0	约5.0	mm
每个喷嘴公称流量	31.7	31.7	L/min
喷嘴间距	58	58	mm
喷射垂直高度	140	140	mm
喷嘴工作压力	30	30	MPa
总流量（上+下集管）(G)	95	95	m^3/h
集管高度调整液压缸	2（带位置传感器）		台

B 粗轧机组

一般热连轧粗轧机前都配置有立辊轧机，与粗轧机近接布置。用于控制带钢宽度和形状，同时将板坯的边部由铸态组织变为轧态组织，避免在水平轧制中出现边裂。这些功能对于防止不锈钢的热轧边裂尤为重要。表 9-6 和表 9-7 分别为北港新材热轧厂粗轧机组立辊轧机和四辊可逆轧机的基本参数。

表 9-6 北港新材热轧厂粗轧机组立辊轧机基本参数

项目		规格参数
形式		全液压 AWC/SSC，立式电机下置上驱动
板坯厚度/mm		180、200
板坯宽度/mm		800~1530
最大轧制力/kN		5000
轧制速度（最大辊径）/m·s^{-1}		0-2.19-5.7
立辊开口度/mm		750~1630
道次最大减宽量（厚200mm）/mm		50
侧压速度（单侧）/mm·s^{-1}		40
立辊	辊子直径/mm	$\phi1150/\phi1050$
	辊身长度/mm	650
	轧辊轴承	四列圆锥滚子轴承

项目		规格参数
平衡油缸2个	缸径/杆径/mm	$\phi180/\phi130$
	行程/mm	1550
	工作压力/MPa	16
	速度/m·s^{-1}	0~40（55）
压下油缸AWC/SSC油缸：4个（带位移传感器）	缸径/mm	440mm
	液压缸工作速度（开闭）/mm·s^{-1}	25（单侧）
	液压缸工作速度（短行程）/mm·s^{-1}	40（单侧）
	液压压下行程/mm	840
	工作压力/MPa	25
	位置精度/mm	±0.1
主电机2台	功率/kW	AC.1200
	过载系数	115%额定转矩，连续运行；225%额定转矩，历时60s；250%额定转矩，历时10s；275%额定转矩，切断
	转速/r·min^{-1}	120/312
额定力矩/kN·m		2×383（根据电机功率计算）
最大轧制力矩/kN·m		2×957.5（根据电机功率计算）
切断力矩/kN·m		2×1053.3（根据电机功率计算）
主传动减速器		两级圆柱齿轮传动
减速比		4.037
十字轴式万向联轴器/根		2
机架辊：2根	形 式	SWC型
	尺寸/mm×mm	$\phi450×1940$
	速度/m·s^{-1}	±0~5.7
机架辊传动电机2台	电机功率/kW	35
	电机转速/r·min^{-1}	242
轧辊冷却水工作压力/MPa		1

表 9-7 北港新材热轧厂粗轧机组四辊可逆轧机基本参数

项目		规格参数
形式		四辊可逆式
最大轧制压力/kN		43000
最大开口度/mm		270
最大轧制速度/m·s^{-1}		0-2.85-5.7
工作辊	辊子直径/mm	$\phi1200/\phi1100$
	辊身长度/mm	1630
	工作辊材质	高铬铸钢

项目			规格参数
工作辊		工作辊轴承	四列圆锥滚子轴承
		工作辊磨辊	可带箱磨辊
支承辊		辊子直径/mm	$\phi1550/\phi1400$
		辊身长度/mm	1630
		支承辊材质	Cr5（辊身硬度 HS65±3）
支撑辊轴承			54″—75（无键双止推）
机架断面/cm²			约 7000
名义轧线标高/mm			+840
压下装置			电动 APC+液压 AGC
电动压下速度/m·s⁻¹			0~40
HGC 液压缸		缸径/mm	$\phi1050/\phi970$
		压下速度/m·s⁻¹	3（液压压下微调 HGC）
		压下行程/mm	50
		工作压力/MPa	25
		位置精度/μm	±4
压下电机 2 台		额定功率/kW	AC 300
		转速/r·min⁻¹	750/1500
		压下速度/mm·s⁻¹	0~40
压下螺丝/mm×mm			S560×50
减速比			21.46
主平衡液压缸		缸径/mm	$\phi420/\phi380$（柱塞）
		行程/mm	485
		工作压力/MPa	16
下辊抬升液压缸 4 台		缸径/杆径/mm	$\phi220/\phi150$
		行程/mm	290
		工作压力/MPa	20
轧线标高调整装置			
阶梯垫最大调整量/mm			175（9 挡）
下阶梯垫 调整液压缸 1 台		缸径/杆径/mm	$\phi125/\phi90$
		行程/mm	1280
		工作压力/MPa	16
上工作辊平衡缸 4 台		缸径/杆径/mm	$\phi160/\phi140$
		行程/mm	420
		工作压力/MPa	16
下工作辊 平衡缸 4 台		缸径/杆径/mm	$\phi160/\phi140$
		行程/mm	120
		工作压力/MPa	16

续表 9-7

项目		规格参数
主传动电机 2 台	额定功率/kW	AC 7500
	过载系数	225%额定转矩, 历时 60s; 250%额定转矩, 历时 20s; 275%额定转矩, 切断
	转速/r·min⁻¹	45/90
机架辊电机 2 台	额定功率/kW	AC 35
	转速/r·min⁻¹	242
测压头/t		2×2200
机座静压靠刚性/kN·mm⁻¹		约 6000
WR 冷却水工作压力/MPa		1
BUR 冷却水工作压力/MPa		0.3

C 热卷箱

热卷箱的主要作用是, 精轧机组可以不采用升速轧制, 可减少主电机功率和轧机速度, 且可以缩短轧线长度, 减少投资; 相同情况下可以降低板坯出炉温度, 节约加热炉燃料, 减少板坯氧化铁皮; 热卷箱卷取时大量二次氧化铁皮剥落, 有利于氧化铁皮的清除; 减少中间坯头尾及上下表面温差。因此, 在不锈钢热轧生产中建议使用热卷箱技术, 必要的话还可以配置热卷箱炉。北港新材热轧厂热卷箱基本参数见表 9-8。

表 9-8 北港新材热轧厂热卷箱基本参数

项目	规格参数
形式	钢卷无芯移送式热卷箱
穿带速度/m·s⁻¹	≤4
最大卷取速度/m·s⁻¹	5.5
开卷速度/m·s⁻¹	0~2.5
卷取温度/℃	950~1150
卷取最大坯料厚度/mm	45
卷取最小坯料厚度/mm	23
最大卷外径/mm	2050
钢卷内径/mm	600~650
最大钢卷重量/t	25.6

D 边部加热器

带坯在轧制过程中, 边部温降大于中部温降, 温差大约为 100℃左右。边部温差大, 在带钢横断面上晶粒组织不均匀, 性能差异大, 同时, 还将造成轧制过程中边部裂纹和对轧辊的严重不均匀磨损。而热卷箱主要改善带坯纵向的头尾温差, 要想减小带坯横向温差则需考虑配置边部加热器。目前普遍采用的边部加热器的形式为电磁感应加热型, 应用效果好, 可适应各类钢种。边部加热器一般布置在飞剪之前, 新建厂也可以考虑做预留处理。

E 精除鳞箱

不锈钢精轧前采用高压蒸汽除去中间坯表面的二次氧化铁皮，可以避免采用高压水除鳞时对带坯产生的温降，有利于保证带坯精轧开轧温度。北港新材热轧生产线采用的是前后带夹送辊的高压水除鳞装置，上下各 30 个喷嘴，喷嘴出口最小压力 18MPa，每个喷嘴公称流量 39.6L/min。

F 精轧机组

精轧机组的主要功能是将粗轧机组送来的中间带坯轧制成成品带钢。在不锈钢生产中，精轧机组前一般配置 1 架立辊轧机，对轧件起导向和边部轧制的作用，通过对边部轧制防止精轧过程中轧件出现边裂。精轧机组一般为 6~7 架，在功能参数的选择原则上与粗轧机组类似。北港新材采用的是 1700（改）8 机架型四辊全液压式轧机，其基本参数见表 9-9，F1~F4 轧机最大轧制压力为 42000kN，F5~F8 轧机最大轧制压力为 40000kN。

表 9-9 北港新材热轧生产线 F1~F8 精轧机组基本参数

项目		规格参数
结构形式		四辊全液压式轧机
		液压 APC + 液压 AGC
中间板坯厚度/mm		23~45
中间板坯宽度/mm		830~1530
成品带钢厚度/mm		1.6~12.7
成品带钢宽度/mm		820~1520
最大轧制压力/kN	F1~F4	42000
	F5~F8	40000
轧辊最大	F1~F4	70（最大辊径时）
开口度/mm	F5~F8	50（最大辊径时）
最大轧制速度（F8 出口）/m·s^{-1}（最小辊径，最大电机转速时）		18.97
工作辊尺寸	F1~F4	ϕ825/ϕ735×1780
/mm×mm	F5~F8	ϕ650/ϕ575×1780
工作辊轴承		四列圆锥辊子轴承
支承辊尺寸（F1~F8）/mm×mm		ϕ1550/ϕ1400×1580
支承辊轴承		全对称、无键、双止推型油膜轴承
压下系统形式		液压 APC + 液压 AGC
AGC 缸 2×7 台	缸径（F1~F8）/mm	ϕ960/ϕ880
	行程/mm	120
	压下速度/m·s^{-1}	3
	位置精度/μm	±4
	工作压力/MPa	29
测压头（F1~F4）/kN		2×22000
测压头（F5~F8）/kN		2×22000

项目		规格参数
工作辊弯辊系统		
F1~F4 工作辊正弯辊力/kN		1500（单/侧）
F5~F8 工作辊正弯辊力/kN		1200（单/侧）
上工作辊弯辊缸 4×8 台	缸径/杆径/mm	$\phi 160/\phi 130$
	行程/mm	165
	工作压力/MPa	20
下工作辊弯辊缸 4×8 台	缸径/杆径/mm	$\phi 160/\phi 130$
	行程/mm	85
	工作压力/MPa	20
工作辊窜辊系统		
工作辊窜辊移动行程/mm		±100
工作辊窜辊液压缸 4×7 台（带位置传感器）	缸径/杆径/mm	$\phi 220/\phi 120$
	行程/mm	220
	工作压力/MPa	18
工作辊锁紧缸 4×8 台	缸径/杆径/mm	$\phi 80/55$
	行程/mm	70
	工作压力/MPa	16
接轴抱紧缸 4×8 台	缸径/杆径/mm	$\phi 140/\phi 90$
	行程/mm	150
	工作压力/MPa	16
支承辊平衡缸 1×8 台	缸径/mm	$\phi 360/\phi 320$（柱塞）
	行程（F1~F4）/mm	280
	行程（F5~F8）/mm	280
	工作压力/MPa	16
上辊缝补偿系统		
形式		液压驱动阶梯垫
上阶梯垫装置		5级×35mm
补偿轧辊重磨量/mm		F1~F4：80/F5~F8：60
液压缸 1×8 件（带位置传感器）	缸径/杆径/mm	$\phi 125/\phi 90$
	行程/mm	1550
	工作压力/MPa	16
轧线高度调整装置		
形式		液压缸调整阶梯垫式
名义轧线标高/mm		+820
下工作辊上辊面标高变化量/mm		-7.5~+7.5（轧制线为基准）

续表9-9

项目		规格参数
下阶梯垫级数		11
下支承辊抬升缸 4×8 台	缸径/杆径/mm	$\phi125/\phi80$
	行程/mm	200
下阶梯板驱动缸 1×8 台（带位置传感器）	缸径/杆径/mm	$\phi125/\phi90$
	行程/mm	1550
	工作压力/MPa	16
机座静压靠刚性（不含 AGC 液压缸）/kN·mm^{-1}		不小于 5500

G 轧线冷却水及带钢冷却系统

在不锈钢轧制中严格控制轧线冷却水。中间辊道的冷却方式采用辊身冷却和辊颈冷却两种方式，可分别控制。北港新材采用层流冷却辊道，精准控制不锈钢的料温从 950℃±30℃快速冷却到 750℃±20℃左右的卷取温度，其层流冷却系统详细参数见表9-10。

表 9-10 北港新材热轧生产线层流冷却系统参数

项目		规格参数
形式		上下管式层流
成品带钢厚度/mm		1.6~12.7
成品带钢宽度/mm		800~1530
冷却有效宽度/mm		1530
冷却有效长度/mm		22800
总水量/m^3·h^{-1}		约 2500
		上 1300 下 1200
上集管冷却水水压/MPa		0.07
下集管冷却水水压/MPa		0.07
供水方式		机旁高位水箱供水
喷头出口水温/℃		35
冷却/℃		约 40
控制组数		5
每组集管数量/个		4
每根集管水量/m^3·h^{-1}		上 64.5，下 19.6
集管开闭方式		气动蝶阀
侧喷		5 组
侧喷水压力/MPa		1
侧喷气压力/MPa		0.4~0.6
侧喷水流量/m^3·h^{-1}		70
上部集管架翻转液压缸		5 个
上部集管架翻转液压缸	缸径/杆径/mm	$\phi125/\phi70$
	最大速度/m·s^{-1}	150

与普碳钢热轧相比，不锈钢的热轧轧制技术和工艺诀窍主要体现在锭坯的检查清理、加热方法、轧辊孔型设计、轧制温度控制和产品在线热处理等方面：

（1）锭坯的检查清理线包括抛丸、红外线表面检查、超声波探伤及修磨砂轮机等。随着连铸水平的提高，如果连铸能生产无缺陷坯，可不加钢坯清理线。

（2）不同类型不锈钢的加热方法会有所差异。1）奥氏体不锈钢加热时组织稳定，不能通过淬火强化。这类钢具有良好的强度和韧性配合，低温韧性极好，无磁性，加工、成型和焊接性能好，但易产生加工硬化。同时，这类钢的导热性很低，在低温阶段塑性极好，因此加热速度可比铁素体不锈钢快，稍低于普碳钢的加热速度。2）铁素体不锈钢加热时不发生相变，一般不能用热处理强化。这类钢具有三种脆性转变，即 475℃脆性、α 相析出脆性和晶粒长大引起的脆性，常采用退火后急冷以获得良好的性能。3）高 Cr 钢高温下抗氧化、对应力腐蚀不敏感、钢的强度较奥氏体不锈钢高；韧性随 C、Ni 含量的降低而提高；有强磁性，焊接性能差。这类钢具有良好的热加工性，但在低温阶段铁素体的塑性很低，又加上坯（锭）冷却时产生的残余应力和加热时产生的热应力方向一致（因加热和冷却时没有相变），相互迭加，因而易产生热裂，所以坯（锭）在低温阶段应缓慢加热。钢锭的装炉温度不大于 800℃，钢坯应不大于 850℃。当含 Cr 量大于 16%时，铸态组织非常粗大，易产生粗晶组织，经热加工破碎的晶粒在温度大于 950℃时有强烈长大的倾向，因在加热和冷却时不产生相变，所以长大的晶粒不能通过热处理方法来改变，同时这类钢是体心立方晶格的铁素体，再结晶温度低，再结晶速度大，经再结晶后钢的塑性也较好，热加工时变形抗力小，为了要获得所需的细晶粒组织，一般采用在较低温度下变形和控制在此温度下的变形量，加热温度一般为 950～1000℃左右。

（3）轧辊孔型设计。生产不锈钢棒材时，轧辊孔型一般采用椭圆-圆孔型系统，孔型设计时要考虑孔型有较强的可适应性，尽可能减少更换孔型和轧机的重新启动，即孔型可以适应多种产品，允许孔型有较大的间隙调整，使整个产品范围对预精轧机孔型变化的要求都降到最低。

（4）轧制温度控制。不锈钢轧制时，由于其变形抗力对温度变化相当敏感，特别在粗轧时，由于轧制速度低，变形功导致的温度上升不足以补偿轧件本身的温降，造成头尾温差大，对产品公差有不良影响，也会在轧件上产生表面缺陷和内部缺陷，影响最终产品性能的均匀性。为了解决上述问题，加热好的坯料经粗轧轧制后，进入设在粗轧和中轧间的燃油（或燃气）保温炉或感应式再加热炉，温度均匀化之后再进入中轧机组进行轧制。为了控制精轧和预精轧过程中轧件升温过高，一般在这两组轧机后及精轧机组机架间设有水冷装置（水箱）。这样可以实现对晶粒度的合理控制，以便改善最终产品的技术性能。

（5）不锈钢的在线热处理。过去不锈钢棒材的热处理都是离线进行，随着科学的发展和轧制工艺研究的不断深入，现代不锈钢热处理也较多采用在线进行。生产棒材时，对奥氏体、铁素体不锈钢而言，由于不易产生冷裂和白点，轧后可空冷或堆冷，或者在飞剪前设穿水冷却装置以实现余热淬火；生产马氏体不锈钢时，由于容易产生冷裂，不能进行穿水冷却而直接进入冷床，冷床的结构不同于生产普碳钢的冷床，一种办法是采用经改进的步进式齿条冷床，如意大利 Danieli 公司设计的 1989 年投产的美国 Teledyne Allvac 厂的冷床，它伸入高温侧的一个槽中，槽可以放上水使冷床淹没在水中，这样可以对奥氏体不锈钢进行水淬，而不需要水淬的品种则直接进入冷床，该冷床还可以装备绝热罩，可使轧件延迟冷却，在罩上绝热罩进行延迟冷却时，其冷却速度相当自然冷却速度的一半，较低的冷却速度对确保马氏体不锈钢的滞后脆性裂纹是非常重要的；另一种办法是把冷床的一半设计成链式，另一半为普通的齿条式冷床，辊道设保温罩，生产马氏体不锈钢时，飞剪把轧件切成倍尺或定尺，如为倍尺，经链式冷床快速拉入保温罩中，在罩中切成定尺再送入保温坑，定尺直接拉入保温坑中进行缓慢冷却。

9.2.2.2 冷轧生产工艺及装备

不锈钢冷轧是以热轧钢卷为原料，经酸洗去除氧化皮后进行冷连轧，在热轧不锈钢板板卷的基础上加工轧制出来得到不锈钢冷轧产品。冷轧生产的工序一般包括原料准备、酸洗、轧制、脱脂、退火（热处理）、精整等，一般来讲是热轧→酸洗→冷轧这样的加工过程，虽然在加工过程中因为轧制也会使钢板升温，但由于在结晶温度以下，还是叫冷轧。对于热轧经过连续冷变形而成的冷轧，机械性能比较差，硬度太高。冷轧产品分硬质、1/4硬质、1/8硬质、退火平整。通常为了满足性能使用要求，在冷轧后要对钢卷进行退火，使钢材的晶粒组织得到恢复，满足后期用户在拉伸冲压方面的使用要求。没有退火的叫轧硬卷，轧硬卷一般是用来做无需折弯、拉伸的产品。

不锈钢冷轧钢带的典型生产工艺流程包括生产前的准备（并卷焊接等）、热轧黑卷的退火和酸洗、带钢修磨、冷轧、冷轧卷的退火和酸洗、平整（调质轧制）、矫直、剪切和垛板、分类检查和包装。根据钢种和质量要求的不同，工艺程序不完全相同。另外，根据原料厚度及成品厚度的不同，冷轧有时可能要进行两三次，而在两次冷轧之间都要中间退火及酸洗，这样一个过程，称作一个轧程。铁素体钢和马氏体钢的退火时间较长，目的是便于再结晶和溶解碳化物。通常在罩式炉中退火，退火温度约800℃，保温2~6h。铁素体钢要在空气中迅速冷却，以防脆化；马氏体钢不允许快速冷却，以免引起过大的内应力及硬化裂纹。奥氏体钢在连续炉中加热温度为1000~1100℃，在水中或空气中迅速冷却。冷轧带钢退火工艺制度主要根据钢的化学成分、产品的技术标准、带钢的尺寸和卷重等因素确定，工艺制度必须保证生产中卷层间不黏结，表面不出现氧化。不锈钢冷轧多采用强对流、全氢保护的罩式退火炉，如图9-3所示。

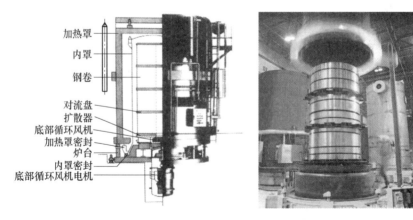

加热罩
内罩
钢卷
对流盘
扩散器
底部循环风机
加热罩密封
炉台
内罩密封
底部循环风机电机

图9-3 罩式退火炉示意图

退火后的带钢先经抛丸处理，打碎表面氧化铁皮，经刷洗后进入酸洗槽，在热处理过程中产生的铁皮在盐浴炉中氧化和疏松,以利酸洗,彻底清除氧化铁皮和使表面钝化。一般用硝酸或硫酸进行酸洗,硝酸溶液温度为 20~55℃,硫酸溶液温度为 50~70℃。不锈钢带坯的退火和酸洗一般在退火酸洗机组中进行。酸洗后的带钢经检查后在带式修磨机上整修表面缺陷,然后送冷轧机轧制。成品不锈钢带进行光亮退火,即在无氧化气氛中作最后一次再结晶退火,通常采用分解氨作保护气体。经过光亮退火后一般不再进行研磨和抛光,以保持已获得的带钢表面粗糙度。平整的目的在于改善带钢表面质量,同时也可改善带钢的板形和消除屈服平台。平整时的压缩率一般不超过 2%。为了获得极其光洁的带钢表面,在平整过程中轧辊应经常抛光。为了提高不锈钢带的抗腐蚀性能,对于某些特殊品种的不锈钢带还要进行研磨和抛光。一般采用湿式研磨(用油和乳化液),研磨时要防止由于不锈钢导热性能差而产生的灼斑或裂纹。抛光工序由抛光和擦净两部分组成。一般用乳化液作抛光剂。为防止带钢表面划伤,整个工艺过程中所有与带钢接触的辊子表面必须十分光洁,或采用包胶辊。卷取时,必须在每层间垫上纸带。成品收集更需要每层间垫纸,以保护表面不致相互擦伤。

冷轧不锈钢技术发展经历了两个重要的阶段——早期传统单机架生产工艺和现代多机架连续轧制生产工艺。随着产能大幅提高,不锈钢冷轧工艺技术由传统的单机架轧制向冷连轧发展,形成以冷连轧为主、专业化的单机架为辅助的轧制模式,即用单机架二十辊轧机生产精密薄带,用多机架十八辊连轧生产宽规格的厚带,产量均有较大提高。多机架冷连轧机中,十八辊冷连轧机由四机架发展到五机架、六机架,六辊冷连轧机由五机架发展到六机架和七机架。图 9-4 所示为单机架生产工艺和现代多机架连续轧制生产工艺示意图。

单机架冷轧生产工艺通常是不锈钢热轧卷先进热退火酸洗线,再经可逆式(或不可逆式)单机架冷轧到产品所需规格,然后冷退火酸洗(光亮退火)和精整得到产品。单机架冷轧适合小批量、多品种及特殊钢材的轧制,具备投资低、建厂快的优点。但单机架可逆式轧机由于轧制速度低(最高轧制速度仅 10~12m/s)、轧制道次多、生产能力低、金属消耗较大,因此,当产品品种规格较为单一、年产量高时,宜选用生产效率与轧制速度都高的多机架连续式轧制方式,如图 9-4(b)(c)所示,它承担着薄板带钢的主要生产任务。冷连轧机组的机架数目根据成品带钢厚度不同而异,一般由 3~6 个机架组成。当生产厚度为 1.0~1.5mm 的冷轧汽车板时,常选用三或四机架冷连轧机组;对于厚度为 0.25~0.4mm 的带钢产品,一般采用五机架冷连轧机(四机架只能轧制 0.4~1.0mm 的板、带产品),若成品带钢厚度小于 0.18mm,则需采用六机架冷连轧机组,但一般最多不超过 6 个机架。对于极薄产品或薄的不锈钢及硅钢板、带产品,则采用多机架多辊式(如森吉米尔)轧机进行轧制。不锈钢属于难变形钢,冷轧时容易产生加工硬化,特别是多道次低压缩率轧制时更为明显。采用多机架多轧程轧制时,由于冷轧使材料产生加工硬化,当总变形量达到 60%~80% 时,继续变形就变得很困难,为此要进行中间退火,使材料软化后轧制得以继续进行,而为了得到要求的薄带钢,这样的中间退火可能要进行多次。不锈钢带一般在四辊轧机和多辊轧机上轧制,如采用偏八辊轧机(MKW 轧机)和二十辊轧机等。对于较易轧制的奥氏体钢,每道次压缩率不超过 25%,每轧程的总压缩率不超过75%;对于碳含量较高的马氏体钢,每道次压缩率为 15%,每轧程总压缩率不大于 50%。

轧制不锈钢这样高硬度或冷加工硬化倾向大的材料,而且轧制要达到高效率、高精

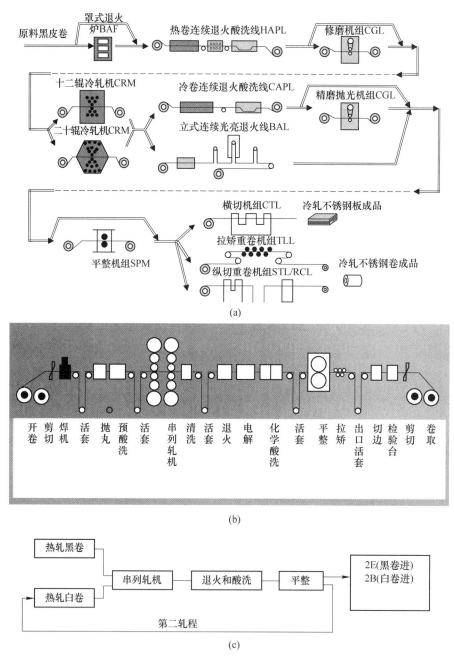

图 9-4 单机架生产工艺和多机架连续轧制生产工艺示意图

（a）传统单机架工艺；（b）多机架连续轧制生产工艺；（c）多机架多轧程轧制生产工艺

度，必须用刚性大的轧机。最初，不锈钢冷轧多采用四辊可逆式轧机。这种轧机刚性不足，轧制精度不高，而且工作辊、支承辊、牌坊都很庞大，针对这种情况开始出现包括森吉米尔二十辊式、HC 轧机（新六辊式）、MKW 型八辊式、十二辊式和十八辊式等多辊轧机，可根据轧制带钢的品种和规格进行选用。主流机型逐渐演变成二十辊和十八辊轧机，目前不锈钢的冷轧大多数采用这两类轧机。森吉米尔轧机绝大部分都是单机架生产，拥有工作辊直径小、轧机机架刚性大等优势，在不锈钢、硅钢、合金钢、合金材料等冷轧领域得到了广泛的应用。主流二十辊式和十八辊轧机示意图分别如图 9-5、图 9-6 所示。二十辊机型由牌坊式、整体式、四立柱式等逐渐演变成整体式和四立柱式，其中整体式因精度高、刚度好、操控容易、备件资源丰富而得到极大地发展。十八辊轧机主流机型主要有 Z-Hi、X-Hi 和 S-6 三种，Z-Hi 和

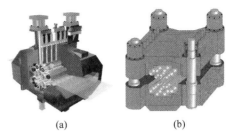

图 9-5　二十辊式轧机辊系示意图
(a) 整体式；(b) 四立柱式

X-Hi 轧机由于制造精度要求高，机型稳定性好，控制环节相对少，生产出的产品精度更高，已成为首选机型。

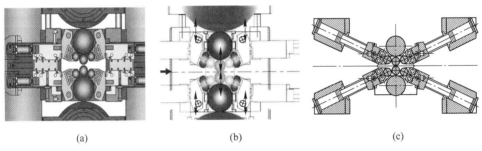

图 9-6　十八辊式轧机辊系示意图
(a) Z-Hi 型；(b) X-Hi 型；(c) S-6 型

图 9-7 所示为北港新材冷轧生产线流程示意图，就是典型的以多机架冷连轧为主，专业化的单机架为辅助轧制生产模式，以及 2 条冷酸洗机组，具备 120 万吨/a 冷轧卷生产能力。单轧生产采用 4 套二十辊可逆式单轧机，五连轧生产采用十八辊式轧机，其设备详细参数见表 9-11。

由于不锈钢的特性和对产品质量的特殊要求，冷轧生产工艺具有下列特点：

（1）不锈钢是一种高合金钢，轧制变形抗力较大。为了进行高效率、高精度的轧制，应采用刚性大的轧机，一般采用多辊冷轧机。

（2）带钢在可逆式轧机上冷轧时，缠绕在卷取机上的头尾部得不到压下，被切掉成为废品。为改变这种状况以提高成材率，带钢两端在轧前都要焊接引带；另外，如果热轧卷重量太小时，为提高轧制效率和成材率，钢卷还需预先并卷焊接；在连续退火和酸洗机组上，由于是连续作业，钢带头尾连接也需要焊接。所以，焊接是不锈钢生产不可缺少的环节。但是，不锈钢的焊接不同于普通钢，比一般钢难焊得多；特别是有些焊缝还需经受压下，对焊接质量的要求也严格得多。因此，特殊的焊接工艺也是不锈钢冷轧带钢生产的一个特点。

（3）不锈钢生产过程中，原料（热轧卷）要退火，冷轧过程中要中间退火，最终成品还要退火，故退火是生产中的重要环节。而不锈钢的种类很多，各种钢的属性不同，热处理的目的、方法和要求都不同于一般，有一套独特的工艺制度。

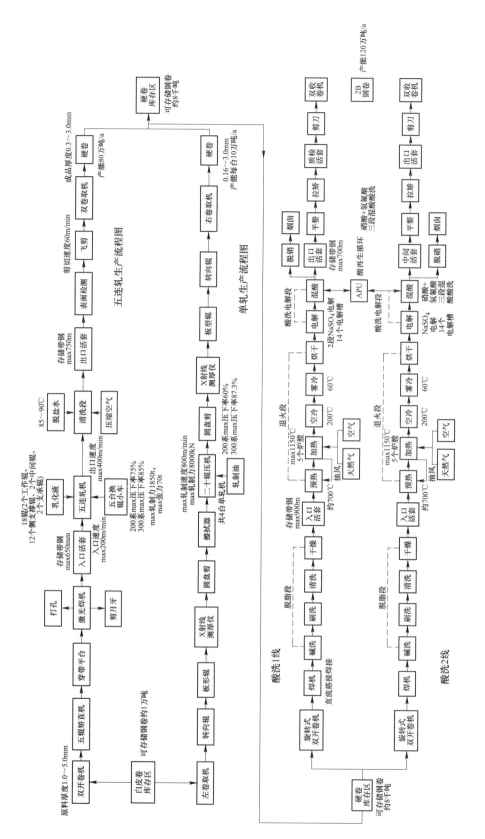

图 9-7 北港新材冷轧生产线流程示意图

表 9-11 北港新材冷轧生产线二十辊和十八辊轧机参数

二十辊轧机			十八辊轧机		
台数		4 台	台数		5 机架
处理能力		4×10 万吨/(台·a)	处理能力		80 万吨/a
产品类型		200 系、300 系和 400 系	产品类型		200 系、300 系和 400 系
钢带厚度	来料厚度(不大于)/mm	5.0	钢带厚度	来料厚度(不大于)/mm	5.0
	来料厚度(不小于)/mm	1.0		来料厚度(不小于)/mm	1.0
	成品厚度(不大于)/mm	3.0		成品厚度(不大于)/mm	3.0
	成品厚度(不小于)/mm	0.16		成品厚度(不小于)/mm	0.3
钢带宽度	宽度(不大于)/mm	1300	钢带宽度	宽度(不大于)/mm	1300
	宽度(不小于)/mm	800		宽度(不小于)/mm	800
压下率/%	200 系	60	压下率/%	200 系	75
	300 系	87.3		300 系	85
轧制参数	速度(不大于)/m·min^{-1}	800	轧制参数	速度(不大于)/m·min^{-1}	200
	张力(不大于)/kN	500		张力(不大于)/kN	700
	轧制力(不大于)/kN	8000		轧制力(不大于)/kN	18500

（4）冷轧不锈钢是一种高级钢材产品，对表面质量的要求十分严格，不仅不允许残留前工序带来的冶金缺陷，而且不允许有冷轧加工过程造成的明显缺陷。为此，生产过程中应采取一系列消除和防护的措施。例如，为消除热轧的氧化铁皮，热轧带钢要喷丸处理和酸洗；为消除坯料带来的缺陷和冷轧、热处理后造成的缺陷，带钢往往要在修磨机组上修磨；为保证冷轧后的表面质量，对轧辊的研磨有非常严格的要求；为了防止生产过程中擦划伤，要求各机组的钢卷卷紧、卷齐，而且冷轧前后的许多机组卷取时都要在钢卷的层间垫上工艺纸；另外，在容易产生擦划伤的操作和设备上也采取了一些特殊防护措施；为了得到良好的、均匀的表面光泽，成品退火后还要酸洗，有特殊要求的光亮板还要进行保护气氛退火；为保护成品的表面，有的产品表面还要覆膜等。总之，冷轧不锈钢的生产，是一个精工细作的工艺过程，这是其他钢种不可比拟的。

9.3 不锈钢酸洗工艺与实践

现代不锈钢生产需经热轧退火，以提高不锈钢塑性，调整晶粒度。在该过程中，不锈钢表面会形成成分、结构复杂的氧化层（外氧化层、内氧化层），同时伴生贫铬层，这种膜保护性不够完善，其存在不但影响不锈钢的表面质量，而且影响轧辊使用寿命，并对后续冷轧工艺产生不利影响。不锈钢的耐腐蚀主要依靠表面钝化膜，如果膜不完整或有缺陷，不锈钢仍会被腐蚀。为有效去除表面的氧化层及贫铬层，钝化不锈钢基体，改善不锈钢表面质量，通常先要进行根本清洗，包含碱洗和酸洗，再用氧化剂钝化，才能确保钝化膜完整性和稳定性，使不锈钢的耐蚀潜力发挥得更大，不锈钢的酸洗工艺应运而生。不锈钢表面清洗、酸洗与钝化，除可最大限度提高耐蚀性外，还有防止产品污染与获得美观的作用。

不锈钢酸洗（stainless steel pickling）属于工业清洗技术，酸洗的目的是去除不锈钢表面的氧化膜，不锈钢表面酸洗后生成一层致密的氧化膜，这道工序叫酸洗钝化。一般是采用酸洗钝化膏和酸洗钝化液进行处理，酸洗钝化膏是将酸洗和钝化同步进行。如热轧不锈钢板的酸洗工艺自20世纪20年代经过长期的发展与演变，逐渐形成了前处理（机械除鳞、中性盐电解等）→预酸洗（硫酸酸洗或硫酸电解酸洗等）→终酸洗（以硝酸-氢氟酸混酸酸洗为主）的现代酸洗工艺。通过喷丸等机械除鳞方法，可去除不锈钢表面大部分的氧化层，同时疏松残留氧化层结构，以利于后续酸洗液的渗透；也可以通过中性盐电解等方式使氧化层改性，将氧化层中的难溶氧化物氧化为可溶氧化物。预酸洗通过化学酸洗结合电解方式，进一步去除氧化层与贫铬层。终酸洗的目的是去除残留的氧化层与贫铬层，同时实现基体钝化，改善不锈钢板的表面质量。

9.3.1 不锈钢酸洗基础理论

不锈钢的抗腐蚀性能主要是由于表面覆盖着一层极薄的（约1nm）致密的钝化膜，可以隔离腐蚀介质，是不锈钢防护的基本屏障。不锈钢钝化具有动态特征，不应看作腐蚀完全停止，而是形成扩散的阻挡层，使阳极反应速度大大降低。

酸洗的目的之一是为钝化处理创造条件，保证形成钝化膜。因为通过酸洗使不锈钢表面的10nm厚度被腐蚀掉，酸液的化学活性使得缺陷部位的溶解率比表面上其他部位高，因此酸洗可使整个表面趋于均匀平衡，一些原来容易造成腐蚀的隐患被清除掉。但更重要的是，通过酸洗钝化，使铁与铁的氧化物比铬与铬的氧化物优先溶解，去掉了贫铬层，造成铬在不锈钢表面富集，这种富铬钝化膜的电位可达+1.0V(SCE)，接近贵金属的电位，提高抗腐蚀的稳定性。不同的钝化处理也会影响膜的成分与结构，从而影响不锈性，如通过电化学改性处理，可使钝化膜具有多层结构，在阻挡层形成CrO_3或Cr_2O_3，或形成玻璃态的氧化膜，使不锈钢具有更大的耐腐蚀性。这层膜是不锈钢在一般介质中不生锈、不腐蚀的关键。

热轧生产过程中，带钢表面不可避免地发生高温氧化生成氧化铁皮，奥氏体不锈钢在高温热轧和卷取的过程中也会在表面生成黑色且坚硬的氧化铁皮，这层氧化铁皮牢固地覆盖在带钢表面掩盖其表面缺陷，而且会在后续轧制过程中被压入带钢或轧辊表面，影响产品表面质量或造成轧辊损耗，因此必须除去所生成的氧化铁皮。一般采用机械破鳞+化学酸洗的方法，传统的热轧不锈钢化学酸洗一般采用硫酸（H_2SO_4）+混酸（HNO_3+HF）的酸洗方法，但是在酸洗过程中会产生大量的氮氧化物废气和含氮废水，严重污染环境，而且脱硝成本较高。不锈钢酸洗如果采用无硝酸酸洗液（H_2SO_4+HF+H_2O_2），由于不含硝酸，酸洗时不会产生氮氧化物废气和含氮废水，可避免环境污染，大大节省环保处理成本。此外，不锈钢不一定非要酸洗，比如用保护气体如纯氢、氨分解等气氛保护下的退火，是不需要酸洗的，只有在表面有氧化皮的情况下才需要。由于涉及热轧黑卷的退火酸洗和冷轧硬卷的酸洗过程，限于章节内容的限制，本节仅以热轧304奥氏体不锈钢为代表钢种，分析总结热轧奥氏体不锈钢带钢表面氧化铁皮结构和成分、硫酸酸洗工艺机理、无硝酸酸洗工艺机理。

A 氧化铁皮的结构和成分对酸洗的影响

影响酸洗的因素包括以下6个方面：

（1）氧化皮层状态（成分，裂纹，厚度等）；

（2）氧化皮中 Cr 浓度低、贫 Cr 层厚度薄，利于酸洗；

（3）混酸浓度、温度、酸液喷射压力、酸槽酸液浸泡和循环流动性；

（4）刷洗冲洗效果；

（5）带钢工艺运行速度；

（6）金属离子浓度等。

前两个因素是材料本身性质带来的影响。如奥氏体不锈钢黑卷表面氧化铁皮的结构和成分内外两层有所差异，外层氧化物主要以铁的氧化物为主，这层氧化物厚度较薄，进一步可分为第 1 层 Fe_2O_3，第 2 层 Fe_3O_4，第 3 层为 FeO，第 4 层富铁氧化物，主要成分为 Fe_2O_3、Fe_3O_4、FeO、Cr_2O_3、$FeO \cdot Cr_2O_3$、NiO、MnO。内层氧化物主要由交替分布的 Cr_2O_3 层和 $FeCr_2O_4$ 层组成，Cr_2O_3 层也含有少量的 NiO，内层氧化物厚度较厚。在氧化铁皮底层还存在一层分布不连续的 SiO_2 层，这层氧化物厚度较薄。此外，在热轧奥氏体不锈钢带钢氧化铁皮/金属基体界面靠近金属基体侧还存在一层厚度较薄的贫 Cr 层。热轧奥氏体不锈钢带钢酸洗前，为了改善材料性能，需要经过连续退火炉退火，黑卷在高温退火过程中，由于燃烧气氛中的氧气和高温水蒸气会使金属基体和其表面的 Cr 进一步被氧化，从而导致带钢表面氧化铁皮和贫 Cr 层厚度均变厚，且氧化铁皮内部会产生大量的孔洞和裂纹；氧化铁皮中的 Fe_2O_3 明显减少（分解为 Fe_3O_4 和 O_2），内层的 Cr_2O_3 层和 $FeCr_2O_4$ 层明显增厚；氧化铁皮底层仍存在一层分布不连续的 SiO_2。经过机械破鳞后，氧化铁皮中的孔洞和裂纹进一步发生龟裂甚至脱落，从而改善酸洗性能。

B 硫酸（H_2SO_4）+混酸（HNO_3+HF）的酸洗机理

硫酸酸洗+混酸酸洗的连续酸洗工艺中硫酸酸洗阶段，金属基体中的 Cr、Ni、Si 和表面氧化铁皮成分中的 Cr_2O_3 难溶于硫酸，金属基体中的 Fe、Mn 和表面氧化铁皮成分中的 FeO、MnO、NiO 可以溶于硫酸，Fe、FeO 与硫酸反应很快，表层 Fe_2O_3、Fe_3O_4 与硫酸反应较慢。为了实现快速酸洗和降低酸耗，通常热轧带钢在酸洗前必须进行预处理，利用机械破鳞（拉矫机+抛丸机）除去大部分氧化铁皮，并使剩余氧化铁皮发生龟裂，以利于酸洗时硫酸通过氧化铁皮中的裂纹和孔隙渗透到氧化铁皮内部和金属基体表面，溶解氧化铁皮外层铁氧化物，如外层第 3 层 FeO、第 4 层 FeO 和 $FeO \cdot Cr_2O_3$、内层的 $FeCr_2O_4$($FeO \cdot Cr_2O_3$)，同时，硫酸还与金属基体中的 Fe、Mn 反应生成大量 H_2，从而产生机械剥离作用。

采用混酸酸洗时，酸液（HNO_3+HF）通过氧化铁皮中的裂纹和孔洞渗透到氧化皮内部和金属基体表面，与贫 Cr 层中的 Fe、Cr、Ni、Mn、Si 以及氧化铁皮中的 MnO、NiO 反应，溶解贫铬层，并借助反应产生的 H_2、NO、NO_2 气体的机械剥离作用，使氧化铁皮以机械剥离的形式去除；另外，部分氧化铁皮也通过化学溶解的作用去除。贫 Cr 层溶解完时，硝酸与金属基体接触时会生成一层钝化膜，可以防止金属基体被侵蚀。混酸酸洗液中 HNO_3 的主要作用一是利用其酸性，为反应的进行提供 H^+；二是利用其强氧化性，氧化带钢表面不均匀的金属层，在接触金属基体的瞬间生成一层致密的氧化膜，可阻止金属基体进一步被侵蚀。而 HF 具有强活化作用，F^- 离子的点腐蚀作用可以加速酸洗液通过氧化铁皮内部裂纹和孔隙渗透到氧化铁皮的内部和金属基体表面，很快与基体贫 Cr 层中的 Fe、Cr、Mn、Si 发生反应，产生大量 H_2，使贫 Cr 层溶解、对整个氧化铁皮产生机械剥离作用。HF 可以溶解氧化铁皮外层铁氧化物，如第 3 层 FeO、第 4 层 FeO 和 FeO·Cr_2O_3、氧化铁皮内层的 $FeCr_2O_4$（FeO·Cr_2O_3）和氧化铁皮底层的 SiO_2，尤其是底层的 SiO_2 极易在 HF 中溶解，这大大促进了酸洗液对氧化铁皮的机械剥离作用；同时，HF 还会通过化学反应溶解氧化铁皮中的 Fe_2O_3、Fe_3O_4、NiO、MnO、Cr_2O_3。此外，HF 还会与溶液中存在的金属离子 Fe^{3+}、Cr^{3+}、Ni^{2+}、Mn^{2+} 形成难溶氟化物：FeF_3、CrF_3、NiF_2、MnF_2 以及配合基离子 FeF^{2+}、CrF^{2+}、NiF^+、MnF^+。HF 的作用体现在两方面：一是利用其酸性，为反应的进行提供 H^+；二是使金属离子沉淀，特别是 F^- 离子与 Cr^{3+} 的反应较快，促进酸洗溶解反应的进行。

硫酸+混酸酸洗机理包括以下化学反应：

（1）酸液与氧化铁皮的化学反应：

$$FeO + H_2SO_4 === FeSO_4 + H_2O \tag{9-1}$$

$$FeO·Cr_2O_3 + H_2SO_4 === FeSO_4 + Cr_2O_3 + H_2O \tag{9-2}$$

$$Fe_2O_3 + 3H_2SO_4 === Fe_2(SO_4)_3 + 3H_2O \tag{9-3}$$

$$Fe_3O_4 + 4H_2SO_4 === Fe_2(SO_4)_3 + FeSO_4 + 4H_2O \tag{9-4}$$

$$NiO + H_2SO_4 === NiSO_4 + H_2O \tag{9-5}$$

$$MnO + H_2SO_4 === MnSO_4 + H_2O \tag{9-6}$$

$$2FeO + 2HNO_3 === Fe_2O_3 + 2NO_2 \uparrow + H_2O \tag{9-7}$$

$$2Fe_3O_4 + 2HNO_3 === 3Fe_2O_3 + 2NO_2 \uparrow + H_2O \tag{9-8}$$

$$NiO + 2HNO_3 === Ni(NO_3)_2 + H_2O \tag{9-9}$$

$$MnO + 2HNO_3 === Mn(NO_3)_2 + H_2O \tag{9-10}$$

$$Fe_2O_3 + 6HF === 2FeF_3 + 3H_2O \tag{9-11}$$

$$Fe_3O_4 + 8HF === 2FeF_3 + FeF_2 + 4H_2O \tag{9-12}$$

$$FeO + 2HF === FeF_2 + H_2O \tag{9-13}$$

$$NiO + 2HF === NiF_2 + H_2O \tag{9-14}$$

$$MnO + 2HF === MnF_2 + H_2O \tag{9-15}$$

$$FeO·Cr_2O_3 + 2HF === FeF_2 + Cr_2O_3 + H_2O \tag{9-16}$$

$$Cr_2O_3 + 6HF === 2CrF_3 + 3H_2O \tag{9-17}$$

$$SiO_2 + 4HF === SiF_4 + 2H_2O \tag{9-18}$$

（2）酸液通过氧化铁皮内部裂纹和孔隙渗透到金属基体表面发生反应：

$$Fe + H_2SO_4 === FeSO_4 + H_2 \uparrow \tag{9-19}$$

$$Mn + H_2SO_4 === MnSO_4 + H_2 \uparrow \tag{9-20}$$

$$Fe + 4HNO_3 === Fe(NO_3)_3 + NO \uparrow + 2H_2O \tag{9-21}$$

$$Cr + 4HNO_3 === Cr(NO_3)_3 + NO \uparrow + 2H_2O \tag{9-22}$$

$$3Ni + 8HNO_3 === 3Ni(NO_3)_2 + 2NO \uparrow + 4H_2O \tag{9-23}$$

$$3Mn + 8HNO_3 === 3Mn(NO_3)_2 + 2NO \uparrow + 4H_2O \tag{9-24}$$

$$Fe + 2HF === FeF_2 + H_2 \uparrow \tag{9-25}$$

$$Cr + 2HF === CrF_2 + H_2 \uparrow \tag{9-26}$$

$$Ni + 2HF === NiF_2 + H_2 \uparrow \tag{9-27}$$

$$Mn + 2HF === MnF_2 + H_2 \uparrow \tag{9-28}$$

$$Si + 4HF === SiF_4 + 2H_2 \uparrow \tag{9-29}$$

（3）金属基体中的 Fe、Mn 与酸液反应产生大量的活泼氢，具有很强的还原能力，能将高价铁氧化物还原成易与酸液反应的低价铁氧化物；HF 还会与溶液中存在的金属离子 Fe^{3+}、Cr^{3+}、Ni^{2+}、Mn^{2+} 形成难溶氟化物以及配合基离子，为反应的进行提供 H^+ 和使金属离子沉淀，特别是 F^- 离子与 Cr^{3+} 的反应较快，促进了酸洗溶解反应的进行，酸洗过程加快，其化学反应式为：

$$Fe_3O_4 + 2H === 3FeO + H_2O \tag{9-30}$$

$$Fe_2O_3 + 2H === 2FeO + H_2O \tag{9-31}$$

$$Fe_2(SO_4)_3 + 2H === 2FeSO_4 + H_2SO_4 \tag{9-32}$$

$$H + H === H_2 \uparrow \tag{9-33}$$

$$3HF + Fe^{3+} === FeF_3 \downarrow + 3H^+ \tag{9-34}$$

$$3HF + Cr^{3+} === CrF_3 \downarrow + 3H^+ \tag{9-35}$$

$$2HF + Ni^{2+} === NiF_2 \downarrow + 2H^+ \tag{9-36}$$

$$2HF + Mn^{2+} === MnF_2 \downarrow + 2H^+ \tag{9-37}$$

$$HF + Fe^{3+} === FeF^{2+} + H^+ \tag{9-38}$$

$$HF + Cr^{3+} === CrF^{2+} + H^+ \tag{9-39}$$

$$HF + Ni^{2+} === NiF^+ + H^+ \tag{9-40}$$

$$HF + Mn^{2+} === MnF^+ + H^+ \tag{9-41}$$

（4）金属基体表面钝化反应：

$$2Cr + 6HNO_3 === Cr_2O_3 + 6NO_2 \uparrow + 3H_2O \tag{9-42}$$

$$Ni + 2HNO_3 === NiO + 2NO_2 \uparrow + H_2O \tag{9-43}$$

不锈钢酸洗时常是和钝化联系在一起，一般需要酸洗的不锈钢一定要钝化，因为酸洗后表面没有形成钝化膜或者形成钝化膜的厚度很薄，起不到保护作用，须增加后续的钝化工艺，在不锈钢表面形成和完善钝化膜。

C　无硝酸酸洗工艺机理

混酸酸洗（HNO_3+HF）时，酸液通过氧化铁皮中的裂纹和孔隙渗透到氧化铁皮内部及金属基体表面，硝酸既充当氧化剂又能提供 H^+ 溶解氧化铁皮并产生钝化膜。为了从源头上解决氮氧化物废气和含氮废水的环境污染和治理成本高的问题，无硝酸酸洗中未使用 HNO_3。要取代混酸酸洗液中的 HNO_3，就要求替代物具有酸性和氧化性，因此，无硝酸酸洗液的氧化性是通过加入 Fe^{3+} 和 H_2O_2 来获得，酸性通过硫酸的强酸性来提供，即无硝酸酸洗采用的是 H_2SO_4+HF+H_2O_2+Fe^{3+} 混合酸液，利用了 Fe^{3+} 的强氧化作用（替代 HNO_3 氧化性）、HF 的强活化能力和 H_2SO_4+HF 所提供的酸性来溶解贫 Cr 层，并使带钢表面的氧化铁皮与基体发生剥离并脱落，如图 9-8 所示。

无硝酸酸洗中硫酸和 HF 酸所起作用与常规混酸酸洗作用类似，分别利用了其强酸性和强活化作用，促进酸洗溶解反应的进行。H_2O_2 的作用是将酸洗过程中生成的 Fe^{2+} 氧化成 Fe^{3+}，以保持溶液的强氧化性。另外，H_2O_2 在氧化 Fe^{2+} 的过程中会生成具有强氧化作用的·OH 和 HO_2·自由基，·OH 自由基的氧化还原电势仅低于 F_2，比一些常用的强氧化剂更高，同时具有很高的电负性。在 HF 和润湿剂的同时作用下，较高电负性的·OH

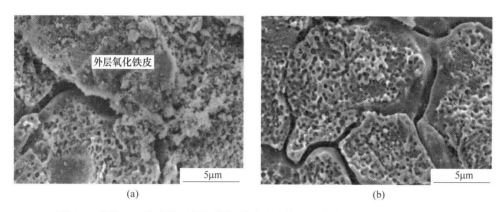

图 9-8　热轧 304 奥氏体不锈钢带钢无硝酸酸洗过程中表面氧化铁皮腐蚀情况
（a）酸洗 14s 后带钢表面氧化铁皮腐蚀情况；（b）酸洗 70s 后带钢表面氧化铁皮腐蚀情况

自由基能够通过氧化铁皮内部裂纹和孔隙渗透到氧化铁皮内部和金属基体表面，反应产生大量的 H_2，能够将氧化铁皮快速剥离并去除。

H_2O_2 反应生成自由基的反应如下：

$$H_2O_2 + Fe^{2+} \longrightarrow \cdot OH + OH^- + Fe^{3+} \tag{9-44}$$

$$\cdot OH + Fe^{2+} \longrightarrow OH^- + Fe^{3+} \tag{9-45}$$

$$H_2O_2 + \cdot OH \longrightarrow HO_2 \cdot + H_2O \tag{9-46}$$

H_2O_2 生成的 $\cdot OH$ 自由基的氧化作用如下：

$$6 \cdot OH + Cr_2O_3 =\!=\!= 2CrO_3 + 3H_2O \tag{9-47}$$

$$2 \cdot OH + 2FeO =\!=\!= Fe_2O_3 + H_2O \tag{9-48}$$

$$2 \cdot OH + 2Fe_3O_4 =\!=\!= 3Fe_2O_3 + H_2O \tag{9-49}$$

$$14 \cdot OH + 2FeO \cdot Cr_2O_3 =\!=\!= Fe_2O_3 + 4CrO_3 + 7H_2O \tag{9-50}$$

Fe^{3+} 的强氧化性和 H_2SO_4 的强酸性相结合可替代混酸酸洗工艺中的 HNO_3，Fe^{3+} 可以将氧化铁皮中难溶于酸的 Cr_2O_3 中的 Cr^{2+} 氧化为易溶的高价态铬，Cr_2O_3 主要分布在氧化铁皮内层，从而可以将氧化皮撕裂并随鼓泡作用剥离。此外，贫 Cr 层溶解完时，Fe^{3+} 的强氧化作用会使带钢表面生成一层致密的钝化膜。该膜主要成分为 Cr_2O_3，可以防止金属基体进一步被侵蚀。通过控制 H_2O_2 浓度和 Fe^{3+} 浓度使氧化还原电势保持在一定范围内，带钢表面可以生成均匀的钝化膜。有研究表明 Fe^{3+} 离子能促进腐蚀电位的提高，有利于增大溶解速率，而 Fe^{2+} 离子有助于扩大活性溶解区间，因此选择合适的 Fe^{3+}/Fe^{2+} 含量比例并准确控制对控制酸洗效率十分重要。Fe^{3+} 离子的氧化反应如下：

$$Cr_2O_3 + 6Fe^{3+} + 5H_2O =\!=\!= 2H_2CrO_4 + 6Fe^{2+} + 6H^+ \tag{9-51}$$

$$6Fe^{3+} + 2Cr + 3H_2O =\!=\!= 6Fe^{2+} + Cr_2O_3 + 6H^+ \tag{9-52}$$

$$2Fe^{3+} + Ni + H_2O =\!=\!= 2Fe^{2+} + NiO + 2H^+ \tag{9-53}$$

综上可知，热轧奥氏体不锈钢带钢氧化铁皮的无硝酸酸洗机理为：通过溶解贫 Cr 层，并借助溶解反应产生 H_2 的机械剥离作用，使氧化铁皮以机械剥离的形式去除；同时，部分氧化铁皮可以通过化学溶解作用去除。

9.3.2 不锈钢酸洗生产工艺及装备

由于热轧卷终轧温度高达 $800 \sim 900 ℃$，因此其表面生成的氧化铁皮层必须在冷轧前去除，目前冷连轧机组都配有连续酸洗机组。由于处理不同类型不锈钢，其酸洗工艺和各工序溶液成分不尽相同。本节以北港新材固溶分厂 2 号线的连续热退火酸洗线 HAPL（Hot Annealing Pickling Line 热退火酸洗线）为例来介绍具体工艺和装备，该工艺线为生产 1550mm 宽度的热轧不锈钢卷，其连续热退火酸洗线示意图如图 9-9 所示，主要设备清单见表 9-12。

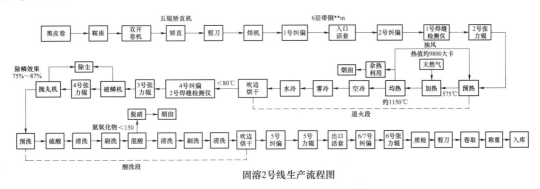

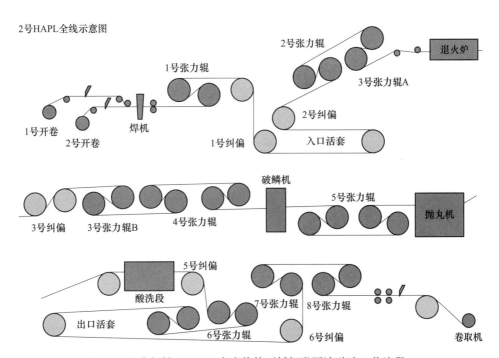

图 9-9 北港新材 1550mm 宽度热轧不锈钢卷固溶酸洗工艺流程

具体生产工艺流程为：热轧黑皮卷→下计划排产→吊上鞍座→1 号/2 号开卷→1 号/2 号矫直→1 号/2 号剪切头尾部→焊接→焊后纠偏→1 号张力辊→1 号纠偏→入口活套→2 号纠偏→2 号张力辊/张力计辊→1 号焊缝检测仪→退火炉段（辐射预热段→加热区→均热

区→空冷段→水冷段→烘干段）→3 号纠偏/2 号焊缝检测仪→3 号/4 号张力辊→张力计辊→破鳞机→5 号张力辊→抛丸机→张力计辊→酸洗段（预清洗→硫酸段→清洗→1 号/2 号刷洗→1 号/2 号混酸段→清洗→3 号/4 号刷洗→最终清洗→烘干段）→5 号纠偏→6 号张力辊→出口活套→6 号纠偏→7 号/8 号张力辊→卷取机→3 号剪切→打包机→白皮卷库→发货。该生产线将热轧不锈钢卷进行退火、除鳞、酸洗，以消除热轧钢卷的内部应力，改善带钢金属组织力学性能、去除表面氧化铁皮和表面加工钝化处理赋予钢板耐蚀性，处理后的不锈钢卷直接可成为商品卷或进入冷轧工序的半成品。

表 9-12　北港新材固溶分厂 2 号线的连续热退火酸洗线主要设备清单

设备	功能	设备描述
退火炉	改变带钢机械性能	年生产能力 60 万吨；设计最大速度 40m/min；最大 TV120；厚度：3.0~12.0mm；宽度：四尺板、五尺板、米尺板；钢种：200 系列、300 系列；最大炉温：1250℃；炉内热电偶 17 只（预热段 1 只，加热段 16 只），红外测温仪 2 只（加热段出口 1 只，冷却段出口 1 只）；炉子分为：冷却段（3m），预热段（37m），加热段（70m），冷却段（30m），总长 150m；烘干段（5m），出冷牌烘干段温度 80℃ 以下
酸洗	去除表面氧化皮、表面钝化处理	酸洗段：由预清洗段（1.4m）、硫酸酸洗（15m）、硫酸后清洗（8m）、混酸酸洗（40m）、最终清理（11m）、烘干段（3m）组成；出烘干温度 80℃ 以下
抛丸机	机械除磷（去除表面氧化皮）	二线抛丸机共 4 组，通过上下抛头将丸料均匀抛打在带钢表面，有效去带钢表面的氧化皮
破鳞机	机械除鳞（去除表面氧化皮）	二线破鳞机 1 组，由博压精工设计制造，破鳞矫直辊上下穿插布置，带钢通过破鳞机反复弯曲，使用表面氧化皮剥落，起到破鳞的作用

热轧黑皮卷由行车吊运至开卷机鞍座上，由钢卷上卷小车装入开卷机上。开卷机有 2 台，一台进行生产，另外一台负责开卷作业待机备用，开机完把头部矫直并剪切不规则带头送到等待位置，待前一个开卷机上的钢卷开完，对尾部进行拉矫剪切，不规则尾部甩出并与待机卷进行拼缝焊接，焊接完成后的钢卷就进行充套；活套的储存量是为了提供入口换卷、送料、带钢焊接和短暂停机处理故障等需要量，保证机组连续性生产运行。带钢从入口活套出来后进入退火炉，根据不同钢种的退火工艺对钢卷进行预热、加热、均热，从而完成带钢退火工艺，进行冷却（分别进入空冷和水冷）。退火采用的是水平多段悬索式退火炉（图 9-10），温控参数和退火硬度控制标准详见表 9-13 和表 9-14。

主要设计参数如下：

（1）工作最高温度 1250℃，最高耐温 1300℃。

（2）黑皮钢带最大 TV 为 240mm/min，白皮钢带最大 TV 为 120mm/min。

（3）最大小时产能 140t。

（4）炉子分 1 个辐射预热段和 4 个加热室，每个加热室分 2 个加热区，共 8 区 120 个烧嘴；均匀对称布置。

（5）每个区设有 2 个温度检测点，一个用于检测和超温报警，另一个用于炉温控制，炉温信号通过 PID 控制器进入空/燃气流量 PID 控制器。

（6）每个燃烧室各设一个氧分析仪，检测炉内过剩氧含量，保证燃烧效率及防止钢带过分氧化。

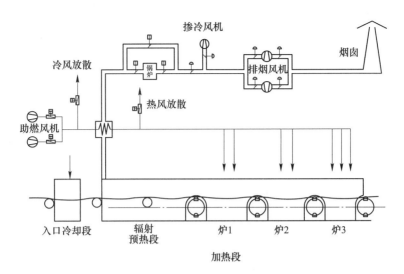

图 9-10 退火炉系统示意图

表 9-13 退火炉温控制参数

设备	项目/钢种	二　　　线									
		四尺 J1	五尺 J1	J3	J4	410	430	四尺 304	五尺 304	C202	316L
产速（不大于）	速度/m·min⁻¹	40	40	40	40	40	40	50	50	40	40
	TV	120	140	120	120	120	120	140	160	120	120
厚度/mm		2.4~12.5									
炉区	出炉温度/℃	1060±20	1070±20	1060±20	1020±20	≤500	≤450	1010±20	1060±20	1020±20	1020±20

表 9-14 退火硬度（HRB）控制标准

厚度/mm	四、五尺 CJ1L	四尺 CJ3L	四尺 CJ4L	四尺 C202
<2.2（不包括2.2）	≤97	≤97	≤90	≤90
2.2~3.0	≤97			
>3.0	≤97	≤97	≤92	≤93
厚度/mm	四尺 C304	五尺 C304/304L	四尺 C304L	五尺 316L
所有厚度	≤90	≤85	≤90	≤82

（7）第6区、炉出口分边设有光学高温计，检测带钢实际温度，修正炉温控制保证性能。

冷却采用空冷+雾冷+水冷的方式，根据不同表面等级、厚度规格采用 TV 自动控制（汽机高压主气门控制）冷却强度来保证物理性能和板型受控。为避免不同规格厚度的不同表面带钢在高温炉内辊上产生擦划伤，采用工作辊分别为陶瓷喷涂钢辊、陶瓷纤维辊的双辊圆盘换辊装置。当生产 1.5mm 以上厚度钢带时，采用陶瓷喷涂辊；当生产 1.5mm 以下厚度钢带时，采用陶瓷纤维辊。

退火炉加热分为预热段和 4 个加热炉室，每个炉室分为 2 个加热区，统一编号分区。预热段用烟气及墙的辐射热量来加热入炉带钢，此段不需要任何操作，在预热段炉顶安装有一个热电偶测量温度，仅用于显示。每个加热区装配有 12 个火焰烧嘴，每个烧嘴都配有燃烧控制器、燃气电磁阀、电火花点火装置和 UV 镜燃烧监测装置，它们执行整个点火过程的火焰检查和运行状态反馈工作，一旦烧嘴火焰有故障，则从单体控制箱发送一个信号，把此烧嘴的燃气关闭。每个加热区安装有 2 个热电偶，烧嘴负荷由相关的温度设定点控制，温度设定点由操作员给出。在每个加热区，所需要的燃气流量由控制阀调节，燃气控制阀与空气流量控制阀共同作用，以便选择最佳的空燃比。在每个炉室有氧分析仪，它们对烟气中的 O_2 含量进行连续监测。退火晶粒度一般控制晶粒度号数在 7~8 之间，晶粒度表征了晶粒尺寸的大小，晶粒尺寸越小，晶粒度越大。因此晶粒度号数越大，晶粒尺寸越小，钢材的硬度和屈服强度升高；退火时间正常都是控制 60~90s，且区之间的炉温间隔温差在 30~50℃，退火炉温设定为从 1 区低到最后区高。

由于不锈钢的铁鳞中含有与基体结合更为紧密的氧化铬，因而酸洗困难。因此，为提高酸洗效果，必须在酸洗之前进行机械破鳞处理（简称预处理）。酸洗前的破鳞机械处理有两种方法：破鳞辊 S 弯曲拉矫处理、抛丸机离心喷丸处理。破鳞辊处理是利用一组辊子（包括前后夹送辊、破鳞辊、矫直辊等）使钢带呈"S"形反复弯曲，使带钢表面上的铁鳞龟裂，以便易于剥落，如图 9-11 所示。

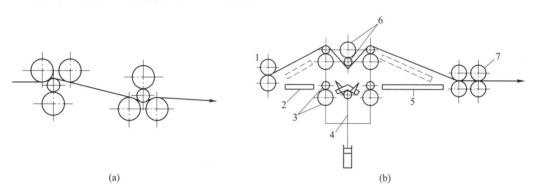

(a)　　　　　　　　　　　　　　(b)

图 9-11　弯曲破鳞装置示意图

(a) 双支持辊式；(b) 三辊式

1—开卷拉辊；2—后导板；3—下工作辊和支持辊；4—折叶导板；5—前导板；6—上工作辊和支持辊；7—双拉辊

破鳞机可以起到如下作用：（1）去除部分氧化皮；（2）改善带钢平整性；（3）使带钢产生裂纹便于酸洗；（4）节约酸液与酸洗时间；（5）延长刷洗寿命等（部分改善材料力学性能）。

抛丸去除氧化皮的原理是利用压力和离心力在高速旋转的抛头作用下将很小的钢丸加速到 70~80m/s 的速度后，喷射在运行带钢的表面，利用钢丸的动能冲击钢带表面，达到去除钢带表面氧化皮的目的，使钢带表面具有一定的表面粗糙度。根据生产线的工艺要求，通常采用随动式（无动力）辊道承送钢带，在辊道的一组上下各布置两台抛丸器。通过调整抛丸器定向套，保证抛射带覆盖整个钢带宽度，使（800~1320）mm/1550mm 宽的带钢一次通过，打松其表面氧化皮，为下一步酸洗工艺提供便利条件。抛丸机的作用为：（1）去除部分氧化皮；（2）对钢带进行高质量的抛打均匀除磷，从而确保被处理带材表面质量均一性；（3）降低酸消耗与酸洗时间，使酸洗液中的金属离子有效减少。

设备主要由室体、抛丸器、弹丸循环系统、丸砂分离系统组成（图9-12）。该抛丸功能仅在生产热轧白皮卷时投用，生产2B/2D表面等级钢带时不能投入，会导致表面粗糙和打凹板面。为了保证解决在快速去除氧化皮的同时又尽可能降低粗糙度，采用六组抛丸机进行串联，采用与生产线过带速度、钢种特性、表面状态进行在线连锁控制，对钢丸的形状、粒度、混合比等关键参数进行了优化，确保抛打力度与过带速度和钢带表面硬度相适应，从现场效果看表面除鳞后板面效果可达$Sa2.5$级，且粗糙度能控制$Ra2.0 \sim 3.0\mu m$。

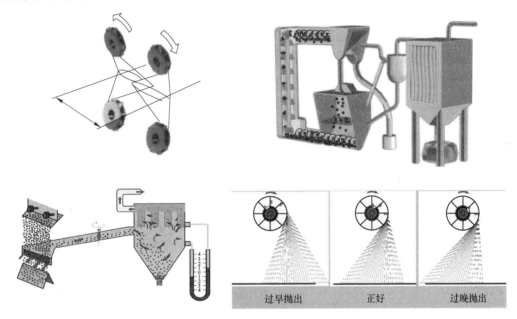

图9-12　喷丸处理原理、系统及工作状态示意图

连续式酸洗有塔式及卧式两类，指的是机组中部酸洗段是垂直还是水平布置，机组入口和出口段基本相同。塔式的酸洗效率高，但容易断带和跑偏，并且厂房太高（$21 \sim 45m$以上），因此目前还是以卧式为主。不锈钢酸洗技术普遍采用隧道式全封闭自动化酸洗生产线，适合于批量大、品种变化少的不锈钢生产。生产线通常设计成直线形、U形或环形。酸槽普遍配有温度、浓度、液位、流量控制装置，可自动加酸加水；酸槽中的酸液和水槽中的水均采用梯级溢流，且溢流方向与物流方向相反，保证酸洗质量。酸洗工艺大多采用预酸洗和混酸酸洗（终酸洗），成品采用硝酸钝化和石灰中和处理，冷轧硬卷还需还原型碱浸。国外典型的不锈钢酸洗工艺流程为：预热→还原型碱浸（冷轧硬卷）→淬水→水洗→预酸洗→水洗→混酸酸洗→高压水喷淋→钝化→水洗→石灰中和。

由于废酸和重金属离子的环保危害问题，酸洗线对"三废"处理设施要求高。酸性废水需采用NaOH或石灰中和处理，处理后清水回收利用，泥渣用压滤机压成泥饼处理；H_2SO_4或HCl雾普遍采用酸雾净化塔进行喷淋处理，并用NaOH溶液作吸收中和液；氮氧化物废气普遍采用SCR催化燃烧法处理，用氨水或尿素作为吸收液。（HF+HNO_3）废酸采用酸过滤和再生装置，过滤掉金属离子和淤泥，再生酸返回酸洗槽继续使用。

相比混酸酸洗大规模应用，目前无硝酸酸洗工艺在国内仅少数几个钢厂使用，主要原因如下：

（1）某些钢种酸洗时不需要添加双氧水或 HF，且双氧水易分解，其保存条件比较严格，因而无硝酸酸洗工艺中，由于不同钢种的酸洗液成分差异，在进行不锈钢品种切换时容易造成资源浪费。

（2）无硝酸酸洗工艺虽然不存在高额的脱硝费用，但是仍然需要进行废酸中和处理和大量含 SO_4^{2-} 淤泥处理，且钢铁行业中的硫酸再生技术目前还不成熟。

相比而言，混酸酸洗+酸再生工艺省去了废酸中和处理装置，且酸再生工艺产生的再生酸（可重回酸洗系统进行再利用）和金属氧化物具有较高经济价值，但其缺点是混酸再生工艺目前投资成本较高，对于生产厂家来说初期投资负担较重。综上，对于生产品种较单一的不锈钢厂，采用无硝酸酸洗工艺的经济效益和环境效益更好；而对于需要频繁切换不锈钢品种的企业，采用混酸酸洗+酸再生工艺更为有利。

北港新材 2 号固溶线的酸洗工序详细步骤为：带钢冷却后在 80℃以下进入挤干辊干燥段，采用热空气进行干燥，然后经过"S"辊破鳞机破鳞拉矫直和抛丸机进行均匀机械除鳞（机械表面预处理），再经酸洗（酸洗为硫酸酸洗与硝酸+氢氟酸混酸酸洗相结合），在酸洗段配备了 4 组刷洗（1 号、2 号组刷洗是带研磨性的刷辊，3 号、4 号组是尼龙/碳化硅/PP 刷）钢带，酸洗完成后进入最终清洗，再进行带钢边吹，烘干后进入出口活套。出口活套储存的带钢是为了满足出口带钢表面检查、剪切、卸卷或者短时间停机等需要，从而来保证机组的连续生产运行。具体酸洗流程为：预清洗→硫酸（H_2SO_4）槽→硫酸清洗→1 号/2 号刷洗→1 号混酸槽→2 号混酸槽→混酸清洗→3 号/4 号刷洗→最终清洗→边吹→热风干燥，详细示意图如图 9-13 所示。

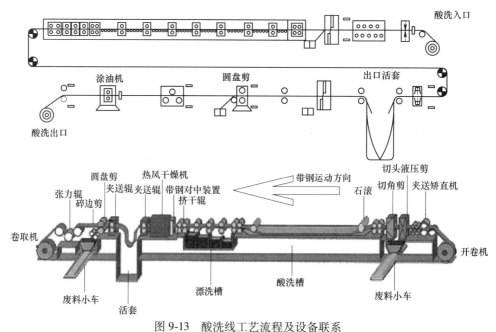

图 9-13 酸洗线工艺流程及设备联系

根据不同材质、不同表面等级要求和来料板面情况，在线根据单位时间内的过钢面积调整硝酸、氢氟酸的浓度、比例、温度、排补酸量等关键工艺参数，确保表面氧化皮的清除和钝化膜的形成。为实现在线切换材质，设计有双酸循环系统，即区分 200 系、300 系不锈钢带钢用酸，并设计有在线过滤系统，便于除去酸液中的不溶物。北港新材 2 号固溶线的混酸用酸制度为：

（1）200 系情况为 $HNO_3 : HF = 10 \sim 15 : 1$，现场生产以此数值作参考，可调整。

（2）300 系情况为 $HNO_3 : HF = 4 : 1$，现场生产以此数值作参考，可调整。

（3）在 200/400 系酸洗时，因发生发热反应，导致带钢表面局部温度过高，极易产生过酸洗的酸印酸斑，因此在 200/400 系酸洗时 HF 浓度一定要控制好。

9.4 不锈钢轧制与酸洗一体化新工艺及实践

目前不锈钢带主要以 2B 或 2D 表面等级为应用主流，且对 0.4mm 以下薄规格和 3.0mm 以上厚规格产品需求日益迫切。在一般的冷轧卷生产工艺中，热轧黑皮卷一般的极限厚度在 2.0mm，能较为批量顺产厚度一般在 2.2mm，而冷轧一般 200 系的轧制压下率在 60%~65%，304 在 75%~80%。如果冷轧需要生产 2B 或 2D 表面等级的薄料（通常 <0.40mm）时，则需要两个轧程，因此，存在生产流程长、规格少、能耗高、成本高、质量波动大、自动控制水平低、环保压力大的问题，3.0mm 以上厚规格不能生产，总体上不能适应市场需求多品种多规格、小批量个性化的发展。为解决热轧黑皮卷厚度与冷轧所需薄原料的矛盾，满足冷轧 2B 薄料生产，提高全流程的生产效率、降低消耗和成本，北港新材联合科研院所一起研究在热轧退火酸洗线前新增 2 机架形成黑皮轧制退火酸洗线，即热轧黑皮在线经过连轧、脱脂、退火、破鳞、抛丸、酸洗后，生产表面等级为 2E 的热轧高品质白皮卷。该黑皮轧制退火酸洗线有 35%~45% 的轧制压下率，可以采用热轧 2.4mm 或 2.2mm 厚黑皮卷生产出 1.2~1.5mm 厚的 2E 表面等级卷供冷轧单轧程生产 0.45mm 厚以下 2B/2D 表面卷，而无需形成 2B/2D 后再次重复轧制、冷退洗等工序。同时，为提高冷轧的生产效率，也可把冷连轧机组（一般三连轧）串联放在白皮冷轧退火酸洗线的前端，形成冷连轧退火酸洗线。该模式入料只能是热轧白皮卷，一般生产成品为 0.5~1.5mm 规格的冷轧 2B/2D 表面等级卷，其入料规格一般为 1.0~3.0mm 规格的热轧白皮卷（含 2E 表面等级薄料）。

但无论是黑皮轧制退火酸洗线还是白皮冷轧退火酸洗线，均需要多条不同功能的生产线配合进行联合生产，适用于相对固定的单一品种、单一规格的生产，不利于灵活多变的场合，同时也生产不出 3.0mm 以上厚规格的冷轧卷及存在转换材质时要停机换酸等情况。针对上述情况，2015 年 1 月，项目团队开始研究不锈钢带钢"一体化"柔性生产工艺，将"连轧机、退火、抛丸、破鳞、酸洗"等单一的生产机组集成在一条线上，建设了"一体化"柔性试验生产线（即 3 号生产线），可以采用热轧黑皮卷生产出 1000~1320mm 宽和 1.8~4.0mm 厚的表面等级为 No.1 的白皮卷，以及 1.2~1.8mm 厚的表面等级为 2E 的白皮卷。2E 白皮卷解决了下游冷轧两轧程生产 0.45mm 以下薄料冷轧卷的问题，但所生产出的 2B 表面等级的冷轧卷的表面偏粗糙和偏暗，市场接受度不高，需进一步完善，还未能实现在线切换不同品种功能。2017 年 4 月又研究将"连轧机、退火、抛丸、破鳞、电解、酸洗、平整"等单一的生产机组集成在一条线上，研发出全新的冷轧带钢"一体化"的柔性生产模式，可以实现一条线自由切换生产 No.1、2E、2B、2D 等不同表面等级、0.8~6.0mm 厚度、200 系和 300 系的冷轧不锈钢带，建成的 5 号线工艺流程如图 9-14 所示。

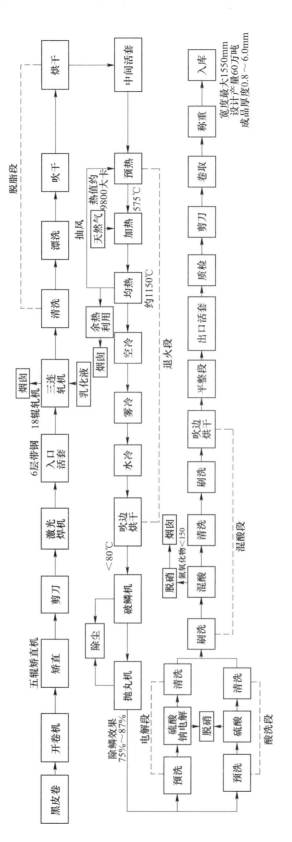

图 9-14　轧制酸洗 "一体化" 的柔性生产模式工艺流程

该研究将"连轧机、退火、抛丸、破鳞、电解、酸洗、平整"等单一的生产机组集成在一条线上,实现了冷轧带钢"一体化"的全连续生产线,既能实现热轧退火酸洗线的功能,也能实现热轧黑皮轧制退火酸洗线的功能和白皮冷轧退火酸洗线的功能。该生产线主要工艺设备依次包括:上卷小车(2套)、开卷机(2套)、卷纸机(1套)、入口矫直机(2套)、入口剪切机(2套)、激光焊机(1套,带激光切割)、入口活套、十八辊三连轧机(带在线快速换辊)、脱脂段(含刷洗机、烘干机)、轧机活套、退火炉(含预热段、加热段、均热段)、冷却段(含空冷段、雾冷段、水冷段、挤干机)、湿式破鳞机、烘干机、抛丸机(6组)、电解段、酸洗段(含刷洗、清洗、烘干)、小活套、平整机(带在线快速换辊)、出口活套、质量检测站(带在线表面检测仪)、出口剪切机、卷取机(带垫纸机),还包括张力辊、转向辊、托辊及各检测设备等。当生产2B/2D表面等级时,除抛丸不投用外,其他均启动,可采用黑皮、白皮直接生产出1.5~6.0mm的2B宽幅(最宽1550mm)厚卷,打破了原有的工艺路线,免除了工序间、机组间的流转,极大提高了生产效率,降低生产消耗,提升了品质稳定性,同时也进一步释放了下游冷轧生产薄料的能力。生产No.1表面等级时,在线的连轧机、脱脂系统、电解系统、平整系统不用投入,只启动退火、抛丸、酸洗装置;生产2E表面等级时,在线的电解系统、平整系统不用投入,启动连轧机、脱脂系统、退火、抛丸、酸洗装置。No.1、2E表面等级生产时,如遇到热轧来料表面板型不佳时可以启动平整机进行板型改良,当遇到热轧氧化残留严重时可以启动电解系统增加表面能力,这两项功能是普通热轧退火酸洗线、热轧黑皮直轧退火酸洗线没有的,产出的No.1、2E表面等级卷品质优异。

该技术的主要创新点如下:(1)针对联合作业线轧制能力不足的共性技术问题,开发出可用于黑、白皮兼用的涡轮蜗杆型侧支撑的十八辊轧机,实现多规格不锈钢带材的轧退洗一体化成套系统集成技术;(2)针对宽幅、厚差大、最厚达8mm且焊缝要求全压下轧制情况,首次开发应用激光切割和偏角焊缝形式的激光焊接技术,实现了厚规格(最大厚度8.0mm)焊缝全压下轧制,提高了综合成材率;(3)针对现有废混酸采用中和法产生酸洗污泥不易处理、喷雾焙烧法中镍资源回收不高的难题,研发出从不锈钢废混酸中提取碳酸镍的技术,通过两次中和反应,不仅在废混酸中高效率提取镍、提取出的镍原料,又能低成本制取镍铁合金,解决了废酸中镍资源利用的难题。

为实现轧制酸洗"一体化"的柔性生产模式,系统开发出以下关键技术:

(1)不锈钢激光切割和偏角焊缝形式的激光焊接技术,解决厚规格焊缝可轧,如图9-15所示。将激光对接焊机的双光路激光切割装置代替金属双刃剪用于超厚钢板,取得良好的拼缝效果,可满足钢板厚度范围大、极限板厚较厚(最厚8mm)的焊接要求。该技术在焊接主机机组操作侧-传动侧方向上的布置与机组中心线设计为偏转2.0°,而不是标准的垂直布置,形成偏角焊缝形式。使得焊缝经过轧辊时是逐渐通过,而不是整条焊缝整体同时通过,大大减小了焊缝通过轧辊时产生的扰动,减少了焊缝断带的风险。在不减张、不减压下率的条件下,提高了焊缝通过率。

(2)小工作辊径加多辊支撑大轧制力模式的十八辊三连轧(图9-16)实现50%~60%的压下率而又不产生断带。针对黑、白皮混合轧制,轧机及附属设备主要设计如下:

1)采用三连轧模式,每机架最大轧制力2100t,轧机电机采用低压同步技术,每台电机3000kW,确保有足够的轧制力满足黑皮大压下量的需求,同时可以快速响应轧制变动

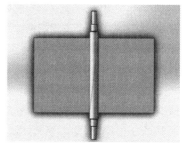

图 9-15 偏角焊缝形式示意图

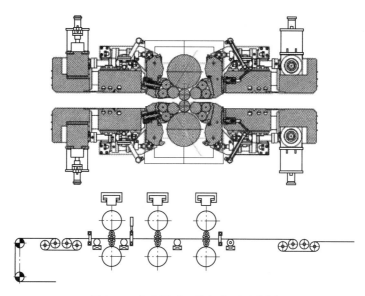

图 9-16 十八辊系三轧机布置示意图

及过程节能。

2）优化辊系，强化轧制过程稳定性和大压下量，工作辊径 120~150mm、中间辊径 330~355mm、侧支撑辊径 119~122.5mm、支撑辊径 1110~1200mm，工作辊采取偏移 0~5mm（图 9-17）。

3）优化加强板型控制能力，中间弯辊力±30t，中间辊窜辊 250mm（图 9-18）。

4）特殊的涡轮蜗杆型的边部支撑组件设计，提高侧支撑机构对工作辊的支撑能力和定位精度补偿，同时改善黑皮轧制力时侧支撑机构的受力情况（见图 9-19 侧支撑机构示意图），解决一般液压型的侧支撑的漏油问题和控制精度不足的问题。

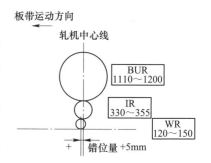

图 9-17 辊系布置示意图

（3）采用乳化液双循环系统，解决黑皮轧制后对白皮轧制板面的污染问题。针对黑皮轧制的氧化皮剥落多、压下率高的特点，采用合成酯技术和复合乳化剂技术，提高黑皮轧制专用乳化液的润滑性能和极压下的乳化稳定性及清净性能，改善黑皮轧制的受力情况，增强乳化液中的氧化皮铁粉的分离性能，减少轧机机架中油泥的黏附。针对白皮轧制要求的高洁净度和光亮度，研发专用的阳离子型乳化体系，加强润滑性和提高表面清洁能力。

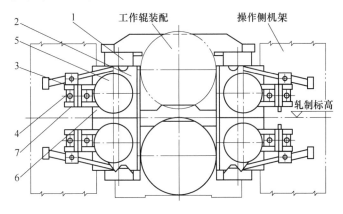

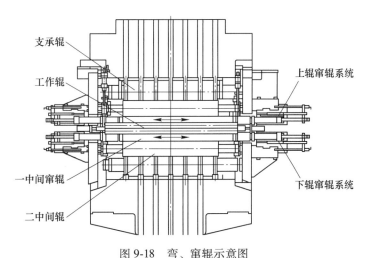

图 9-18　弯、窜辊示意图

1—平衡弯辊缸；2—工作辊卡板；3—工作辊卡板缸；
4—横移导向板；5—移动套筒；6—操作侧固定块；7—锁定销

（4）全线自动化模型控制保顺行。

（5）新型湿式破鳞机可满足多表面处理、降低故障、减少粉尘逃逸。重新设计改造了湿式破鳞机支撑辊，通过在支撑辊轴头轴承前设计安装迷宫式密封，阻止大量的水和冲洗的鳞皮渣屑进入轴头轴承，避免大量水进入轴头轴承导致轴头轴承打滑，避免冲洗鳞皮渣屑堵塞轴头轴承；通过在支撑辊背衬轴承间设计安装挡圈，阻止大量水和鳞皮渣屑进入背衬轴承，避免背衬轴承打滑，避免背衬轴承被鳞皮渣屑堵塞；通过以上方法，使得水和鳞皮渣屑难以进入支撑辊轴头轴承和背衬轴承，避免因大量水进入支撑辊轴头轴承和背衬轴承导致支撑辊打滑；避免鳞皮渣屑进入支承辊轴头轴承和背衬轴承，导致轴承被卡死。支撑辊和工作辊停转，造成工作辊摩擦损伤和张力辊衬胶层急剧摩擦使用寿命锐减的情况的发生，提高了破鳞机组的工作有效性，并大大提高了工作辊和后张力辊的使用寿命。

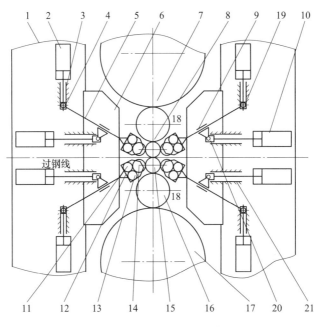

图 9-19　边部支撑组件示意图

1—机架牌坊；2—垂直推拉液压缸；3—垂直滑道；4—旋转铰轴；5—连杆悬架；6—弯辊缸块；
7—上支承辊；8—上中间辊；9—铰接滑杆；10—水平推拉液压缸；11—主背衬轴承；12—侧支撑辊盒；
13—次背衬轴承；14—侧支撑辊；15—工作辊；16—下中间辊；17—下支承辊；18—中间辊轴承座；
19—垂直滑块；20—水平滑块；21—水平滑道

（6）在线集成抛丸+电解+酸洗模式，满足黑、白皮切换时表面除氧化皮的需要，为了保证解决在快速去除氧化皮的同时又尽可能降低粗糙度，采用六组抛丸机进行串联，采用与生产线过带速度、钢种特性、表面状态进行在线连锁控制，对钢丸的形状、粒度、混合比等关键参数进行了优化，确保抛打力度与过带速度和钢带表面硬度相适应。为确保电解效果符合冷轧表面的要求，专门做了以下设计：1）分两段电解，12 套阳极板（每组阳极长度 1.5m）、24 套阴极板（每组阴极板长度 1.22m），上下电极距离 200mm；2）整流器 12 套、总功率 12×12000A/45；3）配备有硫酸钠净环回收装置，经硫酸酸化—亚硫酸氢钠还原—氢氧化钠中和后，沉淀物经压滤机回收滤饼作为烧结原料，硫酸钠滤清液返回硫酸钠电解槽重新使用。

（7）双套酸循环实现在线切换材质、不停机换酸。为实现在线切换材质，设计有双酸循环系统，即区分 200 系、300 系不锈钢带钢用酸，并设计有在线过滤系统便于除去酸液中的不溶物。

（8）在线集成平整，实现冷轧板面平整要求。生产冷轧 2B/2D 表面等级钢带离不开平整工序，平整机实际上是采用小压下量的冷轧机，尽管轧制压力小，但工作辊直径做得比冷轧机稍大些，这样可以增加变形区长度，能显著改进带钢的平整效果，使带钢表面获得需要的粗糙度和光泽。为确保平整效果，设计平整机轧制力最大为 13000kN，伸长率最大 2%，并带有工作辊在线擦辊功能和工作辊快速换辊装置。

（9）表面检测技术，监控和预警板面质量。分类优先网络中既包含了共享卷积层以提取图像中的公共的底层特征，还引入了相互独立的卷积组分别用于提取不同类型缺陷的抽象特征。表 9-15 为不同检测技术带钢表面缺陷识别结果，分类优先网络的缺陷检测精度提升 1.1%，提升效果明显。图 9-20 所示为部分分类优先网络的检测效果。

表 9-15　带钢表面缺陷识别结果　　　　　　　　　　　（%）

检测技术	精度（分类准确率）	召回率（检出率）
Yolo	94.2	94.5
分类优先网络	94.8	94.8

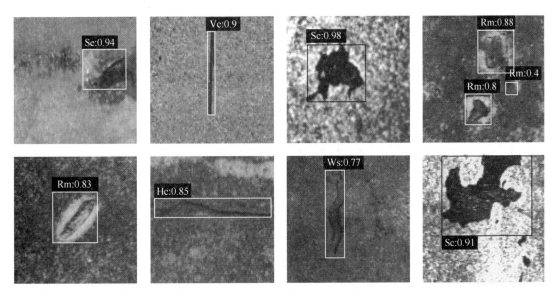

图 9-20　分类优先网络缺陷检测效果

（10）废混酸中提取镍技术，解决资源化利用。

该"一体化"生产工艺于 2018 年 5 月在广西北港新材料有限公司 5 号线投产并推广使用，其灵活多变，可实现资源的高效整合和投资效益的最大化，从而替代了以芬兰奥托昆普和中国广州联众为代表的黑皮轧制退火酸洗线、以美国 J&L 和法国 Ugine 为代表的白皮轧制退火酸洗线，实现了冷轧带钢一体化、多规格、绿色生产，与现有的冷轧工艺配合实现 2B/2D 冷轧卷 0.10~6.0mm 厚度规格的全覆盖，有效降低了各规格产品的生产成本，对带钢高效生产、节能控本和提升产品竞争力带来了良好的应用效果。

参 考 文 献

[1] 朱涛，吕敬东，刘勇，等.不锈钢热轧生产工艺研究 [J].钢铁钒钛，2002（3）：33-35.
[2] 刘旭峰.应用 CSP 技术生产不锈钢的基础研究 [D].上海：上海大学，2006.
[3] 赵新刚.430 不锈钢热轧工艺研究及改进 [J].山西冶金，2009，32（1）：57-58.
[4] 陆世英，张廷凯，康喜范，等.不锈钢 [M].北京：原子能出版社，1995：451-490.
[5] 唐纳得·克克纳，伯恩思坦 I M.不锈钢手册 [M].顾守仁，译.北京：机械工业出版社，1987：132-145.
[6] 侯英武.不锈钢复合板冷轧过程有限元模拟 [D].秦皇岛：燕山大学，2003.

［7］ 杜伟. 铌钛复合超纯 430 铁素体不锈钢的工艺研究［D］. 沈阳：东北大学，2008.

［8］ 刘树敏. 铁素体不锈钢连铸坯板的高温力学性能研究［D］. 兰州：兰州理工大学，2010.

［9］ 薛春江，闫文彪. 不锈钢热轧板带生产工艺及设备选型［J］. 钢铁研究，2010，38（5）：36-39.

［10］ VINOD K, SARVANAN D, SANTOSH K, et al. Optimization of Hot Rolling and Annealing Process of Low Ni Stainless Steel Using Simulation Studies［J］. Materials Science Forum，2012，710：471-476.

［11］ 左银龙. 301L 冷轧不锈钢点焊接头疲劳断裂分析［D］. 北京：北京交通大学，2012.

［12］ 孙世成. 高氮无镍奥氏体不锈钢的微观结构和力学性能研究［D］. 长春：吉林大学，2014.

［13］ 万立华. 冷轧 301 不锈钢逆转变的组织与性能研究［D］. 秦皇岛：燕山大学，2015.

［14］ 王定武. 我国自行设计制造高速线材轧机现状和展望［J］. 冶金管理，2017（10）：57-58.

［15］ SUN H X, CUI M C, ZHANG Y S, et al. Performance of AC servo axial-infeed incremental warm rolling equipment and simulated production of spline shafts［J］. The International Journal of Advanced Manufacturing Technology，2018，94（5）：2089-2097.

［16］ FOMIN V M. Self-rolled Micro- and Nanoarchitectures：Topological and Geometrical Effects［M］. De Gruyter，2020.

［17］ 刘承军，岳莹莹，史培阳，等. 热轧不锈钢板酸洗工艺［J］. 中国冶金，2016，26（8）：39-41.

［18］ 桥本政哲. 不锈钢及其应用［M］. 周连在，赵文贤，译. 北京：冶金工业出版社，2011.

［19］ 张颖. 国内不锈钢酸洗技术［J］. 金属制品，2011，37（5）：37-41.

［20］ 张颖，李慎松. 国外不锈钢酸洗技术［J］. 金属制品，2012，38（1）：21-26.

［21］ 董伟明，孟文华. 不锈钢冷轧装备的发展趋势分析［J］. 一重技术，2021（1）：1-4.

［22］ 尤磊，徐利璞，黄煜，等. 十八辊轧机的发展与应用［J］. 轧钢，2014，31（2）：50-52.

［23］ 王国栋. 近年我国轧制技术的发展、现状和前景［J］. 轧钢，2017，34（1）：1-8.

10 不锈钢冶炼固废资源化利用新技术

红土镍矿中铁、镍有价金属元素品位低，脉石成分含量高，导致火法冶炼过程中产生的冶炼渣量大。据统计，烧结—高炉法和回转窑—电炉法（RKEF）每生产 1t 镍铁，分别产生的渣量将高到 1.25~1.5t 和 4.0~6.0t。据报道，我国红土镍矿冶炼渣堆存量超过 2.0 亿吨，并以每年 2500 万吨左右的速度持续增加，占全球镍铁渣产量的 20% 以上。镍铁渣成为继高炉渣、钢渣、赤泥之后冶炼过程中的第四大渣。由于镍铁渣成分复杂，普遍含镁高，利用难度大，导致其利用率较低。目前仅约 8% 的镍铁渣获得应用，主要用于制备建筑材料，绝大部分只能堆存填埋。这不但浪费了宝贵资源，还会破坏土壤，污染地下水，造成严重的环境问题，日益成为阻碍不锈钢行业可持续发展的瓶颈。此外，不锈钢过程中也会产生大量的固体废弃物，包括废渣、粉尘和污泥等。不锈钢冶炼固废中多含铁、铬、镍等有价元素，具有重要利用价值。但是，因其含有铬、镍等重金属元素，属于典型危废，必须进行无害化处置[1,2]。

随着我国对生态环境保护力度的不断加大，不锈钢冶炼过程中产生的难处理渣尘泥等危险固废严重威胁了不锈钢企业生存和行业的高质量发展，对其进行资源化综合利用刻不容缓。本章系统总结不锈钢冶炼过程产生的镍铁渣（高炉渣、电炉渣）、直接还原—磁选尾渣、不锈钢粉尘、酸性污泥等固废特点，概述不锈钢冶炼固废综合利用的技术现状，并介绍作者团队取得的相关成果。

10.1 镍铁渣综合利用

10.1.1 高炉渣利用

10.1.1.1 高炉渣性质

烧结—高炉法是处理镍储量占比最高的褐铁矿型红土镍矿最为有效的方法之一，生产不锈钢母液，可降低不锈钢生产成本，其工艺流程与现代高炉炼铁流程基本一致。

高炉渣典型化学成分见表 10-1。主要含有 SiO_2、Al_2O_3、CaO，还有少量 MgO、MnO、Fe_2O_3 等，属于 SiO_2-Al_2O_3-CaO 系。其化学组分中 SiO_2、MgO、CaO、Fe_2O_3 和 Al_2O_3 占总成分的 90% 以上，二元碱度 0.7~1.0，具备用作辅助胶凝材料使用的成分和反应活性。同时，由于其 CaO 含量较高，在使用碱激发水淬渣时能表现出较好的活性。其物相组成主要以镁铝尖晶石（$MgAl_2O_4$）等稳定晶体形式存在，玻璃相含量较高。与普通高炉炼铁渣相比，碱度稍低，Al_2O_3 含量明显升高[1]。

10.1.1.2 高炉渣利用现状

高炉镍铁渣镁以非方镁石形式存在，体积膨胀系数小，安定性较好，且化学性质较为稳定，并含有一定量的非晶态氧化硅、三氧化二铁和氧化铝，因而具备作为填充材料和混凝土骨料的潜力。日本已建立镍铁渣应用体系的工业标准（JIS），对镍铁渣重要技术指标进行了规定，确保了镍铁渣最大工业化使用和近 100% 的回收利用[2]。

表 10-1 高炉镍铁渣典型化学成分 （%）

种类	SiO_2	Al_2O_3	CaO	Fe_2O_3	MgO	MnO	Cr_2O_3	其他
高炉镍铁渣[3]	29.95	26.31	25.19	1.55	8.93	2.25	0	1.35
高炉镍铁渣[3]	30.54	26.74	21.61	1.54	12.47	1.83	1.78	2.28
高炉镍铁渣[4]	29.27	19.31	29.01	1.39	11.49	1.02	0.62	7.89

精细混凝土用镍铁渣粉要求的平均密度在 $2.78 \sim 3.00 g/cm^3$ 之间，比天然细集料的密度大、吸水率低，可应用于生产混凝土。我国已制定了《混凝土用镍铁渣微粉》标准，为镍铁渣微粉的合理、安全使用提供了很好的依据，并有效推进了镍铁渣资源化利用步伐[3]。

高炉镍铁渣粉作为水泥掺合料制备混凝土能有效改善混凝土的性能，掺入 25% 高炉镍铁渣粉制成的镍铁渣混凝土在 28d 以及 56d 强度高于纯水泥混凝土，且具有良好的体积稳定性和耐久性[7]。高炉镍铁渣 CaO 含量较高，具备一定的活性，也可作为制备复合胶凝材料的主要原料。另外，高炉镍铁渣易磨性较好，掺入后可降低复合胶凝材料水化放热速率，且掺入量越大，其水化反应程度越低，但总的反应量提高，制备的复合凝胶材料抗压强度可满足建筑使用标准要求[4]。

高炉镍铁渣可以替代部分石英砂、黏土和铁矿粉作为制备水泥熟料的原料。相比于天然河砂，镍铁渣能有效延长水泥砂浆的凝结时间。当 50% 天然河砂被其替代时，砂浆凝结时间延长 2.7h[4]。当高炉镍铁渣粉替代 70% 水泥时，水泥砂浆凝结时间延长近 5h[5]。但是，砂浆立方体抗压强度随高炉镍铁渣粉比例增大而降低。当高炉镍铁渣粉替代量为 50% 时，水泥砂浆强度等级可达到 M30；当替代量为 80% 时强度等级可达到 M15，能满足民用建筑物及构筑物与一般工业的抹灰、砌筑等工程在立方体抗压强度及其他技术性能要求。

10.1.2 电炉渣利用

RKEF 法是镍铁冶炼的主要工艺，与其他冶炼方法相比，具有产量大、生产连续性好、操作简单等优点，但由于红土镍矿品位低，导致冶炼渣量大，氧化镁含量高，利用难度大。镍铁渣堆存引起的一系列环境问题已成为 RKEF 法推广应用的瓶颈之一。

10.1.2.1 电炉镍铁渣性质

电炉镍铁渣典型化学成分见表 10-2[6]。其主要成分是 SiO_2、MgO 和 FeO，次要成分是 Cr_2O_3、Al_2O_3、CaO 等，属于 $FeO\text{-}MgO\text{-}SiO_2$ 三元渣系。另外，镍铁渣中 CaO 含量低，MgO 远高于高炉渣，其潜在活性低于高炉镍铁渣，导致电炉渣利用困难。

表 10-2 典型电炉冶炼镍铁渣的化学成分 （%）

种类	Fe_2O_3	SiO_2	Al_2O_3	MgO	CaO	Cr_2O_3	Mn	Ni
电炉渣 1	7.26	51.85	5.89	32.71	1.92	1.02	0.25	0.10
电炉渣 2	7.15	52.31	6.41	24.20	7.29	—	—	—
电炉渣 3	7.12	48.29	4.04	30.95	2.40	1.12	—	0.09

电炉镍铁渣的物相组成见表 10-3。其主要的矿物组成是镁橄榄石、顽辉石、斜顽辉石，还含有少量的原顽辉石；矿物形态以玻璃态为主[6]。

表 10-3　电炉冶炼镍铁渣的矿物组分

分类	元素组成	含量/%
硅酸盐	$(Mg_{1.849}Fe_{0.151})(SiO_4)$	99.46
氧化物	SiO_2	0.31
合金	Ni+Fe	0.01

镍铁渣中可回收有价金属较少、镁高钙低，具有活性低、稳定性差、综合利用渠道少、利用成本高的特点。另外，镍铁渣含有 1%左右的 Cr_2O_3，铬元素主要以三价铬的形式存在，少量以六价铬形成存在。六价铬将对环境造成很大威胁。因此，在其综合利用过程中必须注意渣中铬的浸出及稳定性问题。

10.1.2.2　电炉镍铁渣利用现状

A　制备建筑材料

由于电炉镍铁渣玻璃相中含有活性 SiO_2、Al_2O_3 等成分，在碱性环境激发（如熟料水化）下具有一定水硬活性，因此其活性高低与水淬程度有关。水淬程度越好，玻璃体含量越高，水化活性越高。镍铁渣中含有具有潜在活性的无定形二氧化硅和氧化铝，与水泥水化产生的碱发生反应，生成二次 C-S-H 凝胶和硅铝酸钙。它们在空间上分布更加均匀，形成的孔隙结构更加细小，并可填充因 $Ca(OH)_2$ 消耗而产生的空隙，从而改善混凝土的机械性能。细磨镍铁渣作为混凝土掺合料，当其掺量为 30%时，混凝土后期（90d）的抗压强度可以达到 40MPa 以上；当其掺量提高至 50%时，可得到抗压强度分别为 32.87MPa 和 36.54MPa 的 C20、C25 混凝土[7]。

电炉镍铁渣具有一定的胶凝性和活性，可制备成胶凝材料。其在激发剂作用下发生水化反应，产生大量钙矾石和含有钙、镁离子的水化硅铝酸盐等胶凝物质，可改善其胶凝特性，对于降低矿山充填成本有极为重要的意义。

电炉镍铁渣也可作为生产水泥熟料的原材料。当其被粉磨至与水泥熟料相同细度时，其活性指数虽达不到国标 GB/T 18046—2008 中粒化高炉矿渣粉的技术指标，但其掺量在水泥中为 25%时，水泥各项指标均符合标号 32.5 水泥的相关要求。将其加入适量激发剂后粉磨至一定细度，等量取代 10%~30%的水泥，能提高混凝土强度。但是，镍铁渣作为水泥原材料时，由于其氧化镁含量高（30%左右），而氧化镁的溶胀性可能对水泥混合材有极大的影响，因此其活性较低，稳定性较差。此外，按照国家标准 GB 175—2007 有关规定普通水泥氧化镁含量不得大于 5.0%，如果蒸压安定性合格，氧化镁含量允许放宽到 6.0%。因此，将其作为水泥混合材使用时，必须严格控制其用量。目前，也可以通过细磨提高其比表面积，改善其活性，从而提高其掺入量[7,8]。

B　制备功能材料

电炉镍铁渣主要含有辉石相，在高温熔融态下具有很强的附着力和较好的成纤性能。采用立式或离心注入法，可制备镍铁渣纤维。以镍铁高温熔融炉渣为原料，在石灰添加量为 16%，炉渣流量为 4200kg/h，制纤温度为 1540℃，负压机风压为 0.8MPa，离心成纤机转速为 4000r/min 条件下制得矿渣纤维, 其吸油率为 5.2%, 吸持沥青能力为自身质量的 10.94 倍, 能满足路用纤维材料的技术要求[9]。

电炉镍铁渣也可以作为生产镁质耐火材料的原料。以 65%~75%（质量分数）的镍铁渣、10%~20%（质量分数）的轻烧氧化镁细粉、5%~15%（质量分数）的碳酸镁细粉和 5%~10%（质量分数）的硅微粉为原料, 外加 0.5%~2.0%（质量分数）的添加剂、5%~15%（质量分数）的炭黑和 3%~9%（质量分数）的纸浆废液, 混合均匀, 压制成型; 在 500~700℃ 条件下保温 4~8h, 然后在 1300~1550℃ 的条件下烧成, 保温 2~6h, 即可制备基于镍铁渣的镁橄榄石轻质隔热砖。该镁质耐火砖荷重软化点为 1330~1370℃; 耐压强度为 5.9~8.5MPa; 体积密度为 1.60~1.75g/cm³; 小于 20μm 的气孔为 77%~86%; 1000℃ 时导热系数为 0.615~0.645W/(m·K)。其体积稳定性好、耐压强度高、体积密度较低、微孔率高和导热系数较低。该方法不仅可解决镍铁渣处理的难题, 而且变废为宝, 环境友好[10]。

电炉镍铁渣中因含有大量的 MgO、Fe_2O_3、SiO_2、Al_2O_3 等成分, 与 CMSA 系微晶玻璃成分类似, 故通过加入其他辅料调节其钙、镁含量, 可促进钙长石和顽火辉石物相形成, 减少石英和尖晶石的相对含量, 从而使微晶玻璃的微观结构致密化, 生产微晶玻璃。以镍铁渣为主要原料, 并加入高铝粉煤灰作为体系的铝质调整材料, 混合基础料在 860℃ 成核烧结 1h, 再在 960℃ 下晶化烧结 1.5h 后进冷水水淬, 得到主晶相为钙长石和顽火辉石, 辅助相为尖晶石的微晶玻璃, 抗折强度高达 86MPa, 吸水率仅为 0.09%[11,12]。

在陶瓷制造中添加镍铁渣可提高其镁、钙比例。电炉镍铁渣与高岭土按照 1:1 比例进行配料, 在 5~7MPa 下模压成型。团块在 950~1150℃ 的高温煅烧以去除有机黏结剂, 然后随炉冷却至室温。成功制备出闭孔泡沫陶瓷, 其主晶相为镁橄榄石和尖晶石, 且均呈三角棱状, 孔结构均匀孔径约 1mm 左右。此外, 镍铁渣经过磁选除铁, 利用物理发泡法、化学发泡法的成孔技术, 采用高温烧结法, 成功制备了高气孔率、低密度的多孔陶瓷[13,14]。

C　回收有价组分

电炉镍铁渣中通常还含有一定数量的有价金属, 如 Mg、Fe、Ni、Co 和 Cu 等元素, 尤其是镍铁渣中 MgO 含量较高, 具有一定的回收价值。

利用微生物产生的有机酸或无机酸从含有大量 Ni(0.25%) 和 Co(0.09%) 的镍铁渣中提取 Ni 和 Co, 金属 Ni 和 Co 的回收率分别为 79% 和 55%[14]。将镍铁渣破碎、磁选, 镍富集于精矿, 而铬富集于尾矿, 磁选精矿用硫酸常压酸浸提取镍, 镍浸出率大于 90%。非磁性尾矿添加碳酸钠在 1000℃ 以上的高温焙烧提取铬, 铬浸出率可达 94.1%[15]。

采用硫酸浸出法在一定的条件下使镍铁渣中的镁溶解而进入溶液中, 随后通过加入 NaOH 调节 pH 值制备得到高纯度的 $Mg(OH)_2$ 产品。赵昌明等采用 $(NH_4)_2SO_4$ 焙烧镍铁渣提取 MgO[16], 在焙烧温度为 450℃, 焙烧时间为 1~2h, 铵矿比为 3.5:1 的条件下, MgO 提取率可达 90%, 为后续制备金属镁创造了有利条件[17]。

10.2　直接还原—磁选尾渣利用

直接还原—磁选技术（DRMS）是一种处理过渡型红土镍矿较为有效的方案之一, 但是因铁、镍品位低，导致磁选产生的尾渣量大。其主要成分为 SiO_2 和 MgO，与蛇纹石十分类似，且含有可利用的 Cr、Ni 等有价金属元素。可以考虑将镍铁渣替代白云石、蛇纹石，应用于烧结工艺中，这不但可降低烧结成本，而且可实现镍铁渣的资源化综合利用。为此，中南大学与北港新材料有限公司联合开发了直接还原—磁选尾渣替代白云石/蛇纹石熔剂强化烧结的新技术[18]。

10.2.1 镍铁渣强化红土镍矿烧结试验

烧结杯实验研究主要原料包括褐铁矿型红土镍矿、蛇纹石、镍铁尾渣、生石灰和焦粉，其化学成分见表 10-4。烧结所用的红土镍矿铁、镍品位分别为 45.09% 和 0.86%，烧损为 12.49%。蛇纹石是一种熔剂，可调节烧结矿的 SiO_2 和 MgO 含量，其 SiO_2 和 MgO 含量分别为 35.46% 和 37.92%；尾渣中主要成分 SiO_2 和 MgO 的含量分别为 44.08% 和 31.98%，可替代蛇纹石。此外，镍铁渣中还含有 5.82%Fe 和 0.11%Ni，可以得到循环利用。烧结过程所用的燃料为焦粉，熔剂为生石灰。

表 10-4 烧结原料化学成分分析 （%）

原料	Fe总	Ni	Cr总	SiO₂	CaO	Al₂O₃	MgO	P	S	LOI
红土镍矿	45.09	0.86	2.36	5.70	0.12	4.50	5.58	0.001	0.011	12.49
蛇纹石	4.64	—	—	35.46	3.00	0.04	37.92	0.004	0.024	1.16
尾渣	5.82	0.11	0.59	44.08	1.04	1.34	31.98	0.001	0.005	6.84
生石灰	0.22	—	—	4.20	82.07	1.18	1.81	0.009	0.091	10.42
焦粉	0.75	—	—	7.46	0.31	3.7	0.28	0.009	0.091	85.64

注：LOI 为烧失量。

烧结原料的粒度组成见表 10-5。褐铁矿型红土镍矿粒度较粗，+6.3mm 部分含量较高，达到 10.16%，其不能充分参与烧结过程，不利于烧结产质量的提高；而 1~3mm 部分作为核颗粒，其含量高达 44.78%，可保证其良好的制粒性能。但作为黏附粉的 -0.25mm 部分含量仅 4.45%，其与细粒级精粉配合使用有助于制粒效果的进一步改善。相比于蛇纹石，尾渣粒度更细，-1mm 占比 94.81%，烧结过程中其能更好地进行矿化反应，参与成矿作用。

表 10-5 烧结原料粒度组成 （%）

粒度/mm	>10	8~10	6.3~8	5~6.3	3~5	1~3	0.5~1	0.25~0.5	0.15~0.25	<0.15
红土镍矿	2.80	3.30	4.06	6.00	22.35	44.78	6.43	5.83	1.17	3.28
蛇纹石	0.00	0.00	0.00	0.00	7.86	47.29	10.01	13.89	4.07	16.88
尾渣	0.00	0.00	0.00	0.01	1.62	3.56	17.75	25.78	8.08	43.20
石灰石	0.00	0.00	0.63	1.75	21.27	20.11	5.19	2.96	0.81	47.29
焦粉	1.68	1.58	1.70	3.70	18.08	15.23	15.46	14.10	5.22	23.25

蛇纹石和尾渣的 XRD 如图 10-1 所示。蛇纹石中主要包含利蛇纹石[$Mg_3(Si, Fe)_2O_5(OH)_4$]、石灰石（$CaCO_3$）、绿泥石[$Mg_3Si_4O_{10}(OH)_2$]、蛇纹石（Mg_2SiO_4）和橄榄石（$Fe_{0.2}Mg_{1.8}SiO_4$）。尾渣中主要包含蛇纹石（Mg_2SiO_4）、石英（SiO_2）、富镁蛇纹石[$(Fe,Mg)SiO_3$]和三种蛇纹石变体，如斜顽火辉石、原顽火辉石和顽火辉石。

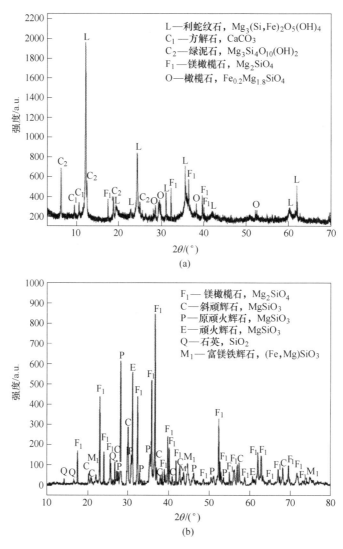

图 10-1　蛇纹石（a）和尾渣（b）的 XRD 图

采用蛇纹石或尾渣的烧结杯试验结果见表 10-6。采用蛇纹石时烧结速度为 34.87mm/min，烧结矿转鼓强度为 42.60%，烧结利用系数为 0.97t/（m² · h），烧结固体能耗为 172kg/t；用镍铁尾渣取代蛇纹石后，烧结速度提高至 35.32mm/min，转鼓强度提高至 47.13%，利用系数提高至 1.01t/（m² · h），固体能耗显著降低至 161.61kg/t。因此，采镍铁尾渣取代蛇纹石，可以强化烧结，提高烧结产量和质量，降低能耗。

表 10-6　烧结过程采用蛇纹石和镍铁渣烧结指标对比[18]

配料方案	碱度	垂直烧结速度/mm · min⁻¹	转鼓强度/%	利用系数/t · (m² · h)⁻¹	固体燃耗/kg · t⁻¹	返矿平衡
蛇纹石	1.4	34.87	42.60	0.97	172.57	0.99
镍铁尾渣	1.4	35.32	47.13	1.01	161.61	0.95

注：焦粉配比 8.5%，混合料水分 17.5%，烧结矿碱度为 1.4。

添加蛇纹石和尾渣制备的烧结矿 XRD 如图 10-2 所示。当添加蛇纹石时，烧结矿中主要包括两种固相，即铁铝尖晶石$[(Fe,Mg)\cdot(Fe,Al)_2O_4]$和浮氏体（FeO），以及四种黏结相，即钙铁橄榄石（$CaO\cdot FeO\cdot SiO_2$）、钙镁橄榄石（$CaO\cdot MgO\cdot SiO_2$）、铁橄榄石（$2FeO\cdot SiO_2$）和硅铝铁酸钙（SFCA）。铁铝尖晶石作为主要的固相，是由镁和铝迁移到磁铁矿中形成的。相比于添加蛇纹石制备的烧结矿，添加尾渣后，烧结矿中钙铁橄榄石和铁酸钙的峰更强，而铁铝尖晶石和浮氏体峰较弱。XRD 分析结果进一步表明，尾渣取代蛇纹石应用于烧结中，有利于钙铁橄榄石和铁酸钙黏结相的生产，从而改善烧结矿强度。

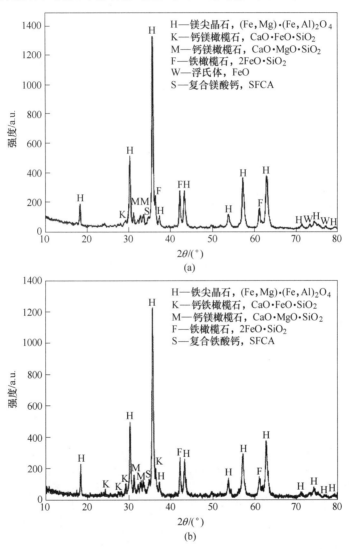

图 10-2　两种烧结矿的 XRD 图
（a）添加 1.5%蛇纹石；（b）添加 1.5%镍铁尾渣

添加 1.5%蛇纹石的烧结矿微观结构及 SEM-EDS 打点分析分别如图 10-3 和表 10-7 所示。烧结矿中，由于 Al^{3+}、Mg^{2+} 取代 Fe^{3+} 和 Fe^{2+} 的比例不同，铁尖晶石分为 3 种：一种呈长条状或鳞状，以$(Fe,Mg)\cdot(Fe,Al)_2O_4$形式存在；一种呈板片状，以$Fe(Fe,Al)_2O_4$形式存在；一种呈粒状，以 $(Fe, Mg)Fe_2O_4$ 形式存在。此外，烧结过程中，铁尖晶石与顽火辉石、石英及 CaO 参与液相反应，形成了钙铁橄榄石、钙镁橄榄石及铁橄榄石。而由于 Al^{3+}、Mg^{2+}、Fe^{3+} 和 Fe^{2+} 的不断扩散与取代，钙铁橄榄石、钙镁橄榄石及铁橄榄石发生共晶反应形成了 3 种尖晶石型橄榄石相，即 $CaO \cdot (Fe, Mg)Al_2O_4 \cdot SiO_2$、$CaO \cdot FeAl_2O_4 \cdot SiO_2$ 和 $CaO \cdot (Fe, Mg)Fe_2O_4 \cdot SiO_2$。同时，钙铁橄榄石、铁酸钙以多孔熔蚀结构存在，这种结构强度较低。

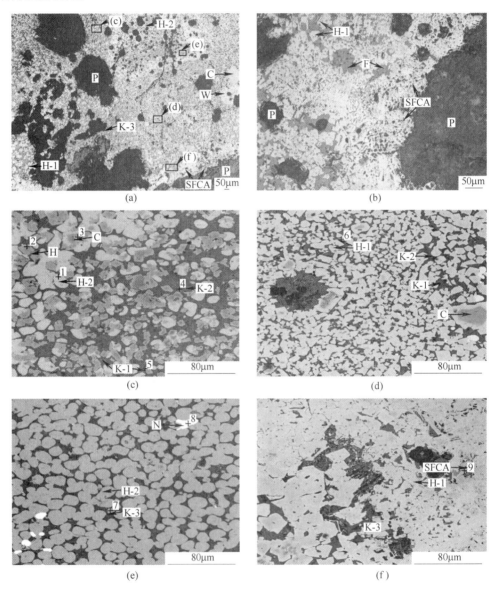

图 10-3　成品烧结矿微观结构（1.5%蛇纹石）

（a）（b）SEM 照片；（c）~（f）图 10-3（a）中对应的扫描区域的 SEM 照片

H—$(Fe, Mg) \cdot (Fe, Al)_2O_4$；H-1—$Fe(Fe, Al)_2O_4$；H-2—$(Fe, Mg)Fe_2O_4$；W—FeO；

K-1—$CaO \cdot (Fe, Mg)Al_2O_4 \cdot SiO_2$；K-2—$CaO \cdot FeAl_2O_4 \cdot SiO_2$；K-3—$CaO \cdot (Fe, Mg)Fe_2O_4 \cdot SiO_2$；

N—$NiFe_2O_4$；C—$(Fe, Mg) \cdot (Cr, Fe, Al)_2O_4$；P—孔洞；SFCA—复合铁酸钙

表 10-7 打点区域 EDS 分析结果（1.5%蛇纹石）

区域编号	元素组成（摩尔分数)/%								物相
	Fe	Cr	Ni	Mg	Al	Si	Ca	O	
1	42.51	—	—	2.10	—	—	—	55.39	$(Fe,Mg)Fe_2O_4$
2	46.50	—	—	2.52	2.61	0.31	0.44	47.62	$(Fe,Mg)\cdot(Fe,Al)_2O_4$
3	10.21	9.75	—	5.16	13.98	—	0.14	60.75	$(Fe,Mg)\cdot(Cr,Fe,Al)_2O_4$
4	7.47	0.10	0.06	1.94	0.38	13.26	12.94	63.86	$CaO\cdot(Fe,Mg)O\cdot SiO_2$
5	5.34	0.10	0.03	—	6.87	13.67	16.00	57.98	$CaO\cdot FeAl_2O_4\cdot SiO_2$
6	46.09	0.46	0.66	—	2.73	—	—	50.06	$Fe(Fe,Al)_2O_4$
7	6.05	0.19	0.04	2.36	3.34	15.30	14.20	58.51	$CaO\cdot(Fe,Mg)Al_2O_4\cdot SiO_2$
8	32.00	—	21.03	—	3.21	3.76	2.78	37.22	$NiFe_2O_4$
9	24.85	0.02	0.17	0.54	1.65	3.72	17.69	51.37	SFCA

　　添加 1.5%镍铁渣的烧结矿微观结构及 SEM-EDS 打点分析分别如图 10-4 和表 10-8 所示。由图可知，当镍铁渣取代蛇纹石后，烧结矿由多孔薄壁结构转变为中孔厚壁结构。同时，烧结矿中铁酸钙呈现针状，结构更加稠密。因此，烧结矿强度显著改善。

　　通过扫描电镜和光学显微镜分析，两种烧结矿的矿物组成见表 10-9[18]。当尾渣取代蛇纹石配入烧结后，成品烧结矿的孔隙率从 49.97%下降至 48.92%，高强度的铁酸钙黏结相含量从 5.14%提高到 9.17%。因此，成品烧结矿的强度得到显著提高。

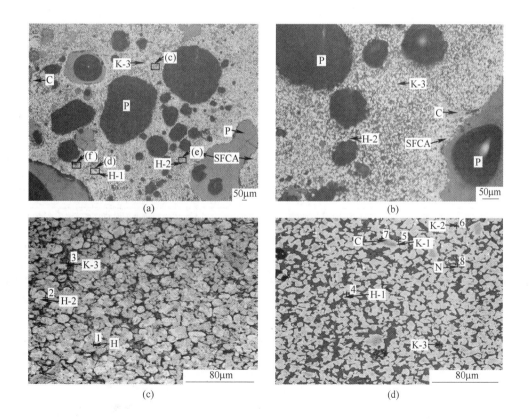

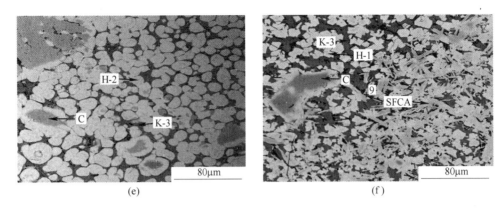

(e)   (f)

图 10-4 成品烧结矿微观结构（1.5%镍铁渣）

(a)(b) SEM 照片；(c)～(f) 图 10-4（a）中对应的扫描区域的 SEM 照片

H—(Fe,Mg)·(Fe,Al)$_2$O$_4$；H-1—Fe(Fe,Al)$_2$O$_4$；H-2—(Fe,Mg)Fe$_2$O$_4$；

K-1—CaO·(Fe,Mg)Al$_2$O$_4$·SiO$_2$；K-2—CaO·FeAl$_2$O$_4$·SiO$_2$；

K-3—CaO·(Fe,Mg)Fe$_2$O$_4$·SiO$_2$；N—NiFe$_2$O$_4$；C—(Fe,Mg)·(Cr,Fe,Al)$_2$O$_4$；P—孔洞；

SFCA—复合铁酸钙

表 10-8 打点区域 EDS 分析结果（1.5%镍铁渣）

区域编号	元素组成（摩尔分数）/%								物相
	Fe	Cr	Ni	Mg	Al	Si	Ca	O	
1	36.04	—	—	2.45	3.54	—	—	57.97	(Fe,Mg)·(Fe,Al)$_2$O$_4$
2	41.67	—	—	2.37	0.36	—	0.34	55.26	(Fe,Mg)Fe$_2$O$_4$
3	6.99	—	—	3.21	1.52	13.16	14.61	60.11	CaO·(Fe,Mg)Al$_2$O$_4$·SiO$_2$
4	36.04	—	—	0.45	5.54	—	—	57.97	Fe(Fe,Al)$_2$O$_4$
5	7.59	—	—	—	8.09	8.36	15.42	60.54	CaO·FeAl$_2$O$_4$·SiO$_2$
6	7.78	—	0.64	4.11	0.49	12.86	15.18	58.93	CaO·(Fe,Mg)O·SiO$_2$
7	11.73	16.41	—	3.92	6.85	0.58	—	60.51	(Fe,Mg)·(Cr,Fe,Al)$_2$O$_4$
8	35.20	—	6.24	1.06	2.85	0.40	0.46	51.84	NiFe$_2$O$_4$
9	16.66	0.20	—	—	7.44	0.59	21.07	54.04	SFCA

表 10-9 两种烧结矿的矿物组成   (%)

配料方案	铁尖晶石			铬尖晶石	镍铁尖晶石	浮氏体	尖晶石型物质			复合铁酸钙	孔隙率
	H	H-1	H-2				K-1	K-2	K-3		
蛇纹石	10.63	23.45	30.12	2.56	1.09	5.75	2.96	4.75	13.55	5.14	49.97
镍铁渣	15.14	21.81	29.94	2.55	1.05	—	2.13	3.89	14.32	9.17	48.92

10.2.2 尾渣强化红土镍矿烧结工业应用

尾渣强化红土镍矿烧结新技术在实验室试验中取得显著效果，为此，在北港新材料有限公司 132m^2 烧结机开展了相关工业试验，并成功实现了该技术的工业应用。

10.2.2.1 工业应用效果

白云石、蛇纹石和尾渣分别应用于烧结的工业应用效果见表10-10。当褐铁矿型红土镍矿烧结时，采用白云石作为熔剂时，烧结矿转鼓强度和利用系数分别仅为58.0%和0.81t/(m²·h)，固体燃耗则高达168.3kg/t，烧结成品率为64%，烧结矿产质量指标差。当配入蛇纹石作为熔剂时，烧结矿转鼓强度和利用系数分别仅为59.2%和0.83t/(m²·h)，固体燃耗则高达158.0kg/t，烧结成品率为65%。当烧结过程中采用镍铁尾渣时，烧结矿转鼓强度、利用系数和成品率分别提高到61.30%、0.89t/(m²·h)和67%，同时，烧结的固体能耗降低到141.0kg/t。由于烧结过程固体燃料比例下将，氧化性气氛更强，烧结矿中FeO含量由下降到13.6%，有利于提高烧结矿的还原性能。由此可知，采用镍铁尾渣取代白云石或蛇纹石，应用于烧结过程，可取得更好的技术指标[19]。

表10-10 对比蛇纹石和镍铁尾渣应用于烧结的工业应用效果

项目	烧结矿转鼓强度/%	利用系数/t·(m²·h)⁻¹	成品率/%	固体能耗/kg·t⁻¹	烧结矿FeO含量/%
白云石烧结	58.00	0.81	64	168.3	16.7
蛇纹石烧结	59.20	0.83	65	158.0	14.8
尾渣烧结	61.30	0.89	67	141.0	13.6

10.2.2.2 经济效益分析

表10-11为配加白云石、蛇纹石和尾渣的烧结矿成本对比。采用白云石作为熔剂时，烧结矿成本为956.7元/t；采用蛇纹石作为熔剂时，烧结矿成本为941.7元/t；采用镍铁渣作为熔剂时，烧结矿成本为显著降低至918元/t。主要原因：（1）采用镍铁尾渣后，烧结成品率提高，红土镍矿单耗下降；（2）相比于白云石和蛇纹石，采用镍铁尾渣后，烧结的固体能耗显著降低，导致燃料成本大幅度下降；（3）烧结矿产量和强度的提高使得制造加工成本下降。

表10-11 配加白云石、蛇纹石和镍铁尾渣的烧结矿成本对比[19]

品位	单价/元·t⁻¹	添加白云石		添加蛇纹石		添加镍铁渣	
		单耗/t·t⁻¹	价格/元	单耗/t·t⁻¹	价格/元	单耗/t·t⁻¹	价格/元
红土镍矿	424.4	1.67	710	1.653	701.5	1.634	693.4
生石灰	300	0.048	14.43	0.064	19.01	0.07	21.15
白云石	120	0.024	2.89	0	0	0	0
蛇纹石	300	0	0	0.016	4.75	0	0
尾矿	120	0	0	0	0	0.0235	2.82
无烟煤	739	0.168	124.4	0.158	117.02	0.141	104.11
加工成本			105		99.5		96.5
烧结矿总成本			956.7		941.7		918

综上可知，红土镍矿直接还原—磁选的尾渣应用于铁矿烧结生产替代蛇纹石或白云石，同样可达到提高烧结矿强度，节约高炉冶炼成本的作用，而且其中的有用元素 Fe、

Cr、Ni 能得到充分回收利用，是解决红土镍矿 DRMS 法尾矿处理的一条有效途径，这不但实现了二次资源的循环利用，又能为企业创造显著的经济效益。

10.3　不锈钢尘泥综合利用新技术

不锈钢冶炼过程产生的尘泥主要包括除尘灰，冷轧酸洗过程产生的酸洗污泥等，这些不锈钢尘泥均含有大量 Fe、Ni 和 Cr 等有价金属元素，具备重要的利用价值。

10.3.1　不锈钢尘泥性质

10.3.1.1　除尘灰

除尘灰主要来源于 EAF 炉和 AOD 炉、VOD 炉中金属及炉渣在高温下喷溅，以及不同元素在高温下的挥发。国内部分不锈钢企业除尘灰化学成分见表 10-12。其主要有价成分为铁、铬、镍，其中 Fe 含量为 30%～40%，Cr 含量为 8%，Ni 含量小于 5%。此外，还含有 P、S、Si、Ca、Mn、Mg 等元素，因其铬含量超过环保标准属于危险废物[20,21]。

表 10-12　部分企业不锈钢除尘灰化学成分　　　　（%）

编号	Fe总	Cr总	Ni总	CaO	MnO	MgO	SiO$_2$	S	P
1	19.10	11.5	1.22	18.19	0.71	1.24	3.90	0.25	0.12
2	25.40	16.50	2.00	6.30	2.26	1.91	0.60	0.40	0.60
3	43.40	7.00	2.56	1.68	0.31	0.07	3.60	0.55	0.03
4	46.20	7.50	2.62	1.16	0.39	0.15	2.10	1.18	0.03
5	33.82	9.38	0.44	14.40	5.47	1.27	4.80	0.36	0.02

10.3.1.2　酸洗污泥

不锈钢生产过程中酸洗工序会排出大量的酸洗污泥。据统计，其产生量约占整个不锈钢生产工艺产量的 3%～5%，污泥中含有大量的 Fe、Cr、Ni 等有价金属元素，Fe 含量为 10%～25%、Cr 含量为 3%～6%、Ni 含量小于 5%，同时含有 CaSO$_4$、CaF$_2$、CaO、SiO$_2$ 等物质。表 10-13 为几种常见不锈钢酸洗污泥的化学组成[22]。

表 10-13　部分不锈钢企业酸洗污泥化学成分分析　　　　（%）

编号	Cr$_2$O$_3$	NiO	Fe$_2$O$_3$	CaO	CaF$_2$	CaSO$_4$	SiO$_2$	MgO
1	11.5	3.0	25.8	7.3	47.5	3.0	1.8	0.7
2	6.0	3.4	28.0	11.0	51.0	0.5	1.9	0.5
3	7.1	3.1	31.0	5.5	34.0	11.4	2.49	0.73
4	5.07	3.18	17.5	7.95	42.7	8.50	1.15	0.92
5	5.26	0.34	19.32	26.72	9.89	17.02	3.78	1.00

10.3.2　不锈钢尘泥综合利用现状

不锈钢厂尘泥的处置主要可分为非资源化处置和资源化处置两类。其中非资源化处置主要通过稳定化和固定化技术，降低或解除不锈钢尘泥中的毒性，进而满足环保要求实现无害化填埋；资源化处置则是通过各种物理化学方法，对不锈钢尘泥中的有价金属元素进行回收。

10.3.2.1 非资源化处置

固化、稳定化技术因其处理能力大和处理费用较低的特点，一直是处理重金属固体废弃物和其他非重金属危险废弃物的主要手段，在废物资源区域化管理中占据着重要的位置。该技术是将危废中的重金属进行固定化、稳定化，使危废中的重金属元素、危险组分呈化学惰性或被包裹起来，方便运输、利用和其他处置。固化技术根据其固化剂的不同又可以分为石灰固化、水泥固化、熔融固化、有机聚合物固化、塑性材料固化、自胶结固化等。固化技术的原理主要是将固化剂和尘泥混合，使有害组分封存在固化剂中不被析出，可以稳定存在很长时间而不会污染环境[22,23,28]。

在各类固化方式中，水泥固化技术应用最为广泛，是最有效且最实用的危废处理技术。图 10-5 所示为目前危险固废固化、稳定化处理技术的工艺流程。其优点是工艺简单，所选用固化剂成本低，操作简单，在以往的处理中，大多数人认为该技术可以使得重金属在固化之后长期稳定存在；随着环保要求的日益提高，使用该法将固化物加入建材中的可用量受到很大限制，且固化物中重金属长期稳定性问题也日益突出，使得该法受到了很大的限制。目前很多学者通过化学药剂对固废中的重金属进行处理，通过将稳定化药剂（如沸石高分子螯合物、硫化物等）加入到预处理的固体危废中，使得重金属污染物在固化体中的毒性、溶解性、迁移能力变得很低，提升固化技术的稳定性，降低固化技术潜在风险，提升其适用能力[23-25]。但是，固化处置技术不仅导致大量土地被占用，而且造成了铁、镍、铬等有价元素的大量浪费。

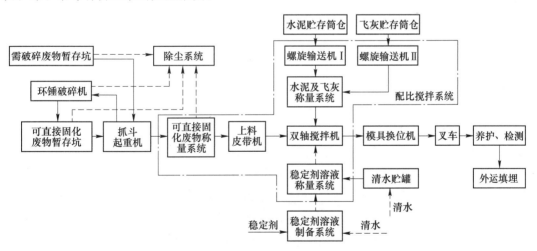

图 10-5 危险固废稳定化/固化工艺流程

10.3.2.2 资源化处置

A 制备建筑材料

利用不锈钢尘泥中 CaO 和 Fe_2O_3 等有用成分和具备的一定活性，可以在适当的条件下制备成建筑材料，如墙砖、地砖、陶粒、水泥等，不仅可以将污泥中的有害物质固化在建筑材料中，而且还可以实现固废大宗量规模化综合利用。

将 88% 黏土、10% 污泥和 2% 的赤铁矿混合后，按国家《烧结普通砖》（GB 5101—2003）的规格要求制模，砖块公称尺寸为：长 240mm、宽 115mm、高 5.3mm，样砖自然风干 7d 后，其抗压强度可高达 11.9MPa。同时，对制备的砖进行浸出毒性试验研究，发现 Ni、Cr 的浓度都远低于《危险废物鉴别标准——浸出性标准》（GB 5085.3—1996）和《地表水环境质量标准》（GB 3838—2002）的限制，进一步说明铬镍污泥经过制砖固化后其重金属活性大为降低，其环境风险可降至安全标准[26]。

污泥中含有一定的成陶组分 SiO_2、Al_2O_3，与黏土混合，在一定条件下焙烧可制备成陶粒，且将重金属 Ni、Cr 固定在陶粒中。将 20% 的污泥和 80% 黏土混合，在水分 6%、成型压力 10MPa、保压时间为 30s 的条件下，压制成尺寸为 2cm×1cm 的圆柱形生料坯；然后在温度 1100℃ 下焙烧 30min，可制备成强度 810N，表观密度 0.9g/cm^3 的陶粒。该陶粒膨胀性较好，颗粒内部孔洞较为均匀，且陶粒的重金属浸出量远小于国标中的限定量，具有较好的固化效果[27]。

利用不锈钢尘泥制备成建筑材料容易造成有价金属资源的浪费。此外，高温焙烧过程中，三价铬可能会被再次氧化为六价铬，从而造成铬离子的二次污染问题。

B　制备冶金辅料

不锈钢污泥中 CaO 和 CaF_2 的含量占 50% 以上，并含一定量的 $CaSO_4$、SiO_2、MgO 等组分。由于污泥中 Ca、F 含量高，因而其熔化温度较低，在 1350℃ 左右，且高温下黏度小，可考虑将其作为冶金熔剂使用，比如烧结配料、高炉熔剂、转炉辅助材料、精炼炉造渣材料，甚至可以作为连铸保护渣的成分利用。利用污泥代替含钙熔剂应用于冶炼过程中，通常需要将其制备成团块，然后在低温下（350℃ 左右）干燥脱除其自由水和结合水，以保证入炉前具备足够的强度[28]。此外，在冶炼过程，污泥中有价金属元素，如 Ni、Cr 等进入铁水或钢水，可同时实现有价元素的回收。

C　湿法回收有价金属

以不锈钢含铬固废为原料，将铬渣与一定量的碳酸钠、硝酸钠和氢氧化钠研磨混匀后经过 600℃ 高温煅烧，将煅烧后的渣在 20g/L 的碳酸钠溶液中浸出，浸出温度 80℃，搅拌速度 300r/min，浸出时间 2h，可达到分离提取铬的目的，铬浸出率可以达到 91.38%。但钠盐及氢氧化钠的消耗量大，含强碱的浸出液难以处理。目前尚在实验室研究阶段[29]。

通过添加浓酸（硫酸、盐酸、硝酸）对不锈钢尘泥进行浸出，再以二（2-乙基己基）磷酸（P204）为萃取剂，260 号溶剂油为稀释剂，采取溶剂萃取工艺可以处理不锈钢酸洗污泥的酸浸出液，去除 Cr^{3+}、Fe^{2+}、Ni^{2+} 等重金属离子。在 P204 皂化率 75% 条件下，Cr^{3+} 的一级萃取率达 87.93%，Cr^{3+} 与 Fe^{2+}、Ni^{2+} 的分离系数可达 44.12 和 4.90。用稀硫酸反萃取，Cr^{3+} 反萃取率最高。但该工艺会产生很多废酸；萃取所用的 P204 成本高，难以工业化，故此法并未得到广泛应用[30]。

D　火法回收有价金属

不锈钢尘泥火法回收工艺主要根据尘泥中钾、钠、铅、锌等金属沸点低，其氧化物易还原的特性，使它们在高温还原条件下以蒸汽的形式挥发脱除，减轻尘泥对环境带来的危害，还原之后的有价金属还可以进行回收利用。根据火法回收工艺设备的不同，主要可以分为竖炉法、转底炉法、回转窑法。

STAR工艺是日本川崎公司通过竖炉流态化床技术衍生的一种可以有效回收钢铁工业粉尘的工艺，工艺流程如图10-6所示。其基本装置是一个内设流化床的鼓风竖炉，工作方式与高炉类似，炉子两侧设一对风口，用于原料、燃料的喷吹，还原剂通过竖炉炉顶加入，下降过程中随着炉温的升高逐渐熔化，有害元素通过废气进入除尘系统，得到的铁水性能好，铁、铬、镍的回收率都在90%以上[31]。

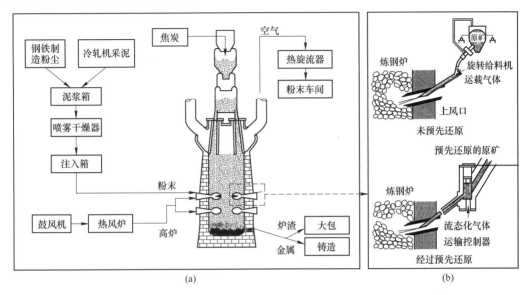

图10-6 STAR工艺流程简介(a)和上风口重力输粉系统(b)

该工艺最早1994年在日本投入的工业化应用，每天可处理粉尘240t，后续又用于处理含锌粉尘，日处理量10t。表10-14为该工艺产出的铁和渣的主要成分[31,32]。

表10-14 STAR工艺渣和铁成分 (%)

铁				渣			
Cr	Ni	C	Fe	Cr	CaO	SiO$_2$	Al$_2$O$_3$
7.5~9.1	0.6~0.9	4.1~4.5	0.19~0.28	0.12~0.27	37~39	36~38	12~14

Oxycup法是蒂森克虏伯钢铁公司开发的化铁型竖炉工艺，其将尘泥与燃料一起造块，并与废钢等一起加入竖炉中冶炼铁水，该工艺于1999年投产，于2004年正式运行，处理尘泥能力为500t/d，后由于尘泥大量投入影响铁水质量，故仅将该竖炉用作处理废钢。

国内对Oxycup工艺回收不锈钢粉尘中铬、镍及铁做了大量的研究工作。首先对不锈钢粉尘、不锈钢氧化铁皮等固体废物进行内配碳造块，再与焦炭一起加入Oxycup炉冶炼回收铬、镍及铁。所得含铬镍铁水中C、Si等含量与高炉铁水成分相当，Fe、Cr、Ni回收率均高于90%，但铁水中S、Mn含量难以保持稳定[33]。Oxycup工艺试验铁水和高炉铁水主要成分见表10-15。

表10-15 Oxycup工艺试验铁水和高炉铁水主要成分 (%)

元素	C	Si	Mn	P	S	Cr	Ni
高炉	4.0	0.60	0.25	0.07	0.045	—	—
Oxycup	4.5	0.70	0.40	0.055	0.18	12.5	3.0

转底炉法的主要工艺路线为对尘泥进行造块，经过高温还原，得到的产品可用于炼钢，实现了废物综合高效利用。该工艺主要优点是升温快，球团炉内停留时间短，金属化程度高，炉内物料与还原气体的逆向接触也使得还原较为彻底。但转底炉本身处理量较为有限，且会产生大量二次粉尘，粉尘中的 Pb、Zn 需要进一步处理。使用该工艺处理不锈钢尘泥的温度主要为 1150℃，在炉内停留 15min，转底炉负荷 $50kg/m^2$，总能耗为 $2.1 \times 4.18GJ/t$，得到金属化率为 80% 的金属化球团，铅脱除率 70%，锌脱除率 80%[34]。

当尘泥金属化球团从转底炉出来后会有两个处理路线：一个是热压处理，另一个是熔炼高纯度铁水，前者称为 Fastmet 工艺，后者称为 Fastmelt 工艺。就两种工艺而言，Fastmelt 工艺其实是对 Fastmet 工艺的改进和优化。由于不锈钢尘泥固废中常含有大量的硫、铅、锌、氟等元素，在经过转底炉还原之后，金属化球团中还是会残余大量的硫，不宜作为不锈钢精炼的原料，而 Fastmelt 工艺的提出可以在粗炼的同时去除金属化球团中残余的杂质，有效提高了铁水质量。该工艺具有流程短、效率高的特点，但工艺指标受转底炉影响。难以很好控制铁水成分及铬回收率，还原过程对还原剂灰分和硫含量要求较高，过程能耗较大。

表 10-16 是国外一些钢厂使用转底炉处理尘泥固废的主要技术指标，可以看出转底炉工艺的处理量普遍较低，且所需还原温度高，但尘泥固废球团的金属化率普遍不高[35-37]。

表 10-16 国外钢厂转底炉处理尘泥主要技术指标

钢厂	工艺	产能/万吨·a^{-1}	还原温度/℃	金属化率/%
美国 Inmetco 公司	Inmetco	1×9	1250~1300	96
新日铁广畑厂	Fastmet	3×19，1×22	1250	80
新日铁光厂	DryIron	1×2.8	1300	70~80
新日铁君津厂	Inmetco	1×18，1×14	1250~1300	75~85

回转窑法是目前煤基直接还原中最主流的方法，是众多煤基直接还原法中工艺最为成熟、应用最为广泛的一个，多用于生产海绵铁。随着近年来对钢铁工业环保质量要求的日益提高，回转窑法在粉尘处理方面逐渐得到应用，主要用来处理富含铅锌的高炉灰、烧结机头灰等。

回转窑法是一种以固体燃料（煤、焦）作还原剂，以回转窑为反应器，进行还原焙烧的方法，可分为威尔兹法（Waelz）、川崎法、SL/RN 法、SDR 法等，其中在粉尘处理方面，Waelz 法应用比较广泛。Waelz 法是处理含锌粉尘的重要工艺之一，该工艺最早是为了处理锌精炼渣而开发的，具体是将含锌粉尘和还原剂等经过造块送入回转窑，经过 1000~1300℃高温处理，物料经过还原反应锌挥发进入烟道二次氧化，通过除尘系统回收，得到的氧化锌含量 55%~60%，还原后的窑渣经过破碎磁选等回收其中有价金属[38]。

表 10-17 是部分国外企业使用 Waelz 回转窑工艺处理含锌粉尘的应用情况，该法处理含锌粉尘处理量大，脱锌率也比较高。以年处理量 50 万吨德国 B.U.S 来分析，可年产次氧化锌 45000t，海绵铁 10 万吨，其中锌的产值高达 3.6 亿元，海绵铁按每吨 2400 元计，产值 2400 万元。此外，尾渣也可以用作水泥。由此可见该工艺在处理含锌粉尘方面的可行性。既然回转窑法在处理含锌粉尘领域能够取得如此好的效益，是否可以考虑用于处理含铬的不锈钢粉尘，可以利用现有的基础和设备，只需稍作改造，即可用于不锈钢尘泥处

理，在解决尘泥堆积问题的同时，也能为企业带来较好的经济收益。

表 10-17 部分 Waelz 回转窑工艺应用情况

应用企业	工艺类型	处理能力/万吨·a^{-1}	脱锌率
美国 HRDC	Waelz	100	90%以上
德国 B. U. S	Waelz	50	90%以上
瑞士 GSD（Global Steel Dust Ltd.）	Waelz	11	90%以上
台湾钢联 TSU	Waelz	18.9	90%以上
韩国锌业有限公司	Waelz	20	90%以上

面对日益严峻的环境问题，对于不锈钢厂尘泥的处置虽然有很多的研究，但主要还是以直接还原回收为主，湿法浸出仍因成本高、二次污染严重，停留在实验室研究阶段。对于主流的尘泥直接还原工艺，多以转底炉作为预还原设备，且大多以冷态球团直接进入转底炉内还原，面临金属化率低、二次粉尘严重、产品铅锌含量高等问题，导致电炉深还原炉况差，铁水杂质含量高。回转窑煤基直接还原工艺作为一项传统且成熟的工艺，目前广泛应用在生产直接还原铁和处理含锌粉尘等方面，且已经取得不错的效果，但在不锈钢尘泥处理中运用尚少，开展相关研究以优化尘泥球团回转窑煤基直接还原工艺具有一定现实意义，或许将是不锈钢尘泥处置的一项新举措。

10.3.3 不锈钢尘泥球团预还原—熔炼新技术

作者团队在充分考虑和比较各种工艺优劣的基础上，提出了一种新的思路，即采用国内不锈钢厂的尘泥固废与铬铁精矿混合造球，以尘泥预热球团及尘泥焙烧氧化球团为基础，开发出不锈钢尘泥球团回转窑煤基直接还原—熔炼新技术[39]，制备出性能优良的尘泥金属化球团，不仅可以解决尘泥堆置所带来的严峻环境污染问题，而且可以资源化高效利用不锈钢尘泥，对推动不锈钢产业可持续发展具有重要的意义。

10.3.3.1 工艺流程设计

不锈钢尘泥球团煤基直接还原—熔分工艺流程如图 10-7 所示，主要包括原料（除尘灰、铬铁矿、氧化铁皮和酸洗污泥）预处理、配矿、造球、干燥、预热焙烧、回转窑预还原和电炉熔分等主要工序，最终获得含镍铬的不锈钢母液。

各种原料主要化学成分见表 10-18。除尘灰成分复杂，除含有铁、铬、镍、锰等有价外，还有大量的有害元素及碱金属。该除尘灰全铁品位为 33.82%，亚铁含量低，仅为 1.84%，Cr_2O_3 含量有 9.38%，Ni 含量有 0.44%；K、Na 含量之和超过 1.5%，Pb、Zn、F 含量也很高，是一种成分非常复杂的难处理的二次资源。酸洗污泥成分复杂，铁含量低，含有铬、镍、锰等有价元素，钙含量很高，氟、钠、硫含量都很高，属于危险固废。氧化铁皮的铁品位较高，含有大量的铬、镍、锰等有价元素，杂质及有害元素含量低，具有很高的利用价值。南非的铬铁精矿，其中 Cr_2O_3 百分含量为 42.55%，铬铁比 $w(Cr)/w(\Sigma Fe) = 1.30$，该铬铁矿粉 Cr_2O_3 含量高，硫、磷、硅、钙含量低，硫含量仅有 0.047%，磷含量占 0.005%；此外，该矿粉 MgO、Al_2O_3 比例高，具有熔点较高的特点。

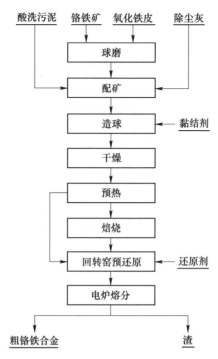

图 10-7　不锈钢尘泥球团煤基直接还原—电炉熔分研究流程

表 10-18　除尘灰、酸洗污泥、氧化铁皮及铬铁矿的主要化学成分（质量分数）　（%）

样品	TFe	FeO	Cr$_2$O$_3$	CaO	MgO	Al$_2$O$_3$	SiO$_2$	Mn	Ni
除尘灰	33.82	1.84	9.38	14.40	1.27	0.52	4.80	5.47	0.44
酸洗污泥	13.51	0.27	5.26	26.72	1.00	0.64	3.78	1.59	0.27
氧化铁皮	59.75	31.50	7.50	0.31	0.044	0.14	0.59	3.30	0.92
铬铁矿	22.61	21.38	42.55	1.86	8.82	13.43	1.88	0.035	—

样品	Cl	F	Pb	Zn	C	K$_2$O	Na$_2$O	S	P	LOI
除尘灰	0.45	0.74	2.5	4.0	0.57	1.17	0.72	0.36	0.021	2.39
酸洗污泥	0.17	4.44	0.02	0.017	0.11	1.13	4.02	0.14	20.19	0.17
氧化铁皮	0.054	0.048	0.035	0.008	0.008	0.068	0.011	0.021	−4.25	0.054
铬铁矿	—	—	—	—	—	0.012	0.035	0.047	0.005	−1.69

注：LOI 为烧失量。

　　原料粒度组成见表 10-19。不锈钢除尘灰和酸洗污泥的粒度极细，小于 75μm 粒级占 80% 以上，但从粒度来看，是一种很好的造球原料，完全能够满足造球生产的要求。氧化铁皮粒度较粗，颗粒呈片状，氧化铁皮的粒度主要分布在 75μm 以上，小于 75μm 仅占 27.75%，远远不能满足造球的要求，需经过磨矿预处理至小于 75μm 80% 以上。铬铁矿粒度较粗，小于 75μm 含量仅有 11.90%，粒度区间主要集中在 75 ~ 150μm 之间，不适合造球，需要进行磨矿预处理才能满足后续的造球工序。

表 10-19　原料粒度组成（质量分数）　　　　　　（%）

粒级/mm	>0.15	0.074~0.15	0.043~0.074	0.025~0.043	<0.025
除尘灰	0.24	1.02	3.18	4.86	90.70
酸洗污泥	3.07	17.61	10.43	4.12	64.77
氧化铁皮	53.21	19.04	7.35	18.95	1.45
铬铁矿	6.60	81.50	10.80	0.50	0.60

　　造球过程采用膨润土作为黏结剂，粒度细，小于 $75\mu m$ 高达 99% 以上，该膨润土吸水性能较好，2h 吸水率高达 390%，蒙脱石含量为 61.97%。

　　神府煤和焦炭作为煤基还原过程的还原剂。神府煤用作直接还原过程中的还原剂，焦粉用于球团内配。神府煤、焦粉的工业分析见表 10-20。

表 10-20　还原剂的工业分析结果（质量分数）　　　　（%）

指标	FCad	Aad	Vad	Mad
神府煤	52.12	4.49	30.41	12.98
焦炭	83.32	12.79	2.39	1.50

注：FCad—空气干燥煤固定碳；Aad—空气干燥煤灰分；Vad—空气干燥煤挥发分；Mad—空气干燥煤水分。

　　对不锈钢固废（除尘灰、酸洗污泥、氧化铁皮）及铬铁矿进行配矿，然后通过圆盘造球机制备出合格的生球，然后进行尘泥球团预热和氧化焙烧、直接还原及金属化球团电炉熔分。

　　根据不锈钢厂生产过程中各类除尘灰、酸洗污泥、氧化铁皮的大致产出比，制定配矿方案 1，在方案 1 的基础上调节固废比例依次配入 20%、40%、60% 的铬铁矿粉，得到其他 3 个配矿方案，各配矿方案的比例见表 10-21。

表 10-21　配矿方案　　　　　　　　　　　　　（%）

配矿方案	铬铁矿	酸洗污泥	除尘灰	氧化铁皮
1	0	20	50	30
2	20	16	40	24
3	40	12	30	18
4	60	8	20	12

10.3.3.2　不锈钢尘泥造球性能

　　不同配矿方案对生球指标的影响见表 10-22。方案 1 全固废的球团爆裂温度仅有 260℃，抗压强度也比较低；随着铬铁矿比例的增加，爆裂温度逐渐升高，抗压强度也有所提高，但落下强度降低。

表 10-22　不同配矿方案的生球性能（造球时间 12min，膨润土用量 1.0%，造球水分 12%）

配矿方案	落下强度/次·(0.5m)$^{-1}$	抗压强度/N·个$^{-1}$	爆裂温度/℃
1	8.7	12.4	260
2	7.2	19.2	280
3	6.5	19.6	300
4	5.5	23.4	300

黏结剂用量对生球性能的影响见表 10-23。随着黏结剂用量的增加，生球落下强度和爆裂温度均有所增加，生球抗压强度变化不大。当黏结剂用量从 1.0% 增加到 1.8% 时，生球的爆裂温度从 280℃ 提高到 310℃，提升幅度不是很大，这是因为尘泥球团中的除尘灰和酸洗污泥的粒度都比较细，且吸水性很强，球团表面致密性好，球团内部干燥过程中缓慢，随着干燥的进行，球团内外在短时间出现很大蒸汽，导致球团爆裂温度较低。为了保证生产中生球的顺利干燥，生球的爆裂温度不小于 300℃，故适宜的黏结剂用量选择 1.2%。

表 10-23 黏结剂用量对配矿方案 2 生球性能的影响（造球时间 12min，造球水分 12%）

膨润土用量/%	落下强度/次·(0.5m)$^{-1}$	抗压强度/N·个$^{-1}$	爆裂温度/℃
1.0	7.2	19.2	280
1.2	8.5	21.4	300
1.5	9.0	21.2	300
1.8	14.0	20.3	310

造球水分对生球性能的影响见表 10-24。随着水分从 9.8% 提升到 14.05%，生球的落下强度有明显的提升，但抗压强度和爆裂温度均有所下降。尘泥球团造球水分的控制不仅对生球性能影响明显，也会影响生球的形状，如果水分过低，会造成生球大小不均匀，表面不光滑等问题。根据试验结果，推荐生球水分控制在 11%~12.5% 左右为宜。

表 10-24 造球水分对配矿方案 2 生球性能的影响（造球时间 12min，黏结剂用量 1.2%）

水分/%	落下强度/次·(0.5m)$^{-1}$	抗压强度/N·个$^{-1}$	爆裂温度/℃
9.8	2.2	26.7	320
11.3	5.5	23.4	300
12.4	8.5	21.4	300
14.05	10.2	20.9	280

造球时间对生球性能的影响见表 10-25。生球的落下强度和抗压强度随造球时间的增加而逐渐增加，但爆裂温度有所下降。当造球时间由 8min 提升至 14min 时，抗压强度有 9.8N/个提升到 25.7N/个，落下强度也由 3.5 次/0.5m 提升至 6.5 次/0.5m；爆裂温度下降至 270℃，这是因为随着造球时间的增长，生球致密性提高，干燥过程中内部水分扩散速度小于外部水分的蒸发，导致球团爆裂温度降低。为保证球团具有很好的强度和热稳定性，综合考虑，推荐适宜的造球时间为 12min。

表 10-25 造球时间对配矿方案 2 生球性能的影响（造球水分 11%，黏结剂用量 1.2%）

造球时间/min	落下强度/次·(0.5m)$^{-1}$	抗压强度/N·个$^{-1}$	爆裂温度/℃
8	3.5	9.8	320
10	4.4	14.5	300
12	5.5	23.4	300
14	6.5	25.7	270

由上可见，不锈钢尘泥具有良好的造球性能。但造球水分高，生球爆裂温度普遍不

高。因此，在后续生产过程中，应要注意优化干燥环节，减少生球爆裂。

10.3.3.3 不锈钢尘泥球团预热焙烧固结特性

为了确保直接还原工艺稳定运行，入窑球团矿必须具有一定的机械强度。因此，球团必须经过预热和焙烧固结，以提高球团抗压强度。链算机—回转窑工艺是氧化球团生产的主流工艺之一。本节基于该工艺，研究尘泥球团的预热、焙烧性能，优化尘泥预热及焙烧工艺制度，为尘泥金属化球团制备提供优质炉料。

预热温度对不同配矿方案的预热球团抗压强度的影响如图 10-8 所示。配矿方案 1 的预热球团抗压强度较差，预热温度从 900℃ 提高到 1100℃，预热球团抗压强度最高仅 360N/个；随着铬铁矿比例的提升，尘泥预热球团抗压强度有明显的提升，方案 2 在 1100℃ 下，预热球团抗压强度满足 500N/个；方案 3、方案 4 在 900℃ 的预热温度下，预热球团抗压强度可以分别达到 578N/个、724N/个。

对比 4 个配矿方案，随着铬铁矿的配入，尘泥球团中 FeO 的含量逐渐增加，预热过程中 FeO 氧化放热会使得球团内部温度升高，颗粒间固相固结效果更好，获得更好的抗压强度；随着铬铁矿的加入，球团碱度逐渐降低，球团内部低熔点物质减少，可缓解固废尘泥球团中因液相量过多导致球团抗压强度过低的问题。因此，添加部分铬铁矿可调节尘泥球团 FeO 含量、碱度，能有效提高预热球团的抗压强度。

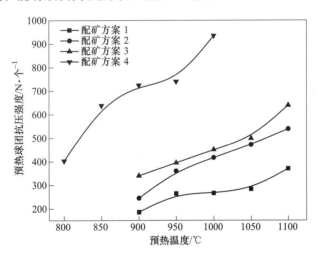

图 10-8 预热温度对不同配矿方案预热球团抗压强度的影响

（预热时间 15min）

尘泥球团的预热时间对预热球团抗压强度的影响如图 10-9 所示。100%尘泥固废的方案 1 预热球团抗压强度较差，随着预热时间的变化，预热球团抗压强度最高也只有 380N/个；其余 3 个配矿方案，尘泥预热球团抗压强度随着预热时间呈先升高后趋于平缓的趋势，预热温度 1100℃，预热时间大于 8min 后，预热球团抗压强度均可大于 500N/个。

配矿方案 1、方案 2 的预热球团抗压强度较差，拟通过内配碳的形式改善尘泥球团的抗压强度。内配碳量对预热球团抗压强度的影响如图 10-10 所示。适量的内配碳能够有效提升预热球团的抗压强度。当配碳量在 0.5%左右时，尘泥球团抗压强度明显升高。这是因为适量的配炭量能够提高球团内部预热温度，提升固结强度；其次球团外部在预热过程

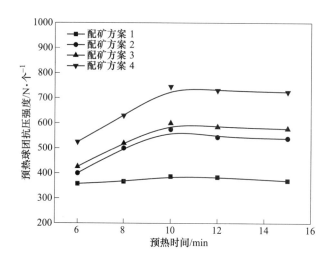

图 10-9　预热时间对不同配矿方案预热球团强度的影响

（配矿方案 1~4 的球团预热温度分别为 1100℃、1100℃、900℃ 和 900℃）

中由于配碳作用，能很快形成一层"硬壳"保证预热球团的强度。随着配炭量的进一步提高，球团内部温度过高，液相量过多，且未燃烧的残余碳使得球团内部固结不紧密，导致预热球团抗压强度低。

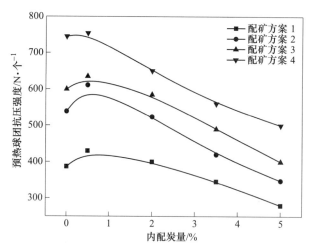

图 10-10　内配炭对尘泥预热球团抗压强度的影响

（配矿方案 1~4 的球团预热温度分别为 1100℃、1100℃、900℃ 和 900℃，预热时间均为 8min）

焙烧温度对不同配比的尘泥焙烧球团抗压强度的影响如图 10-11 所示。4 个配矿方案的尘泥焙烧球团抗压强度都比较低，随着铬铁矿比例的提高，焙烧球团抗压强度有所提高，但总体抗压强度较低，添加 60% 铬铁矿后抗压强度勉强维持在 2000N/个；100% 尘泥固废的方案 1 在 1300℃ 的温度下焙烧球团最高抗压强度仅为 1056N/个，由于方案 1 碱度高达 3.79，球团焙烧过程中低熔点物质过多，出现了黏结现象。其他方案 2~4 在 1300℃ 的焙烧温度下，焙烧球团获得最高的抗压强度分别为 1071N/个、1478N/个、1960N/个，无黏结现象。

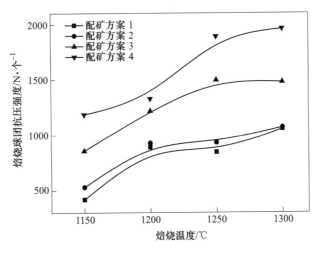

图 10-11 焙烧温度对不同配矿方案焙烧球团强度的影响
（配矿方案 1~4 的球团预热温度分别为 1100℃、1100℃、900℃和 900℃，
预热时间均为 8min，焙烧时间 15min，0.5%内配炭）

焙烧时间对尘泥焙烧球团抗压强度的影响如图 10-12 所示。尘泥焙烧球团的抗压强度随焙烧时间的延长，整体呈逐渐增加的趋势，但焙烧球团整体抗压强度过低，配矿方案 1 抗压强度最高仅有 1050N/个，配矿方案 2 在焙烧时间 10min 时有最高点 1077N/个，配矿方案 3 在焙烧时间 15min 时强度最高为 1495N/个，配矿方案 4 在焙烧时间 12min 获最高强度 2056N/个。由上可知，尘泥球团焙烧性能较差，虽然配加一定比例的铬铁矿能有效提高焙烧球团的强度，但抗压强度始终比较低；高比例固废的尘泥球团在高温固结过程中出现相互黏结现象，主要是因为尘泥固废碱度高，球团中 CaO 含量高，焙烧过程中生成大量的铁酸钙体系的液相，当液相量高于 7%左右，会阻碍固相颗粒间的接触，液相沿晶界渗透，使已经聚集为大晶体的固结"粉碎化"，且球团会发生变形，导致球团抗压强度低、易黏结。

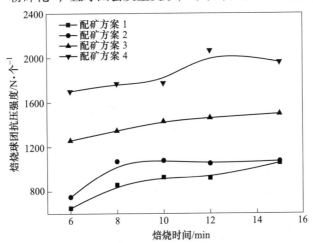

图 10-12 焙烧时间对不同配矿方案焙烧球团强度的影响
（配矿方案 1~4 的球团预热温度分别为 1100℃、1100℃、900℃和 900℃，
预热时间均为 8min，焙烧温度 1300℃，0.5%内配炭）

由不锈钢尘泥球团的焙烧固结特性可以看出尘泥球团焙烧性能较差，考虑到煤基直接还原"两步法"对焙烧球团的抗压强度一般为 2500N/个，尘泥焙烧球团难以满足要求，且过高比例铬铁矿的加入，会导致尘泥球团金属化率过低，冶炼能耗高等问题，因此，采用不锈钢尘泥预热球团"一步法"煤基直接还原制备金属化球团。

10.3.3.4　不锈钢尘泥预热球团直接还原行为

在预热球团直接还原行为研究中，以 40%除尘灰、16%酸洗污泥、24%氧化铁皮和 20%铬铁矿制备的预热球团作为煤基直接还原的炉料。

还原温度对还原球团金属化率和抗压强度的影响如图 10-13 所示。提高还原温度有利于改善尘泥预还原球团的金属化率及抗压强度。当还原温度从 1000℃提高至 1250℃，预还原球团的金属化率从 81.95%提升到 87.78%，可以看出尘泥球团在 1000℃的还原温度下已经有很好的金属化率，说明尘泥球团中的普通铁氧化物较易还原；随着温度的提高，虽然金属化率有所提高，但难以达到 90%以上，这是因为尘泥球团中的铬铁尖晶石对还原温度要求较高，难以还原。随着还原温度的提升，尘泥预还原球团的抗压强度从 10N/个提升至 800N/个，1000~1200℃球团抗压强度提升较缓慢，在 1200℃开始有明显提升。

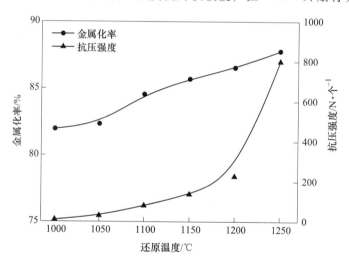

图 10-13　还原温度对尘泥球团金属化率及抗压强度的影响
（还原时间 120min，碳铁比为 2∶1）

图 10-14 所示为不同还原温度下尘泥预还原球团宏观形貌图，还原温度为 1000~1100℃时，尘泥预还原球团粉化严重；随着还原温度的进一步升高，球团粉化现象有明显改善，还原温度 1150℃的预还原球团虽然无明显粉化现象，但还原球团表面仍有明显裂纹和缺陷，当还原温度达到 1200℃和 1250℃时预还原球团虽然有少量裂纹，但球团表面光滑，形状规则。和其他 4 组较低还原温度的球团相比，该组还原温度下的还原球团体积有明显的收缩，球团颜色呈灰黑色，有金属光泽。

图 10-15 所示为尘泥预还原球团在不同还原温度下的 X 射线衍射图。尘泥预还原球团普通铁氧化物的还原温度较低，当还原温度为 1000℃时，普通铁氧化物已经基本得到完全还原，出现金属铁的强峰。随着还原温度的进一步提高，尘泥球团中含铬的磁铁矿、难还原矿物铬铁尖晶石逐渐得到还原，在 1200℃左右铬铁尖晶石发生物相转变，部分铬尖晶石

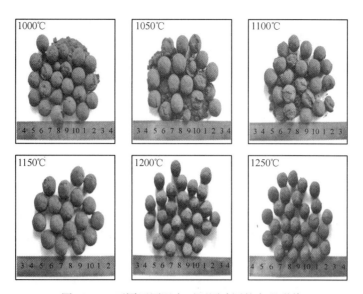

图 10-14 不同还原温度下还原球团的宏观形貌

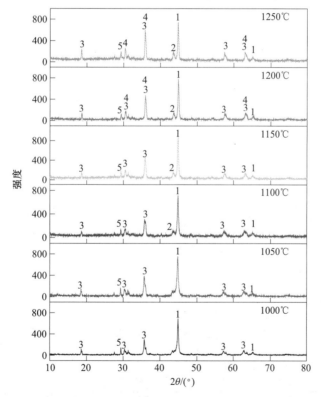

图 10-15 不同还原温度下还原球团的 X 射线衍射分析

1—金属铁；2—金属铬；3—铬尖晶石；4—铬尖晶石（富 Cr）；5—钙铁橄榄石

的峰发生偏移和增强，这是因为随着反应温度的提高，铬尖晶石中的铁得到部分还原，逐渐由矿物内部聚集到矿物边缘，导致铬尖晶石内部铁含量减少，形成富铬尖晶石。

由图 10-16 可以明显看出尘泥球团还原由外到内逐步进行，球团外部铁晶粒明显大于

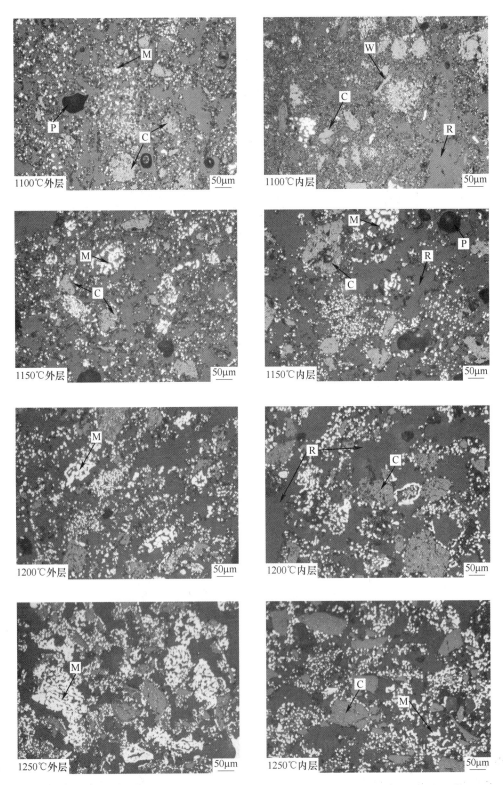

图 10-16 还原温度对尘泥预还原球团微观结构的影响

C—铬尖晶石；M—金属铁；P—孔洞；R—树脂；W—浮氏体

球团内部，在1100℃还原温度下，虽然出现明显的铁晶粒，但铁晶粒较小，分散于预还原球团内，随着温度的进一步提高，反应速率加快，球团内部铁晶粒长大，聚集，球团强度也从快速提高至800N/个。

还原温度和还原时间对尘泥预热球团金属化率的影响如图10-17所示。在不同温度下还原，金属化率在前20~30min内快速升高后逐渐趋于平缓，在还原时间40min后，不同还原温度的尘泥预还原球团金属化率都大于80%。

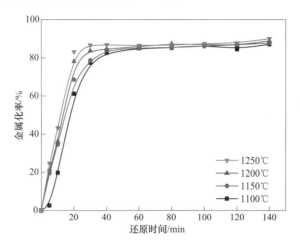

图 10-17　不同还原时间对尘泥球团金属化率的影响
（碳铁比为 2 : 1）

由图10-18可知，当还原温度为1100℃时，尘泥球团抗压强度先快速下降而后趋于稳定。当还原温度为1150℃、1200℃和1250℃时，尘泥球团抗压强度呈先快速下降再逐渐提高的趋势，这是因为反应开始5min后，球团内赤铁矿物相逐渐转变为浮氏体，大量的浮氏体使得球团内部孔隙增大，孔径变大，球团开始结构疏松，导致尘泥球团抗压强度出现降低的趋势。当还原温度为1250℃时，预还原球团强度波谷区域时间较短，还原时间30min后，强度提高幅度明显增强。铁金属化率和预还原球团强度指标，适宜的预还原温

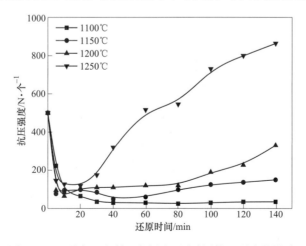

图 10-18　不同还原时间对尘泥还原球团抗压强度的影响
（碳铁比为 2 : 1）

度为1250℃，预还原时间为80min，此时尘泥预还原球团金属化率可达85%以上，球团抗压强度在500N/个以上，可满足后续电炉熔炼要求。

图10-19所示为不同还原时间下尘泥球团的X射线衍射分析。在还原前，尘泥球团中的含铁物相主要是铬尖晶石、赤铁矿、浮氏体、磁铁矿，其中磁铁矿多含以类质同象形式存在的铬，及少量的橄榄石矿物。随着还原反应的开始，反应初期球团内部物相变化明显，反应开始5min，球团内赤铁矿物相逐渐转变为浮氏体，磁铁矿物相也在消失，出现大量的浮氏体物相，且开始出现金属铁；反应继续进行至10min，金属铁物相的衍射峰继续增强，磁铁矿和赤铁矿物相基本消失，浮氏体的衍射峰强度也在不断降低，铬尖晶石物相无明显变化；反应进行至40min，尘泥球团内浮氏体衍射峰也完全消失，至此，尘泥球团内普通铁氧化物基本完全还原为金属铁。普通铁氧化物的物相转变主要集中在反应前10min内，铁氧化物反应迅速，这也是导致尘泥球团出现还原膨胀且还原球团显著降低的重要原因；反应进行至40min以后，仅有少量的铬尖晶石发生反应，尖晶石内部的铁逐渐聚集至边缘，使得尘泥球团内部出现富铬尖晶石，少量的金属铁得到还原。

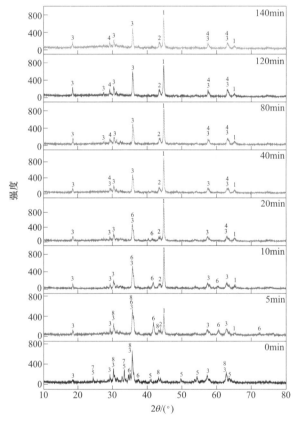

图10-19　不同还原时间下尘泥球团的X射线衍射分析

（还原温度1250℃、碳铁比为2∶1）

1—金属铁；2—金属铬；3—铬尖晶石；4—富铬尖晶石；5—赤铁矿；6—浮氏体；7—钙铁橄榄石；8—磁铁矿（含铬）

尘泥球团还原过程的微观结构如图10-20所示。由图10-20（a-1）、（a-2）可知，还原初期，尘泥球团外层首先出现金属铁及一些浮氏体，尘泥球团内层也有部分浮氏体的出

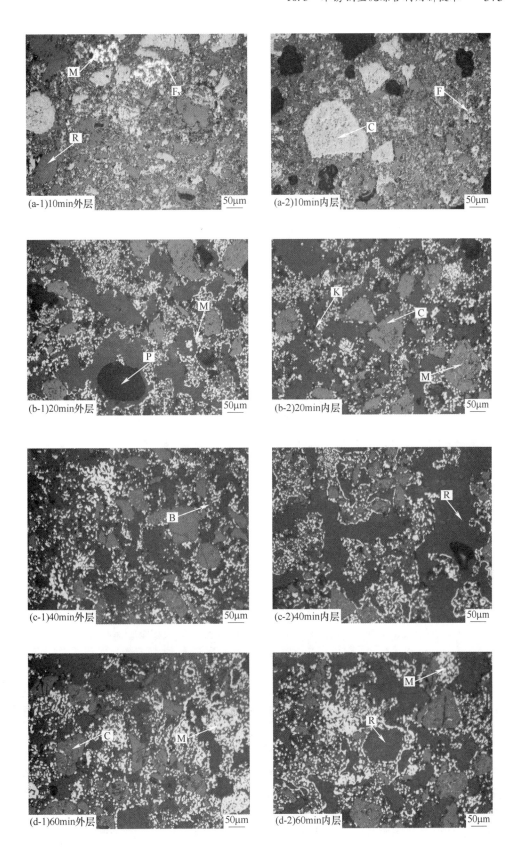

(a-1)10min外层　　　　(a-2)10min内层

(b-1)20min外层　　　　(b-2)20min内层

(c-1)40min外层　　　　(c-2)40min内层

(d-1)60min外层　　　　(d-2)60min内层

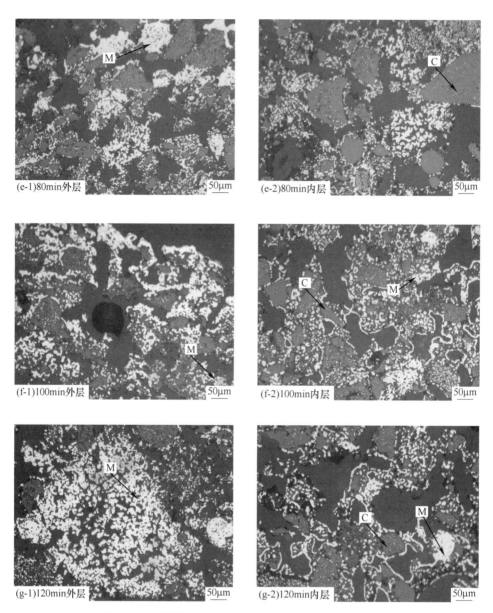

图 10-20 还原温度 1250℃下尘泥球团还原过程微观结构

C—铬尖晶石；M—金属铁；F_x—浮氏体；P—孔洞；R—树脂；F—镁橄榄石；B—黏结相；K—钙铁橄榄石

现，但没有金属铁的出现，这是因为尘泥球团外部首先和还原剂接触，发生还原反应；由图 10-20（b-1）（c-2）可知，还原至 20~40min 时，球团内的铁氧化物基本都已还原为金属铁，且随着还原反应的进行，铁晶粒不断聚集长大，还原至 40min 时，球团内的铬铁尖晶石内部出现细小的铁晶粒，随着还原反应的继续进行，铬尖晶石内部的细小金属铁颗粒不断增多，以某一点金属铁颗粒为核心，球团内白色的金属铁颗粒继续不断长大、聚集。反应后期，随着各尖晶石、橄榄石中的铁不断得到还原，金属铁迁移至矿物表面，逐渐将其他矿物包裹，形成一层富铁层。

碳铁比对尘泥预还原球团金属化率及抗压强度的影响如图 10-21 所示。随着碳铁比由

0.5 增加至 2.5，尘泥预还原球团的金属化率和抗压强度指标均有所提高，球团金属化率先快速升高，后趋于平缓；抗压强度随碳铁比的提升虽有所增加，但增加幅度较小。当 C/Fe 质量比为 1.5 时，尘泥预还原球团的金属化率即可达到 85% 以上，抗压强度也在 500N/个以上。

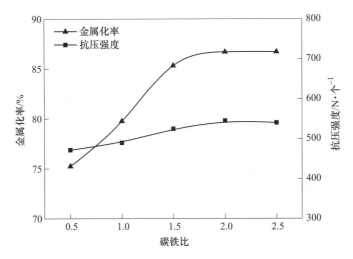

图 10-21 不同碳铁比对尘泥球团抗压强度及金属化率的影响
（预还原温度为 1250℃，预还原时间为 80min）

通过优化尘泥球团直接还原温度、时间、碳铁比等工艺参数，可以看出尘泥预热球团可以获得金属化率大于 85%、抗压强度大于 500N/个的预还原球团，但还原过程球团强度过低，还原温度低于 1100℃ 粉化现象严重；此外，球团还原过程中出现明显的裂纹。尘泥球团内配炭可提高预热球团强度，其对尘泥球团直接还原行为的影响如图 10-22 所示。

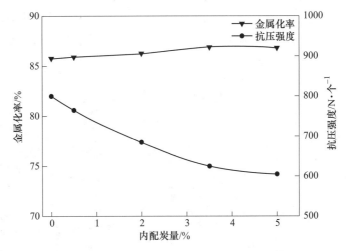

图 10-22 内配碳量对尘泥球团抗压强度及金属化率的影响
（还原温度 1250℃，还原时间 120min，碳铁比 1.5）

随着内配碳量的增加，尘泥预还原球团的金属化率稍有增加，基本都在 85% 以上；但是预还原球团的抗压强度有所下降。结合图 10-23 还原球团的宏观形貌图可以看出，随着内配碳量的增加，还原球团表面的裂纹逐渐消失，当内配碳量为 2% 时，尘泥预还原球团表面无裂纹出现。

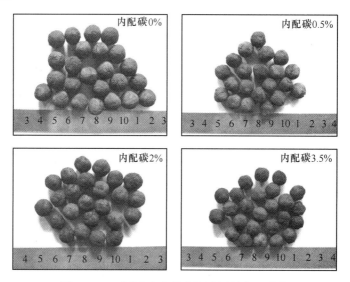

图 10-23 不同内配碳量尘泥球团的宏观形貌

图 10-24 所示为 2% 内配碳尘泥球团还原时间对预还原球团金属化率及抗压强度的影响。内配碳尘泥球团较未配碳球团还原反应速率慢，还原 40min 时球团金属化率才可达到 80% 以上，还原时间 120min 金属化率才达到 85% 以上。内配碳尘泥球团还原反应速率有所降低，但还原过程中球团强度有明显提高，在还原温度为 1250℃，还原时间为 80min 条件下，尘泥预还原球团的抗压强度为 685N/个，金属化率为 82.84%，比与未配碳预还原球团相比，虽然金属化率有所下降，但抗压强度明显增加。主要是因为内配碳球团在预热阶段，氧化铁在炭的作用下还原为氧化亚铁，进而形成铁橄榄石，铁橄榄石较氧化亚铁更难还原，从而导致金属化率降低。

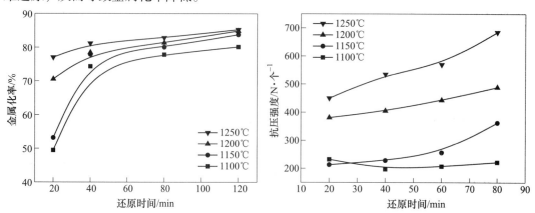

图 10-24 还原时间对尘泥球团金属化率与抗压强度的影响
（内配碳 2%，还原温度 1250℃，$m(C)/m(Fe) = 1.5$）

综合考虑，得到尘泥球团预还原最佳参数为：内配碳量 2%，还原温度 1250℃，还原时间 80min，碳铁比为 1.5，所得金属化球团抗压强度 685N/个，金属化率 82.84%，表面光滑，无膨胀现象，无裂纹产生。

10.3.3.5 不锈钢尘泥金属化球团熔分行为

采用尘泥预还原球团为原料，在电炉中进行熔分，研究预还原尘泥球团不同铁金属化率、熔分温度、熔分时间、配碳量等工艺参数对生铁中 Fe、Cr、Ni 回收率的影响，优化预还原球团电炉熔分工艺参数。所用尘泥预还原球团化学成分指标见表 10-26。

表 10-26　尘泥预还原球团化学成分　　　　　　　　　　　　（%）

元素	Fe总	Cr总	Ni总	CaO	MgO	Al$_2$O$_3$	SiO$_2$
含量	42.73	13.11	0.63	13.20	3.08	3.82	3.830
元素	F	K	Na	Pb	Zn	P	S
含量	1.11	0.010	0.089	0.029	0.041	0.0479	0.178

尘泥预还原球团铁金属化率对电炉熔分效果的影响如图 10-25 所示。随着预还原球团中铁金属化率从 50.43%、60.34% 和 73.05% 上升到 82.84%，熔分所得铬铁中 Fe、Cr、Ni 的回收率分别从 94.94%、60.59%、87.15% 上升至 96.02%、74.76%、93.59%；与此同时，铁含量从 73.5% 降低至 70.28%，铬含量从 14.52% 上升至 16.79%，镍含量基本保持不变。因此，预还原球团铁金属化率的提高可以一定程度上促进熔分过程中铬的还原，提高铬的回收率，故后续电炉熔分试验中选用铁金属化率为 82.84% 的预还原球团。

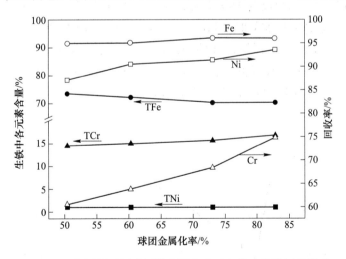

图 10-25　尘泥预还原球团铁金属化率对电炉冶炼指标的影响
（焦炭 5%，熔分温度 1600℃，熔分时间 20min）

熔分温度对电炉熔分效果的影响如图 10-26 所示。随着熔分温度从 1550℃ 提高至 1625℃，铁、铬、镍的回收率分别从 87.79%、55.37%、87.95% 提高至 96.36%、96.36%、95.91%；铁含量从 73.8% 降低至 66.1%，铬含量从 14.28% 提高至 20.28%，镍含量变化较小。尘泥球团中的铬铁尖晶石属于高熔点物质，比较难以还原，熔分过程中，铬氧化物对熔分温度要求较高，只有在较高的熔分温度下才可以保证铬更加彻底的还原，提高铬的回收率，保证铬铁合金中铬的含量，故推荐 1625℃作为尘泥球团电炉熔分的适宜温度。

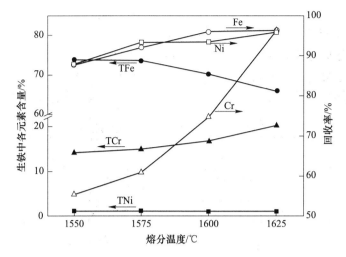

图 10-26   尘泥预还原球团熔分温度对熔分指标的影响

（预还原球团铁金属化率为 82.84%，配焦量 5%，电炉熔分时间 20min）

根据尘泥金属化球团电炉熔分渣的理论，通过 FactSag 软件计算炉渣温度对炉渣液相量和黏度的影响，结果如图 10-27 所示。随着熔分温度的升高，炉渣液相量从 1300℃的 25.66%开始快速增多，当温度为 1600℃时，液相量达到 100%，炉渣黏度随着熔分温度的升高快速下降，当温度为 1300℃时，黏度为 6.53Pa·s；当温度增加至 1600℃，炉渣黏度降至 0.07Pa·s，在本试验推荐的最佳熔炼温度 1625℃下，炉渣的黏度仅为 0.06Pa·s。因此，该电炉熔分工艺渣系具有很好的流动性，在熔炼过程中能够保持良好的渣铁分离效果，确保 Fe、Cr、Ni 的回收率。因此，在熔炼过程中，由于熔渣流动性好，铁、镍和铬的回收率均较高。

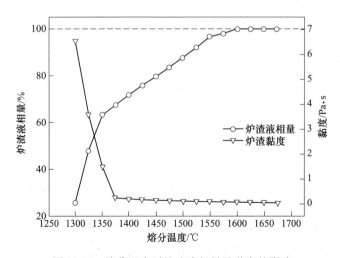

图 10-27   熔分温度对炉渣液相量及黏度的影响

熔分时间对熔分效果的影响如图 10-28 所示。随着熔分时间从 10min 增加到 30min，铁、铬的回收率呈现先升高后降低的趋势，当熔分时间在 20min 左右，铁、铬的回收率最高，分别为 96.36%、96.36%；随着熔分时间的继续延长，熔分体系中的还原剂消耗殆尽，会造成铁、铬的再氧化，因此回收率有所降低；镍的回收率随着熔分时间的延长不断提高，最高为 97.63%。综合考虑铁、铬、镍的回收率，推荐适宜的熔分时间为 20min。

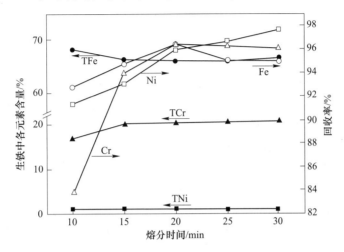

图 10-28 尘泥预还原球团熔分时间对电炉熔分指标的影响
（预还原球团铁金属化率 82.84%，配焦量 5%，熔分温度 1625℃）

配焦量对预还原球团电炉熔分效果的影响如图 10-29 所示。随着配焦量从 3% 增加到 10%，铁、铬、镍的回收率呈先增加后降低的趋势，当配焦量为 8% 时，铁、铬、镍回收率取得最大值，分别为 97.62%、97.91%、96.45%。随着配焦量的继续增加，会导致熔分体系整体反应温度降低，从而降低回收率。故尘泥预还原球团电炉熔分时焦粉配加量不宜过高，推荐配加比例为 8%。

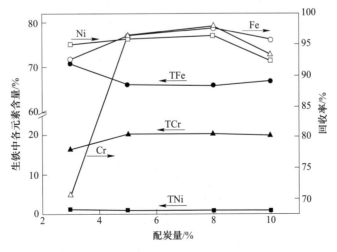

图 10-29 尘泥预还原球团配碳量对电炉熔分指标的影响
（预还原球团铁金属化率 82.84%，熔分温度 1625℃，熔分时间 20min）

10.3.3.6　新技术流程分析及产品性能

通过对不锈钢尘泥造球性能、球团预热焙烧固结特性、预热球团直接还原行为及金属化球团熔分行为的研究，推荐最优工艺参数如下：

（1）不锈钢尘泥造球。推荐最优配矿方案为铬铁矿：除尘灰：酸洗污泥：氧化铁皮 = 20：16：40：24，最佳造球参数为：黏结剂用量1.2%、造球水分11%、造球时间12min、生球落下强度为5.5次/（0.5m）、抗压强度为23.4N/个、爆裂温度300℃。

（2）推荐采用不锈钢尘泥预热球团"一步法"煤基直接还原制备金属化球团。主要考虑高比例固废的尘泥球团在高温固结过程中出现黏结现象，而在球团内配碳量2%、预热温度1100℃，预热时间10min的预热条件下，预热球团抗压强度可达到575N/个。预热球团在还原温度1250℃，还原时间80min，碳铁比为1.5条件下还原，获得的金属化球团抗压强度685N/个，金属化率82.84%。

（3）金属化球团熔分：适宜的熔分条件为预还原球团铁金属化率82.84%、熔分温度1625℃、熔分时间20min、配焦量8%，得到不锈钢母液Fe、Cr、Ni含量分别为66.90%、20.28%、0.96%，回收率分别为97.62%、97.91%、96.45%。

上述最佳的工艺参数下，新工艺全流程Fe、Ni和Cr金属数质量平衡如图10-30所示。粗铬铁合金料和电炉熔分渣的化学成分见表10-27和表10-28。不锈钢母液Fe、Cr、Ni含量分别为66.90%、20.28%、0.96%，金属总量高达88.14%，碳含量为7.88%，杂质含量低，可用于300系不锈钢（Cr：16%～25%，Ni：0.5%～14%，S：0～0.3%，P：0～0.2%）的冶炼生产。由电炉炉渣的成分可知煤基直接还原过程及电炉熔炼过程中氟并未发生其他迁移、脱除，基本均是以氟化钙的形式进入渣系。

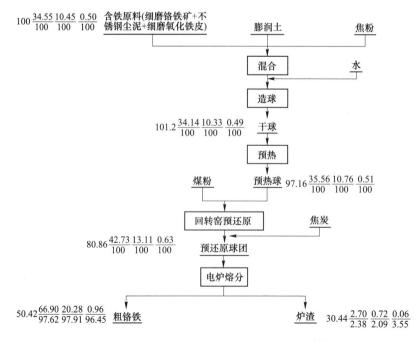

图10-30　不锈钢尘泥预还原—熔分新工艺全流程金属数质量平衡图

表 10-27　粗铬铁合金料的主要化学成分　　　　　　　（％）

元素	Fe	Cr	Ni	C	S	P
含量	66.90	20.28	0.96	7.88	0.086	0.031

表 10-28　熔分炉渣主要化学成分　　　　　　　　（％）

元素	Fe	Cr	Ni	CaO	MgO	Al_2O_3	SiO_2	F
含量	2.70	0.72	0.06	45.12	10.51	13.04	13.10	3.82

由上可知，笔者提出的预还原—熔炼新工艺，不仅可以同时利用不锈钢生产过程中产生的固废，还可以减少二次粉尘的产生，实现从不锈钢尘泥中分离、回收利用 Fe、Cr、Ni 等有价成分。

参 考 文 献

[1] 马明生，裴忠冶. 镍铁冶炼渣资源化利用技术进展及展望 [J]. 中国有色冶金，2014，43（6）：64-70.

[2] 陆海飞，田伟光，徐佳林，等. 红土镍矿冶炼镍铁废渣综合利用的研究进展 [J]. 材料导报，2018，32（S2）：435-439.

[3] 朱恩欢，林云腾，龚涵，等. 高炉镍铁渣粉对混凝土性能的影响 [J]. 混凝土与水泥制品，2017（12）：97-99.

[4] 林敏，倪俊鹏，郑璐，等. 高炉镍铁渣代砂在水泥砂浆中的应用研究 [J]. 福建建材，2019（9）：6-7.

[5] 林丹军. 高炉镍铁渣粉对水泥砂浆性能的影响 [J]. 福建建材，2018（8）：12-14.

[6] 李沙，代文彬，潘德安，等. 镍铁渣用于水泥及混凝土的资源化研究综述 [J]. 硅酸盐通报，2019，38（6）：1764-1768.

[7] 单昌锋，王键，郑金福，等. 镍渣在混凝土中的应用研究 [J]. 硅酸盐通报，2012，31（5）：1263-1268.

[8] 王昕，文寨军，刘晨，等. 电炉镍铁渣粉对水泥与混凝土性能影响的研究 [J]. 水泥，2016（9）：7-13.

[9] 刘杰，苏洋，韩跃新，等. 用镍铁炉渣制备矿渣纤维 [J]. 金属矿山，2017（4）：187-190.

[10] 徐义彪，李亚伟，桑绍柏，等. 一种基于镍铁渣的镁橄榄石轻质隔热砖及其制备方法：CN105272275B [P]. 2017-09-22.

[11] 张讯. 利用镍铁渣及粉煤灰制备 CMSA 系微晶玻璃的相关探讨 [J]. 化工管理，2017（33）：58.

[12] 张文军，李宇，李宏，等. 利用镍铁渣及粉煤灰制备 CMSA 系微晶玻璃的研究 [J]. 硅酸盐通报，2014，33（12）：3359-3365.

[13] 蒋金海，李琦，陈艳，等. 镍渣制备轻质镁橄榄石-尖晶石闭孔泡沫陶瓷及分形表征 [J]. 中国陶瓷，2018，54（7）：47-52.

[14] 陈秋静. 镍冶金废渣制备多孔陶瓷材料的研究 [D]. 镇江：江苏大学，2020.

[15] 张培育，郭强，宋云霞，等. 从红土镍矿镍铁渣中分离浸取镍铬工艺 [J]. 过程工程学报，2013，13（4）：608-614.

[16] GAO F, HUANG Z, LI H, et al. Recovery of magnesium from ferronickel slag to prepare hydrated magnesium sulfate by hydrometallurgy method [J]. Journal of Cleaner Production, 2021, 303: 127049.

[17] 赵昌明，蔡永红，宁哲，等. 采用$(NH_4)_2SO_4$焙烧镍铁渣提取 MgO[J]. 中南大学学报（自然科学

版），2017，48（8）：1972-1978.

[18] ZHU D Q, XUE Y X, PAN J, et al. Strengthening sintering of limonitic nickel laterite by substituting ferronickel tailings for sintering fluxes［J］. TMS, 2020：879-892.

[19] 潘料庭，李林峰，蔡小霞. 镍铁尾矿用于烧结生产的工业试验［J］. 烧结球团，2015，40（1）：42-44.

[20] 王鹏. 太钢转炉除尘灰冷固球团技术及应用［J］. 冶金能源，2018，37（3）：47-48.

[21] Alsheyab M A T, Khedaywi T S, et al. Dynamic creep analysis of electric arc furnace dust（EAFD）—modified asphalt［J］. Construction and Building Materials. 2017, 146（15）：122-127.

[22] 房金乐，杨文涛. 不锈钢酸洗污泥的处理现状及展望［J］. 中国资源综合利用，2014，32（11）：24-28.

[23] 王丹. 重金属污泥制砖的固化实验研究［D］. 桂林：桂林工学院，2006.

[24] 马江平，赵红刚，王峰，等. 化学热洗——重金属固化法处理含油污泥实验研究［J］. 油气田环境保护，2015，25（3）：18-20.

[25] 董世翔. 利用垃圾焚烧飞灰构建新型固化基质共处置含铬污泥的探索研究［D］. 上海：上海大学，2005.

[26] 张宏华，潘丽铭，潘永智. 不锈钢行业铬镍污泥制砖的可行性研究［J］. 浙江工业大学学报，2013，41（3）：295-299.

[27] 朱明旭，白皓，刘德荣. 不锈钢酸洗污泥-黏土基陶粒的制备及性能研究［J］. 武汉科技大学学报，2016，39（3）：185-189.

[28] YANG C, PAN J, ZHU D Q, et al. Pyrometallurgical recycling of stainless steel pickling sludge：a review［J］. J Iron Steel Res Int, 2019, 26：547-557.

[29] 向鹏. 铬渣中铬的提取性实验研究［D］. 昆明：昆明理工大学，2016.

[30] 刘平阳，谈定生，丁伟中. 用 P204 从不锈钢酸洗污泥浸出液中萃取重金属试验研究［J］. 湿法冶金，2018，37（1）：50-54.

[31] ITAYA H, HARA Y, TAGUCHI S, et al. Development of a smelting-reduction process for steelmaking dust recycling［J］. Metallurgical Research & Technology, 1997, 94（1）：63-70.

[32] HARA Y, ISHIWATA N, ITAYA H, et al. Smelting reduction process with a coke packed bed for steelmaking dust recycling［J］. ISIJ Int, 2000, 40：231-237.

[33] 赵海泉，齐渊洪，史永林，等. Oxycup 工艺处理不锈钢粉尘的试验研究［J］. 材料与冶金学报，2017，16（1）：58-62.

[34] GREENE L. Ironmaking process alternatives screening study, vol. I：Section 3［M］. Oak Ridge National Lab.（ORNL）, Oak Ridge, TN, USA, 2005.

[35] ZHU R B, MA G J, CAI Y S, et al. Ceramic tiles with black pigment made from stainless steel plant dust：Physical properties and long-term leaching behavior of heavy metals［J］. Air Waste Manag Association, 2016, 66（4）：402-411.

[36] FAN Y, ZHANG L, VOLSKI V, et al. Utilization of stainless-steel furnace dust as an admixture for synthesis of cement-based electromagnetic interference shielding composites［J］. Scientific Reports, 2017, 7（1）：15368.

[37] KAISA H, HANNU H, MIKKO H, et al. Optimization of steelmaking using fastmet direct reduced iron in the blast furnace［J］. ISIJ International, 2013, 53（12）：2038-2046.

[38] 庞建明，郭培民，赵沛. 回转窑处理含锌、铅高炉灰新技术实践［J］. 中国有色冶金，2013（3）：26-31.

[39] 丑建磊. 不锈钢厂尘泥球团煤基直接还原行为研究［D］. 长沙：中南大学，2020.